结构化学

翟玉春 编

科学出版社
北 京

内 容 简 介

本书系统地阐述了结构化学的基础理论和基本知识。内容包括：量子力学基础、氢原子和类氢离子的结构、多电子原子的结构、分子轨道理论、价键理论、对称性和对称群、配位场理论、分子光谱、光电子能谱、晶体学基础、化学晶体学、X射线衍射谱等。

本书可作为物理、化学、冶金、材料、化工、地质、采矿、选矿等学科的本科生、研究生的教材或参考书，也可供从事上述学科领域的科研、教学工作的科技人员参考。

图书在版编目（CIP）数据

结构化学/翟玉春编. —北京：科学出版社，2021.6

ISBN 978-7-03-068225-3

Ⅰ. ①结…　Ⅱ. ①翟…　Ⅲ. ①结构化学-高等学校-教材　Ⅳ. ①O641

中国版本图书馆 CIP 数据核字（2021）第 038539 号

责任编辑：张淑晓　高　微 / 责任校对：杜子昂
责任印制：吴兆东 / 封面设计：东方人华

科学出版社出版
北京东黄城根北街 16 号
邮政编码：100717
http://www.sciencep.com
北京九州迅驰传媒文化有限公司 印刷
科学出版社发行　各地新华书店经销
*
2021 年 6 月第　一　版　开本：720 × 1000　1/16
2023 年 1 月第二次印刷　印张：23
字数：500 000

定价：150.00 元

（如有印装质量问题，我社负责调换）

前 言

物质结构有多个层次，大到天体结构，小到原子核结构。结构化学研究的是物质的原子结构、分子结构和晶体结构。

物质的性质是由物质的组成和结构决定的。尤其是物质的结构，它对物质的一些性质所起的作用比组成更大。例如，同是碳元素组成的无定形碳、石墨、金刚石、富勒烯、碳纳米管、石墨烯，其物理性质相差很大。这是由它们的微观结构不同造成的。再如，碳化硅的组成是碳和硅，金刚石的组成是碳，但两者硬度相近。这是由它们的晶体结构相同所致。可见物质的微观结构对物质性质的重要程度。因此，只有了解物质的微观结构，弄清物质的微观结构与其性质之间的内在联系，才能真正了解物质的性质，正确利用物质的性质。

结构化学是在原子和分子的水平上阐释物质的组成、结构、性质及其间的关系。结构化学应用量子力学、量子化学的理论阐释物质的原子结构、分子结构和晶体结构；以现代检测仪器作为手段测量物质的组成、结构和性质；以理论分析和实验验证相结合的方法研究物质的组成、结构和性质。

通过求解氢原子和类氢离子的薛定谔方程，阐释氢分子和类氢离子的能级结构；通过近似求解多电子原子的薛定谔方程阐释多电子原子的能级结构；通过由近似求解分子的薛定谔方程建立起来的分子轨道理论和价键理论阐释分子的能级结构；在配位场理论的基础上讨论配位化合物的能级结构；利用几何学的点阵和代数学的群阐释晶体的空间结构和对称性；利用化学键理论阐释晶体中组元的相互作用。

结构化学的理论基础是量子力学。量子力学的思想和方法与牛顿力学不同。牛顿力学以坐标（位置）和动量（速度）作为自变量描述宏观物体的运动状态。坐标和动量确定了，宏观物体的运动状态就确定了。并且可以由此时此刻的运动状态，推断出此前某一时刻的运动状态和此后某一时刻的运动状态。宏观物体的运动状态确定了，相应的力学量就确定了。各力学量可以由力学量间的关系式（公式）求得。描述宏观物体运动状态的运动方程的解是物体的运动轨迹，即某时刻物体的位置和动量。由于微观粒子具有波粒二象性，其坐标和动量不能同时准确测量。因此，不能以坐标和动量作为自变量描述微观粒子的运动状态。而是采用波动方程——薛定谔方程描述微观粒子的运动状态。薛定谔方程的解——状态波函数，就是描述微观粒子运动状态的函数。量子力学的力学量不是由力学量间的关系式求得，而是通过求解力学量的本征方程求得。

牛顿力学的数学工具是微积分，量子力学的数学工具是算符。量子力学的力学量都有一个相应的算符，称为力学量算符，如能量算符、动量算符、角动量算符、坐标算符等。利用力学量算符构造出该算符的本征方程，通过求解该本征方程，得到该力学量的本征值和与每个本征值相对应的状态函数。这种求力学量及其相应状态函数的方法与牛顿力学完全不同。这对于熟悉牛顿力学且初学量子力学的人就会感到不适应。因此，要学好结构化学，首先要转变思维方式，接受量子力学的表达方法。

结构化学是认识物质微观结构的基础理论和基本知识。凡是与化学学科有关联的专业领域的科技工作者，在科学研究和生产过程中，经常会遇到原子、分子、晶体结构的问题。只有在宏观和微观两个领域认识事物，才能弄清过程的机理，正确认识事物的本质，得到正确的解决方案。

结构化学知识也是人们正确地、完整地认识客观世界、建立正确世界观的基础。如果对客观世界只有宏观认识而无微观认识，那是不完整的、片面的物质图像，就不可能正确地认识和理解物质世界。大师们为人类打开了认识物质微观世界的大门，开拓了通向物质微观世界的道路，引领大家领略其中的风采。物质的微观世界充满了辩证法，大师们已将其升华到哲学的高度。学习结构化学不仅是学习原子、分子、晶体结构的知识，还可以学到辩证法。

从 1980 年开始，我在东北大学为冶金物理化学专业、化学工艺专业、化学工程专业、矿物加工专业、冶金工程专业、物理化学专业的本科生、硕士研究生和博士研究生讲授“结构化学”课程，本书是我在所编写的结构化学讲义的基础上修订而成。

科学出版社张淑晓和高微编辑为本书的出版倾注了大量的心血和精力，在此向科学出版社、向两位编辑表示衷心的感谢！

我的学生沈洪涛博士、王乐博士、崔富晖博士、张俊博士和于凯硕士共同完成了全书的录入，于凯硕士负责了全书的插图和校对后的文字录入，在此向他们表示衷心的感谢！

还要感谢本书所引用的论文、专著和教材的作者！

感谢所有支持和帮助我完成本书的人，尤其是我的妻子李桂兰女士，正是由于她的全力支持，才使我得以完成本书的写作！

由于水平有限，本书可能存在不妥和疏漏之处，请读者指正。

翟玉春

2020 年 6 月 29 日

目　　录

第1章　量子力学基础

1.1　量子力学的历史背景

19 世纪末，经典物理学已经发展到相当完善的程度。机械运动有牛顿（Newton）力学；电磁运动有麦克斯韦（Maxwell）方程，光现象有光的波动理论，也归结为麦克斯韦方程；热运动有热力学理论及统计力学理论。在这种情况下，当时物理学界普遍认为：物理现象的基本规律已经被发现，物理学的理论体系已经完备，以后的工作只是将物理学的理论应用于具体问题，进行一些计算而已——这已不属于物理学家的工作。

就在物理学取得重大成就的同时，人们发现了一些实验现象，如黑体辐射、光电效应和原子的光谱线系等。这些实验现象都与物质的微观结构有关，这些实验现象用上述经典物理理论都无法解释。这就暴露了经典物理的局限性，突出了经典物理理论与微观物质运动的矛盾。

1.1.1　黑体辐射

所有物体都能发射出热辐射，这种辐射是一定波长范围内的电磁波。对于外来的辐射，物体有反射或吸收的能力。如果一个物体能全部吸收投射在其上面的辐射而无反射，这种物体称为绝对黑体，简称黑体。

实验测得平衡时黑体辐射的能量密度按波长分布的曲线，发现其形状和位置仅与黑体的热力学温度有关，与黑体的形状和构成黑体的物质无关。

维恩（Wien）应用热力学理论推导出黑体辐射能量密度和波长的关系式——维恩公式。这个公式仅在一段短波部分与实验结果相符。瑞利（Rayleigh）和金斯（Jeans）根据经典电动力学和统计物理学理论推得一个黑体辐射能量分布公式，但只在长波部分与实验结果相符，而在短波部分则完全不符。

1900 年，普朗克（Planck）提出：物体只能以 $h\nu$ 为能量单元发射或吸收一定频率的电磁辐射。其中 $h = 6.62559\times10^{-34}\,\text{J}\cdot\text{s}$，称为普朗克常量。基于这个假设，普朗克得出了与实验结果符合得很好的黑体辐射公式

$$\rho_\nu \mathrm{d}\nu = \frac{8\pi h\nu^3}{c^3}\left(\exp\frac{h\nu}{k_\mathrm{B}T} - 1\right)^{-1}\mathrm{d}\nu \tag{1.1}$$

式中，$\rho_\nu \mathrm{d}\nu$ 是黑体内频率在 $\nu \sim \nu + \mathrm{d}\nu$ 之间的辐射能量密度；c 是光速；k_B 是玻尔兹曼常量；T 是黑体的热力学温度。

普朗克的理论意味着，物体发射或吸收电磁辐射不是像经典理论所认为的以连续的方式进行，而是不连续的，以不可分割的单元——能量量子 $h\nu$ 为单元进行的，即能量是量子化的。

1.1.2　光电效应

光电效应是当光照射在金属上，金属会发射电子，这种电子称为光电子。实验表明，对于一定的金属，只有当光的频率大于一定值时，才有光电子发射出来。如果光的频率低于这个值，则不论光的强度多大，照射的时间多长，都没有产生光电子。光电子的能量只与光的频率有关，而与光的强度无关。光的频率越高，光电子的能量越大。光的强度决定光电子的数目，光的强度增大，光电子的数目增加。光电效应的这些特点与光的波动理论相矛盾，根据光的波动理论，光的能量取决于光的强度，即光的振幅。因而，经典的光的电磁理论不能解释光电效应。

1905 年，依据普朗克的量子假说，爱因斯坦（Einstein）提出光的量子理论：光是一种微粒，称为光子或光量子。频率为 ν 的光，每个光子的能量为 $h\nu$。根据这个理论，光电效应可以简单地解释为：当光照射在金属板上时，能量为 $h\nu$ 的光子被电子吸收，电子从金属表面逸出所需要的逸出功为 W_0，动能为 $\frac{1}{2}mv^2$，根据能量守恒定律，有

$$h\nu = W_0 + \frac{1}{2}mv^2 \qquad (1.2)$$

此即爱因斯坦光电效应方程。如果电子所吸收的光子的能量 $h\nu$ 小于 W_0，则电子不能逸出金属表面，因而没有光电子产生。这个最小的频率值为

$$h\nu_0 = W_0 \qquad (1.3)$$

即逸出的电子动能为零时所吸收的光子的频率 ν_0 称为红限。光的频率决定光子的能量，光子的数目决定光的强度，光子越多，产生的光电子越多，光电子数目与光的强度成正比。当光照射金属时，一个光子的全部能量立即被一个电子吸收，不需要时间积累能量，所以光电效应瞬时发生。这样经典理论所不能解释的光电效应得到了说明。

按照相对论的质量-能量关系式，每个光子的质量 m_0 为

$$m_0 = \frac{E}{c^2} = \frac{h\nu}{c^2} \qquad (1.4)$$

m_0 是有限值，由光子的能量决定。每个光子的动量为

$$p = m_0 c = \frac{h\nu}{c^2} = \frac{h}{\lambda} \tag{1.5}$$

由此可见，光不仅具有波动性，而且具有粒子性。式（1.4）和式（1.5）把光的波动性和粒子性联系起来。动量和能量是描述粒子性的，而频率和波长是描述波动性的。

1.1.3　原子光谱和原子结构

原子发光是重要的原子现象，人们对原子光谱进行了长期的深入研究，得出许多有关原子光谱的重要规律。1885 年，巴耳末（Balmer）总结出氢原子光谱线的经验公式

$$\tilde{\nu} = \tilde{R}_{\mathrm{H}}\left(\frac{1}{n_1^2} - \frac{1}{n_2^2}\right) \quad (n_1, n_2 = 1,2,3,\cdots; n_2 > n_1) \tag{1.6}$$

式中，$\tilde{\nu}$ 是波数——单位长度上波的个数；$\tilde{R}_{\mathrm{H}}$ 称为里德伯（Rydberg）常数。由巴耳末公式可以得出，如果光谱中有频率为 ν_1 和 ν_2 的两条谱线，则频率为 $\nu_1 + \nu_2$ 或 $|\nu_1 - \nu_2|$ 的谱线也一定存在，这称为里茨（Ritz）组合原则。

原子光谱与原子结构有关，原子光谱的规律性是原子结构规律性的表现。那时，人们对原子的结构还不清楚。1906 年，汤姆孙（Thomson）提出的原子结构模型是：原子是一个带正电的球，电子嵌在球体上，像花生米嵌在面包里似的。但是这个模型无法解释 β 粒子、α 粒子轰击原子的实验。当用 β 粒子、α 粒子轰击金属箔时，β 粒子很容易穿透金属箔沿直线前进，几乎没受到阻碍；α 粒子除少数发生偏转，极少数弹回来外，也几乎没受到阻碍。为说明这种异常的碰撞现象，卢瑟福（Rutherford）在 1911 年提出了一个新的原子结构模型。他指出，原子的正电荷在一个体积微小而集中了几乎全部原子质量的核上，原子中的电子绕核运转。这样原子内部就有足够大的空间让 β 粒子和 α 粒子几乎自由通过。原子中所有电子的负电荷和原子核的正电荷电量相等，互相抵消，从而整个原子显电中性。

卢瑟福的原子结构模型可以完满地解释 β 粒子和 α 粒子轰击金属箔的实验，但也存在着严重的缺陷。根据麦克斯韦的电磁理论，卢瑟福模型中电子绕核做加速运动时会自动地发射辐射能，辐射能的频率为电子绕核转动的频率。在发射辐射能时，电子的能量逐渐减少，频率逐渐改变，因而原子光谱应是连续的。电子将逐渐接近原子核，最后落在原子核上，原子不可能是稳定体系。1913 年，玻尔（Bohr）把普朗克的量子论应用于卢瑟福的原子结构模型，进一步假定原子中的电子不能沿着经典理论所允许的每一个轨道运动，只能沿着其中一组特殊的轨道运动；沿着这组特殊轨道运动的电子不发射也不吸收辐射，处于稳定状态，简称定态；当电子从一个定态跃迁到另一个定态时，才发射或吸收辐射；

电子由能量为 E_{n_1} 的定态跃迁至能量为 E_{n_2} 的定态时，吸收或发射的辐射频率 ν 由下式决定

$$\nu = \frac{\left|E_{n_1} - E_{n_2}\right|}{h} \tag{1.7}$$

电子绕核做圆周运动所允许的轨道必须满足电子的角动量具有 $\hbar = \dfrac{h}{2\pi}$ 的整数倍这一量子化条件。依据这些假设，玻尔从经典力学推导出巴耳末公式

$$\tilde{\nu} = \tilde{R}_{\mathrm{H}}\left(\frac{1}{n_1^2} - \frac{1}{n_2^2}\right) \quad (n_1, n_2 = 1,2,3,\cdots; n_2 > n_1)$$

并且得出里德伯常数

$$\tilde{R}_{\mathrm{H}} = \frac{m_{\mathrm{e}} e^4}{8\varepsilon_0^2 \hbar^3 c} = 1.097373 \times 10^7\ \mathrm{m}^{-1} \tag{1.8}$$

与实验值符合得很好。式中，m_{e} 是电子的静止质量；e 是电子的电量［电子电量为 $1.602176487(40) \times 10^{-19}\ \mathrm{C}$］；$\varepsilon_0$ 是介电常数。

玻尔将量子论应用于氢原子结构，把原子光谱与原子结构联系起来，原子光谱是原子内电子在不同能级的轨道上跃迁产生的辐射，形成谱线。玻尔建立起来的理论在解决氢原子结构和氢原子光谱问题上取得了成功。

索末菲（Sommerfeld）将玻尔理论推广应用于 Li^+、Na^+、K^+等一价离子的光谱，也取得了成功。但应用于氦原子时，结果与实验不符，应用于核外电子更多的原子时也如此。这说明玻尔理论存在着严重的缺陷。

1.1.4 微观粒子的波粒二象性

玻尔理论的缺陷主要是由于把微观粒子（电子、原子等）看作是经典力学的质点，把经典力学的理论应用于微观粒子。

在光具有波粒二象性的思想启发下，1923 年德布罗意（de Broglie）提出微观粒子也具有波粒二象性。他说：整个世纪以来，在光学上，比起波动的研究方法，过于忽略了粒子的研究方法；在实物理论上，是否发生了相反的错误呢？是不是我们把粒子的图像想象得太多，而过分忽略了波的图像？德布罗意提出了微观粒子具有波动性的假设，并给出如下方程

$$\nu = \frac{E}{h} \tag{1.9}$$

$$\lambda = \frac{h}{p} \tag{1.10}$$

式中，ν、λ、E、p 分别是微观粒子的频率、波长、能量和动量。这样，就将

描述微观粒子波动性的物理量ν、λ和粒子性的物理量E、p联系起来，揭示了微观粒子的波粒二象性。

自由粒子的能量和动量都是确定的量。由式（1.9）和式（1.10）可知，与自由粒子相联系的波，其频率和波长都不变，是一个平面波。

频率为ν，波长为λ，沿x方向传播的平面单色波的波函数由下式表示

$$\Psi = A\cos\left[2\pi\left(\frac{x}{\lambda}-\nu t\right)\right]$$

写成复数形式，则为

$$\Psi = A\mathrm{e}^{\mathrm{i}\left[2\pi\left(\frac{x}{\lambda}-\nu t\right)\right]} \tag{1.11}$$

将式（1.9）和式（1.10）代入式（1.11）得

$$\Psi = A\mathrm{e}^{\frac{\mathrm{i}}{\hbar}(xp_x-Et)} \tag{1.12}$$

式中，$\hbar=\dfrac{h}{2\pi}$，称为约化普朗克常量。这种波称为德布罗意波。

速度远小于光速的电子，能量$E=\dfrac{p^2}{2m_\mathrm{e}}$，其中$m_\mathrm{e}$为电子的质量，由式（1.10）可得相应的德布罗意波的波长为

$$\lambda=\frac{h}{\sqrt{2m_\mathrm{e}E}} \tag{1.13}$$

如果电子被V伏特电势差加速，则$E=eV$电子伏特，e为电子的电量，代入式（1.13），得

$$\lambda=\frac{h}{\sqrt{2m_\mathrm{e}eV}} \tag{1.14}$$

根据式（1.14）可求得电子的波长。

1927 年，戴维森（Davisson）和革末（Germer）用实验证实了电子具有衍射现象，衍射波的波长和动量符合德布罗意公式。后来，人们也观察到原子、分子、中子等微观粒子的衍射现象，衍射波的波长和粒子的动量符合德布罗意关系。至此，人们对微观粒子波粒二象性有了正确的认识。

1.2　不确定原理

电子等实物粒子的衍射实验证明，粒子束通过的圆孔或单狭缝越小，产生衍射花样的中心极大区就越大。1927 年，海森伯（Heisenberg）研究了这个现象，得出著名的海森伯不确定原理。

设电子通过一狭缝后打在狭缝后面的屏幕上。设狭缝的宽度为Δx，通过这个

狭缝的电子的位置不确定性则为Δx。由于电子具有波动性，通过狭缝后发生衍射，在屏幕上显示出花样。其强度的变化如图 1.1 所示，电子通过狭缝后可能偏离原来的方向，以α角表示偏离的大小。打在第一条暗纹P处和打在中心F处电子的动量相差

$$\Delta p_x = p\sin\alpha \tag{1.15}$$

产生暗条纹的条件是

$$d = \frac{1}{2}(2k+1)\lambda \quad (k = 0, \pm1, \pm2, \cdots) \tag{1.16}$$

其中d是波程差。如图 1.1 可得，若

$$\angle ACD = 90^\circ$$

则

$$\angle DAC = \alpha$$

与DP相比，DC很小，d也很小，所以

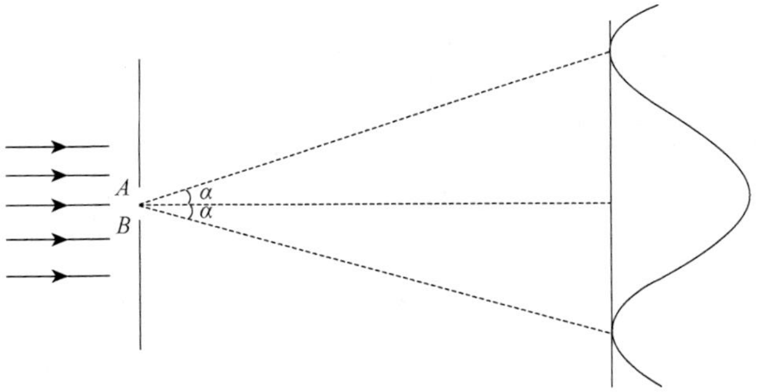

(a)

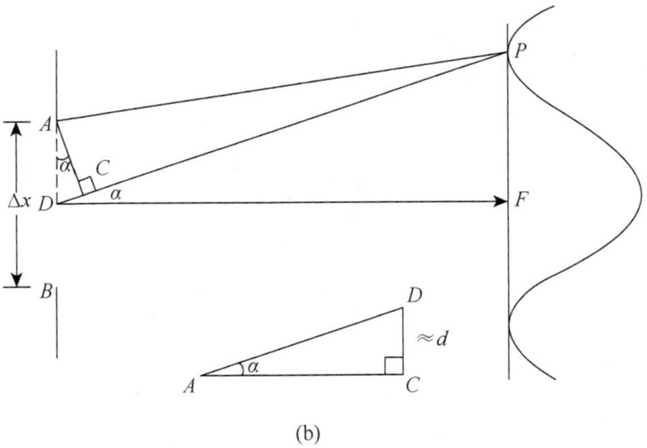

(b)

图 1.1　电子通过单个狭缝的衍射

$$d \approx DC = \frac{1}{2}\Delta x \sin\alpha \tag{1.17}$$

第一个暗条纹相应的$k=0$，由式（1.16）得

$$d = \frac{1}{2}\lambda \tag{1.18}$$

比较式（1.17）和式（1.18）得

$$\Delta x = \frac{\lambda}{\sin\alpha} \tag{1.19}$$

Δx乘以Δp_x得

$$\Delta x \Delta p_x = \lambda p \tag{1.20}$$

利用德布罗意关系

$$\lambda = \frac{h}{p}$$

得

$$\Delta x \Delta p_x = \frac{\hbar}{2} \tag{1.21}$$

若考虑电子的次级衍射，则有

$$\Delta x \Delta p_x \geqslant \frac{\hbar}{2} \tag{1.22}$$

对于三维空间，则有

$$\begin{aligned} \Delta x \Delta p_x &\geqslant \frac{\hbar}{2} \\ \Delta y \Delta p_y &\geqslant \frac{\hbar}{2} \\ \Delta z \Delta p_z &\geqslant \frac{\hbar}{2} \end{aligned} \tag{1.23}$$

此即海森伯不确定原理，表示电子的位置和动量不能同时准确测量，相互间制约，是相关量。

1.3　微观粒子运动

1.3.1　经典力学

一维运动的质点，其经典力学的牛顿第二定律方程为

$$F = m\frac{\mathrm{d}^2 x}{\mathrm{d}t^2} \tag{1.24}$$

式中，F 是质点所受到的作用力；m 是质点的质量；x 是质点的坐标。积分上式可得质点运动方程

$$x = f(t, c_1, c_2) \tag{1.25}$$

根据方程（1.25），如果知道了质点在某确定时刻的运动状态，就可得知以后任一时刻的运动状态，即若知道 t_0 时刻质点的位置 x_0 和速度 v_0，则可知道质点在任一时刻 t 的位置 x 和速度 v。x_0、v_0 是微分方程（1.25）的初始条件，有

$$x_0 = f(t_0, c_1, c_2) \tag{1.26}$$

$$v_0 = \left.\frac{\mathrm{d}x}{\mathrm{d}t}\right|_{t=t_0} = \left.\frac{\mathrm{d}f(t, c_1, c_2)}{\mathrm{d}t}\right|_{t=t_0} \tag{1.27}$$

由式（1.26）和式（1.27）确定了任意常数 c_1、c_2，则可由方程（1.25）确定质点未来的运动情况，即质点的坐标和速度。质点的质量是一定的，速度确定，动量也就确定了。质点的坐标和动量确定了，也就是质点的状态确定了。对于宏观质点的运动状态，坐标和动量是相互独立的量，可以作为自变量来描述质点的运动状态和计算其他物理量。而对于微观粒子，由海森伯不确定原理知道，不能同时确定其位置和速度，即坐标和动量不是相互独立的，二者是相关联的。这就决定了微观粒子的运动不能用经典力学来描述，必须建立新的理论体系。

1.3.2 德布罗意方程

微观粒子的运动不能用牛顿力学理论描述，那么应该如何描述微观粒子的运动状态呢？怎样用其现在的状态去求未来的状态呢？德布罗意认为：由于微观粒子具有波动性，所以微观粒子的状态可以用描述波动性的函数 Ψ 来描述，称为状态波函数。状态波函数应是某个微分方程的解。如何得出这个微分方程呢？只需知道状态波函数的解析表达式，求其所满足的微分方程，再将其推广到一般情况。

设一维直线方向运动的自由粒子的波函数为式（1.12）$\Psi = A\mathrm{e}^{\frac{\mathrm{i}}{\hbar}(xp_x - Et)}$。这是所需要建立的微分方程的解，为得出其所满足的微分方程，将式（1.12）对 t 求偏微商，得

$$\frac{\partial \Psi}{\partial t} = -\frac{\mathrm{i}}{\hbar} E\Psi \tag{1.28}$$

两边乘以 $-\mathrm{i}\hbar$ 得

$$\mathrm{i}\hbar \frac{\partial \Psi}{\partial t} = E\Psi \tag{1.29}$$

再将式（1.12）对 x 求二次偏微商，得

$$\frac{\partial^2 \Psi}{\partial x^2} = -\frac{p_x^2}{\hbar^2}\Psi \tag{1.30}$$

由一维运动

$$E = \frac{1}{2} m_e v_x^2 = \frac{p_x^2}{2m_e}$$

得

$$p_x^2 = 2m_e E \tag{1.31}$$

式中，m_e 为电子的质量。将式（1.31）代入式（1.30）得

$$-\frac{\hbar^2}{2m_e}\frac{\partial^2 \Psi}{\partial x^2} = E\Psi \tag{1.32}$$

比较式（1.29）和式（1.32）得

$$i\hbar\frac{\partial \Psi}{\partial t} = -\frac{\hbar^2}{2m_e}\frac{\partial^2 \Psi}{\partial x^2} \tag{1.33}$$

此即一维直线运动的自由电子所满足的微分方程。根据同样的方法可得三维运动的自由电子波函数

$$\Psi(x,y,z,t) = A e^{\frac{i}{\hbar}(xp_x + yp_y + zp_z - Et)} \tag{1.34}$$

所满足的微分方程为

$$i\hbar\frac{\partial \Psi}{\partial t} = -\frac{\hbar^2}{2m_e}\nabla^2 \Psi \tag{1.35}$$

式中

$$\nabla^2 = \frac{\partial^2}{\partial x^2} + \frac{\partial^2}{\partial y^2} + \frac{\partial^2}{\partial z^2}$$

是拉普拉斯（Laplace）算符。式（1.33）和式（1.35）称为德布罗意方程。

1.3.3　薛定谔方程

德布罗意方程的解是自由运动的电子的波函数，描述自由运动的电子的运动状态。德布罗意方程可作为描述自由电子运动的方程。但在很多情况下，电子在外势场中运动。例如，原子、分子中的电子受到原子核的吸引和其他电子的排斥。有外场存在的电子为束缚电子，其波函数所满足的微分方程应该是什么样的呢？这可以在德布罗意方程中加上一个势能项，即对于势能为 $V(x,t)$ 的一维运动的束缚电子波函数所满足的微分方程为

$$i\hbar\frac{\partial \Psi}{\partial t} = -\frac{\hbar^2}{2m_e}\frac{\partial^2 \Psi}{\partial x^2} + V\Psi \tag{1.36}$$

对于势能为 $V(x,y,z,t)$ 的三维运动的束缚电子所满足的微分方程为

$$\mathrm{i}\hbar\frac{\partial\Psi}{\partial t}=-\frac{\hbar^2}{2m_\mathrm{e}}\nabla^2\Psi+V\Psi \tag{1.37}$$

上面讨论的是一个粒子的情况，可以将其推广到多粒子的情况。对于多粒子体系，则有

$$\mathrm{i}\hbar\frac{\partial\Psi}{\partial t}=-\frac{\hbar^2}{2}\sum_{i=1}^{n}\frac{1}{m_i}\nabla_i^2\Psi+V\Psi \tag{1.38}$$

式中，m_i 为粒子的质量。

$$V=V(x_1,y_1,z_1;x_2,y_2,z_2;\cdots;x_n,y_n,z_n;t)$$

$$\Psi=\Psi(x_1,y_1,z_1;x_2,y_2,z_2;\cdots;x_n,y_n,z_n;t)$$

上面的假设是薛定谔（Schrödinger）在 1927 年最先提出来的，称为薛定谔方程。方程（1.36）～方程（1.38）都是薛定谔方程。

1.3.4 波函数的统计解释

1927 年，玻恩（Born）首先提出了波函数的统计解释：波函数在空间某一点的强度，即波函数绝对值的平方和粒子在该点出现的概率成正比。按照这种解释，描述粒子的波是概率波。

由于粒子必定在空间中的某一点出现，粒子在空间各点出现的概率总和等于 1，因而粒子在空间各点出现的概率只取决于波函数在空间各点的相对强度，而不取决于强度的绝对大小。如果将波函数乘一个常数后，所描述的粒子的状态并不改变。量子力学中的波函数的这种性质是其他波动过程（如声波、光波等）所没有的。

波函数的绝对值的平方表示为

$$|\Psi|^2=\Psi^*\Psi \tag{1.39}$$

式中，Ψ^* 是 Ψ 的共轭复数。以 $\mathrm{d}\tau$ 表示空间某点附近的小体积元，则

$$|\Psi|^2\,\mathrm{d}\tau \tag{1.40}$$

表示粒子在小体积元 $\mathrm{d}\tau$ 内出现的概率，将上式对整个空间积分，则有

$$\int_\tau|\Psi|^2\,\mathrm{d}\tau=\int_\tau\Psi^*\Psi\,\mathrm{d}\tau=1 \tag{1.41}$$

表示粒子在整个空间内出现的概率是 1，即粒子在整个空间内出现是必然事件。满足式（1.41）的波函数称为归一化波函数。如果某一波函数没有归一化，可将其归一化。例如，以 f 表示某一尚未归一化的波函数，即其平方积分不等于 1，而是

$$\int_\tau f^*f\,\mathrm{d}\tau=c$$

波函数乘一常数后，并不改变它所描述的粒子在空间各点出现的概率，即不改变波函数描述的状态。则将上式中的 c 开方后取倒数乘 f，并以 Φ 表示之，得

$$\Phi = \frac{1}{\sqrt{c}} f$$

这样

$$\int_\tau \Phi^* \Phi \mathrm{d}\tau = \int_\tau \frac{1}{\sqrt{c}} f^* \frac{1}{\sqrt{c}} f \mathrm{d}\tau = 1$$

这一过程称为归一化，波函数 Φ 则是归一化了的波函数。

按照波函数的统计解释，$|\Psi|^2$ 表示空间某点的概率密度。对于一个体系而言，在时刻 t 这个概率必须是确定的，所以 Ψ 值必须是单值和连续的。波函数 Ψ 是薛定谔方程的解，薛定谔方程是一个二阶偏微分方程，所以 Ψ 及其对坐标的一阶导数必须是连续的。而式（1.41）又要求 Ψ 必须是平方可积分的。因此，合乎要求的波函数必须满足三个条件：单值、连续、平方可积，这是合格波函数的基本条件。满足这三个条件的函数称为品优函数。

1.3.5　态叠加原理

电子的衍射现象说明，实物粒子的德布罗意波和光波、声波一样服从叠加原理。对光波和声波而言，叠加原理表述为：如果 Ψ_1 和 Ψ_2 是两个可能的波动过程，则 Ψ_1 和 Ψ_2 的线性叠加 $a\Psi_1 + b\Psi_2$ 也是一个可能的波动过程。在光学中称为惠更斯（Huygens）原理。对于实物粒子的德布罗意波函数有类似的原理。Ψ 是描述微观粒子的运动状态的，所以称为态叠加原理。

量子力学的态叠加原理表述如下：如果 Ψ_1 和 Ψ_2 是体系的可能状态，那么它们的线性叠加

$$\Psi = c_1\Psi_1 + c_2\Psi_2 \tag{1.42}$$

也是体系的一个可能状态，其中 c_1、c_2 是复数。

态叠加原理有如下含义：当微观粒子处于 Ψ_1 和 Ψ_2 的线性叠加态 Ψ 时，粒子既处在态 Ψ_1，又处在态 Ψ_2。

式（1.42）中 Ψ 表示为两个态 Ψ_1 和 Ψ_2 的线性叠加，推广到更一般的情况，有

$$\Psi = c_1\Psi_1 + c_2\Psi_2 + \cdots + c_n\Psi_n = \sum_{i=1}^{n} c_i\Psi_i \tag{1.43}$$

式中，c_i 为复数。这样，态叠加原理可表述如下：如果 $\Psi_1, \Psi_2, \cdots$ 是体系的可能状态，则它们的线性叠加 Ψ 也是体系的一个可能状态。也就是说，当体系处于状态 Ψ 时，体系部分地处于状态 $\Psi_1, \Psi_2, \cdots$ 中。而 c_i^2 表示状态 Ψ_i 出现的概率。

1.3.6　定态薛定谔方程

在一维情况下，如果势能函数

$$V = V(x)$$

不含时间，即势能仅是坐标的函数，不随时间变化，则可令

$$\Psi(x,t) = f(t)\psi(x) \tag{1.44}$$

代入式（1.36）中，各项除以 $f(t)\psi(x)$，得

$$\frac{\mathrm{i}\hbar}{f(t)}\frac{\mathrm{d}f(t)}{\mathrm{d}t} = \frac{1}{\psi(x)}\left[-\frac{\hbar^2}{2m_\mathrm{e}}\frac{\mathrm{d}^2\psi(x)}{\mathrm{d}x^2} + V(x)\psi(x)\right] \tag{1.45}$$

式（1.45）左边只是 t 的函数，右边只是 x 的函数，x、t 为相互独立的变量，该式成立必等于一常量，以 E 表示该常量，得

$$\mathrm{i}\hbar\frac{\mathrm{d}f(t)}{\mathrm{d}t} = Ef(t) \tag{1.46}$$

和

$$-\frac{\hbar^2}{2m_\mathrm{e}}\frac{\mathrm{d}^2\psi(x)}{\mathrm{d}x^2} + V(x)\psi(x) = E\psi(x) \tag{1.47}$$

式（1.46）移项积分，得

$$f(t) = A\mathrm{e}^{-\frac{\mathrm{i}E}{\hbar}t}$$

将上式代入式（1.44）中，得

$$\Psi(x,t) = \psi(x)\mathrm{e}^{-\frac{\mathrm{i}E}{\hbar}t} \tag{1.48}$$

将式（1.48）与式（1.12）相比较，可见此常量 E 就是微观粒子的能量，即波函数 $\Psi(x,t)$ 所描述的体系所处状态的能量。在该状态，体系具有确定的能量，该种状态称为定态。式（1.48）称为定态波函数。由于

$$|\Psi|^2 = \Psi^*\Psi = \left(\psi\mathrm{e}^{-\frac{\mathrm{i}E}{\hbar}t}\right)^*\psi\mathrm{e}^{-\frac{\mathrm{i}E}{\hbar}t} = \psi^*\psi = |\psi|^2 \tag{1.49}$$

所以 $\psi = \psi(x)$ 也称为定态波函数，它是方程（1.47）的解。方程（1.47）称为定态薛定谔方程，因为它的解所描述的状态具有确定的能量。

对于三维情况，定态薛定谔方程为

$$-\frac{\hbar^2}{2m_\mathrm{e}}\nabla^2\psi + V\psi = E\psi \tag{1.50}$$

其中

$$\psi = \psi(x,y,z)$$
$$V = V(x,y,z)$$

并有

$$\Psi(x,y,z,t) = \psi(x,y,z)\mathrm{e}^{-\frac{\mathrm{i}E}{\hbar}t}$$

对于多个粒子体系，则有

$$-\frac{\hbar^2}{2}\sum_{i=1}^{n}\frac{1}{m_i}\nabla_i^2\psi+V\psi=E\psi \tag{1.51}$$

式中，m_i 为第 i 个粒子的质量，粒子可以是电子、质子等。

$$\psi=\psi(x_1,y_1,z_1;x_2,y_2,z_2;\cdots;x_n,y_n,z_n)$$
$$V=V(x_1,y_1,z_1;x_2,y_2,z_2;\cdots;x_n,y_n,z_n)$$

并有

$$\Psi=\psi(x_1,y_1,z_1;x_2,y_2,z_2;\cdots;x_n,y_n,z_n)\mathrm{e}^{-\frac{\mathrm{i}E}{\hbar}t}$$

方程（1.50）、方程（1.51）都是定态薛定谔方程。

方程（1.46）仅是 t 的函数，$\psi(x)$ 不含时间变量，各项乘以 $\psi(x)$ 仍成立，则

$$-\mathrm{i}\hbar\frac{\mathrm{d}}{\mathrm{d}t}[f(t)\psi(x)]=Ef(t)\psi(x)$$

即

$$-\mathrm{i}\hbar\frac{\partial\Psi(x,t)}{\partial t}=E\Psi(x,t) \tag{1.52}$$

方程（1.47）仅是 x 的函数，$f(t)=\mathrm{e}^{-\frac{\mathrm{i}E}{\hbar}t}$ 不含 x 变量，多项乘以 $f(t)$ 仍成立，则

$$-\frac{\hbar^2}{2m_\mathrm{e}}\frac{\mathrm{d}^2}{\mathrm{d}x^2}[\psi(x)f(t)]+V\psi(x)f(t)=E\psi(x)f(t)$$

即

$$-\frac{\hbar^2}{2m_\mathrm{e}}\frac{\partial^2}{\partial x^2}\Psi(x,t)+V\Psi(x,t)=E\Psi(x,t) \tag{1.53}$$

在三维情况下，则有

$$-\mathrm{i}\hbar\frac{\partial\Psi(x,y,z,t)}{\partial t}=E\Psi(x,y,z,t) \tag{1.54}$$

$$-\frac{\hbar^2}{2m_\mathrm{e}}\nabla^2\Psi(x,y,z,t)+V\Psi(x,y,z,t)=E\Psi(x,y,z,t) \tag{1.55}$$

方程（1.52）～方程（1.55）也是定态薛定谔方程。

对于多粒子体系，则有

$$-\mathrm{i}\hbar\frac{\partial\Psi}{\partial t}=E\Psi$$

和

$$-\frac{\hbar^2}{2}\sum_{i=1}^{n}\frac{1}{m_i}\nabla_i^2\Psi+V\Psi=E\Psi$$

式中的波函数为

$$\Psi=\Psi(x_1,y_1,z_1;x_2,y_2,z_2;\cdots;x_n,y_n,z_n;t)$$

势能为

$$V = V(x_1, y_1, z_1; x_2, y_2, z_2; \cdots; x_n, y_n, z_n; t)$$

1.4 量子力学的算符

1.4.1 算符

1. 定义

算符是指作用在一个函数上得出另一个函数的运算符号。可表示为

$$\hat{G}u = v \quad (1.56)$$

其中 $\hat{G}$ 称为算符。例如 $\frac{\mathrm{d}}{\mathrm{d}x}x^2 = 2x$，$\frac{\mathrm{d}}{\mathrm{d}x}$ 是微商算符；$xu = v$，x 也是算符，其作用是与 u 相乘。

如果算符作用在一个函数上得到的是这个函数自身乘以一个常数，即

$$\hat{G}f = \lambda f \quad (1.57)$$

则称 λ 是算符 $\hat{G}$ 的本征值，f 是本征值 λ 对应的本征函数，式（1.57）称为算符 $\hat{G}$ 的本征方程。

2. 运算规则

算符满足以下的运算规则

分配律

$$(\hat{A} + \hat{B})f = \hat{A}f + \hat{B}f \quad (1.58)$$

结合律

$$(\hat{A}\hat{B})f = \hat{A}(\hat{B}f) \quad (1.59)$$

乘方

$$(\hat{A}\hat{A})f = \hat{A}^2 f \quad (1.60)$$

一般情况下不满足交换律

$$\hat{A}\hat{B} \neq \hat{B}\hat{A} \quad (1.61)$$

矩阵可以看作算符，算符的这些性质和矩阵的性质相同。

3. 线性算符和厄米算符

若算符满足

$$\hat{G}(af + b\phi) = a\hat{G}f + b\hat{G}\phi \quad (1.62)$$

则称 $\hat{G}$ 为线性算符。式中 a、b 为常数，f、ϕ 为任意函数。

若算符满足

$$\int f^* \hat{G}\phi \mathrm{d}\tau = \int f(\hat{G}\phi)^* \mathrm{d}\tau \tag{1.63}$$

则称 $\hat{G}$ 为厄米（Hermite）算符，式中 f 和 ϕ 为任意函数。厄米算符具有如下性质：

（1）本征值是实数，且是分立的，即不连续的或量子化的。

（2）对应于不同本征值的本征函数正交，即 $\int f_1^* f_2 \mathrm{d}\tau = 0$ 。

（3）所有的本征函数构成一完备集合，即构成一广义傅里叶（Fourier）级数。任一和本征函数具有相同边界条件的函数可以用本征函数集展开。

1.4.2　量子力学的力学量算符

1. 动量和动量算符

一维德布罗意波为

$$\Psi(x,t) = A\mathrm{e}^{\frac{\mathrm{i}}{\hbar}(xp_x - Et)}$$

对 x 微商，得

$$-\mathrm{i}\hbar\frac{\partial}{\partial x}\Psi(x,t) = p_x\Psi(x,t) \tag{1.64}$$

将 $-\mathrm{i}\hbar\frac{\partial}{\partial x}$ 看作算符，式（1.64）符合本征方程的定义，是一维动量本征方程，其中

$$-\mathrm{i}\hbar\frac{\partial}{\partial x} = \hat{p}_x \tag{1.65}$$

称为 x 方向一维动量算符；p_x 是动量 $\vec{p}$ 在 x 方向分量的数值，是动量算符 $\hat{p}_x$ 的本征值。

同理有

$$-\mathrm{i}\hbar\frac{\partial}{\partial y}\Psi(y,t) = p_y\Psi(y,t) \tag{1.66}$$

$$-\mathrm{i}\hbar\frac{\partial}{\partial z}\Psi(z,t) = p_z\Psi(z,t) \tag{1.67}$$

其中

$$-\mathrm{i}\hbar\frac{\partial}{\partial y} = \hat{p}_y \tag{1.68}$$

$$-\mathrm{i}\hbar\frac{\partial}{\partial z} = \hat{p}_z \tag{1.69}$$

分别是 y 方向和 z 方向一维动量算符。而 p_y、p_z 则分别是动量算符 $\hat{p}_y$、$\hat{p}_z$ 的本征值。

将式（1.65）、式（1.68）和式（1.69）分别乘以单位矢量 e_x、e_y、e_z 后相加，

左式为

$$-\mathrm{i}\hbar\left(e_x\frac{\partial}{\partial x}+e_y\frac{\partial}{\partial y}+e_z\frac{\partial}{\partial z}\right)=-\mathrm{i}\hbar\nabla$$

右式为

$$e_x\hat{p}_x+e_y\hat{p}_y+e_z\hat{p}_z=\hat{p}$$

即

$$-\mathrm{i}\hbar\nabla=\hat{p} \tag{1.70}$$

为三维动量算符，其本征方程为

$$-\mathrm{i}\hbar\nabla\Psi(x,y,z,t)=\vec{p}\Psi(x,y,z,t) \tag{1.71}$$

其中 $\vec{p}$ 为动量本征值，是矢量，并有

$$\vec{p}=e_xp_x+e_yp_y+e_zp_z$$

2. 能量及能量算符

定态薛定谔方程

$$\left[-\frac{\hbar^2}{2m}\nabla^2+V\right]\psi=E\psi$$

是算符 $-\frac{\hbar^2}{2m}\nabla^2+V$ 的本征方程。本征值 E 是能量，则相应的算符 $-\frac{\hbar^2}{2m}\nabla^2+V$ 就是能量算符，所以此方程也是能量本征方程。其中 $-\frac{\hbar^2}{2m}\nabla^2$ 是动能算符，V 是势能算符，也是体系的势能。在经典力学中动能和势能之和是体系的总能量，称为哈密顿（Hamilton）函数，以 H 表示，有

$$H=T+V$$

式中，T 为体系的动能；V 为体系的势能。在量子力学中以 $\hat{H}$ 表示能量算符，称为哈密顿算符，并有

$$\hat{H}=\hat{T}+\hat{V}=-\frac{\hbar^2}{2m}\nabla^2+V \tag{1.72}$$

其中

$$\hat{T}=-\frac{\hbar^2}{2m}\nabla^2 \tag{1.73}$$

为动能算符。

$$\hat{V}=V \tag{1.74}$$

为势能算符。

由能量本征方程

$$\mathrm{i}\hbar\frac{\partial}{\partial t}\psi = E\psi$$

可知，$\mathrm{i}\hbar\dfrac{\partial}{\partial t}$ 也是能量算符，且和 $-\dfrac{\hbar^2}{2m}\nabla^2+V$ 相等。

由动量和能量算符可见，量子力学中的力学量和算符相对应，力学量是相应力学量算符的本征方程的本征值，解此本征方程则可求得一系列力学量的值。这和经典力学中求力学量的办法是不同的。算符及其相应的本征方程是量子力学的数学工具。求解本征方程就可以同时得出波函数和相应的本征值。而本征值是该波函数所表示的状态下力学量的值。

由经典力学可知，动能和动量的关系为

$$T=\frac{1}{2}m\vec{v}^2=\frac{\vec{p}^2}{2m} \tag{1.75}$$

相应的量子力学的动能算符和动量算符的关系为

$$\hat{T}=-\frac{\hbar^2}{2m}\nabla^2=-\frac{\hat{p}^2}{2m} \tag{1.76}$$

比较式（1.75）和式（1.76）可见经典力学的力学量间的关系和相应量子力学的力学量算符间的关系相同，据此可得出构造量子力学中的力学量算符的一般法则。将经典力学中的力学量 G 表示为坐标和动量的函数，将动量用动量算符取代，坐标不变（坐标本身也就是坐标算符），按算符的法则运算，即可得出该力学量 G 相应的量子力学中的力学量算符 $\hat{G}$ 。

3. 角动量和角动量算符

在经典力学中，角动量为

$$\vec{L}=\vec{r}\times\vec{p}$$

式中，$\vec{r}$ 为位移（坐标）；$\vec{p}$ 为动量。相应的量子力学中角动量算符为

$$\hat{L}=\hat{r}\times\hat{p} \tag{1.77}$$

式中，$\hat{L}$ 为角动量算符；$\hat{r}$ 为位移（坐标）算符；$\hat{p}$ 为动量算符。在直角坐标系中角动量 $\vec{L}$ 写作

$$\vec{L}=\vec{r}\times\vec{p}=\begin{vmatrix} e_x & e_y & e_z \\ x & y & z \\ p_x & p_y & p_z \end{vmatrix}$$

展开则为

$$\vec{L}=e_x\left(yp_z-zp_y\right)+e_y\left(zp_x-xp_z\right)+e_z\left(xp_y-yp_x\right)=e_xL_x+e_yL_y+e_zL_z$$

其中

$$L_x = yp_z - zp_y$$
$$L_y = zp_x - xp_z$$
$$L_z = xp_y - yp_x$$

相应的角动量算符则为

$$\hat{L} = \hat{r} \times \hat{p} = \begin{vmatrix} e_x & e_y & e_z \\ x & y & z \\ -\mathrm{i}\hbar\frac{\partial}{\partial x} & -\mathrm{i}\hbar\frac{\partial}{\partial y} & -\mathrm{i}\hbar\frac{\partial}{\partial z} \end{vmatrix}$$

展开则为

$$\begin{aligned} \hat{L} &= -\mathrm{i}\hbar\left[e_x\left(y\frac{\partial}{\partial z} - z\frac{\partial}{\partial y}\right) + e_y\left(z\frac{\partial}{\partial x} - x\frac{\partial}{\partial z}\right) + e_z\left(x\frac{\partial}{\partial y} - y\frac{\partial}{\partial x}\right)\right] \\ &= e_x\hat{L}_x + e_y\hat{L}_y + e_z\hat{L}_z \end{aligned} \tag{1.78}$$

其中

$$\begin{aligned} \hat{L}_x &= -\mathrm{i}\hbar\left(y\frac{\partial}{\partial z} - z\frac{\partial}{\partial y}\right) \\ \hat{L}_y &= -\mathrm{i}\hbar\left(z\frac{\partial}{\partial x} - x\frac{\partial}{\partial z}\right) \\ \hat{L}_z &= -\mathrm{i}\hbar\left(x\frac{\partial}{\partial y} - y\frac{\partial}{\partial x}\right) \end{aligned} \tag{1.79}$$

角动量平方算符则是

$$\begin{aligned} \hat{L}^2 &= \hat{L}\cdot\hat{L} = \hat{L}_x^2 + \hat{L}_y^2 + \hat{L}_z^2 \\ &= -\hbar^2\left[\left(y\frac{\partial}{\partial z} - z\frac{\partial}{\partial y}\right)^2 + \left(z\frac{\partial}{\partial x} - x\frac{\partial}{\partial z}\right)^2 + \left(x\frac{\partial}{\partial y} - y\frac{\partial}{\partial x}\right)^2\right] \end{aligned} \tag{1.80}$$

4. 坐标算符和势能算符

坐标算符就是坐标本身，经典力学中仅是坐标的函数的力学量，其量子力学的力学量算符就是该函数。例如

$$\hat{x} = x, \hat{y} = y, \hat{z} = z$$
$$\hat{V}(x, y, z) = V(x, y, z)$$

量子力学的力学量算符都是线性厄米算符。

1.5　一维无限深势阱中的粒子

1.5.1　薛定谔方程及其解

一维无限深势阱是指由图 1.2 所描述的势场。相应的势能函数可由下式表示

$$V(x)=\begin{cases}0 & 0<x<l \\ \infty & x\leqslant 0, x\geqslant l\end{cases}$$

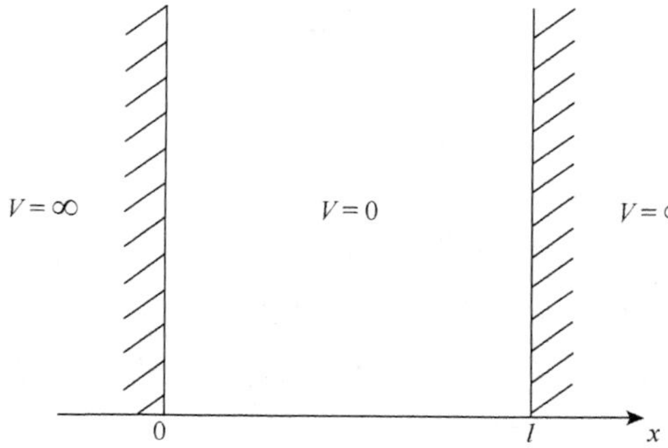

图 1.2　一维势阱示意图

粒子在这样的势场中运动，其状态是什么样呢？这是一微观粒子的运动，需要求解薛定谔方程。所以第一步先写出体系的薛定谔方程。两端势能无限大，粒子不可能出现在势阱外，考虑在势阱内的情况，体系的薛定谔方程为

$$\hat{H}\psi = E\psi$$

$$\hat{H}=\hat{T}+\hat{V}=-\frac{\hbar^2}{2m}\frac{\mathrm{d}^2}{\mathrm{d}x^2}$$

所以有

$$-\frac{\hbar^2}{2m}\frac{\mathrm{d}^2}{\mathrm{d}x^2}\psi = E\psi \tag{1.81}$$

即

$$\frac{\mathrm{d}^2}{\mathrm{d}x^2}\psi+\frac{2mE}{\hbar^2}\psi=0$$

令

$$k=\sqrt{\frac{2mE}{\hbar^2}} \tag{1.82}$$

则得

$$\frac{d^2\psi}{dx^2}+k^2\psi=0$$

这是一个二阶常系数线性齐次微分方程，可用代数法求解，其特征方程为

$$r^2+k^2=0$$

$$r_i=\pm ik$$

所以

$$\psi_1=c_1e^{ikx}=c_1(\cos kx+i\sin kx)$$

$$\psi_2=c_2e^{-ikx}=c_2(\cos kx-i\sin kx)$$

将解写成实数形式，取 $c_1=c_2$，上面两式各乘 i 后相减得

$$\psi_1=C\sin kx$$

上面两式相加得

$$\psi_2=D\cos kx$$

所以，实数形式的通解为

$$\psi=C\sin kx+D\cos kx \tag{1.83}$$

利用边界条件可确定常数 C 和 D，得出满足边界条件的特解。

当 $x=0$ 和 $x=l$ 时，$V=\infty$，所以粒子不可能透过两边的势垒，即在 $x=0$、$x=l$ 处，粒子出现的概率为零。

当 $x=0$ 时，$\psi(0)=0$ 代入通解中，得

$$\psi(0)=C\sin 0+D\cos 0=0$$

由于

$$\sin 0=0, \cos 0=1$$

为满足边界条件必须 $D=0$，而 C 可以不为零。这样为满足第一个边界条件，解变为

$$\psi=C\sin kx \tag{1.84}$$

当 $x=l$ 时，$\psi(l)=0$，代入式（1.84）中，得

$$\psi(l)=C\sin kl=0$$

若上式成立，可以 $C=0$ 或 $\sin kx=0$。而若 C 为零得出的是零解，没有意义，所以必须 $C\neq 0$，

$$\sin kl=0$$

而上式成立的条件是

$$kl=n\pi \quad (n=1,2,3,\cdots)$$

$$k=\frac{n\pi}{l}$$

将此 k 值代入式（1.82），得

$$\sqrt{\frac{2mE}{\hbar^2}}=\frac{n\pi}{l}$$

所以

$$E_n=\frac{n^2\hbar^2\pi^2}{2ml^2}\quad (n=1,2,3,\cdots) \tag{1.85}$$

式中，$\hbar^2$、π^2、$2m$、l^2 均为常数，n 只能取整数。可见，能量本征值 E_n 是不连续的，即分立的或量子化的。相应的本征函数为

$$\psi_n=C\sin\frac{n\pi}{l}x\quad (n=1,2,3,\cdots)$$

常数 C 只有相对大小的意义，可通过波函数的归一化确定

$$\int_0^l \psi_n^*\psi_n\mathrm{d}x=\int_0^l C^2\sin^2\frac{n\pi}{l}x\mathrm{d}x=C^2\frac{l}{2}=1$$

所以

$$C^2=\frac{2}{l}$$

$$C=\pm\sqrt{\frac{2}{l}}$$

取正数

$$C=\sqrt{\frac{2}{l}}$$

得满足边界条件的归一化波函数

$$\psi_n=\sqrt{\frac{2}{l}}\sin\frac{n\pi}{l}x\quad (n=1,2,3,\cdots) \tag{1.86}$$

至此，求得了一维无限深势阱中粒子运动的波函数和相应的能量。

下面给出几个与 n 的取值相应的能量和波函数：

$$n=1,\quad E_1=\frac{\hbar^2}{8ml^2},\qquad \psi_1=\sqrt{\frac{2}{l}}\sin\frac{\pi}{l}x$$

$$n=2,\quad E_2=\frac{\hbar^2}{8ml^2}\times 2^2,\ \psi_2=\sqrt{\frac{2}{l}}\sin\frac{2\pi}{l}x$$

$$n=3,\quad E_3=\frac{\hbar^2}{8ml^2}\times 3^2,\ \psi_3=\sqrt{\frac{2}{l}}\sin\frac{3\pi}{l}x$$

$$n=4,\quad E_4=\frac{\hbar^2}{8ml^2}\times 4^2,\ \psi_4=\sqrt{\frac{2}{l}}\sin\frac{4\pi}{l}x$$

$$\vdots$$

$n=1$ 称为第一能级，$n=2$ 称为第二能级，…。

图 1.3 给出了 $n=1,2,3,4$ 四个能级的波函数 ψ_n 和概率密度 $|\psi_n|^2$。

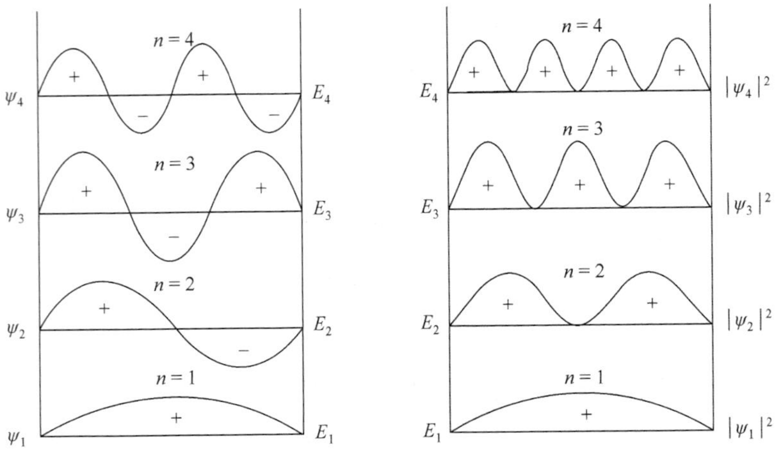

图 1.3　一维势阱中粒子的波函数、能级和概率密度

$$|\psi_n|^2 = \psi_n^2 = \frac{2}{l}\left(\sin\frac{n\pi}{l}x\right)^2 \quad (n = 1, 2, 3, \cdots)$$

一维无限深势阱中粒子的波函数都是正交的。正交的概念是几何学中垂直的概念在多维函数空间的推广。

1.5.2　解的讨论

一维势阱中的粒子是一个最简单的体系，从以上结果可以看到：

（1）量子数 n 对体系的能量 E_n 和波函数 Ψ_n 起控制作用，可以用量子数 n 表示体系的特定状态，n 与能量相联系，可以称为能量量子数。

（2）能量值是分立的、不连续的，即量子化的。能量的量子化是解方程过程中自然得到的，不是人为引入的。$n=1$，体系的能量最低，称为基态，其他的称为激发态。能量随 n 的增大而增大，能级间隔随 n 的增大而增大，体系最低能级——基态能量不等于零，表明了运动的永恒性。

（3）对一确定的量子数 n 值，能量 E_n 与粒子质量 m 和势阱长度 l 的平方成反比。因此，当粒子的质量增大，势阱长度增长时，能量降低，能级差变小。两相邻能级差值为

$$\Delta E = \frac{h^2}{8ml^2}[(n+1)^2 - n^2] = \frac{h^2}{8ml^2}(2n+1)$$

当势阱长度 $l \to \infty$ 时，$\Delta E \to 0$，即粒子的能量趋于连续化。可见，粒子能量量子化是因被束缚在势阱中引起的。若将一个电子束缚在长度 $l = 10^{-10}\text{m}$ 的一维无限深势阱中，电子的质量为 $9.10956 \times 10^{-31}\text{kg}$，能级差 $\Delta E_n = (2n+1) \times 37.60\text{eV}$，

能级分立现象极为明显。若势阱长度为$l=1\text{m}$，束缚在$l=10^{-2}\text{m}$的一维无限深的势阱中，则能级差$\Delta E_n=(2n+1)\times 37.60\times 10^{-20}\text{eV}$，能级分立现象不明显，可看作连续的。若势阱中束缚的不是电子，是质量为1g的宏观物体，则能级差为$\Delta E_n=(2n+1)\times 3.43\times 10^{-42}\text{eV}$。能级间隔极小，在测量误差之内，完全可以认为能量变化是连续的。由此可见，量子化是微观世界的特征，是微观粒子在束缚状态下运动的特征。

（4）除两端点外，波函数$\Psi(x)=0$的点称为节点，第n个状态节点数为$n-1$。一般来说，节点数越多，能量越高。并且波长越短，粒子性越强，动量越大，这是由于$\vec{p}=\dfrac{h}{\lambda}$。

（5）将一维势阱中粒子的波函数用复数表示，则为

$$\psi_n=c_1\mathrm{e}^{\mathrm{i}kx}+c_2\mathrm{e}^{-\mathrm{i}kx}$$

定态波函数可写为

$$\begin{aligned}\psi_n(x,t)&=\psi_n\mathrm{e}^{-\frac{\mathrm{i}}{\hbar}E_nt}=\left(c_1\mathrm{e}^{\mathrm{i}kx}+c_2\mathrm{e}^{-\mathrm{i}kx}\right)\mathrm{e}^{-\frac{\mathrm{i}}{\hbar}E_nt}\\&=c_1\mathrm{e}^{\frac{\mathrm{i}}{\hbar}\left(\frac{n\pi\hbar}{l}x-E_nt\right)}+c_2\mathrm{e}^{-\frac{\mathrm{i}}{\hbar}\left(\frac{n\pi\hbar}{l}x-E_nt\right)}\\&=c_1\mathrm{e}^{\frac{\mathrm{i}}{\hbar}(p_xx-E_nt)}+c_2\mathrm{e}^{-\frac{\mathrm{i}}{\hbar}(p_xx-E_nt)}\end{aligned}$$

后一步利用了公式

$$E=\frac{p^2}{2m}$$

及

$$k=\sqrt{\frac{2mE}{\hbar^2}}=\frac{n\pi}{l}$$

式中，c_1、c_2是任意常数。由上式可见，定态波函数$\Psi_n(x,t)$是由两个沿相反方向传播的平面波叠加而成的驻波。

此外，我们还看到用量子力学处理问题的程序：

（1）写出体系的薛定谔方程。

（2）求解该薛定谔方程。

（3）对所得到的解和其他结果进行分析讨论。

习　　题

1.1 计算下面粒子的德布罗意波长：

（1）质量为10g、速度为1000m/s的子弹；

（2）质量为10^{-6}g、速度为10m/s的尘埃；

（3）质量为10^{-10}g、速度为1m/s做布朗运动的花粉；

（4）质量为1.6×10^{-24}g、速度为10^{6}m/s的质子；

（5）质量为9.1×10^{-28}g、速度为10^{6}m/s的电子。

1.2 显像管加速电子的电压为1000V，电子运动速度的不确定度Δv为10%，电子打到荧光屏上能否清晰成像？

1.3 光学光栅的周期为10^{-6}m，被10000V电压加速的电子通过光学光栅，能否观测到衍射条纹？

1.4 不确定原理的本质是什么？谈谈你对不确定原理的理解。

1.5 下列算符中哪些是线性算符？

$$\frac{\mathrm{d}}{\mathrm{d}x}, \ln, \sin, \frac{\mathrm{d}^2}{\mathrm{d}x^2}$$

1.6 从下列函数中找出$\frac{\mathrm{d}^2}{\mathrm{d}x^2}$的本征函数，求出本征值：

$$\sin x, \cos x, \mathrm{e}^x, 2x^3$$

1.7 讨论二维和三维无限深势阱中粒子的运动状况。

1.8 线形烯类分子的π电子可以近似看作一维无限深势阱中粒子的运动。若分子的长度为1.3nm，计算π电子跃迁时所吸收的光的波长。

第 2 章　氢原子和类氢离子的结构

2.1　氢原子和类氢离子的薛定谔方程及其解

2.1.1　氢原子和类氢离子的薛定谔方程

氢原子是最简单的原子，核外只有一个电子，研究它的意义在于由简单问题入手，逐渐深入。通过这样一个相对简单的问题的处理，可以看到量子力学解决问题的方法、途径和结果，了解到量子力学是怎样描述物质的微观结构的。

与氢原子相似，核外只有一个电子的体系还有氦离子（He^+）、锂离子（Li^+）等，统称为类氢离子。

将坐标原点选在原子核上，电子和原子核的距离为 r，电子的质量为 m_e，相应的坐标如图 2.1 所示。该体系的薛定谔方程为

$$\hat{H}\psi=E\psi \tag{2.1}$$

$$\hat{H}=-\frac{\hbar^2}{2m_e}\nabla^2-\frac{Ze^2}{r} \tag{2.2}$$

方程（2.1）可以用分离变量法求解，势能函数中 r 在分母上，写成直角坐标无法分离变量，而写成球坐标的形式可以进行变量分离。

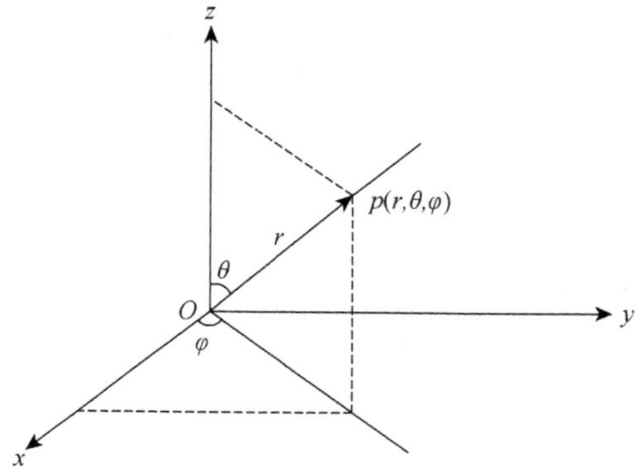

图 2.1　氢原子坐标

球坐标的变量为

$$0 \leqslant r < \infty,\ 0 \leqslant \theta \leqslant \pi, 0 \leqslant \varphi \leqslant 2\pi$$

球坐标与直角坐标间的关系式如下

$$x = r\sin\theta\cos\varphi,\ y = r\sin\theta\sin\varphi,\ z = r\cos\theta$$

$$r = \sqrt{x^2 + y^2 + z^2}, \cos\theta = \frac{z}{\sqrt{x^2 + y^2 + z^2}}, \tan\varphi = \frac{y}{x}$$

在直角坐标系中

$$\mathrm{d}\tau = \mathrm{d}x\mathrm{d}y\mathrm{d}z$$

在球坐标系中

$$\mathrm{d}\tau = r^2\sin\theta\mathrm{d}r\mathrm{d}\theta\mathrm{d}\varphi$$

利用这些关系进行坐标变换，得到球坐标中拉普拉斯算符 ∇^2 的表达式

$$\nabla^2 = \frac{1}{r^2}\frac{\partial}{\partial r}\left(r^2\frac{\partial}{\partial r}\right) + \frac{1}{r^2\sin\theta}\frac{\partial}{\partial\theta}\left(\sin\theta\frac{\partial}{\partial\theta}\right) + \frac{1}{r^2\sin^2\theta}\frac{\partial^2}{\partial\varphi^2} \tag{2.3}$$

代入薛定谔方程（2.1），得

$$-\frac{\hbar^2}{2m_e}\left[\frac{1}{r^2}\frac{\partial}{\partial r}\left(r^2\frac{\partial\psi}{\partial r}\right) + \frac{1}{r^2\sin\theta}\frac{\partial}{\partial\theta}\left(\sin^2\theta\frac{\partial\psi}{\partial\theta}\right) + \frac{1}{r^2\sin^2\theta}\frac{\partial^2\psi}{\partial\varphi^2}\right] - \frac{Ze^2}{r}\psi = E\psi \tag{2.4}$$

2.1.2　求解薛定谔方程

下面采用分离变量法解方程（2.4），令方程的解为

$$\psi(r,\theta,\varphi) = R(r)Y(\theta,\varphi) \tag{2.5}$$

代入方程（2.4），得

$$\frac{1}{R}\frac{\mathrm{d}}{\mathrm{d}r}\left(r^2\frac{\mathrm{d}R}{\mathrm{d}r}\right) + \frac{2m_e r^2}{\hbar^2}\left(E + \frac{Ze^2}{r}\right) = -\frac{1}{Y}\left[\frac{1}{\sin\theta}\frac{\partial}{\partial\theta}\left(\sin\theta\frac{\partial Y}{\partial\theta}\right) + \frac{1}{\sin^2\theta}\frac{\partial^2 Y}{\partial\varphi^2}\right] \tag{2.6}$$

式（2.6）左边是 r 的函数，右边是 θ 、φ 的函数，r、θ 、φ 是独立变量。若式（2.6）成立，必须等于一个与 r、θ 、φ 都无关的常数，令此常数为 λ ，于是薛定谔方程（2.4）被分解为

$$\frac{1}{r^2}\frac{\mathrm{d}}{\mathrm{d}r}\left(r^2\frac{\mathrm{d}R}{\mathrm{d}r}\right) + \left[\frac{2m_e}{\hbar^2}\left(E + \frac{Ze^2}{r}\right) - \frac{\lambda}{r^2}\right]R = 0 \tag{2.7}$$

$$\frac{1}{\sin\theta}\frac{\partial}{\partial\theta}\left(\sin\theta\frac{\partial Y}{\partial\theta}\right) + \frac{1}{\sin^2\theta}\frac{\partial^2 Y}{\partial\varphi^2} + \lambda Y = 0 \tag{2.8}$$

方程（2.8）可进一步进行变量分离，设

$$Y(\theta,\varphi) = \Theta(\theta)\Phi(\varphi) \tag{2.9}$$

代入方程（2.8），得

$$\frac{1}{\Theta}\sin^2\theta\left[\frac{1}{\sin\theta}\frac{\mathrm{d}}{\mathrm{d}\theta}\left(\sin\theta\frac{\mathrm{d}\Theta}{\mathrm{d}\theta}\right)+\lambda\Theta\right]=-\frac{1}{\Phi}\frac{\mathrm{d}^2\Phi}{\mathrm{d}\varphi^2} \tag{2.10}$$

式（2.10）左边是θ的函数，右边是φ的函数，θ、φ是独立变量。式（2.10）若成立，则应等于一常数，令其为m^2，则有

$$\frac{1}{\sin\theta}\frac{\mathrm{d}}{\mathrm{d}\theta}\left(\sin\theta\frac{\mathrm{d}\Theta}{\mathrm{d}\theta}\right)+\left(\lambda-\frac{m^2}{\sin^2\theta}\right)\Theta=0 \tag{2.11}$$

$$-\frac{1}{\Phi}\frac{\mathrm{d}^2\Phi}{\mathrm{d}\varphi^2}=m^2 \tag{2.12}$$

采用分离变量的方法将三维薛定谔方程（2.4）分离成三个一维的方程（2.7）、方程（2.11）、方程（2.12）。下面分别求解这三个方程。

1. *Φ方程的解*

方程（2.12）是未知函数Φ的一维方程，称为Φ方程。该方程是常系数二阶线性齐次方程，可写成

$$\frac{\mathrm{d}^2\Phi}{\mathrm{d}\varphi^2}+m^2\Phi=0 \tag{2.13}$$

其复数形式的解为

$$\Phi=A\mathrm{e}^{\mathrm{i}m\varphi} \tag{2.14}$$

m可取正数、负数或零。由于角度θ转2π的整数倍后在空间代表同一点，根据波函数的单值条件，必须要求

$$\Phi(\varphi)=\Phi(\varphi+2\pi) \tag{2.15}$$

则

$$A\mathrm{e}^{\mathrm{i}m\varphi}=A\mathrm{e}^{\mathrm{i}m(\varphi+2\pi)}=A\mathrm{e}^{\mathrm{i}m\varphi}\mathrm{e}^{\mathrm{i}m2\pi} \tag{2.16}$$

即

$$\mathrm{e}^{\mathrm{i}m2\pi}=1 \tag{2.17}$$

由欧拉（Euler）公式得

$$\mathrm{e}^{\mathrm{i}m2\pi}=\cos m2\pi+\mathrm{i}\sin m2\pi=1 \tag{2.18}$$

可知，只有当$m=0,\pm1,\pm2,\cdots$时，式（2.18）才能成立。常数m取整数的条件是根据波函数的单值条件自然得到的，不是人为规定的，称m为磁量子数。

积分常数A可用归一化条件得到。

$$\int_0^{2\pi}\Phi_m^*(\varphi)\Phi_m(\varphi)\mathrm{d}\varphi=\int_0^{2\pi}A^2\mathrm{e}^{-\mathrm{i}m\varphi}\mathrm{e}^{\mathrm{i}m\varphi}\mathrm{d}\varphi=A^2 2\pi=1$$

$$A=\frac{1}{\sqrt{2\pi}} \tag{2.19}$$

于是得到Φ方程的复数形式的解

$$\Phi_m(\varphi)=\frac{1}{\sqrt{2\pi}}\mathrm{e}^{\mathrm{i}m\varphi}\quad (m=0,\pm1,\pm2,\cdots) \tag{2.20}$$

式（2.20）为复数形式的解，也可得到实数形式的解。对于绝对值相同的 m 值，式（2.14）可写作

$$\Phi_{|m|}(\varphi)=A\mathrm{e}^{\mathrm{i}|m|\varphi}=A\cos|m|\phi+\mathrm{i}A\sin|m|\varphi$$

和

$$\Phi_{-|m|}(\varphi)=A\mathrm{e}^{-\mathrm{i}|m|\varphi}=A\cos|m|\varphi-\mathrm{i}A\sin|m|\varphi$$

这是两个特解，m 为某具体值时，其线性组合后仍是特解，而有

$$\Phi_{|m|}=\Phi_{|m|}+\Phi_{-|m|}=A\cos|m|\varphi \tag{2.21}$$

和

$$\Phi_{|m|}=\mathrm{i}\Phi_{|m|}-\mathrm{i}\Phi_{-|m|}=B\sin|m|\varphi \tag{2.22}$$

由归一化条件可得

$$\Phi=\frac{1}{\sqrt{2\pi}},m=0$$

$$A=B=\frac{1}{\sqrt{\pi}}\quad (m\neq0,m=\pm1,\pm2,\cdots)$$

所以 Φ 方程实数形式的解为

$$\Phi_0=\frac{1}{\sqrt{2\pi}} \tag{2.23}$$

$$\Phi_{|m|}=\frac{1}{\sqrt{\pi}}\cos|m|\varphi\quad (m=\pm1,\pm2,\cdots) \tag{2.24}$$

$$\Phi_{|m|}=\frac{1}{\sqrt{\pi}}\sin|m|\varphi \tag{2.25}$$

2. Θ 方程的解

方程（2.11）是含参数 m、λ 的二阶常微分方程，式中参数 m 的取值已确定，

$$\frac{1}{\sin\theta}\frac{\mathrm{d}}{\mathrm{d}\theta}\left(\sin\theta\frac{\mathrm{d}\Theta}{\mathrm{d}\theta}\right)+\left(\lambda-\frac{m^2}{\sin^2\theta}\right)\Theta=0$$

参数 λ 尚未确定。该方程可用级数展开的方法求解。展开后发现，并不是参数 λ 为任何值时该方程的级数解都收敛，仅当

$$\lambda=l(l+1)\quad (l=0,1,2,3,\cdots) \tag{2.26}$$

且

$$l\geqslant|m| \tag{2.27}$$

才能得到收敛的解。λ 是该方程的本征值，l 是量子数，称为角动量量子数，简称

角量子数。用 $l(l+1)$ 代替 λ，得

$$\frac{1}{\sin\theta}\frac{\mathrm{d}}{\mathrm{d}\theta}\left(\sin\theta\frac{\mathrm{d}\Theta}{\mathrm{d}\theta}\right)-\frac{m^2}{\sin^2\theta}\Theta+l(l+1)\Theta=0 \tag{2.28}$$

此类常数微分方程称为联属勒让德（Legendre）方程，是数理方程中的重要方程，工程中常遇到，已经被详细研究。其解称为联属勒让德函数，常用 $P_l^{|m|}(\cos\theta)$ 表示。方程（2.28）的解可写作

$$\Theta_{l|m|}(\theta)=\left[\frac{2l+1}{2}\cdot\frac{(l-|m|)!}{(l+|m|)!}\right]^{\frac{1}{2}}P_l^{|m|}(\cos\theta) \tag{2.29}$$

其中等式右边的系数因子为归一化系数，由于负数的阶乘无意义，零的阶乘等于 1，所以 $l\geqslant|m|$；联属勒让德函数可用下式表示

$$P_l^{|m|}(\cos\theta)=\frac{(1-\cos^2\theta)^{\frac{|m|}{2}}}{2^l l!}\frac{\mathrm{d}^{l+|m|}}{\mathrm{d}\cos\theta^{l+|m|}}(\cos^2\theta-1)^l \tag{2.30}$$

其具体函数形式随 l、m 的取值不同而不同，例如

$$l=0, m=0, \Theta_{00}=\frac{\sqrt{2}}{2}$$

$$l=1\begin{cases} m=0, \Theta_{10}=\dfrac{\sqrt{6}}{2}\cos\theta \\ m=\pm1, \Theta_{11}=\dfrac{\sqrt{3}}{2}\sin\theta \end{cases}$$

$$l=2\begin{cases} m=0, \Theta_{20}=\dfrac{\sqrt{10}}{4}(3\cos^2\theta-1) \\ m=\pm1, \Theta_{21}=\dfrac{\sqrt{15}}{2}\sin\theta\cos\theta \\ m=\pm2, \Theta_{22}=\dfrac{\sqrt{15}}{4}\sin^2\theta \end{cases}$$

$$\vdots$$

3. *R* 方程的解

由于 $\lambda=l(l+1)$，方程（2.7）可写作

$$\frac{1}{r^2}\frac{\mathrm{d}}{\mathrm{d}r}\left(r^2\frac{\mathrm{d}R}{\mathrm{d}r}\right)+\left[-\frac{l(l+1)}{r^2}+\frac{2m_{\mathrm{e}}}{\hbar^2}\left(E+\frac{Ze^2}{r}\right)\right]R=0 \tag{2.31}$$

这也是一个含参数的二阶常微分方程。其中参数 l 的取值范围已确定，参数 E 尚未确定。方程（2.31）也需用级数展开的方法求解。当 E 取大于零的任何值时，

方程（2.31）的级数解都收敛，都有满足波函数条件的解，即对于方程（2.31）E 可取大于零的任何值。也就是 $E>0$ 时体系的能量是连续的、非量子化的。然而，对于 $E>0$ 而言，表示的是电子离开原子核，运动到无限远处，虽可看成一个电子和一个原子核构成的体系，但已不是一个稳定的氢原子了。所以，这里不做讨论。

当 $E<0$ 时，对应于电子的束缚态，即稳定的氢原子。用级数展开的方法求解发现，仅当

$$E_n = -\frac{m_e Z^2 e^4}{2\hbar^2 n^2} \quad (n = 1, 2, 3, \cdots) \tag{2.32}$$

时，级数解才收敛。式（2.32）中等号右边除 n 外都是常数，因此 E 是 n 的函数而写作 E_n。由于 n 只能取正整数，E_n 是不连续的、量子化的。

方程（2.31）称为联属拉盖尔（Laguerre）方程，在工程问题中常用到，是数理方程中一类重要的方程，已经被详细研究。其解称为联属拉盖尔函数，可写作

$$R_{nl}(r) = N_{nl} e^{-\frac{\rho}{2}} \rho^l L_{n+l}^{2l+1}(\rho) \tag{2.33}$$

式中

$$\rho = \frac{2Z}{na_0} r \tag{2.34}$$

而

$$a_0 = \frac{\hbar^2}{m_e e^2} \tag{2.35}$$

称为第一玻尔轨道半径；N_{nl} 是归一化常数，由归一化条件

$$\int_0^\infty R_{nl}^2(r) r^2 \mathrm{d}r = 1$$

计算得

$$N_{nl} = -\left\{ \left(\frac{2Z}{na_0} \right)^3 \frac{(n-l-1)!}{2n[(n+l)!]^3} \right\}^{\frac{1}{2}} \tag{2.36}$$

引入负号是为了使函数在小的 r 值时为正值，由 $n-l-1 \geqslant 0$ 得到

$$l = 0, 1, 2, \cdots, n-1 \tag{2.37}$$

而

$$L_{n+l}^{2l+1}(\rho) = \sum_{k=0}^{n-l-1} (-1)^k \frac{[(n+l)!]^2}{(n-l-1-k)!(2l+1+k)!k!} \rho^k \tag{2.38}$$

称为缔合拉盖尔多项式，也可写作

$$L_{n+l}^{2l+1}(\rho)=\frac{\mathrm{d}^{2l+1}}{\mathrm{d}\rho^{2l+1}}\left[\mathrm{e}^{\rho}\frac{\mathrm{d}^{n+l}}{\mathrm{d}\rho^{n+l}}\left(\rho^{n+l}\mathrm{e}^{-\rho}\right)\right] \tag{2.39}$$

其具体函数形式依 n、l 取值的不同而不同，例如

$$n=1,\ l=0,\ R_{10}(r)=\left(\frac{Z}{a_0}\right)^{\frac{3}{2}}2\mathrm{e}^{-\frac{Zr}{a_0}}$$

$$n=2\begin{cases} l=0,\ R_{20}(r)=\left(\dfrac{Z}{2a_0}\right)^{\frac{3}{2}}\left(2-\dfrac{Zr}{a_0}\right)\mathrm{e}^{-\frac{Zr}{2a_0}} \\ l=1,\ R_{21}(r)=\left(\dfrac{Z}{2a_0}\right)^{\frac{3}{2}}\dfrac{Zr}{\sqrt{3}a_0}\mathrm{e}^{-\frac{Zr}{2a_0}} \end{cases}$$

$$n=3\begin{cases} l=0,\ R_{30}(r)=\left(\dfrac{Z}{3a_0}\right)^{\frac{3}{2}}\left[2-\dfrac{4Zr}{3a_0}+\dfrac{4}{27}\left(\dfrac{Zr}{a_0}\right)^2\right]\mathrm{e}^{-\frac{Zr}{3a_0}} \\ l=1,\ R_{31}(r)=\left(\dfrac{2Z}{a_0}\right)^{\frac{3}{2}}\left(\dfrac{2}{27\sqrt{3}}-\dfrac{Zr}{81a_0\sqrt{3}}\right)\dfrac{Zr}{a_0}\mathrm{e}^{-\frac{Zr}{3a_0}} \\ l=2,\ R_{32}(r)=\left(\dfrac{2Z}{a_0}\right)^{\frac{3}{2}}\dfrac{1}{81\sqrt{15}}\left(\dfrac{Zr}{a_0}\right)^2\mathrm{e}^{-\frac{Zr}{3a_0}} \end{cases}$$

$$\vdots$$

2.1.3　氢原子和类氢离子的波函数

上面采用分离变量法将方程（2.4）分离成三个常微分方程 ψ、Θ、R，并依次得到它们的解，则方程（2.4）的解应为

$$\begin{aligned}\psi_{nlm}(r,\theta,\varphi)&=R_{nl}(r)\Theta_{lm}(\theta)\Phi_m(\varphi)\\ &=-\left\{\left(\frac{2Z}{na_0}\right)^3\frac{(n-l-1)!}{2n[(n+l)!]^3}\right\}^{\frac{1}{2}}\mathrm{e}^{-\frac{\rho}{2}}\rho^l L_{n+l}^{2l+1}(\rho)\\ &\quad\times\left\{\frac{(2l+1)\left(l-|m|\right)!}{2\left(l+|m|\right)!}\right\}^{\frac{1}{2}}\rho_l^{|m|}(\cos\theta)\frac{1}{\sqrt{2\pi}}\mathrm{e}^{\mathrm{i}m\varphi}\end{aligned} \tag{2.40}$$

其中

$$\rho = \frac{2Z}{na_0} r$$

$$a_0 = \frac{\hbar^2}{me^2}$$

$$n = 1, 2, \cdots$$

$$l = 0, 1, 2, \cdots, n-1$$

$$m = 0, \pm 1, \pm 2, \cdots, \pm l$$

这些函数都是归一化的，还是相互正交的。当 n、l、m 取确定值时，具体函数形式为

$$n=1,\ l=0,\ m=0,\ \psi_{100} = \frac{1}{\sqrt{\pi}}\left(\frac{Z}{a_0}\right)^{\frac{3}{2}} e^{-\rho}$$

$$n=2\begin{cases} l=0,\ m=0,\ \psi_{200} = \dfrac{1}{4\sqrt{2\pi}}\left(\dfrac{Z}{2a_0}\right)^{\frac{3}{2}}(2-\rho)e^{-\frac{\rho}{2}} \\ l=1,\ m=0,\ \psi_{210} = \dfrac{1}{4\sqrt{2\pi}}\left(\dfrac{Z}{2a_0}\right)^{\frac{3}{2}}\rho e^{-\frac{\rho}{2}}\cos\theta \\ l=1,\ m=+1,\ \psi_{211} = \dfrac{1}{4\sqrt{2\pi}}\left(\dfrac{Z}{2a_0}\right)^{\frac{3}{2}}\rho e^{-\frac{\rho}{2}}\sin\theta\cos\varphi \\ l=1,\ m=-1,\ \psi_{21-1} = \dfrac{1}{4\sqrt{2\pi}}\left(\dfrac{Z}{2a_0}\right)^{\frac{3}{2}}\rho e^{-\frac{\rho}{2}}\sin\theta\sin\varphi \end{cases}$$

$$\vdots$$

定态波函数 $\psi_{nlm}(r,\theta,\varphi)$ 描述氢原子和类氢离子中电子在恒定引力场中的运动状态，其能量为负值，这是由于取无穷远处的势能为零所致。由于波函数由三个量子数 n、l、m 决定，而能量 E_n 仅与 n 有关。对应于一个 n，l 可取 $0,1,2,\cdots,n-1$ 共 n 个值；而对应于一个 l，m 可取 $0,\pm1,\pm2,\cdots,\pm l$ 共 $2l+1$ 个值；n、l、m 有一个不同，则波函数就不同，因此对应于一个 n 值，就有

$$\sum_{l=0}^{n-1}(2l+1) = n^2$$

个波函数。称这种能量相同而波函数不同的状态为能量简并态；对应于同一能量的波函数的个数为简并度，所以能级为 E_n 的简并度为 n^2。

2.2　波函数和电子云图像

2.2.1　波函数和电子云

波函数$\psi_{nlm}(r,\theta,\varphi)$描述氢原子和类氢离子中电子的运动状态。由于该种体系核外只有一个电子，也称为单电子波函数。这种单电子波函数所描述的状态称为原子轨道。而波函数绝对值的平方即$|\psi_{nlm}(r,\theta,\varphi)|^2$则表示电子在原子核周围空间各点出现概率的大小，也称概率密度。而把电子在原子核周围的分布称为电子云。因此，电子的概率密度也称电子云密度。

波函数$\psi_{nlm}(r,\theta,\varphi)$是$r$、$\theta$、$\varphi$三个变量的函数，难以用图像表达，根据

$$\psi_{nlm}(r,\theta,\varphi)=R_{nl}(r)Y_{lm}(\theta,\varphi)$$

可将其分成两部分讨论。第一部分为径向波函数即联属拉盖尔函数$R_{nl}(r)$；第二部分为角度波函数即球谐函数$Y_{lm}(\theta,\varphi)$。

2.2.2　径向分布

1. 径向波函数

径向波函数$R_{nl}(r)$表示的是在不考虑角度时，波函数随r变化的情况。图 2.2（a）给出了$R_{nl}(r)-r$的变化曲线。径向波函数有正负及节面[$R_{nl}(r)=0$处]，节面数量N与n、l有关，可用下式求得

$$N=n-l-1 \tag{2.41}$$

l相同时，n越大，节面数量越多，能量越高。

2. 径向密度函数

径向密度函数$R_{nl}^2(r)=|R_{nl}(r)|^2$［因为$R_{nl}^2(r)$为实函数］描述在不考虑角度时，电子在距原子核$r$处的某点单位体积内出现的概率。图 2.2(b)则表示的是$R_{nl}^2(r)-r$的变化曲线。

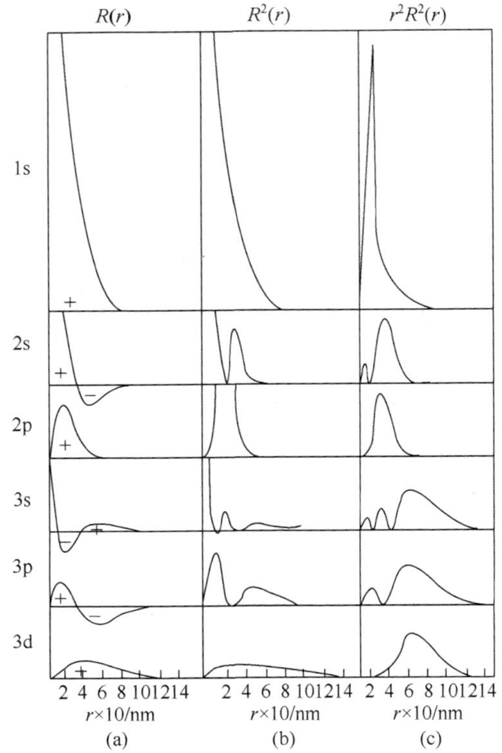

图 2.2　氢原子的径向分布示意图

3. 径向分布函数——电子云的径向分布

将波函数的角度部分积分

$$\int_0^{2\pi}\int_0^{\pi}\left|\psi_{nlm}(r,\theta,\varphi)\right|^2 r^2\sin\theta \mathrm{d}r\mathrm{d}\theta\mathrm{d}\varphi=\int_0^{2\pi}\int_0^{\pi}R_{nl}^2(r)\left|Y_{lm}(\theta,\varphi)\right|^2 r^2\sin\theta \mathrm{d}r\mathrm{d}\theta\mathrm{d}\varphi$$
$$=r^2R_{nl}^2(r)\mathrm{d}r$$
$$=D(r)\mathrm{d}r$$

式中

$$D(r)=r^2R_{nl}^2(r) \tag{2.42}$$

表示在半径为 r 的球面附近单位厚度球壳内电子出现的概率。因为 $4\pi r^2$ 表示球表面积，而 $4\pi r^2$ 与 r^2 仅差常数 4π 倍，概率仅有相对的意义，所以 $r^2R_{nl}^2(r)$ 和 $4\pi r^2R_{nl}^2(r)$ 可同等看待。而 $D(r)\mathrm{d}r$ 则表示在 $r\sim r+\mathrm{d}r$ 的球壳上电子出现的概率。图 2.2（c）给出了 $D(r)$ - r 的变化曲线。

2.2.3　角度分布

波函数的角度部分 $Y_{lm}(\theta,\varphi)$ 称为角度分布，反映了波函数在同一球面不同方向上的相对大小和符号的正负。这对于讨论化学键的生成、变化和分子几何构型具有重要意义。为易于作图，将 $Y_{lm}(\theta,\varphi)$ 取实函数，其图形可以用球坐标表示。其做法是：选原子核为坐标原点，在某一方向 (θ,φ) 上引一直线，直线长度等于 $Y_{lm}(\theta,\varphi)$ 的绝对值 $|Y_{lm}(\theta,\varphi)|$ 的大小。所有直线的端点在空间构成的曲面就是波函数的角度分布图。实际上不是画的立体图，而是借助经过坐标原点的一个或几个平面上的 $Y_{lm}(\theta,\varphi)$ 函数的极坐标剖面图来表示其角度分布的性质。

波函数角度部分的平方 $|Y_{lm}(\theta,\varphi)|^2$ 表示的是电子在同一球面不同方向上的概率密度。其作图方法同上述。

图 2.3 和图 2.4 分别给出了 $Y_{lm}(\theta,\varphi)$ 和 $|Y_{lm}(\theta,\varphi)|^2$ 对 θ、φ 的图形。给出的直角坐标是表示剖开图形的平面。而 p、d 的下角标则表达了图形所表示的函数式的直角坐标和球坐标的变换关系。例如

$$P_Z = Y_{10} = \frac{\sqrt{3}}{\sqrt{4\pi}}\cos\theta$$
$$Z = r\cos\theta$$

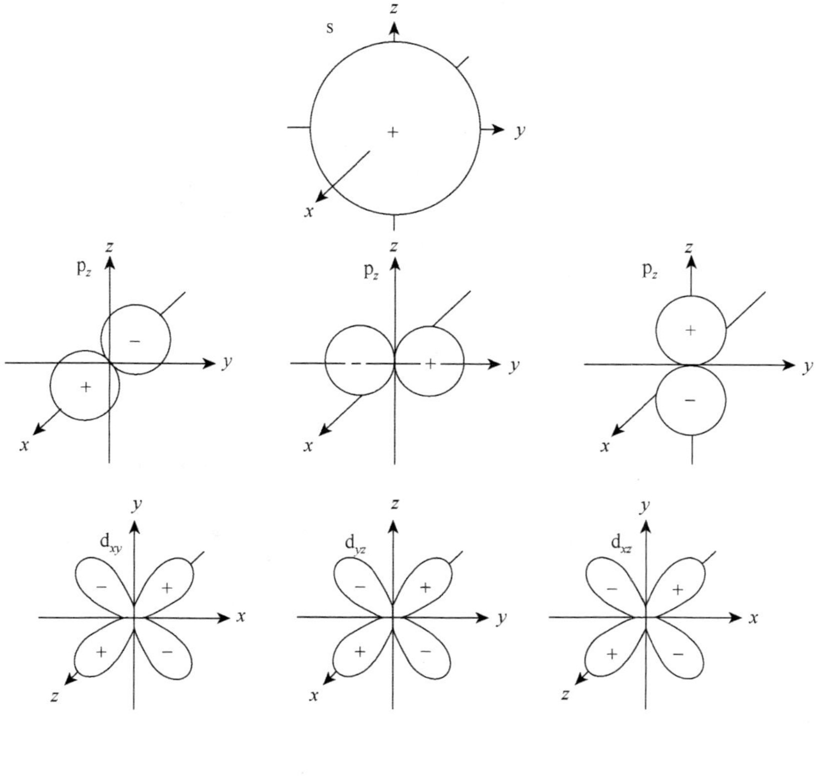

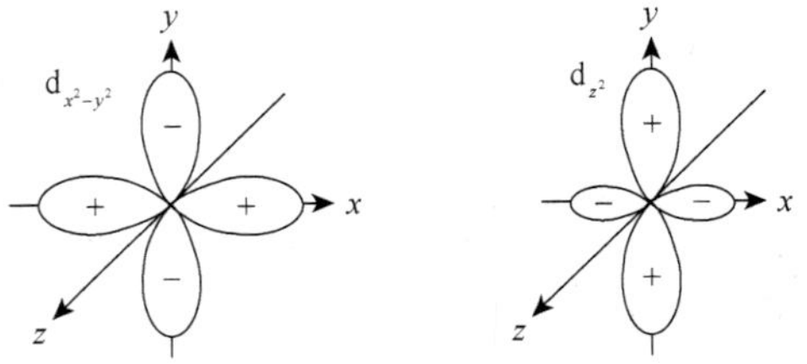

图 2.3　$Y_{lm}(\theta,\varphi)$ 对 θ、φ 的图形

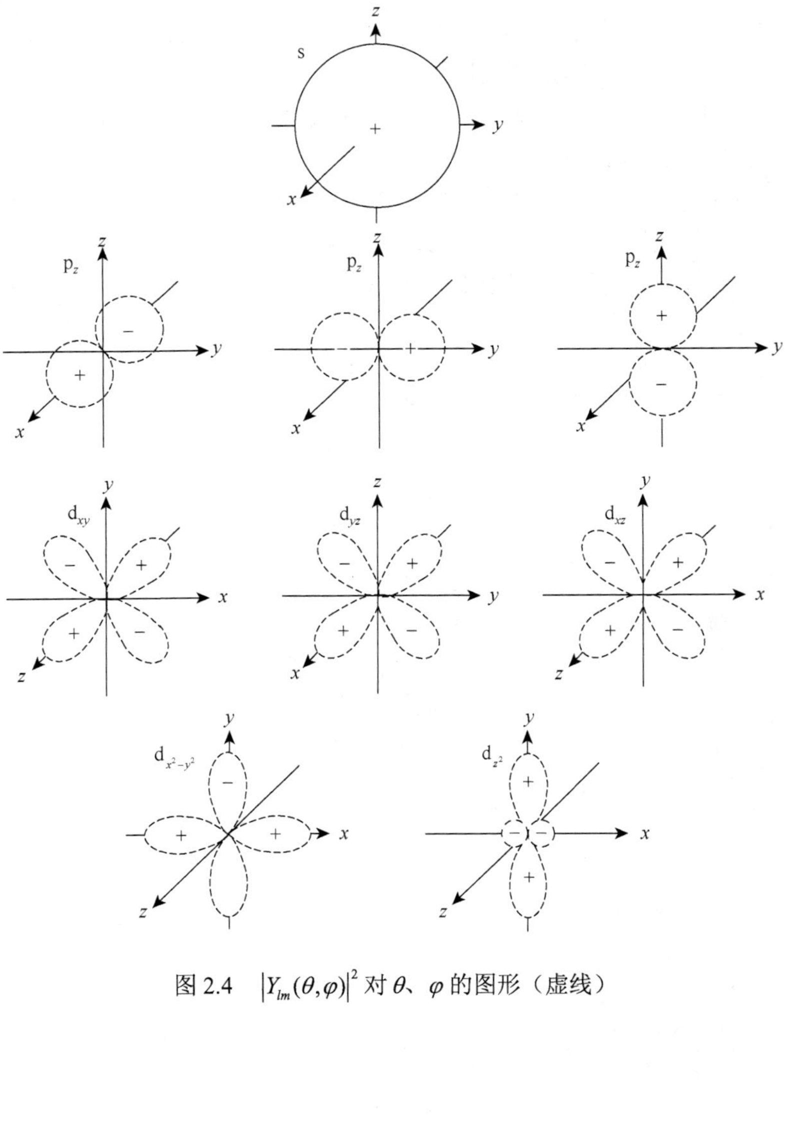

图 2.4　$|Y_{lm}(\theta,\varphi)|^2$ 对 θ、φ 的图形（虚线）

2.3　量子数 l、m 的物理意义

在求解氢原子和类氢离子的薛定谔方程的过程中，引进了量子数 n、l 和 m。n 在电子的总能量表达式中出现，是决定电子能量大小的量子数，称为能量量子数，也称主量子数。其物理意义很明确。而量子数 l 和 m 的物理意义在解 Θ 方程和 Φ 方程的过程中并未能体现。下面对量子数 l、m 的物理意义进行讨论。

2.3.1　角量子数 *l*

氢原子和类氢离子波函数的角度部分

$$Y_{lm}(\theta,\varphi)=\Theta_{lm}(\theta)\Phi_m(\varphi)$$

是方程

$$-\left[\frac{1}{\sin\theta}\frac{\partial}{\partial\theta}\left(\sin\theta\frac{\partial}{\partial\theta}\right)+\frac{1}{\sin^2\theta}\frac{\partial^2}{\partial\varphi^2}\right]Y=l(l+1)Y \tag{2.43}$$

的解。方程（2.43）是把 $\lambda=l(l+1)$ 代入方程（2.8）所得到的。其解的复数形式为

$$Y_{lm}(\theta,\varphi)=N_{lm}P_l^{|m|}(\cos\theta)\mathrm{e}^{\mathrm{i}m\varphi}$$

其中

$$N_{lm}=\left[\frac{1}{2\pi}\frac{2l+1}{2}\frac{(l-|m|)!}{(l+|m|)!}\right]^{\frac{1}{2}}$$

$$l=0,1,2,\cdots,n-1;\quad m=0,\pm1,\pm2,\cdots,\pm l$$

$$\varphi=0\sim2\pi;\quad \theta=0\sim\pi$$

该解称为球谐函数，解的全体是一完备性集合，球面上定义的连续函数可用球谐函数展开。

其解的实数形式为

$$Y_{l|m|}(\theta,\varphi)=\left[\frac{1}{\pi}\frac{2l+1}{2}\frac{(l-|m|)!}{(l+|m|)!}\right]^{\frac{1}{2}}P_l^{|m|}(\cos\theta)\cos|m|\varphi$$

$$Y_{l|m|}(\theta,\varphi)=\left[\frac{1}{\pi}\frac{2l+1}{2}\frac{(l-|m|)!}{(l+|m|)!}\right]^{\frac{1}{2}}P_l^{|m|}(\cos\theta)\sin|m|\varphi$$

$$l = 0, 1, 2, \cdots, n-1; \quad m = 0, \pm 1, \pm 2, \cdots, \pm l$$

$$\varphi = 0 \sim 2\pi; \quad \theta = 0 \sim \pi$$

称为田谐函数。

将方程（2.43）的两边乘以 $\hbar^2$，得

$$-\hbar^2 \left[\frac{1}{\sin\theta} \frac{\partial}{\partial\theta} \left(\sin\theta \frac{\partial}{\partial\theta} \right) + \frac{1}{\sin^2\theta} \frac{\partial^2}{\partial\varphi^2} \right] Y = l(l+1)\hbar^2 Y \tag{2.44}$$

即

$$\hat{L}^2 Y = l(l+1)\hbar^2 Y \tag{2.45}$$

其中

$$\hat{L}^2 = -\hbar^2 \left[\frac{1}{\sin\theta} \frac{\partial}{\partial\theta} \left(\sin\theta \frac{\partial}{\partial\theta} \right) + \frac{1}{\sin^2\theta} \frac{\partial^2}{\partial\varphi^2} \right] \tag{2.46}$$

是球坐标形式的角动量平方算符表达式。方程（2.44）或方程（2.45）是角动量平方算符的本征方程。角度部分波函数 $Y_{lm}(\theta,\varphi)$ 是角动量平方算符 $\hat{L}^2$ 的本征函数。$l(l+1)\hbar^2$ 是角动量平方算符的本征值，即角动量平方的值。以 $\vec{L}^2$ 表示角动量平方，有

$$\vec{L}^2 = l(l+1)\hbar^2 \tag{2.47}$$

或

$$\left|\vec{L}\right| = \sqrt{l(l+1)}\hbar \tag{2.48}$$

当体系处于方程（2.44）或方程（2.45）的某个具体的本征函数 $Y_{lm}(\theta,\varphi)$ 所描述的状态时，具有确定的角动量平方值 $\vec{L}^2$ 或角动量绝对值 $\left|\vec{L}\right|$，其大小由 l 决定，可根据方程（2.47）或方程（2.48）求得。l 决定角动量的大小，所以称为角动量量子数，简称角量子数。

2.3.2　磁量子数 *m*

角动量 z 方向分量算符在球坐标的表达式为

$$\hat{L}_z = -\mathrm{i}\hbar \frac{\partial}{\partial\varphi} \tag{2.49}$$

将其作用于角度波函数 $Y_{lm}(\theta,\varphi)$ 得

$$\hat{L}_z Y_{lm}(\theta,\varphi) = -\mathrm{i}\hbar\frac{\partial}{\partial\varphi}\left[N_{lm}P_l^{|m|}(\cos\theta)\mathrm{e}^{\mathrm{i}m\varphi}\right] = m\hbar Y_{lm}(\theta,\varphi) \tag{2.50}$$

式（2.50）表明，当体系处于 $Y_{lm}(\theta,\varphi)$ 所描述的状态时，体系的角动量在 z 方向的分量是

$$L_z = m\hbar \quad (m = 0, \pm1, \pm2, \cdots, \pm l) \tag{2.51}$$

通常将外加磁场的方向取为 z 轴的方向，所以角动量在 z 轴方向的分量又称角动量在磁场方向的分量。由于 m 仅能取整数值，角动量在磁场方向的分量也是量子化的。其大小由 m 决定，因而称 m 为磁量子数，其物理意义表示其值决定电子角动量在磁场方向分量的大小。

由于一个 l 值可有 $2l+1$ 个 m 值相对应，所以角动量的绝对值一定时，角动量在 z 方向的分量还可以有 $2l+1$ 个不同的值。这表明，当角动量矢量长度一定时，在空间可有 $2l+1$ 个不同的取向，这称为角动量的方向量子化。角动量的方向量子化决定了角动量分量大小的量子化。

下面举例说明角动量的方向量子化和分量量子化。

例 2.1　$l=1$，$m=0,\pm1$，则 $|\vec{L}| = \sqrt{l(l+1)}\hbar = \sqrt{2}\hbar$，在 z 方向上的分量为 $L_z = m\hbar$，故 $L_z = 0$，$L_z = \hbar$，$L_z = -\hbar$，共计三个，即角动量矢量 $\vec{L}$ 有三种取向。将结果示意于图 2.5。

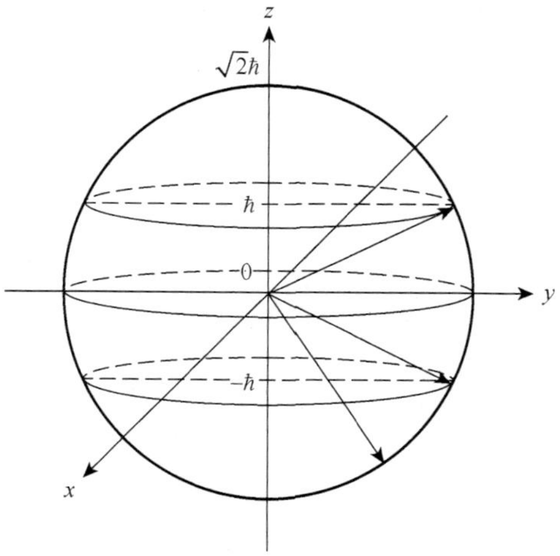

图 2.5　角动量矢量 $\vec{L}$ 的三种取向

例 2.2　$l=2$，$m=0,\pm1,\pm2$，则 $|\vec{L}| = \sqrt{6}\hbar$，在 z 方向上的分量 L_z 分别为 $0,\pm\hbar,\pm2\hbar$ 共计五个，即角动量矢量 $\vec{L}$ 有五种取向。结果示意于图 2.6。

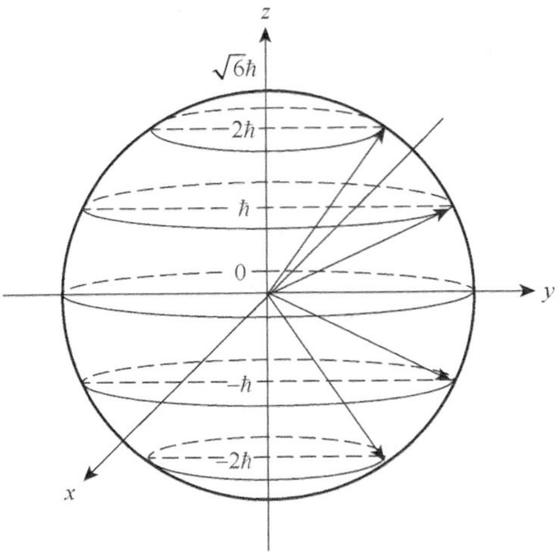

图 2.6　角动量矢量 $\vec{L}$ 的五种取向

2.3.3　算符的对易性

函数 $Y_{lm}(\theta,\varphi)$ 是 $\hat{L}^2$ 算符的本征函数，因而有

$$\hat{L}^2 Y_{lm}(\theta,\varphi) = l(l+1)\hbar^2 Y_{lm}(\theta,\varphi) \tag{2.52}$$

两边同左乘以 $R_{nl}(r)$。由于 $R_{nl}(r)$ 仅是 r 的函数，而算符 $\hat{L}^2$ 仅包含对 θ、φ 的微分，所以 $R_{nl}(r)$ 可看作常数移到 $\hat{L}^2$ 的右侧。式（2.52）的左边为

$$R_{nl}(r)\hat{L}^2 Y_{lm}(\theta,\varphi) = \hat{L}^2 R_{nl}(r) Y_{lm}(\theta,\varphi) = \hat{L}^2 \psi_{nlm}(r,\theta,\varphi)$$

右边为

$$R_{nl}(r) l(l+1)\hbar^2 Y_{lm}(\theta,\varphi) = l(l+1)\hbar^2 R_{nl}(r) Y_{lm}(\theta,\varphi) = l(l+1)\hbar^2 \psi_{nlm}(r,\theta,\varphi)$$

所以有

$$\hat{L}^2 \Psi_{nlm}(r,\theta,\varphi) = l(l+1)\hbar^2 \psi_{nlm}(r,\theta,\varphi)$$

即氢原子波函数 $\psi_{nlm}(r,\theta,\varphi)$ 也是 $\hat{L}^2$ 的本征函数。

将式（2.50）

$$\hat{L}_z Y_{lm}(\theta,\varphi) = m\hbar Y_{lm}(\theta,\varphi)$$

两边同左乘以 $R_{nl}(r)$。因算符 $\hat{L}_z$ 对 φ 求导，而 $R_{nl}(r)$ 仅是 r 的函数，所以 $R_{nl}(r)$ 可移到 $\hat{L}_z$ 的右边；$m\hbar$ 是常数，$R_{nl}(r)$ 可与其换位，因而有左边

$$R_{nl}(r)\hat{L}_z Y_{lm}(\theta,\varphi) = \hat{L}_z R_{nl}(r) Y_{lm}(\theta,\varphi) = \hat{L}_z \psi_{nlm}(r,\theta,\varphi)$$

右边

$$R_{nl}(r) m\hbar Y_{lm}(\theta,\varphi) = m\hbar R_{nl}(r) Y_{lm}(\theta,\varphi) = m\hbar \psi_{nlm}(r,\theta,\varphi)$$

即

$$\hat{L}_z\psi_{nlm}(r,\theta,\varphi) = m\hbar\psi_{nlm}(r,\theta,\varphi)$$

可见，氢原子和类氢离子波函数也是算符 $\hat{L}_Z$ 的本征函数。

由上可见，氢原子和类氢离子波函数 $\psi_{nlm}(r,\theta,\varphi)$ 是算符 $\hat{H}$ 、$\hat{L}^2$ 和 $\hat{L}_z$ 共同的本征函数。对该体系进行测量，可得到 E、$|\vec{L}|$ 和 L_z 的确定值，即本征值。

为什么 $\hat{H}$ 、$\hat{L}^2$ 和 $\hat{L}_z$ 能有共同的本征函数？哪些力学量能有共同的本征函数？为什么力学量 E、$|\vec{L}|$ 和 L_z 可同时准确测定？哪些力学量可同时准确测定？

这实质是由于 $\hat{H}$ 、$\hat{L}^2$ 和 $\hat{L}_z$ 三个算符可以对易所致。所谓对易就是算符可以交换顺序，结果不变。如果 $\hat{A}$ 、$\hat{B}$ 两个算符可以对易，那么下式成立

$$\hat{A}\hat{B} = \hat{B}\hat{A}$$

如果 $\hat{A}$ 、$\hat{B}$ 两个算符不可对易，则

$$\hat{A}\hat{B} \neq \hat{B}\hat{A}$$

一般来说，对易算符有一组共同的构成完备集合的本征函数，都具有和本征函数相对应的本征值，即对易算符所表示的力学量可同时准确测定。

下面证明算符 $\hat{H}$ 、$\hat{L}^2$ 和 $\hat{L}_z$ 是可对易的。

$$\begin{aligned}
\hat{H}\hat{L}_z\psi_{nlm}(r,\theta,\varphi) &= \hat{H}\left[\hat{L}_z\psi_{nlm}(r,\theta,\varphi)\right] \\
&= \hat{H}m\hbar\psi_{nlm}(r,\theta,\varphi) \\
&= m\hbar\hat{H}\psi_{nlm}(r,\theta,\varphi) \\
&= m\hbar E\psi_{nlm}(r,\theta,\varphi)
\end{aligned}$$

$$\begin{aligned}
\hat{L}_z\hat{H}\psi_{nlm}(r,\theta,\varphi) &= \hat{L}_z\left[\hat{H}\psi_{nlm}(r,\theta,\varphi)\right] \\
&= \hat{L}_z E\psi_{nlm}(r,\theta,\varphi) \\
&= E\hat{L}_z\psi_{nlm}(r,\theta,\varphi) \\
&= Em\hbar\psi_{nlm}(r,\theta,\varphi)
\end{aligned}$$

比较以上两式可见

$$\hat{H}\hat{L}_z\psi_{nlm}(r,\theta,\varphi) = \hat{L}_z\hat{H}\psi_{nlm}(r,\theta,\varphi)$$

所以

$$\hat{H}\hat{L}_z = \hat{L}_z\hat{H} \tag{2.53}$$

即算符 $\hat{H}$ 、$\hat{L}_z$ 可对易。同理可证明算符 $\hat{H}$ 、$\hat{L}^2$ 可对易；算符 $\hat{L}^2$ 、$\hat{L}_z$ 可对易。即算符 $\hat{H}$ 、$\hat{L}^2$ 和 $\hat{L}_z$ 可两两对易，所以它们有共同的本征函数 $\psi_{nlm}(r,\theta,\varphi)$ 。

坐标和动量两个力学量不能同时准确测定，就是由于两者的力学量算符不可对易。以 $\hat{x}$ 和 $\hat{p}_x$ 分别表示 x 方向的坐标算符和动量算符。对坐标而言，坐标本身也是算符。令 f 表示一个函数，则

$$\hat{x}\hat{p}_x f = x\left(-\mathrm{i}\hbar\frac{\partial}{\partial x}f\right) = -\mathrm{i}\hbar x\frac{\partial f}{\partial x}$$

$$\hat{p}_x\hat{x}f = -\mathrm{i}\hbar\frac{\partial}{\partial x}(xf) = -\mathrm{i}\hbar\left(f + x\frac{\partial f}{\partial x}\right)$$

两式相减，得

$$(\hat{x}\hat{p}_x - \hat{p}_x\hat{x})f = -\mathrm{i}\hbar f$$

即

$$\hat{x}\hat{p}_x - \hat{p}_x\hat{x} = -\mathrm{i}\hbar \neq 0$$

所以

$$\hat{x}\hat{p}_x \neq \hat{p}_x\hat{x} \tag{2.54}$$

两者不可对易。若两个算符不可对易，就不会有这两个算符共同的本征函数集合，也不会有和共同的本征函数相对应的本征值，所以这样两个算符表示的两个力学量就不能同时测得。这就是坐标和动量不能同时准确测定的原因。

除坐标和动量外，量子力学中还有能量和时间、角动量和角位移之间的不确定关系，分别表示为

$$\Delta E \Delta t \geqslant \frac{\hbar}{2} \tag{2.55}$$

$$\Delta L_\varphi \Delta \varphi \geqslant \frac{\hbar}{2} \tag{2.56}$$

2.4　原子中电子的磁矩

2.4.1　电子的磁矩

由电子绕原子核运转所产生的角动量 $\vec{L}$ 称为原子轨道角动量（图 2.7）。原子的轨道角动量和原子的磁矩有关。从经典电磁学观点来看，电子绕核做轨道运动，相当于电流在一个小线圈上流动，会产生磁矩。磁矩 $\vec{\mu}$ 与电子轨道角动量 $\vec{L}$ 成正比，即

$$\vec{\mu} = -\frac{e}{2m_\mathrm{e}c}\vec{L} \tag{2.57}$$

或

$$\mu_z = -\frac{e}{2m_\mathrm{e}c}L_z \tag{2.58}$$

式中，$-\frac{e}{2m_\mathrm{e}c}$ 称为轨道运动的磁旋比，即轨道磁矩与轨道角动量的比值；$\vec{\mu}$ 为电子轨道运动的磁矩，称为轨道磁矩；μ_z 为电子轨道磁矩在 z 方向的分量；m_e 为电

子的质量；e 为电子的电荷；c 为光速；负号表示轨道磁矩方向与轨道角动量方向相反，因为电子带负电。

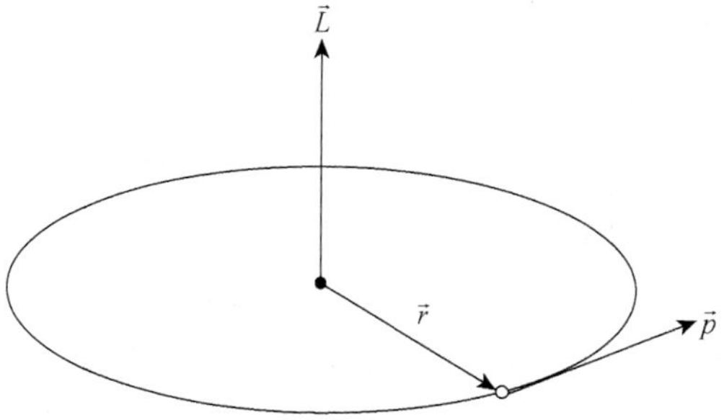

图 2.7　轨道角动量示意图 ($\vec{L}=\vec{r}\times\vec{p}$)

2.4.2　磁矩的量子理论

在量子力学中，在原子核周围运动的电子虽然没有经典概念的轨道，但用波函数描述的状态（习惯上也称轨道）仍然具有角动量 $\vec{L}$ 和 L_z。由量子力学原理可以证明，电子只要有角动量就有磁矩，而且 $\vec{\mu}$ 和 $\vec{L}$ 的关系及 μ_z 和 L_z 的关系与由经典电磁学理论所得到的式（2.57）、式（2.58）相同。

由式（2.57）可得

$$|\vec{\mu}|=\frac{e}{2m_{\mathrm{e}}c}|\vec{L}|=\frac{e}{2m_{\mathrm{e}}c}\sqrt{l(l+1)}\hbar=\sqrt{l(l+1)}\mu_{\mathrm{B}} \tag{2.59}$$

其中

$$\mu_{\mathrm{B}}=\frac{e\hbar}{2m_{\mathrm{e}}c}=9.27\times10^{-24}\,\mathrm{A\cdot m^2} \tag{2.60}$$

称为玻尔磁子，是磁矩的一个自然单位。

磁矩在 z 方向的分量可由式（2.51）、式（2.58）和式（2.60）得到

$$\mu_z=\frac{-e}{2m_{\mathrm{e}}c}L_z=-\frac{e}{2m_{\mathrm{e}}c}m\hbar=-m\mu_{\mathrm{B}} \tag{2.61}$$

由式（2.59）和式（2.61）可见，量子数 l 和 m 不但决定轨道角动量及其 z 方向分量的大小，同时还决定轨道磁矩及其在 z 方向分量的大小。由于量子数 m 决定磁矩在 z 方向分量的大小，所以称 m 为磁量子数。显然轨道磁矩是量子化的，其方向也是量子化的。

2.4.3　磁矩和外磁场的相互作用

当有外磁场存在时，轨道磁矩和外磁场会发生相互作用，其效果是磁矩 $\vec{\mu}$ 绕外磁场 $\vec{H}$ 的方向旋进。选外磁场的方向为 z 轴方向，则相互作用能为

$$E = -\vec{\mu}\cdot\vec{H} = -\mu_z H = m\mu_B H \tag{2.62}$$

式中，$\vec{H}$ 为外磁场强度。由于 $m = 0, \pm1, \pm2, \cdots, \pm l$，所以在外磁场作用下，原先角动量量子数为 l 的能级分裂为 $2l+1$ 个能级。这样，n、l 相同的电子状态在外磁场中能量不同了。这就导致在无磁场存在时，对应同一能量变化的能级跃迁变为有磁场存在时对应不同能量变化的能级跃迁。因而，相应能级跃迁产生的光谱线也由一条变成多条。这种在无磁场时的一条光谱线在磁场中可以分裂为多条的现象称为塞曼效应（图 2.8），是 1896 年塞曼（Zeeman）发现的。

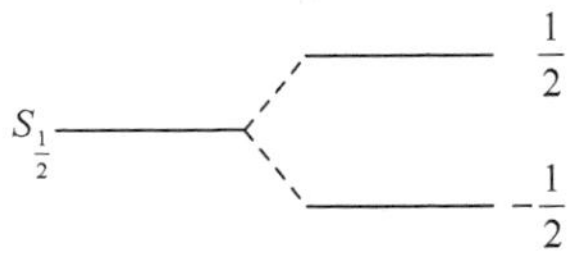

图 2.8　塞曼效应示意图

2.5　氢原子光谱

2.5.1　光谱与选择定则

原子被电火花、电弧、火焰等激发后，能发射具有一定频率和波长的谱线。这些光谱线构成原子光谱，有

$$\Delta E = h\nu$$

$$\nu = \frac{E_2 - E_1}{h}$$

$$\tilde{\nu} = \frac{1}{\lambda} = \frac{\nu}{c} = \frac{E_2 - E_1}{hc}$$

即电子从高激发态向低激发态（或基态）跃迁时，以光的形式向外辐射能量。利用量子力学原理可以证明，满足下列规则的跃迁才能发生：

$$\Delta l = \pm1;\ \ \Delta m = 0, \pm1;\ \ \Delta n \text{没有限制}$$

对于氢原子而言，E_1、E_2 是电子的能量。

2.5.2　氢原子光谱和里德伯常数

在分辨率不很高的光谱仪中观察氢原子光谱，其谱线符合如下经验公式

$$\tilde{\nu}=\frac{1}{\lambda}=\tilde{R}_{\mathrm{H}}\left(\frac{1}{n_1^2}-\frac{1}{n_2^2}\right)$$

$$(n_2 \geqslant n_1+1,\ \text{其中} n_1、n_2 \text{为正整数})$$

式中，$\tilde{R}_{\mathrm{H}}=109677.58\mathrm{cm}^{-1}$是里德伯常数。在求解氢原子的薛定谔方程时，得到氢原子的能级公式

$$E_n=-\frac{m_{\mathrm{e}}e^4}{2\hbar^2 n^2}\quad (n=1,2,3,\cdots)$$

则发射的光的能量为

$$\Delta E_n=h\nu=E_{n_2}-E_{n_1}=\frac{m_{\mathrm{e}}e^4}{2\hbar^2}\left(\frac{1}{n_1^2}-\frac{1}{n_2^2}\right)$$

则

$$\tilde{\nu}=\frac{\nu}{c}=\frac{m_{\mathrm{e}}e^4}{4\pi c\hbar^3}\left(\frac{1}{n_1^2}-\frac{1}{n_2^2}\right)=\tilde{R}_{\mathrm{H}}\left(\frac{1}{n_1^2}-\frac{1}{n_2^2}\right)$$

式中

$$\tilde{R}_{\mathrm{H}}=\frac{m_{\mathrm{e}}e^4}{4\pi c\hbar^3}=109736.39\mathrm{cm}^{-1}$$

是计算得到的里德伯常数值，与经验值$109677.58\mathrm{cm}^{-1}$符合得很好，若采用约化质量，将电子绕核运动的坐标选在质心，将此两体问题分解为质心的平动和约化质量的物质绕质心的运动，则里德伯常数为$109677.66\mathrm{cm}^{-1}$与实验值进一步吻合。若再考虑相对论效应则两者完全符合了。

2.6　电 子 自 旋

2.6.1　电子自旋的假设

基态氢原子束经由狭缝穿过一不均匀的磁场后，照射到底片上，实验结果是照相底片出现两条分立的线，即氢原子被磁场分裂成两束。这说明氢原子具有磁矩，所以氢原子束通过非均匀磁场时受到力的作用而发生偏转。由分立线只有两条可推断，原子的磁矩在磁场中只有两种取向，即它们是空间量子化的。基态氢原子只有一个 1s 电子，其轨道磁矩为零，这一磁矩也不可能是氢原子核的贡献，

因为核磁矩很小，比电子磁矩小三个数量级，在该实验条件下不会产生如此明显的效果。

应用分辨率较高的光学仪器观察钠原子光谱发现，2p → 1s 的谱线由两条靠得很近的谱线组成，称为钠 D 谱线的精细结构。1s 和 2p 都只有一个能级，为什么会发生分裂呢？

为了解释上述实验事实和其他一些实验现象，1925 年乌伦贝克（Uhlenbeck）和哥希密特（Goldschmidt）提出了电子具有自旋的假设。内容如下：

（1）每个电子具有自旋角动量 $\vec{S}$，它在空间任何方向上的投影只能取两个数值

$$S_z = \pm\frac{\hbar}{2} \tag{2.63}$$

（2）每个电子具有自旋磁矩 $\vec{\mu}_s$，这是和电子的自旋运动相联系的电子的固有磁矩，它和自旋角动量 $\vec{S}$ 的关系是

$$\vec{\mu}_s = -\frac{e}{m_e c}\vec{S} \tag{2.64}$$

电子自旋及其性质可由相对论波动方程——狄拉克（Dirac）方程导出。

2.6.2　自旋波函数

电子具有自旋运动这一特性纯属量子特性，它不能用经典力学来解释。它是电子内部状态的表征，是描述电子状态的第四个变量。

像量子力学的所有力学量一样，自旋角动量也有一个相应的算符，以 $\hat{S}$ 表示。类比于轨道角动量，电子自旋角动量也有相应的本征方程，可以写作

$$\hat{S}^2\eta = s(s+1)\hbar^2\eta \tag{2.65}$$

$$\hat{S}_z\eta = m_s\hbar\eta \tag{2.66}$$

式中，$\hat{S}^2$ 为自旋角动量平方算符；η 为自旋波函数；s 为自旋量子数；$\hat{S}_z$ 为自旋角动量在 z 方向的分量算符；m_s 为自旋磁量子数。于是

$$\left|\vec{S}\right|^2 = s(s+1)\hbar^2 \tag{2.67}$$

$$\left|\vec{S}\right| = \sqrt{s(s+1)}\hbar \tag{2.68}$$

$$S_z = m_s\hbar \tag{2.69}$$

式中，$m_s = s, s-1, \cdots, -s$，共 $2s+1$ 个 m_s 值。实验发现自旋角动量在 z 方向的分量仅有两个值，即

$$2s+1=2$$

得自旋量子数 $s=\frac{1}{2}$，自旋磁量子数 m_s 可取 $\pm\frac{1}{2}$。对于 $m_s=\frac{1}{2}$ 的状态，用 α 表示自旋波函数 $\eta_{\frac{1}{2}}$；对于 $m_s=-\frac{1}{2}$ 的状态，用 β 表示自旋波函数 $\eta_{-\frac{1}{2}}$。

将 $s=\frac{1}{2}$ 代入式（2.68），得

$$\left|\vec{S}\right|=\sqrt{s(s+1)}\hbar=\frac{\sqrt{3}}{2}\hbar$$

将 $m_s=\pm\frac{1}{2}$ 代入式（2.69），得

$$S_Z=m_s\hbar=\pm\frac{1}{2}\hbar$$

自旋波函数的正交归一化条件为

$$\begin{cases}\sum\alpha^*\alpha=1\\ \sum\beta^*\beta=1\\ \sum\alpha^*\beta=\sum\beta^*\alpha=0\end{cases}\tag{2.70}$$

或

$$\begin{cases}\int\alpha^*(\gamma)\alpha(\gamma)\mathrm{d}\gamma=1\\ \int\beta^*(\gamma)\beta(\gamma)\mathrm{d}\gamma=1\\ \int\alpha^*(\gamma)\beta(\gamma)\mathrm{d}\gamma=\int\beta^*(\gamma)\alpha(\gamma)\mathrm{d}\gamma=0\end{cases}\tag{2.71}$$

式中，γ 表示自旋变量。

电子具有第四个状态量子数 m_s，所以氢原子中电子的运动要用 n、l、m、m_s 四个量子数来描述。描述电子运动的完全波函数要包含两个部分，即空间部分 $\psi_{nlm}(r,\theta,\varphi)$ 和自旋部分 $\eta_{m_s}(\gamma)$，当电子的自旋运动和轨道运动相互作用很小，可以忽略时，电子的完全波函数可写作

$$\psi_{nlmm_s}(r,\theta,\varphi,\gamma)=\psi_{nlm}(r,\theta,\varphi)\eta_{m_s}(\gamma)\tag{2.72}$$

2.6.3　自旋磁矩

电子的自旋磁矩为

$$\vec{\mu}_s=-\frac{e}{m_\mathrm{e}c}\vec{S}\tag{2.73}$$

所以

$$\left|\vec{\mu}_s\right| = \frac{e}{m_e c}\left|\vec{S}\right| = \frac{e}{m_e c}\sqrt{s(s+1)}\hbar = \sqrt{3}\mu_B \tag{2.74}$$

其中

$$\mu_B = \frac{e\hbar}{2m_e c}$$

电子自旋磁矩在 z 方向上的分量为

$$\mu_{sz} = -\frac{e}{m_e c}S_z = -\frac{e}{m_e c}m_s\hbar = -2m_s\mu_B = \mp\mu_B \tag{2.75}$$

2.6.4 旋轨耦合

对氢原子和类氢离子，我们已经得到如下力学量：E、$\vec{L}$、L_z、$\vec{\mu}$、μ_z、$\vec{S}$、S_z、$\vec{\mu}_s$和μ_{sz}。前五个可以由空间波函数ψ_{nlm}得到，后四个可由自旋波函数α和β得到。

前面已经分别讨论了电子具有轨道角动量和自旋角动量的情况，还需讨论电子既有轨道角动量又有自旋角动量的情况。因为轨道角动量和自旋角动量是同一种矢量，当其同时存在时会发生相互作用，这种相互作用的实质是电子的自旋磁矩与轨道运动产生的内部磁场的相互作用。

电子的自旋角动量和轨道角动量间的相互作用称为旋轨耦合，可按矢量求和规则处理。为简化计算，可采用近似的方法求出自旋角动量和轨道角动量耦合后的总角动量量子数，有了总角动量量子数就可求得电子的总角动量和总磁矩。做法如下：

总角动量为

$$\vec{j} = \vec{L} + \vec{S} \tag{2.76}$$

$$\left|\vec{j}\right| = \sqrt{j(j+1)}\hbar \tag{2.77}$$

式中，$\vec{L}$为电子的轨道角动量；$\vec{S}$为电子的自旋角动量；$\vec{j}$为电子的总角动量；$\left|\vec{j}\right|$为总角动量的绝对值大小；j为总角动量量子数或内量子数，j的取值为

$$j = l+s, l+s-1, \cdots, |l-s|$$

知道了 l 和 s 值就可求得 j，进而求得 $\vec{j}$。

总角动量在 z 方向的分量为

$$j_z = m_j\hbar$$

式中，m_j为总磁量子数，取值为

$$m_j = j, j-1, \cdots, -j$$

共 $2j+1$ 个。

电子的总磁矩为

$$\vec{\mu}_j = -\frac{g\mu_B}{\hbar}\vec{j} \tag{2.78}$$

和

$$\left|\vec{\mu}_j\right| = \frac{g\mu_B}{\hbar}\left|\vec{j}\right| = g\mu_B\sqrt{j(j+1)} \tag{2.79}$$

其中

$$g = 1 + \frac{j(j+1) - l(l+1) + s(s+1)}{2j(j+1)} \tag{2.80}$$

称为原子的 g 因子。式（2.73）和式（2.75）也有 g 因子，为 1。

2.6.5　氢原子光谱的精细结构

氢原子和类氢离子的薛定谔方程中并不包括电子的自旋和轨道之间的相互作用能这部分能量。和从薛定谔方程解出来的能量相比，这部分能量是小的，但对原子光谱还是有影响的，在氢原子光谱中可以显示出来。用分辨率低的光谱仪观察氢原子光谱，只能得到原子光谱的粗结构。如果用分辨率较高的光谱仪观察，则粗结构中的一条谱线常常是由几条谱线组成的。这些谱线称为光谱线的多重结构或精细结构。例如，氢原子的 H_α 线的粗结构为一条谱线，精细结构则为两条支线组成（图 2.9）。为了把这部分能量对原子运动状态的影响也考虑进去，可用量子数 s、l、j 和 m_j 代替 n、l、m 和 m_s 来表示氢原子的运动状态。对于氢原子而言，由于核外只有一个电子，所以其自旋角动量量子数就是总自旋角动量量子数 S，其轨道角动量量子数 l 就是总轨道角动量量子数 L，其总角动量量子数 j 和总磁量子数也可以写作 J 和 M_j，即可以用 S、L、J 和 M_j 表示氢原子的运动状态。通常用符号 $S,P,D,F,G,H,\cdots$ 来依次表示 $L=0,1,2,3,4,5,\cdots$。把 $2S+1$ 的数值写在表示 L 的字母的左上角即 ^{2S+1}L，例如 ^1P 代表 $L=1$，$S=0$；^3P 代表 $L=1$，$S=1$ 等。这样构成的符号在光谱学上称为光谱项。$2S+1$ 称为光谱项的多重态，$2S+1=1,2,3,\cdots$ 分别称为单重态、二重态、三重态等。如果将 J 值也考虑进去，写在光谱项的右下角即 $^{2S+1}L_J$，例如 $^3P_2$、$^3P_1$、$^3P_0$ 依次表示 $J=2, 1, 0$。这样的符号称为光谱支项。$L>S$ 的光谱项有 $2S+1$ 个光谱支项；$L<S$ 的光谱项有 $2L+1$ 个光谱支项；每个光谱支项还包括 $2J+1$ 个状态，相应于不同的 M_j 值。在无外磁场时，它们的能级是相同的，在外磁场中，它们会进一步分裂为不同的能级。这就是塞曼效应产生的原因。

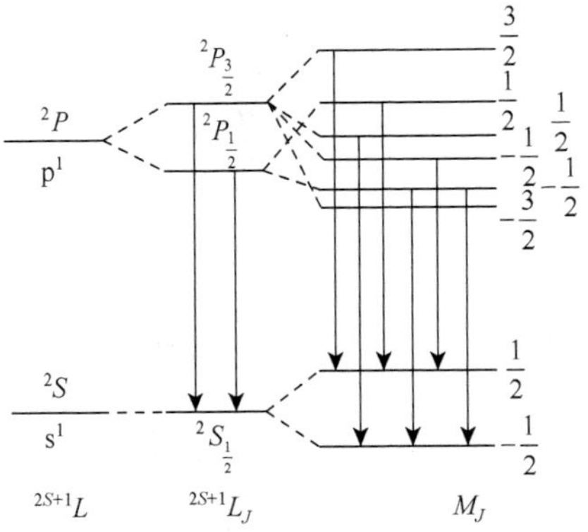

图 2.9　氢原子 $^2P \to {}^2S$ 跃迁所产生的光谱的粗结构和精细结构

习　　题

2.1 概述氢原子薛定谔方程的求解过程。

2.2 量子数 n、l、m、s、m_s 是如何得到的？物理意义是什么？给出它们的取值范围。

2.3 波函数角度部分 $Y_{lm}(\theta,\varphi)$ 和电子云角度部分的图形是怎样做的？

2.4 力学量算符的对易性反映了力学量间的什么关系？

2.5 计算氢原子第一激发态的角动量和角动量在 z 方向的分量。

2.6 计算氢原子基态和第一激发态电子的磁矩。

2.7 计算氢原子基态和第一激发态电子与原子核的平均距离。

2.8 计算基态氢原子电子出现概率最大的位置。

第3章　多电子原子的结构

3.1　多电子原子的中心势场模型

3.1.1　多电子原子的薛定谔方程

将原子核选为坐标原点，多电子原子的薛定谔方程为

$$\hat{H}\psi = E\psi \tag{3.1}$$

式中

$$\hat{H} = -\frac{\hbar^2}{2m_e}\sum_{i=1}^{n}\nabla_i^2 - \sum_{i=1}^{n}\frac{Ze^2}{r_i} + \sum_{i=1}^{n}\sum_{\substack{j=1\\(j>i)}}^{n}\frac{e^2}{r_{ij}} \tag{3.2}$$

其中第一项表示所有电子的动能之和，m_e是电子的质量，n是电子个数，

$$\nabla_i^2 = \frac{\partial^2}{\partial x_i^2} + \frac{\partial^2}{\partial y_i^2} + \frac{\partial^2}{\partial z_i^2}$$

是第i个电子的拉普拉斯算符；第二项表示原子核对所有电子的吸引能之和，Z是原子序数，r_i是第i个电子与原子核的距离；第三项是电子间相互排斥能之和，r_{ij}是第i个电子和第j个电子之间的距离，是第i个电子和第j个电子坐标的函数。由于第i个电子对第j个电子排斥，就是第j个电子对第i个电子的排斥。为避免重复计算，所以在求和号下加注$(j>i)$。

势能表达式中$\frac{e^2}{r_{ij}}$项的存在给薛定谔方程的求解带来困难，使得多电子体系的薛定谔方程不能精确求解，必须采用各种近似方法来解薛定谔方程，因此产生了处理多体问题的多种方法和理论。

3.1.2　屏蔽效应和有效核电荷

在多电子原子中，第i个电子的势能

$$V_i = -\frac{Ze^2}{r_i} + \sum_{\substack{j=1\\(j\neq i)}}^{n}\frac{e^2}{r_{ij}} \tag{3.3}$$

为解薛定谔方程，将第i个电子受其他$n-1$个电子的排斥势能项简化。假设除第i

个电子外的其他 $n-1$ 个电子在空间呈球形对称分布，第 i 个电子所受其他 $n-1$ 个电子的排斥相当于受到来自坐标原点即原子核的 σ_i 个电子的排斥作用，即

$$\sum_{\substack{j=1\\(j\neq i)}}^{n}\frac{e^2}{r_{ij}}=\frac{\sigma_i e^2}{r_i} \tag{3.4}$$

所以

$$V_i=-\frac{Ze^2}{r_i}+\frac{\sigma_i e^2}{r_i}=-\frac{(Z-\sigma_i)e^2}{r_i} \tag{3.5}$$

式中，σ_i 称为其他 $n-1$ 个电子对第 i 个电子的屏蔽常数。其数值相当于其他 $n-1$ 个电子对第 i 个电子的排斥作用所产生的总效果。第 i 个电子好像在一个有效核电荷为 $(Z-\sigma_i)e$ 的核的中心势场中运动，故称之为“中心势场模型”。

采用中心势场模型后，多电子原子体系的总哈密顿式（3.2）可近似为

$$\begin{aligned}\hat{H}&=-\frac{\hbar^2}{2m_{\mathrm{e}}}\sum_{i=1}^{n}\nabla_i^2-\sum_{i=1}^{n}\frac{(Z-\sigma_i)e^2}{r_i}\\&=\sum_{i=1}^{n}\left[-\frac{\hbar^2}{2m_{\mathrm{e}}}\nabla_i^2-\frac{(Z-\sigma_i)e^2}{r_i}\right]\\&=\sum_{i=1}^{n}\hat{H}(i)\end{aligned} \tag{3.6}$$

其中

$$\hat{H}(i)=-\frac{\hbar^2}{2m_{\mathrm{e}}}\nabla_i^2-\frac{(Z-\sigma_i)e^2}{r_i} \tag{3.7}$$

方程（3.1）则可近似为

$$\sum_{i=1}^{n}\hat{H}(i)\psi=E\psi \tag{3.8}$$

可分离变量为 n 个单电子的薛定谔方程，即仅以一个电子坐标为变量的薛定谔方程

$$\left[-\frac{\hbar^2}{2m_{\mathrm{e}}}\nabla_i^2-\frac{(Z-\sigma_i)e^2}{r_i}\right]\phi(i)=\varepsilon(i)\phi(i)\quad(i=1,2,\cdots,n) \tag{3.9}$$

每个电子的运动由各自的波函数描述，整个原子的波函数可写为各单电子波函数的乘积。

$$\psi=\psi(i=1,2,\cdots,n)=\prod_{i=1}^{n}\phi_i(i) \tag{3.10}$$

原子的总能量等于各电子的能量之和。

$$E=\sum_{i=1}^{n}\varepsilon(i)$$

方程（3.9）与氢原子和类氢离子的薛定谔方程相类似，只是以 $Z-\sigma_i$ 代替了氢原子薛定谔方程中的 Z，σ_i 可以看作常数，所以方程（3.9）同样可用分离变量法求解，其求解过程与氢原子和类氢离子薛定谔方程的求解过程相似，令

$$\phi(i)=R(r_i)Y(\theta_i,\varphi_i) \tag{3.11}$$

代入方程（3.9），可得 i 电子的角度部分 $Y(\theta_i,\varphi_i)$ 和径向部分 $R(r_i)$ 方程

$$-\left[\frac{1}{\sin\theta_i}\frac{\partial}{\partial\theta_i}\left(\sin\theta_i\frac{\partial}{\partial\theta_i}\right)+\frac{1}{\sin^2\theta_i}\frac{\partial^2}{\partial\varphi_i^2}\right]Y=l(l+1)Y \tag{3.12}$$

和

$$\frac{1}{r_i^2}\frac{\mathrm{d}}{\mathrm{d}r_i}\left(r_i^2\frac{\mathrm{d}R}{\mathrm{d}r_i}\right)+\left\{\frac{2m_\mathrm{e}}{\hbar^2}\left[\varepsilon+\frac{(Z-\sigma_i)e^2}{r_i}\right]-\frac{l(l+1)}{r_i^2}\right\}R=0 \tag{3.13}$$

由方程（3.12）可见，i 电子的角度部分的 $Y(\theta_i,\varphi_i)$ 方程与氢原子角度部分的方程 $Y(\theta,\varphi)$ 是同样形式的方程，其解相同，只是以 θ_i,φ_i 代替 θ,φ 而已。量子数 l、m 的取值也相同。由方程（3.13）可见，i 电子的径向部分的 $R(r_i)$ 方程与氢原子的 $R(r)$ 方程的不同之处只是以 $Z-\sigma_i$ 代替 Z，以 r_i 代替 r，具有相同形式的解。因此 i 电子的波函数可根据氢原子和类氢离子的波函数写出，为

$$\phi_{nlm}(r_i,\theta_i,\varphi_i)=\frac{\left(\dfrac{2\xi}{a_0}\right)^{n+\frac{1}{2}}}{[(2n)!]^{\frac{1}{2}}}r_i^{n-1}\mathrm{e}^{\frac{2\xi}{a_0}}L_{n+l}^{2l+1}(r_i)Y_l^m(\theta_i,\varphi_i) \tag{3.14}$$

式中，$\xi=Z-\sigma_i$，称为轨道指数。相应的能量为

$$\varepsilon=-\frac{(Z-\sigma_i)^2m_\mathrm{e}e^4}{2\hbar^2n^2}=-\frac{(Z-\sigma_i)^2}{n^2}R \tag{3.15}$$

由于 σ_i 与 i 电子本身的状态及其他电子的数目和状态有关，而电子的状态与 n、l 有关，因而能量 ε 除与 n 有关外还与 l 有关。

多电子原子中的每个电子的运动状态可用波函数 $\phi(i)=\phi(r_i,\theta_i,\varphi_i)\quad(i=1,2,\cdots,n)$ 来描述，这种只与一个电子的坐标有关的波函数称为单电子波函数，也称原子轨道和斯莱特（Slater）轨道。它描述的是第 i 个电子的运动状态，并不同于经典物理的运动轨迹，这里轨道是波函数的代名词。单电子波函数绝对值的平方 $|\psi(i)|^2$ 表示第 i 个电子在空间各点出现的概率。

3.2　多电子波函数和泡利不相容原理

3.2.1　全同性原理

单电子波函数 $\phi(i)=\phi_{nlm}(r_i,\theta_i,\varphi_i)$ 仅是空间坐标的函数，考虑到电子具有自旋

运动，如果忽略自旋运动和轨道运动之间的相互作用，认为两者是相互独立的运动，则完整的单电子波函数可近似写成轨道与自旋波函数的乘积

$$\phi(q_i)=\phi_{nlm}(r_i,\theta_i,\varphi_i)\eta_i(i)=\phi_i(i)\eta_i(i)$$

多电子原子的整体波函数可写作

$$\psi_q=\psi(q_1,q_2,\cdots,q_n)=\prod_{i=1}^{n}\phi_{nlm}(r_i,\theta_i,\varphi_i)\eta_i(i)=\prod_{i=1}^{n}\phi_i(i)\eta_i(i) \tag{3.16}$$

进一步考察式（3.16）发现，上式相当于认为多电子原子中的各电子在指定的轨道中，这是做不到的。在多电子体系中，电子是完全等同的。具有相同的质量、电荷和自旋，不可能用这些性质来区分它们。微观粒子的运动具有统计性，也不能用追踪电子运动轨迹来辨认它们。在量子力学中，称质量、电荷、自旋等固有性质完全相同的微观粒子为全同粒子。全同粒子的不可区分性是微观粒子的特性。这一特性使得在全同粒子所组成的体系中，两个全同粒子相互交换不引起体系物理状态的改变，这就是量子力学的全同性原理。

3.2.2 泡利不相容原理

全同性原理会给体系波函数带来什么限制呢？下面以只有两个电子的体系为例进行讨论。同时发现第一个电子在点(x_1,y_1,z_1)附近微小体积$\mathrm{d}\tau_1$内和第二个电子在点(x_2,y_2,z_2)附近微小体积$\mathrm{d}\tau_2$内的概率必定等于同时发现第一个电子在$\mathrm{d}\tau_2$内和第二个电子在$\mathrm{d}\tau_1$内的概率，即

$$\left|\psi(1,2)\right|^2=\left|\psi(2,1)\right|^2 \tag{3.17}$$

则

$$\psi(1,2)=\pm\psi(2,1) \tag{3.18}$$

此式表示交换波函数两个电子的空间坐标后，其值不变或改变符号。取正号称为对称波函数，取负号称为反对称波函数。对于多于两个粒子的全同粒子体系，该结论也成立。

对于自旋，多电子体系总的自旋波函数同样也必须是对称和反对称的。仍以两个电子的体系为例，可以组成四种自旋状态

$$\eta_1=\alpha(1)\alpha(2) \tag{3.19}$$

$$\eta_2=\beta(1)\beta(2) \tag{3.20}$$

$$\eta_3=\alpha(1)\beta(2) \tag{3.21}$$

$$\eta_4=\beta(1)\alpha(2) \tag{3.22}$$

上面四式中，η_1 和 η_2 是对称的，而 η_3 和 η_4 是反对称的，但可将 η_3 和 η_4 线性组合成两个等价的自旋波函数

$$\eta_5 = \frac{1}{\sqrt{2}}\left[\alpha(1)\beta(2) + \beta(1)\alpha(2)\right] \tag{3.23}$$

$$\eta_6 = \frac{1}{\sqrt{2}}\left[\alpha(1)\beta(2) - \beta(1)\alpha(2)\right] \tag{3.24}$$

其中，η_5 是对称的，η_6 是反对称的。

包括空间坐标与自旋坐标的多电子体系的完全波函数是否必须是对称或反对称的呢？并且是对称的还是反对称的呢？泡利（Pauli）在总结大量实验结果的基础上得出：包含两个或两个以上的微观粒子体系的完全波函数，对于交换体系中任意两个粒子的坐标（包括空间坐标和自旋坐标）必须是对称或反对称的；对于自旋量子数为半整数的粒子，称为费米子（fermion），如电子、质子、中子等必须是反对称的；对于自旋量子数为整数或零的粒子，称为玻色子（boson），如 α 粒子、光子等必须是对称的。此即泡利不相容原理。

下面讨论两个电子体系的完全波函数。若两个电子都处在 1s 轨道，例如 He 原子的基态，分别以 1s(1) 和 1s(2) 表示，则两个电子体系的空间部分可写作

$$\psi(1,2) = 1s(1)1s(2) \tag{3.25}$$

完全波函数还应包括自旋部分。为了符合泡利不相容原理，完全波函数必须是反对称的。由于空间部分式（3.25）是对称的，而只有自旋波函数 η 是反对称的，与对称的空间波函数相乘，才能得到反对称的完全波函数，所以只有式（3.24）的 η_6 符合要求。这样两个电子体系的完全波函数为

$$\begin{aligned}\psi(q_1,q_2) &= \psi(1,2)\eta_6 \\ &= \frac{1}{\sqrt{2}} 1s(1)1s(2)[\alpha(1)\beta(2) - \beta(1)\alpha(2)] \\ &= \frac{1}{\sqrt{2}}\begin{vmatrix} 1s(1)\alpha(1) & 1s(2)\alpha(2) \\ 1s(1)\beta(1) & 1s(2)\beta(2) \end{vmatrix}\end{aligned} \tag{3.26}$$

式（3.26）表明，若两个电子都处于 1s 轨道，其自旋必须相反。否则，波函数就是零了。

对于三电子体系，例如锂原子，是否三个电子都可处于 1s 轨道呢？如果三个电子都在 1s 轨道上，即

$$\psi(1,2,3) = 1s(1)1s(2)1s(3)$$

其空间波函数是对称的。自旋状态只有 α 、β 两种，三个电子两种自旋，由三个电子组成的自旋波函数必有两个电子自旋相同，即

$$\eta_1(1,2,3) = \alpha(1)\alpha(2)\beta(3)$$
$$\eta_2(1,2,3) = \alpha(1)\beta(2)\alpha(3)$$
$$\eta_3(1,2,3) = \alpha(1)\beta(2)\beta(3)$$
$$\eta_4(1,2,3) = \beta(1)\alpha(2)\alpha(3)$$
$$\eta_5(1,2,3) = \beta(1)\beta(2)\alpha(3)$$
$$\eta_6(1,2,3) = \beta(1)\alpha(2)\beta(3)$$

交换这两个自旋相同的电子的坐标，自旋波函数必然是对称的。这就导致空间部分对称，自旋部分也对称，构造不出反对称波函数，这违背泡利不相容原理。由此可见，不能三个电子都处于1s态。

由上面的两个例子可知，在一个多电子原子中，不允许两个或两个以上的电子具有完全相同的四个量子数 n、l、m 和 m_s。在同一原子中最多只能有两个电子占据同一空间轨道，而自旋还必须相反。这是泡利不相容原理的推论。

式（3.26）构造反对称波函数的方式可以推广到两个电子以上的多电子体系。记 $\phi(q_i)$ 为第 i 个电子的完全波函数（包括空间坐标和自旋坐标），则 n 个电子体系的反对称化波函数可写为

$$\begin{aligned}\psi_q &= \psi(q_1,q_2,\cdots,q_n)\\ &= \frac{1}{\sqrt{n!}}\begin{vmatrix}\phi_1(q_1) & \phi_1(q_2) & \cdots & \phi_1(q_n)\\ \phi_2(q_1) & \phi_2(q_2) & \cdots & \phi_2(q_n)\\ \vdots & \vdots & & \vdots\\ \phi_n(q_1) & \phi_n(q_2) & \cdots & \phi_n(q_n)\end{vmatrix}\\ &= \frac{1}{\sqrt{n!}}\left|\phi_1(q_1)\quad \phi_2(q_2)\quad \cdots\quad \phi_n(q_n)\right|\end{aligned} \tag{3.27}$$

由于行列式的两行或两列交换改变符号，所以行列式（3.27）满足反对称要求。这种行列式称为斯莱特行列式，是由斯莱特最早引入的。

3.3　原子中电子的排布和元素周期律

3.3.1　原子中电子排布的原则

前面已经讨论了原子中电子的各种可能的运动状态及相应的能级。那么原子中核外的电子怎样分配到各种状态中？基态原子的核外电子的分配遵从如下三条原则：

（1）泡利不相容原理。在同一原子中不能有两个或两个以上的电子具有完全相同的四个量子数，即每一个原子轨道最多只能填充两个自旋相反的电子。

（2）最低能量原理。在符合泡利不相容原理的前提下，电子填充后尽可能使体系的能量最低。

（3）洪德规则。在等价轨道（量子数 n、l 都相同）上排布的电子尽可能分占不同的轨道，且自旋平行。

3.3.2　元素周期律

按照上面的三条原则，从能量最低的 1s 轨道开始，将电子逐渐填充，将具有相同最大 n 值轨道的元素排在同一周期，最大 l 值轨道上填充的电子个数相同的元素排在同一族，就得到化学元素周期表。

第一周期中填充的是 1s 轨道，最多只能填 2 个电子，所以只包含两个元素。第二周期填充 2s 和 2p 轨道，最多填 8 个电子，所以包含 8 个元素。第三周期填充 3s 和 3p 轨道，可以填 8 个电子。3d 轨道虽然可填 10 个电子，但由于优先填充 4s 比优先填充 3d 的体系总能量要低，所以 3p 轨道填满后，先填 4s 轨道。4s 填满后再填 3d 。然后再填 4p 。 4d 和 5s 情况与 3p 和 4s 类似。这样就造成第三周期填充的轨道为 3s3p ，总数仍是 8 个电子。第四、第五周期填充的轨道为 4s3d4p 和 5s4d5p ，各包含 18 个元素。这两个周期都涉及 d 轨道的填充，含有未充满的 d 轨道的元素称为过渡元素。第四周期的过渡元素称为第一过渡元素系，第五周期的过渡元素称为第二过渡元素系。第六、第七周期分别填充 6s4f5d6p 和 7s5f6d7p 轨道，这两个周期出现的能级交错填充情况的原因与第四、第五周期的能级交错情况相同，这样填充会使体系的总能量最低。第六、第七周期各包含 32 个元素，第七周期中的最后几个元素还没制造出来，所以还没填满。这两个周期都涉及 f 轨道的填充。从 58 号元素 Ce 开始填充 4f 电子，到 70 号 Yb 填满，71 号 Lu 的电子组态为 $6s^2 4f^{14} 5d^1$ 。由于 4f 轨道概率密度大的位置比 5s 、5p 更靠近原子核，很少受环境影响，对成键贡献很小。从 La 到 Lu 的三价离子具有 $f^x(x = 0 \sim 14)$ 的组态，化学性质非常相似，称为镧系元素。属于同一族的 Y 的化学性质与镧系元素相似，通常将 Y 和镧系元素统称稀土元素。同一族的 Sc 也常常被包括在内。由于 4f 电子对 4f 电子屏蔽作用很小，对 5s 、 5p 、 5d 轨道屏蔽不完全，所以随着核电荷的增加， 4f 、 5s 、 5p 、 5d 轨道上的电子受核的吸引作用加强，因此原子和离子半径逐渐收缩，这个现象称为镧系收缩。从 72 号 Hf 开始重新填充 5d 轨道，到 79 号 Au，5d 轨道填满，形成第三过渡元素系。由于镧系收缩，第三过渡系的元素与第二过渡系的元素中同族元素的原子、离子半径很相近，化学性质很相近。第七周期的 5f 轨道参与成键的程度比第六周期的 4f 轨道要大（由于 5f 轨道有节面，4f 轨道没有节面，5f 轨道电子云分布比 4f 更为弥散，离原子核更远）。从 Ac 到 Lr 的离子都具有 f^x 的组态，化学性质很相似，称为锕系元素。

3.4　零级近似波函数和一级近似波函数

3.4.1　零级近似波函数和相应的能量

由中心势场近似得到的波函数是零级近似波函数。它给出的能量是粗略的近似，表示原子的电子结构各支壳层（即 n、l 相同）具有相同的能量。例如，碳原子的 $2p^2$ 就分裂为 ^3P、^1D 和 ^1S 三组能级。采用中心势场模型的零级近似不能解释这类现象。

下面分析中心势场模型的能量近似程度。

为了满足多电子波函数反对称的要求，需将中心势场模型得到的各单电子波函数 $\phi_i(i)$ 乘以自旋构成自旋-轨道波函数 $\phi_i(i)\eta_i = \phi_i(q_i)$，用其构造成斯莱特行列式

$$\begin{aligned}\psi_q^0 &= \psi(q_1, q_2, \cdots, q_n)\\ &= \frac{1}{\sqrt{n!}}\begin{vmatrix} \phi_1(q_1) & \phi_1(q_2) & \cdots & \phi_1(q_n) \\ \phi_2(q_1) & \phi_2(q_2) & \cdots & \phi_2(q_n) \\ \vdots & \vdots & & \vdots \\ \phi_n(q_1) & \phi_n(q_2) & \cdots & \phi_n(q_n) \end{vmatrix}\\ &= \frac{1}{\sqrt{n!}}\left|\phi_1(q_1) \quad \phi_2(q_2) \quad \cdots \quad \phi_n(q_n)\right|\end{aligned} \tag{3.28}$$

式中，ψ_q^0 即为零级近似波函数，对于一种原子组态，相应的能量为

$$E_0 = \sum_{i=1}^{n} \varepsilon_i \tag{3.29}$$

例如，碳原子电子排列方式为 $(1s\alpha)(1s\beta)(2s\alpha)(2s\beta)(2p_y\alpha)(2p_z\alpha)$，相应的斯莱特行列式为

$$\psi_{q_1}^0 = \frac{1}{\sqrt{6!}}\begin{vmatrix} 1s(1)\alpha(1) & 1s(2)\alpha(2) & \cdots & 1s(6)\alpha(6) \\ 1s(1)\beta(1) & 1s(2)\beta(2) & \cdots & 1s(6)\beta(6) \\ 2s(1)\alpha(1) & 2s(2)\alpha(2) & \cdots & 2s(6)\alpha(6) \\ 2s(1)\beta(1) & 2s(2)\beta(2) & \cdots & 2s(6)\beta(6) \\ 2p_y(1)\alpha(1) & 2p_y(2)\alpha(2) & \cdots & 2p_y(6)\alpha(6) \\ 2p_z(1)\alpha(1) & 2p_z(2)\alpha(2) & \cdots & 2p_z(6)\alpha(6) \end{vmatrix} \tag{3.30}$$

$$= \frac{1}{\sqrt{6!}}\left|1s(1)\alpha(1)1s(2)\beta(2)2s(3)\alpha(3)2s(4)\beta(4)2p_y(5)\alpha(5)2p_z(6)\alpha(6)\right|$$

相应的能量为

$$E_0 = 2\varepsilon_{1s} + 2\varepsilon_{2s} + 2\varepsilon_{2p} \tag{3.31}$$

碳原子电子排列方式还可以有 $(1s\alpha)(1s\beta)(2s\alpha)(2s\beta)(2p_y\alpha)(2p_z\beta)$，相应的斯莱特行列式为

$$\psi_{q_2}^0 = \frac{1}{\sqrt{6!}}\left|1s(1)\alpha(1)1s(2)\beta(2)2s(3)\alpha(3)2s(4)\beta(4)2p_y(5)\alpha(5)2p_z(6)\beta(6)\right| \tag{3.32}$$

相应的能量为

$$E_0 = 2\varepsilon_{1s} + 2\varepsilon_{2s} + 2\varepsilon_{2p} \tag{3.33}$$

这两种电子状态对应于同一组态

$$1s(1)\alpha(1)1s(2)\beta(2)2s(3)\alpha(3)2s(4)\beta(4)2p(5)\eta(5)2p(6)\eta(6)$$

它们的零级近似波函数 ψ_q^0 具有相同的能量 E_0，是简并的，因为它们的单电子波函数的 n、l 相等。

除这两种电子排列方式外，碳原子基态还有多种排列方式，因而有多种电子状态，每种电子状态对应一个斯莱特行列式。这些电子状态的能量是相同的，都是 E_0。

3.4.2　一级近似波函数和相应的能量

采用中心势场模型的零级近似的精度不够，需要在零级近似波函数的基础上求解更精确的波函数，即一级近似波函数和相应的一级近似能量。这可以采用线性变分法来处理。

选择全部零级近似波函数 ψ_q^0 的线性组合作为变分函数，即

$$\psi_q = \sum_{i=1}^{m} c_i \psi_{qi}^0 \tag{3.34}$$

代入薛定谔方程

$$\hat{H}\psi_q = E\psi_q \tag{3.35}$$

式中

$$\begin{aligned}\hat{H} &= \sum_{i=1}^{n}\left[-\frac{\hbar^2}{2m_e}\nabla_i^2 - \frac{Ze^2}{r_i} + \sum_{\substack{j=1\\(j\neq i)}}^{n}\frac{e^2}{r_{ij}}\right] - \frac{1}{2}\sum_{i=1}^{n}\sum_{\substack{j=1\\(j\neq i)}}^{n}\frac{e^2}{r_{ij}} \\ &= \sum_{i=1}^{n}\hat{H}_i - \frac{1}{2}\sum_{i=1}^{n}\sum_{\substack{j=1\\(j\neq i)}}^{n}\frac{e^2}{r_{ij}}\end{aligned} \tag{3.36}$$

积分，得一级近似能量

$$E = \frac{\int \psi_q^* \hat{H} \psi_q \mathrm{d}\tau}{\int \psi_q^* \psi_q \mathrm{d}\tau} \tag{3.37}$$

的最小值，得到系数必须满足方程

$$\sum_{i=1}^{m} (H_{ji} - S_{ji} E) c_i = 0 \quad (j = 1, 2, \cdots, m) \tag{3.38}$$

式中，

$$H_{ji} = \int \psi_{qj}^{0*} \hat{H} \psi_{qi}^{0} \mathrm{d}\tau$$

$$S_{ji} = \int \psi_{qj}^{0*} \psi_{qi}^{0} \mathrm{d}\tau$$

解方程（3.38）得到一级近似本征能量 E_1 和一级近似波函数

$$\psi_q^1 = \sum_{i=1}^{m} c_i^1 \psi_{qi}^0 \tag{3.39}$$

这里 c_i^1 已求得。

然而，这样处理不能得到零级简并能级分裂的一般规律，而且计算量相当大。为了得到零级简并能级分裂的规律性，可以采用角动量理论求一级近似波函数和一级近似能量。

3.5 多电子原子的电子光谱

3.5.1 组态

原子具有一定的电子层结构，即原子中的每个电子的量子数 n 和 l 确定，则称原子具有某一确定的组态。例如，O 的电子层结构为 $1s^2 2s^2 2p^4$，此即 O 的电子组态。为简便计算，一般只写出价电子，例如 O 的电子组态可简写为 $2s^2 2p^4$。通常把这些用来描述原子状态的电子层结构称为组态。这是在中心势场近似下，用电子在各支壳层的分布表示原子的电子结构。

所有 n 相同、l 相同的轨道构成一支壳层。如果某一组态的多个支壳层已填满电子，则称为闭壳层组态，如 He 的 $1s^2$、Ne 的 $1s^2 2s^2 2p^6$ 等。若支壳层未填满电子，则称为开壳层组态，如 H 的 $1s^1$、Li 的 $1s^2 2s^1$ 等。

原子的电子组态确定了，即原子中每个电子的量子数 n 和 l 确定了。而要想完全确定一个电子的状态，必须具备 4 个量子数即 n、l、m、m_s。而且，在多电子原子中，即使每个电子的状态确定了，原子的整体状态还有多种可能。因此，用组态所描述的原子状态除闭壳层外，不是一个状态，而是一组状态。在仅考虑电子的动能、电子和原子核的吸引势能，以及电子和电子间的排斥势能的总能量中，同一组态的各状态是简并的，也就是说，薛定谔方程所给出的能量中，同一组态的各状态是简并的，具有相同的能量，此能量就是采用中心势场近似得到的能量。元素周期表中每一格所给出的电子层结构就是这样一个基态组态。

3.5.2　原子状态

多电子中所有电子的总的运动状态称为原子状态。它反映了原子中电子经多种复杂相互作用后的整体行为。如何描述多电子原子的运动状态呢？用单个电子的量子数 n、l、m、m_s 不行，这些量子数不能反映多个电子的整体行为，需用下列量子数描述。

1. 总轨道角动量量子数 L

多电子的轨道角动量 $\vec{L}_i$ 之间存在着相互作用，它们不是独立的。它们相互耦合构成原子的总轨道角动量 $\vec{L}$。原子的总轨道角动量 $\vec{L}$ 是各电子的轨道角动量的矢量和

$$\vec{L}=\sum_{i=1}^{n}\vec{L}_i \tag{3.40}$$

$\vec{L}$ 的大小 $|\vec{L}|$ 可由总轨道角动量量子数求得

$$|\vec{L}|=\sqrt{L(L+1)}\hbar \tag{3.41}$$

其中 L 由每个电子的轨道角动量量子数 l 求得。角量子数分别为 l_1 和 l_2 的两个电子的总轨道角动量量子数 L 为

$$l_1+l_2, l_1+l_2-1,\cdots,|l_1-l_2|$$

$\vec{L}$ 沿磁场方向（z 方向）的分量为

$$L_z=M_L\hbar \tag{3.42}$$

式中，M_L 可取 $0,\pm1,\pm2,\cdots,\pm L$，共有 $2L+1$ 个，M_L 称总轨道磁量子数。

2. 总自旋角动量量子数 S

由于各个电子之间存在着自旋相关，各电子的自旋角动量 $\vec{S}_i$ 也不是独立的。它们相互耦合构成原子的总自旋角动量。总自旋角动量 $\vec{S}$ 是各电子的自旋角动量矢量和

$$\vec{S}=\sum_{i=1}^{n}\vec{S}_i \tag{3.43}$$

$\vec{S}$ 的大小 $|\vec{S}|$ 可由总自旋角动量量子数求得

$$\left|\vec{S}\right| = \sqrt{S(S+1)}\hbar \qquad (3.44)$$

其中 S 由每个电子的自旋角动量量子数 s 求得。若两个自旋角动量量子数分别为 s_1 和 s_2，则总自旋角动量量子数 S 为

$$s_1 + s_2, s_1 + s_2 - 1, \cdots, \left|s_1 - s_2\right|$$

$\vec{S}$ 沿磁场方向（z 方向）的分量为

$$S_z = M_S \hbar \qquad (3.45)$$

式中，M_S 可取 $0, \pm 1, \pm 2, \cdots, \pm S$（如 S 为整数）或 $\pm\frac{1}{2}, \pm\frac{3}{2}, \cdots, \pm S$（如 S 为半整数），共有 $2S+1$ 个。M_S 称为总自旋磁量子数。

3. *总角动量量子数 J*

总轨道角动量 $\vec{L}$ 和总自旋角动量 $\vec{S}$ 之间还存在自旋-轨道相互作用，得到原子的总角动量。总角动量 $\vec{J}$ 等于 $\vec{L}$ 和 $\vec{S}$ 的矢量和

$$\vec{J} = \vec{L} + \vec{S} \qquad (3.46)$$

$\vec{J}$ 的大小可由总角动量量子数（也称内量子数 J）决定

$$\left|\vec{J}\right| = \sqrt{J(J+1)}\hbar \qquad (3.47)$$

其中 J 可由总轨道角量子数 L 和总自旋角量子数 S 得到，可取 $L+S, L+S-1, \cdots, \left|L-S\right|$。如果 $L \geqslant S$，则有 $2S+1$ 个值，如果 $S \geqslant L$，则有 $2S+1$ 个值。$\vec{J}$ 沿磁场方向的分量为

$$J_z = M_J \hbar \qquad (3.48)$$

式中，M_J 为内磁量子数，取值从 0 或 $\pm\frac{1}{2}$ 到 $\pm J$，间隔 1，共有 $2J+1$ 个。

上面把每一个电子的 $\vec{L}_i$ 合并成 $\vec{L}$，$\vec{S}_i$ 合并成 $\vec{S}$，然后将 $\vec{L}$ 和 $\vec{S}$ 合并成 $\vec{J}$ 的处理方法称为 L-S 耦合，或称拉塞尔（Russell）-桑德斯（Saunders）耦合。利用 L-S 耦合可以得到一级近似波函数和一级近似能量。零级近似斯莱特行列式波函数 Φ_q^0 是 $\hat{L}_z$ 和 $\hat{S}_z$ 的本征函数，对于闭壳层，Φ_q^0 也是 $\hat{L}^2$ 和 $\hat{S}^2$ 的本征函数（本征值为 $L=S=0$），但一般而言，Φ_q^0 不是 $\hat{L}^2$ 和 $\hat{S}^2$ 的本征函数，可以将具有相同的 M_L 和 M_S 的波函数重新组合成 $\hat{L}^2$、$\hat{L}_z$、$\hat{S}^2$、$\hat{S}_z$ 的共同本征函数。

如果属于一套本征值 L、M_L、S、M_S 的本征函数只有一个，它也一定是 $\hat{H}$ 的本征函数 Φ，即 Φ 是 $\hat{H}$、$\hat{L}^2$、$\hat{L}_z$、$\hat{S}^2$、$\hat{S}_z$ 的共同本征函数，所以一级近似能量为

$$E = \int \Phi^* \hat{H} \Phi \mathrm{d}\tau$$

式中，

$$\Phi = \Phi(LM_L SM_S)$$

为一级近似波函数，是以总量子数 L、M_L、S、M_S 表示原子状态的波函数。

如果属于本征值 L、M_L、S、M_S 的本征函数有两个或两个以上，分别为

$$\Phi_1 = \Phi_1(LM_LSM_S), \Phi_2 = \Phi_2(LM_LSM_S), \cdots$$

则 $\hat{H}$ 的本征函数是它们的线性组合，即

$$\Phi = c_1\phi_1 + c_2\phi_2 + \cdots$$

系数 c_1、c_2、$\cdots$ 及相应的本征能量可以用线性变分法求得。

由上面可见，采用这种方法求原子的一级近似波函数和一级近似能量比解式（3.38）简便，并且得到一级近似波函数 ψ_q^1 具有确定的 L、M_L、S、M_S 值。

L-S 耦合适合于轻元素和中等元素。另外还有一种耦合方案是先把每一个电子的 $\vec{S}_i$ 和 $\vec{L}_i$ 耦合成 $\vec{J}_i$，再把 $\vec{J}_i$ 耦合成 $\vec{J}$，这种处理方法称为 j-j 耦合，适用于重元素。因此有

$$\vec{j}_i = \vec{L}_i + \vec{S}_i \tag{3.49}$$

$$\vec{J} = \sum_{i=1}^{n} \vec{j}_i \tag{3.50}$$

$$\left|\vec{J}\right| = \sqrt{J(J+1)}\hbar \tag{3.51}$$

由 j_1 和 j_2 两个内量子数可得总角动量量子数 J，$J = j_1 + j_2, j_1 + j_2 - 1, \cdots, \left|j_1 - j_2\right|$。$\vec{J}$ 沿磁场方向的分量为

$$J_z = M_J\hbar \tag{3.52}$$

M_J 的取值为 0 或 $\pm\frac{1}{2}$ 到 $\pm J$，间隔 1，共有 $2J+1$ 个。

3.5.3　原子光谱项和光谱支项

和氢原子一样，多电子原子的状态可用 L、S、J、M_J 四个量子数表示。在同一原子组态下，可出现 L、S、J、M_J 不同的原子状态。它们反映了电子的相互作用情况的不同，在能量上有所差别，用多电子原子光谱项符号表示。写法与前面的氢原子的情况相同，将 $2S+1$ 的数值写在代表 L 值的英文字母的左上角，即 ${}^{2S+1}L$。通常 $L=0,1,2,3,4,5,\cdots$ 依次以大写英文字母 $S,P,D,F,G,H,\cdots$ 表示，把 J 值写在光谱项的右下角即 ${}^{2S+1}L_J$，称为光谱支项。

3.5.4　光谱项能量

从原子光谱的大量实验材料中，洪德总结出以下的规律：

（1）由同一电子组态导出的各光谱项中 S 最大者能级最低；如 S 相同，则 L

最大者能级最低。此即洪德第一规律。

（2）如果 S 和 L 相同，则对于正光谱项，J 值越小，能级越低；而对于反光谱项，J 值越大，能级越低。所谓正光谱项是指从原子轨道电子未充满到半充满的电子组态，如 p_1、p_2、p_3 等导出的光谱项；所谓反光谱项是指从半充满以后的电子组态，如 p^4、p^5 等导出的光谱项。此即洪德第二规律。

一般而言，多重度 $2S+1$ 不同的谱项之间能量相差比较大，多重度相同、L 不同的谱项能量相差比较小。这是因为前者来源于相互作用较强的自旋相关效应，后者来源于相互作用较弱的轨道-轨道相互作用。

谱项的能量用斯莱特-康顿（Condon）参量表示。例如，对于 p^2 组态导出的谱项能量为

$$E(^1S) = F_0 + 10F_2$$

$$E(^1D) = F_0 + F_2$$

$$E(^3P) = F_0 - 5F_2$$

式中，F_0、F_2 等即为斯莱特-康顿参量，它们是表示电子之间相互作用的一些积分，也可做经验参数处理，具体数值可由光谱数据得到。

组态为 p^2 的原子能级结构示于图 3.1。由图可见，多电子原子的薛定谔方程

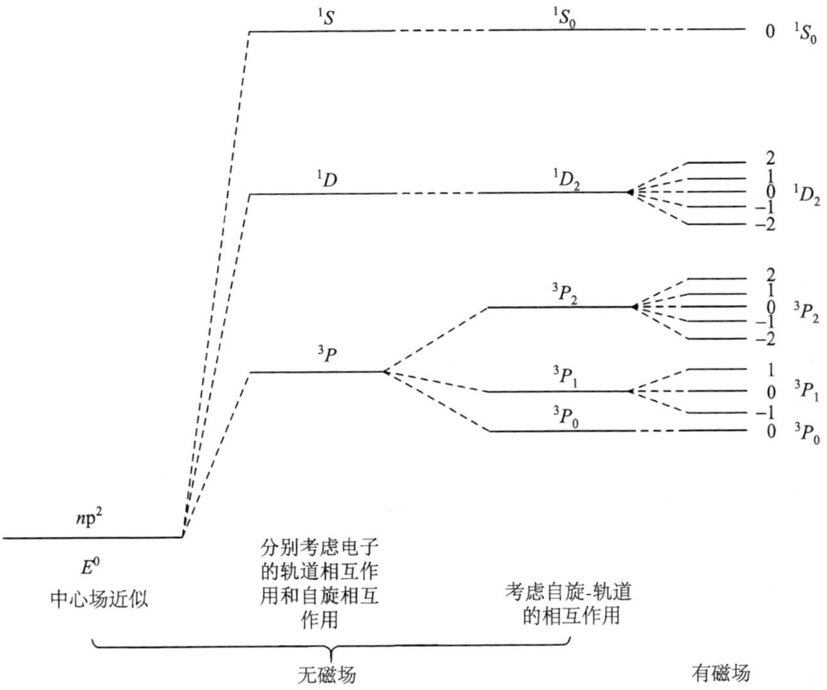

图 3.1　电子组态为 p^2 的能级示意图

给出的能量精确到原子的电子组态，确定了原子的电子层结构，并没有考虑电子的轨道相互作用、自旋相互作用及自旋-轨道相互作用。光谱项考虑了电子的轨道角动量之间的相互作用和自旋角动量之间的相互作用。光谱支项进一步考虑了总轨道角动量和总自旋角动量之间的相互作用。电子能级在外磁场中的分裂则考虑了角动量和外磁场之间的相互作用。

3.5.5　原子光谱的选择定则

当原子由较高能级 E_2 跃迁到较低能级 E_1 时就放出光子，产生了一条光谱线。其频率 ν 由玻尔频率公式

$$\nu = \frac{E_2 - E_1}{h} \tag{3.53}$$

决定。在光谱学中，常用波数 $\tilde{\nu}$ 代替频率，

$$\tilde{\nu} = \frac{1}{\lambda} = \frac{E_2 - E_1}{hc} \tag{3.54}$$

从大量的原子光谱实验总结出，并不是任何两个能级之间都可以发生辐射跃迁，发生辐射跃迁的能级间需满足下列选择定则：

（1）L-S 耦合

$$\Delta S = 0$$
$$\Delta L = \pm 1$$
$$\Delta J = 0, \pm 1 \quad (0 \to 0\text{除外})$$

在有外磁场时，还需

$$\Delta M_J = 0, \pm 1 \quad (\text{对}\Delta J = 0, 0 \to 0\text{除外})$$

（2）j-j 耦合

$$\Delta j = 0, \pm 1(\text{对跃迁电子}),\ \Delta j = 0(\text{对其余电子})$$
$$\Delta J = 0, \pm 1(0 \to 0\text{除外})$$

在有外磁场时，还需

$$\Delta M_J = 0, \pm 1 \quad (\text{对}\Delta J = 0, 0 \to 0\text{除外})$$

用量子力学理论可以证明上述选择定则。

3.5.6　钠原子的光谱

表 3.1 列出钠原子的基态和激发态的各光谱项。图 3.2 给出了钠原子光谱。图 3.3 给出了钠原子的能级图。

表 3.1　钠原子的基态和激发态的各光谱项

电子组态	最外层电子的主量子数	光谱支项
$1s^22s^22p^33s^1$	3	$2S_{1/2}$
$1s^22s^22p^33p^1$	3	$2P_{1/2}, 2P_{3/2}$
$1s^22s^22p^33d^1$	3	$2D_{3/2}, 2D_{5/2}$
$1s^22s^22p^34s^1$	4	$2S_{1/2}$
$1s^22s^22p^34p^1$	4	$2P_{1/2}, 2P_{3/2}$
$1s^22s^22p^34d^1$	4	$2D_{3/2}, 2D_{5/2}$
$1s^22s^22p^34f^1$	4	$2F_{5/2}, 2F_{7/2}$
⋮	⋮	⋮

从钠原子的能级图和选律，可以推算出钠原子光谱应包括下列各系光谱线：

（1）主系	$nP \to 3S$	λ / nm
	$3P \to 3S$	589.59，589.00 即两重钠 D 线
	$4P \to 3S$	330.29，330.23
	$5P \to 3S$	285.30，285.28
	⋮	⋮
	$\infty P \to 3S$	245.5（5.138eV，第一电离能，主系的极限）
（2）锐系	$nS \to 3P$	λ / nm
	$4S \to 3P$	1140.4，1138.2
	$5S \to 3P$	616.1，615.4
	$6S \to 3P$	515.4，514.9
	⋮	⋮
	$\infty P \to 3P$	407.8，407.6（锐系的两个极限）

(3)漫系	$nD \to 3P$	λ / nm
	$3D \to 3P$	819.5(2)，818.3(1)
	$4D \to 3P$	568.8(2)，568.3(1)
	$5D \to 3P$	498.3(2)，497.9(1)
	⋮	⋮
	$\infty D \to 3P$	407.8(2)，497.6(1)（漫系的极限 = 锐系的极限 = 3P 电子的电离能）
(4)基系	$nF \to 3D$	λ / nm
	$4F \to 3D$	1846.0(3)
	$5F \to 3D$	1267.8(3)
	⋮	⋮
	$\infty F \to 3D$	814.9(3)（基系的极限）

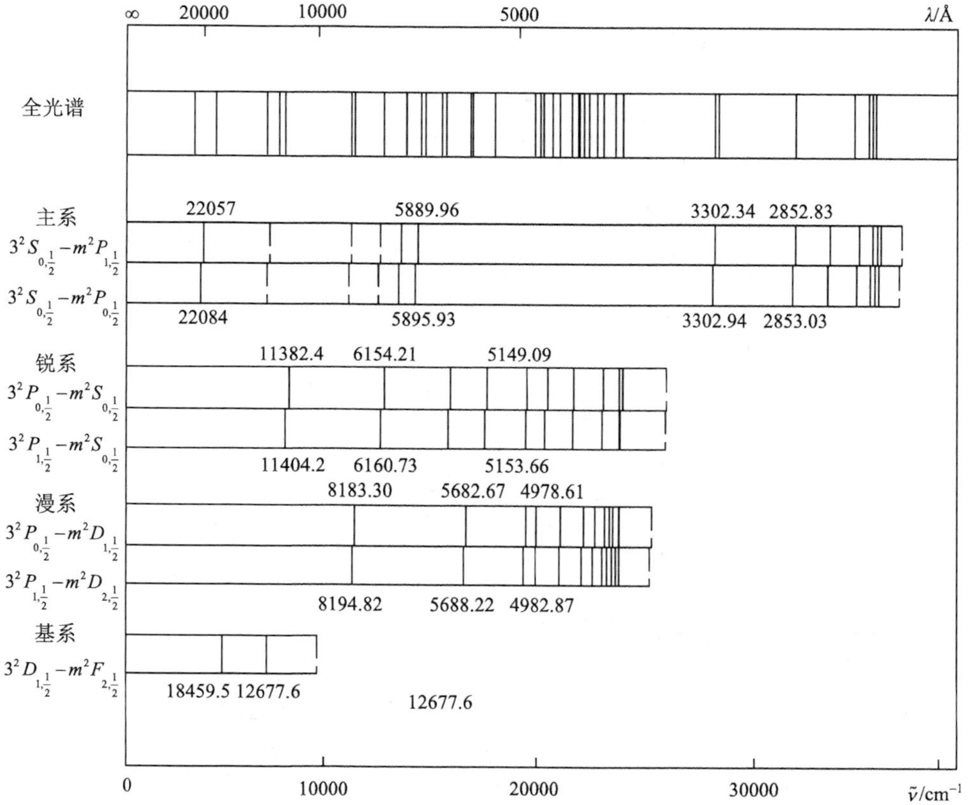

图 3.2　钠原子光谱

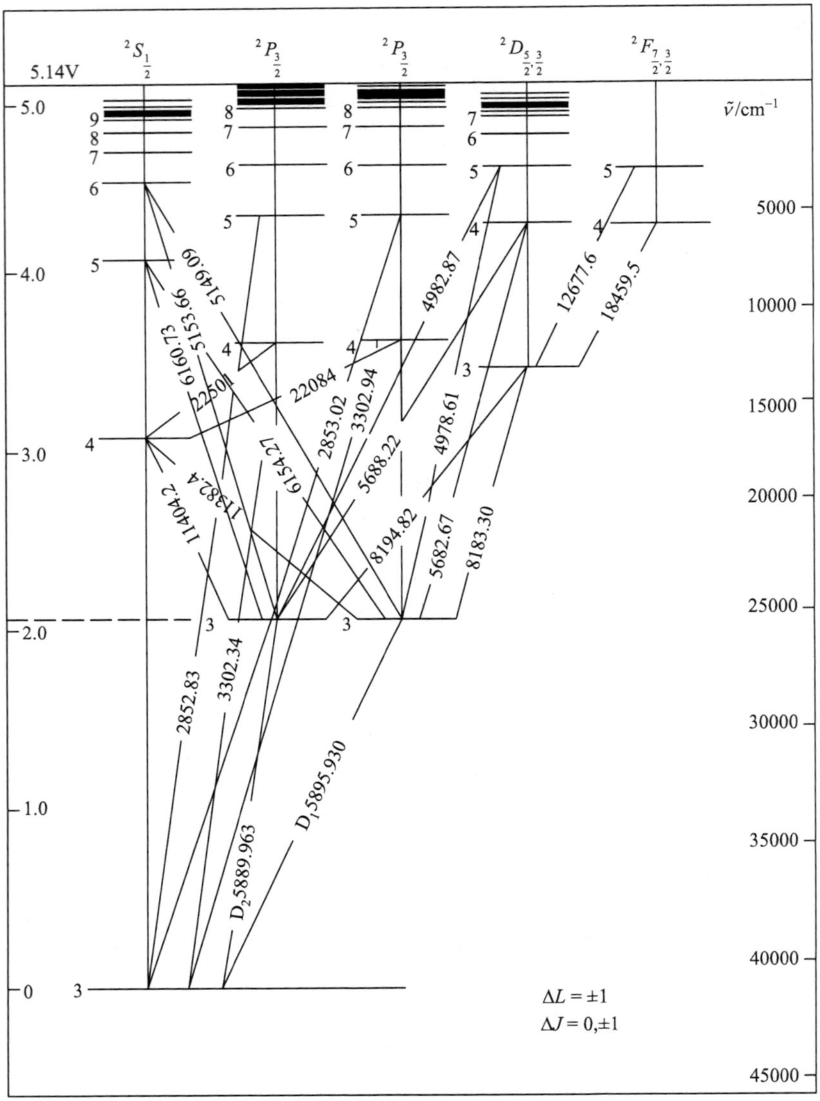

图 3.3　钠原子的能级图

图中的波长用 Å 表示，1Å = 10^{-10}m = 0.1nm

3.5.7　多电子原子的磁矩和塞曼效应

多电子原子的磁矩是各个电子的轨道运动磁矩和自旋运动磁矩之和，即

$$\vec{\mu}=\sum_{i=1}^{n}\vec{\mu}_{li}+\sum_{i=1}^{n}\vec{\mu}_{si}=-\frac{\mu_{\mathrm{B}}}{\hbar}\left(g_l\sum_{i=1}^{n}\vec{l}_i+g_s\sum_{i=1}^{n}\vec{s}_i\right)=-\frac{\mu_{\mathrm{B}}}{\hbar}\left(\sum_{i}\vec{l}_i+2\sum_{i}\vec{s}_i\right)\tag{3.55}$$

如果原子按 L-S 方式耦合，则

$$\vec{\mu} = -\frac{\mu_B}{\hbar}(\vec{L} + 2\vec{S}) \tag{3.56}$$

原子的总磁矩 $\vec{\mu}_J$（$\vec{\mu}$ 在 $\vec{J}$ 方向上的分量）为

$$\vec{\mu}_J = -\frac{g\mu_B}{\hbar}\vec{J} \tag{3.57}$$

其中

$$g = 1 + \frac{J(J+1) - L(L+1) + S(S+1)}{2J(J+1)} \tag{3.58}$$

可见，当 $L=0$ 时，$g=2$；当 $S=0$ 时，$g=1$。所以 g 介于 1 和 2 之间。

当有磁场存在时，原子的总磁矩和磁场发生作用，作用能为

$$\varepsilon = -\vec{\mu}_J \cdot \vec{B} \tag{3.59}$$

式中，$\vec{B}$ 为磁场强度。将式（3.57）代入式（3.59）得

$$\varepsilon = \frac{g\vec{\mu}_B}{\hbar}\vec{J} \cdot \vec{B} = \frac{g\vec{\mu}_B}{\hbar}\left|\vec{J}\right| B\cos\theta$$

式中，θ 为 $\vec{J}$ 和 $\vec{B}$ 之间的夹角，$\left|\vec{J}\right|\cos\theta$ 为 $\vec{J}$ 在磁场 $\vec{B}$ 方向的投影，应有

$$\left|\vec{J}\right|\cos\theta = M_J\hbar$$

所以

$$\varepsilon = M_J g\mu_B B$$

$$M_J = J, J-1, \cdots, -J$$

由此可见，在磁场作用下，总角动量量子数为 J 的能级分裂为 $2J+1$ 个能级。例如图 3.4 中的光谱项 $^2P_{\frac{3}{2}}$ 共包含 $2J+1=4$ 个状态，在无磁场时，它们是简并的。在磁场作用下，$^3P_{\frac{3}{2}}$ 分裂为四个能量不同的状态，每个状态的能量由相应的量子数 M_J 决定，M_J 越小，能量越低。因此，在无磁场时的一条光谱线在磁场作用下将分裂为多条光谱线。图 3.4 给出了在有磁场存在时的能级分裂和能级跃迁。

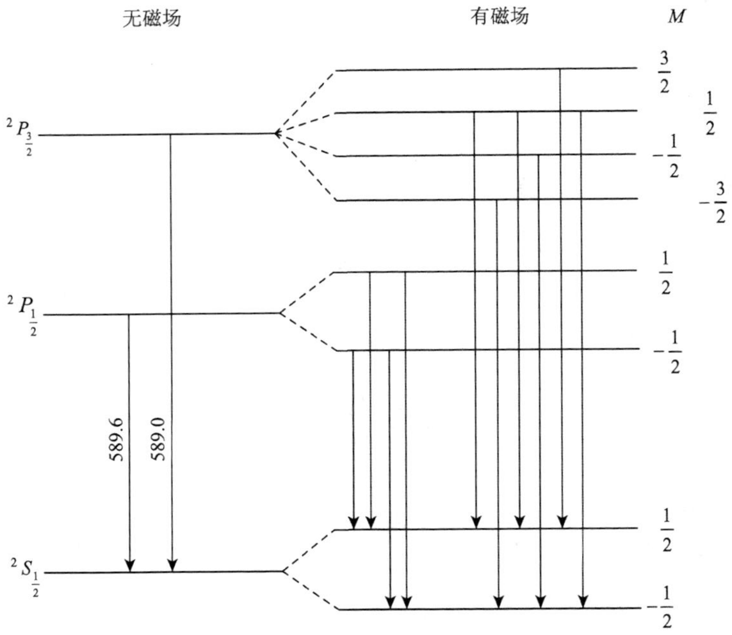

图 3.4　$^2S_{\frac{1}{2}}$、$^2P_{\frac{1}{2}}$ 和 $^2P_{\frac{3}{2}}$ 在磁场中的能级分裂和辐射跃迁

3.6　多电子原子的自洽场方法

3.6.1　薛定谔方程

多电子体系的薛定谔方程为

$$\hat{H}\psi = E\psi \tag{3.60}$$

其中

$$\psi = \psi(1,2,\cdots,n)$$

哈密顿算符

$$\begin{aligned}\hat{H} &= -\frac{\hbar^2}{2m_e}\sum_{i=1}^{n}\nabla_i^2 - \sum_{i=1}^{n}\frac{Ze^2}{r_i} + \frac{1}{2}\sum_{i=1}^{n}\sum_{\substack{j=1\\(j\neq i)}}^{n}\frac{e^2}{r_{ij}} \\ &= \sum_{i=1}^{n}\left(-\frac{\hbar^2}{2m_e}\nabla_i^2 - \frac{Ze^2}{r_i} + \sum_{\substack{j=1\\(j\neq i)}}^{n}\frac{e^2}{r_{ij}}\right) - \frac{1}{2}\sum_{i=1}^{n}\sum_{\substack{j=1\\(j\neq i)}}^{n}\frac{e^2}{r_{ij}} \qquad (3.61) \\ &= \sum_{i=1}^{n}\hat{H}_i - \frac{1}{2}\sum_{i=1}^{n}\sum_{\substack{j=1\\(j\neq i)}}^{n}\frac{e^2}{r_{ij}}\end{aligned}$$

其中

$$\hat{H}_i = -\frac{\hbar^2}{2m_e}\nabla_i^2 - \frac{Ze^2}{r_i} + \sum_{\substack{j=1\\(j\neq i)}}^{n}\frac{e^2}{r_{ij}} \tag{3.62}$$

是第 i 个电子的动能、第 i 个电子与原子核的吸引能与第 i 个电子受其他 $n-1$ 个电子的排斥能之和。

如果忽略式（3.61）后一求和项，则有

$$\hat{H} \approx \sum_{i=1}^{n}\hat{H}_i \tag{3.63}$$

n 个电子体系的哈密顿近似为 n 个单电子体系的哈密顿之和。这样 n 个电子体系的薛定谔方程（3.60）可分离变量为 n 个单电子体系的薛定谔方程

$$\hat{H}_i\phi(i) = \varepsilon\phi(i) \quad (i = 1,2,\cdots,n) \tag{3.64}$$

n 个电子体系薛定谔方程的解 ϕ 近似等于各单电子薛定谔方程解 $\phi_k(i)$ 之积，即

$$\psi \approx \psi(1,2,\cdots,n) = \phi_1(1)\phi_2(2)\cdots\phi_n(n) \tag{3.65}$$

3.6.2　哈特里方程

由于单电子薛定谔方程（3.62）中包含

$$\sum_{\substack{j=1\\(j\neq i)}}^{n}\frac{e^2}{r_{ij}}$$

而不能解出精确的解析解，需求近似解。单电子哈密顿算符 $\hat{H}_i$ 中包含的任意两个电子间的排斥能 $\frac{e^2}{r_{ij}}$ 是与 i、j 两个电子坐标有关的函数，如果对于二者之一的电子 j 的所有位置取平均，其平均值就只是电子 i 的坐标的函数。若电子 j 的波函数已知，则对 j 所有位置取平均可写为

$$\left\langle \frac{e^2}{r_{ij}} \right\rangle_j = \int_\tau \phi_j^*(j)\frac{e^2}{r_{ij}}\phi_j(j)\mathrm{d}\tau_j \tag{3.66}$$

$\left\langle \frac{e^2}{r_{ij}} \right\rangle_j$ 只是电子 i 的坐标的函数，与电子 j 的坐标无关。这样，式（3.62）近似为

$$\begin{aligned}\hat{H}_i &= -\frac{\hbar^2}{2m_e}\nabla_i^2 - \frac{Ze^2}{r_i} + \sum_{\substack{j=1\\(j\neq i)}}^{n}\left\langle \frac{e^2}{r_{ij}} \right\rangle_j \\ &= -\frac{\hbar^2}{2m_e}\nabla_i^2 - \frac{Ze^2}{r_i} + \sum_{\substack{j=1\\(j\neq i)}}^{n}\int_\tau \phi_j^*(j)\frac{e^2}{r_{ij}}\phi_j(j)\mathrm{d}\tau_j\end{aligned} \tag{3.67}$$

称为哈特里（Hartree）算符。每个电子的波函数 $\phi_i(i)$ 满足哈特里方程

$$\left[-\frac{\hbar^2}{2m_{\mathrm{e}}}\nabla_i^2-\frac{Ze^2}{r_i}+\sum_{\substack{j=1\\(j\neq i)}}^{n}\int_\tau \phi_j^*(i)\frac{e^2}{r_{ij}}\phi_j(i)\mathrm{d}\tau_j\right]\phi_i(i)=\varepsilon_i\phi_i(i) \quad (3.68)$$

$$(i=1,2,\cdots,n)$$

下面讨论哈特里方程的求解方法。因为哈特里方程的势能项中包含所要求解的单电子波函数 $\phi_j(j)$，因此需要先选取一组尝试波函数 $\phi_1^0(1),\phi_2^0(2),\cdots,\phi_n^0(n)$ 作为 n 个电子的初始波函数。用它们计算每个电子的 $\left\langle\frac{e^2}{r_{ij}}\right\rangle_j$，构造出每个电子的哈特里算符式（3.67），对每个电子解哈特里方程（3.68），求得每个电子的第一次近似波函数 $\phi_1^1(1),\phi_2^1(2),\cdots,\phi_n^1(n)$，它们比尝试波函数 $\phi_1^0(1),\phi_2^0(2),\cdots,\phi_n^0(n)$ 更接近真实波函数。然后再以 $\phi_1^1(1),\phi_2^1(2),\cdots,\phi_n^1(n)$ 计算每个电子的 $\left\langle\frac{e^2}{r_{ij}}\right\rangle_j$，再解每个电子的哈特里方程，求得每个电子的第二次近似波函数 $\phi_1^2(1),\phi_2^2(2),\cdots,\phi_n^2(n)$。重复上述步骤，直到第 n 次近似波函数相应的能量与第 n–1 次近似波函数相应的能量之差对于每个电子都满足预定的精度要求，于是得到该体系的一组自洽解。该过程所用的势场称为自洽场（self-consistent-field，SCF）。这种近似解多电子体系薛定谔方程的方法是由哈特里于 1928 年最先提出来的，所以称为哈特里自洽场方法，简写作 SCF 方法。

3.6.3　体系的总能量

考虑自洽场近似，多电子体系的哈密顿算符可写为

$$\hat{H}=\sum_{i=1}^{n}\hat{H}_i-\frac{1}{2}\sum_{i=1}^{n}\sum_{\substack{j=1\\(j\neq i)}}^{n}\int_\tau \phi_j^*(j)\frac{e^2}{r_{ij}}\phi_j(j)\mathrm{d}\tau_j \quad (3.69)$$

式中，第一个求和项 $\sum_{i=1}^{n}\hat{H}_i$ 是 n 个电子的哈特里 $\hat{H}_i$ 之和；第二个求和项 $\frac{1}{2}\sum_{i=1}^{n}\sum_{\substack{j=1\\(j\neq i)}}^{n}\int_\tau \phi_j^*(j)\times\frac{e^2}{r_{ij}}\phi_j(j)\mathrm{d}\tau_j$ 是由于第一个求和项中对 n 个电子两两相互排斥作用的重复计算而需减去的值。由哈密顿算符式（3.69）得相应的薛定谔方程

$$\left[\sum_{i=1}^{n}\hat{H}_i-\frac{1}{2}\sum_{i=1}^{n}\sum_{\substack{j=1\\(j\neq i)}}^{n}\int_\tau \phi_j^*(j)\frac{e^2}{r_{ij}}\phi_j(j)\mathrm{d}\tau_j\right]\psi=E\psi \quad (3.70)$$

其解的乘积可近似为单电子哈特里方程（3.68）的解，即

$$\psi = \psi(1,2,\cdots,n) = \phi_1(1)\phi_2(2)\cdots\phi_n(n) \tag{3.71}$$

将式（3.71）代入式（3.70）后，并用式（3.71）左乘之，再积分，得

$$E = \int_\tau \phi_1^*(1)\phi_2^*(2)\cdots\phi_n^*(n)\left[\sum_{i=1}^{n}\hat{H}_i - \frac{1}{2}\sum_{i=1}^{n}\sum_{\substack{j=1\\(j\neq i)}}^{n}\int_\tau \phi_j^*(j)\frac{e^2}{r_{ij}}\phi_j(j)\mathrm{d}\tau_j\right]\phi_1(1)\phi_2(2)\cdots\phi_n(n)\mathrm{d}\tau \tag{3.72}$$

其中 $\mathrm{d}\tau = \mathrm{d}\tau_1\mathrm{d}\tau_2\cdots\mathrm{d}\tau_n$。若 $\phi_1(1)\phi_2(2)\cdots\phi_n(n)$ 为正交归一化，式（3.72）成为

$$\begin{aligned} E &= \sum_{i=1}^{n}\int_\tau \phi_i^*(i)\hat{H}_i\phi_i(i)\mathrm{d}\tau_i - \frac{1}{2}\sum_{i=1}^{n}\sum_{\substack{j=1\\(j\neq i)}}^{n}\iint_\tau \phi_i^*(i)\phi_j^*(j)\frac{e^2}{r_{ij}}\phi_i(i)\phi_j(j)\mathrm{d}\tau_i\mathrm{d}\tau_j \\ &= \sum_{i=1}^{n}\varepsilon_i - \frac{1}{2}\sum_{i=1}^{n}\sum_{\substack{j=1\\(j\neq i)}}^{n}J_{ij} \end{aligned} \tag{3.73}$$

其中

$$\begin{aligned} \varepsilon_i &= \int_\tau \phi_i^*(i)\left[-\frac{\hbar^2}{2m_\mathrm{e}}\nabla_i^2 - \frac{Ze^2}{r_i} + \sum_{\substack{j=1\\(j\neq i)}}^{n}\int_\tau \phi_j^*(j)\frac{e^2}{r_{ij}}\phi_j(j)\mathrm{d}\tau_j\right]\phi_i(i)\mathrm{d}\tau_i \\ &= \int_\tau \phi_i^*(i)\left[-\frac{\hbar^2}{2m_\mathrm{e}}\nabla_i^2 - \frac{Ze^2}{r_i}\right]\phi_i(i)\mathrm{d}\tau_i + \sum_{\substack{j=1\\(j\neq i)}}^{n}\int_\tau \phi_i^*(i)\phi_j^*(j)\frac{e^2}{r_{ij}}\phi_i(i)\phi_j(j)\mathrm{d}\tau_i\mathrm{d}\tau_j \\ &= \varepsilon_i^0 + \sum_{\substack{j=1\\(j\neq i)}}^{n}J_{ij} \end{aligned} \tag{3.74}$$

是由单电子哈特里方程（3.68）求得的单电子能量，它近似等于在该自洽场原子轨道上运动的电子的电离能的负值。其中

$$\varepsilon_i^0 = \int_\tau \phi_i^*(i)\left[-\frac{\hbar^2}{2m_\mathrm{e}}\nabla_i^2 - \frac{Ze^2}{r_i}\right]\phi_i(i)\mathrm{d}\tau_i$$

是未考虑其他 $n-1$ 个电子对电子 i 的排斥作用时电子 i 的能量。而

$$\sum_{i=1}^{n}\varepsilon_i = \sum_{i=1}^{n}\varepsilon_i^0 + \sum_{i=1}^{n}\sum_{\substack{j=1\\(j\neq i)}}^{n}J_{ij} \tag{3.75}$$

是 n 个电子的能量之和，它与多电子原子体系的总能量 E 不相等，比较式（3.73）和式（3.75）可见，两者相差 $\frac{1}{2}\sum_{i=1}^{n}\sum_{\substack{j=1\\(j\neq i)}}^{n}J_{ij}$。其中

$$J_{ij} = \iint_{\tau} \phi_i^*(i)\phi_j^*(j)\frac{e^2}{r_{ij}}\phi_i(i)\phi_j(j)\mathrm{d}\tau_i\mathrm{d}\tau_j \tag{3.76}$$

是电子 i 与电子 j 之间的排斥能，称为库仑积分。

哈特里自洽场方法的计算结果与实验数据能很好地符合，但哈特里方程是一个积分微分方程，一般只能求得数值解，因此自洽场原子轨道通常是以数据表的形式给出，但也是用量子数 n、l、m 表征的。

3.7 哈特里-福克自洽场方法

根据泡利不相容原理，多电子体系的波函数应当包括自旋并且是反对称的，哈特里自洽场方法所选的波函数中初始迭代函数未包括自旋，并且不满足反对称的要求。福克（Fock）考虑了电子的自旋，用单电子自旋-轨道波函数构造成多电子原子的斯莱特行列式波函数，以此做平均场近似得到的单电子薛定谔方程的近似方程称为哈特里-福克方程，这种近似求解多电子体系薛定谔方程的方法称为哈特里-福克自洽场方法。

3.7.1 斯莱特行列式

斯莱特行列式为

$$\begin{aligned}
\psi_q &= \psi(q_1, q_2, \cdots, q_n) \\
&= \frac{1}{\sqrt{2n!}}\begin{vmatrix}
\phi_1(1)\alpha(1) & \phi_1(2)\alpha(2) & \cdots & \phi_1(2n)\alpha(2n) \\
\phi_1(1)\beta(1) & \phi_1(2)\beta(2) & \cdots & \phi_1(2n)\beta(2n) \\
\vdots & \vdots & & \vdots \\
\phi_n(1)\alpha(1) & \phi_n(2)\alpha(2) & \cdots & \phi_n(2n)\alpha(2n) \\
\phi_n(1)\beta(1) & \phi_n(2)\beta(2) & \cdots & \phi_n(2n)\beta(2n)
\end{vmatrix} \\
&= \frac{1}{\sqrt{2n!}}\left|\phi_1(1)\alpha(1)\phi_1(2)\beta(2)\cdots\phi_n(2n-1)\alpha(2n-1)\phi_n(2n)\beta(2n)\right|
\end{aligned} \tag{3.77}$$

式中，n 个空间轨道 $\phi_1, \phi_2, \cdots, \phi_n$ 是正交归一的函数集合，可以取多电子原子中心势场的零级近似波函数，每个空间轨道填充两个电子，共计 $2n$ 个电子，是闭壳层电子组态。

3.7.2 计算能量

多电子原子的薛定谔方程为

$$\hat{H}\psi = E\psi \tag{3.78}$$

其中

$$\begin{aligned}\hat{H} &= \sum_{i=1}^{2n}\left(-\frac{\hbar^2}{2m_e}\nabla_i^2 - \frac{Ze^2}{r_i}\right) + \sum_{i=1}^{2n}\sum_{\substack{j=1\\(j\neq i)}}^{2n}\frac{e^2}{r_{ij}} - \frac{1}{2}\sum_{i=1}^{2n}\sum_{\substack{j=1\\(j\neq i)}}^{2n}\frac{e^2}{r_{ij}} \\ &= \sum_{i=1}^{2n}\hat{h}_i + \sum_{i=1}^{2n}\sum_{\substack{j=1\\(j\neq i)}}^{2n}\frac{e^2}{r_{ij}} - \frac{1}{2}\sum_{i=1}^{2n}\sum_{\substack{j=1\\(j\neq i)}}^{2n}\frac{e^2}{r_{ij}}\end{aligned} \tag{3.79}$$

式中

$$\hat{h}_i = -\frac{\hbar^2}{2m_e}\nabla_i^2 - \frac{Ze^2}{r_i}$$

将斯莱特行列式和多电子原子的哈密顿算符表达式（3.79）代入薛定谔方程（3.78），并用斯莱特行列式（3.77）左乘后积分，得

$$\int\psi_q^*\left(\sum_{i=1}^{2n}\hat{h}_i\right)\psi_q\mathrm{d}\tau + \int\psi_q^*\left(\sum_{i=1}^{2n}\sum_{\substack{j=1\\(j\neq i)}}^{2n}\frac{e^2}{r_{ij}}\right)\psi_q\mathrm{d}\tau - \int\psi_q^*\left(\frac{1}{2}\sum_{i=1}^{2n}\sum_{\substack{j=1\\(j\neq i)}}^{2n}\frac{e^2}{r_{ij}}\right)\psi_q\mathrm{d}\tau = \int\psi_q^* E\psi_q\mathrm{d}\tau \tag{3.80}$$

利用行列式的性质以及空间轨道和自旋轨道的正交归一性，得

$$\int\psi_q^*\left(\sum_{i=1}^{2n}\hat{h}_i\right)\psi_q\mathrm{d}\tau = \sum_{i=1}^{2n}\int\psi_q^*\hat{h}_i\psi_q\mathrm{d}\tau = \sum_{i=1}^{2n}h_{ii} \tag{3.81}$$

$$\int\psi_q^*\left(\sum_{i=1}^{2n}\sum_{\substack{j=1\\(j\neq i)}}^{2n}\frac{e^2}{r_{ij}}\right)\psi_q\mathrm{d}\tau = \sum_{i=1}^{2n}\sum_{\substack{j=1\\(j\neq i)}}^{2n}\int\psi_q^*\frac{e^2}{r_{ij}}\psi_q\mathrm{d}\tau = \sum_{i=1}^{2n}\sum_{\substack{j=1\\(j\neq i)}}^{2n}(2J_{ij} - K_{ij}) \tag{3.82}$$

$$\int\psi_q^*\left(\frac{1}{2}\sum_{i=1}^{2n}\sum_{\substack{j=1\\(j\neq i)}}^{2n}\frac{e^2}{r_{ij}}\right)\psi_q\mathrm{d}\tau = \frac{1}{2}\sum_{i=1}^{2n}\sum_{\substack{j=1\\(j\neq i)}}^{2n}\int\psi_q^*\frac{e^2}{r_{ij}}\psi_q\mathrm{d}\tau = \frac{1}{2}\sum_{i=1}^{2n}\sum_{\substack{j=1\\(j\neq i)}}^{2n}\left(2J_{ij} - K_{ij}\right) \tag{3.83}$$

$$\int\psi_q^* E\psi_q\mathrm{d}\tau = E \tag{3.84}$$

式中

$$h_{ii} = \int\phi_i(1)\hat{h}(1)\phi_i(1)\mathrm{d}\tau$$

$$J_{ij} = \iint\phi_i^*(1)\phi_j^*(2)\frac{e^2}{r_{12}}\phi_i(1)\phi_j(2)\mathrm{d}\tau_1\mathrm{d}\tau_2$$

$$K_{ij} = \iint\phi_i^*(1)\phi_j^*(2)\frac{e^2}{r_{12}}\phi_j(1)\phi_i(2)\mathrm{d}\tau_1\mathrm{d}\tau_2$$

$$(i, j = 1, 2, \cdots, n)$$

由于电子的等同性，所以上述各式中的电子 1 和电子 2 可以代表其他所有电

子。从数学上考虑也是成立的，因为积分与自变量的符号无关。但是，对于不同的电子，其波函数形式不同。J_{ij}、K_{ij} 的下角标表示的是不同电子的不同函数形式，这样对电子坐标的求和就转换为对不同函数形式的求和了。

将上面的结果代入式（3.80），得总电子能量

$$
\begin{aligned}
E &= 2\sum_{i=1}^{n} h_{ii} + 2\sum_{i=1}^{n}\sum_{\substack{j=1\\(j\neq i)}}^{n}(2J_{ij} - K_{ij}) - \sum_{i=1}^{n}\sum_{\substack{j=1\\(j\neq i)}}^{n}(2J_{ij} - K_{ij}) \\
&= 2\sum_{i=1}^{n} h_{ii} + \sum_{i=1}^{n}\sum_{\substack{j=1\\(j\neq i)}}^{n}(2J_{ij} - K_{ij})
\end{aligned}
\tag{3.85}
$$

由于轨道数是电子数的一半，所以 $2n$ 个和变成 n 个和各项乘 2。式中，J_{ij} 称为库仑积分，K_{ij} 称为交换积分。K_{ij} 的产生是由波函数反对称所致。J_{ij} 表示 ϕ_i 与 ϕ_j 两个原子轨道上的电子之间的排斥能，K_{ij} 表示 ϕ_i 与 ϕ_j 两个原子轨道上的电子之间的交换能。交换的含义是 K_{ij} 和 J_{ij} 比较，前者是由交换后者的被积函数中两个轨道上的电子标号得到。由上面可知，交换能来源于电子的全同性原理和泡利不相容原理。两个自旋相同的电子不仅在空间同一点上出现的概率为零，而且它们互相靠得很近的概率也很小。也就是说，自旋相同的电子趋向于互相回避。这样，自旋相同的两个电子之间的排斥能要比自旋相反的两个电子之间的排斥能小。这种自旋相同的电子趋向于互相回避的效应称为自旋相关。交换能实质上是由自旋相同的电子之间的自旋相关引起的相互排斥能减少的部分，并不是真的发生了两个电子的交换。由于自旋相关效应的存在，在一组等价轨道（如三个 p 轨道、五个 d 轨道）上排有的电子，它们将尽可能分占不同的轨道并保持自旋平行。这一规律最早是由洪德从光谱实验数据总结出来的，称为洪德规则。

定义单电子轨道的能量为

$$
\varepsilon_i = h_{ii} + \sum_{j=1}^{n}(2J_{ij} - K_{ij}) \tag{3.86}
$$

它是一个原子轨道 ϕ_i 中的电子与原子核及其余 $2n-1$ 个电子的相互作用能。假设电子 i 电离时，其余 $2n-1$ 个电子没有变化，则 $-\varepsilon_i$ 就是 ϕ_i 中一个电子的电离能，称为库普曼斯（Koopmans）电离势或垂直电离势。

总电子能量也可以表示为

$$
E = 2\sum_{i=1}^{n}\varepsilon_i - \sum_{i=1}^{n}\sum_{j=1}^{n}(2J_{ij} - K_{ij}) \tag{3.87}
$$

或

$$
E = \sum_{i=1}^{n}(\varepsilon_i + h_{ii}) \tag{3.88}
$$

由此可见，总电子能量并不等于单电子能量之和。这是因为单电子能量之和包

含每一对电子间的相互排斥能两次。单电子的能量之和把排斥能重复计算了。式（3.87）等号右边第二个求和项就是对它的校正。

3.7.3　哈特里-福克方程

有了闭壳层多电子波函数和电子能量的表达式，利用变分法可以给出优化的多电子原子轨道的微分方程，此方程称为哈特里-福克方程

$$\left[\hat{h}_i + \sum_{j=1}^{n}\left(2\hat{J}_j - \hat{K}_j\right)\right]\phi_i = \varepsilon_i \phi_i \qquad (3.89)$$

$$(i = 1, 2, \cdots, n)$$

它们是对应于原子轨道 $\phi_1, \phi_2, \cdots, \phi_n$ 的 n 个单电子波动方程。可以写作

$$\hat{F}_i \phi_i = \varepsilon_i \phi_i \quad (i = 1, 2, \cdots, n) \qquad (3.90)$$

式中，$\hat{F}$ 称为福克算符，它的定义是

$$\hat{F}_i = \hat{h}_i + \sum_{j=1}^{n}\left(2\hat{J}_j - \hat{K}_j\right) \qquad (3.91)$$

式中，$\hat{J}$ 称为库仑算符，$\hat{K}$ 称为交换算符，它们的定义是

$$\hat{J}_j(1)\phi_i(1) = \left[\int \phi_j^*(2)\frac{e^2}{r_{12}}\phi_j(2)\mathrm{d}\tau\right]\phi_i(1)$$

$$\hat{K}_j(1)\phi_i(1) = \left[\int \phi_j^*(2)\frac{e^2}{r_{12}}\phi_i(2)\mathrm{d}\tau\right]\phi_j(1)$$

方程（3.89）、方程（3.90）称为哈特里-福克方程。这表明多电子原子的最优原子轨道是福克算符的全部本征函数。

3.7.4　哈特里-福克方程的求解方法

因为哈特里-福克方程的势能项中包含所要求解的波函数 ϕ，因此需要选取一组零级近似波函数构造成斯莱特行列式，作为初值，并用其计算能量；构造出福克算符式（3.91）和福克方程（3.90），求解得一级近似波函数。然后再用一级近似波函数计算能量；构造出福克算符式（3.91）和福克方程（3.90），求解得二级近似波函数。重复上述步骤，直至第 n 级近似波函数相应的能量与第 $n-1$ 级近似波函数相应的能量之差满足预定的精度要求。这样就得到该体系的自洽解，这就是哈特里-福克自洽场方法，是由哈特里、福克和斯莱特提出并实现的。

习　　题

3.1 写出碳原子的薛定谔方程。

3.2 概述中心势场模型。

3.3 为什么多电子原子轨道能量不仅与 n 有关，还与 l 有关？

3.4 概述多电子原子的自洽场方法。

3.5 按照电子填充原则构造元素周期表。

3.6 写出 He 原子基态的反对称波函数及斯莱特行列式。

3.7 写出下列原子的光谱项和光谱支项：C、O。

3.8 由泡利不相容原理推出同一原子中不能有四个量子数都相同的两个电子。

第 4 章　分子轨道理论

4.1　定核近似与轨道近似

4.1.1　分子体系的薛定谔方程

分子的薛定谔方程为

$$\hat{H}\psi = E\psi \tag{4.1}$$

其中

$$\psi = \psi(q_i, q_\alpha) \tag{4.2}$$

式中，q_i、q_α 分别代表电子和原子核的坐标。在非相对论近似下，分子体系的哈密顿算符为

$$\begin{aligned}\hat{H} &= \hat{T}_{\mathrm{N}} + \hat{T}_{\mathrm{e}} + \hat{V}_{\mathrm{NN}} + \hat{V}_{\mathrm{Ne}} + \hat{V}_{\mathrm{ee}} \\ &= -\frac{\hbar^2}{2}\sum_{\alpha=1}^{N}\frac{1}{m_\alpha}\nabla_\alpha^2 - \frac{\hbar^2}{2m_{\mathrm{e}}}\sum_{i=1}^{n}\nabla_i^2 + \sum_{\alpha=1}^{N}\sum_{\substack{\beta=1\\(\beta>\alpha)}}^{N}\frac{z_\alpha z_\beta e^2}{r_{\alpha\beta}} - \sum_{\alpha=1}^{N}\sum_{i=1}^{n}\frac{z_\alpha e^2}{r_{\alpha i}} + \sum_{i=1}^{n}\sum_{\substack{j=1\\(j>i)}}^{n}\frac{e^2}{r_{ij}}\end{aligned} \tag{4.3}$$

式中，$\hat{T}_{\mathrm{N}} = -\frac{\hbar^2}{2}\sum_{\alpha=1}^{N}\frac{1}{m_\alpha}\nabla_\alpha^2$ 为原子核的动能；$\hat{T}_{\mathrm{e}} = -\frac{\hbar^2}{2m_{\mathrm{e}}}\sum_{i=1}^{n}\nabla_i^2$ 为电子的动能；$\hat{V}_{\mathrm{NN}} = \sum_{\alpha=1}^{N}\sum_{\substack{\beta=1\\(\beta>\alpha)}}^{N}\frac{z_\alpha z_\beta e^2}{r_{\alpha\beta}}$ 为原子核间的排斥能；$\hat{V}_{\mathrm{Ne}} = -\sum_{\alpha=1}^{N}\sum_{i=1}^{n}\frac{z_\alpha e^2}{r_{\alpha i}}$ 为原子核和电子的吸引能；$\hat{V}_{\mathrm{ee}} = \sum_{i=1}^{n}\sum_{\substack{j=1\\(j>i)}}^{n}\frac{e^2}{r_{ij}}$ 为电子和电子的排斥能；α、β 表示原子核；i、j 表示电子。

例如，氢分子的哈密顿算符为

$$\hat{H} = -\frac{\hbar^2}{2m}\nabla_\alpha^2 - \frac{\hbar^2}{2m}\nabla_\beta^2 - \frac{\hbar^2}{2m_{\mathrm{e}}}\nabla_1^2 - \frac{\hbar^2}{2m_{\mathrm{e}}}\nabla_2^2 + \frac{e^2}{r_{\alpha\beta}} - \frac{e^2}{r_{\alpha1}} - \frac{e^2}{r_{\beta1}} - \frac{e^2}{r_{\alpha2}} - \frac{e^2}{r_{\beta2}} + \frac{e^2}{r_{12}}$$

式中，α 和 β 代表两个氢原子核；1, 2 代表两个电子。

4.1.2　玻恩-奥本海默近似

电子运动速度很快，为 $3\times10^6\,\mathrm{m/s}$。和电子运动速度相比，核运动速度很慢。

在电子运动的一周内，原子核构型几乎未来得及变化。于是可以把原子核看成是固定的，电子处在各原子核位置固定时所形成的势场中运动。这样就可以把电子与原子核的运动分开处理，称为玻恩-奥本海默（Born-Oppenheimer）近似，由玻恩和奥本海默在 1928 年提出。

令

$$\psi(q_i,q_\alpha)=\psi_{\mathrm{e}}(q_i,q_\alpha)\psi_{\mathrm{N}}(q_\alpha) \tag{4.4}$$

电子波函数以参数的形式依赖于原子核构型，即 $\psi_{\mathrm{e}}(q_i,q_\alpha)$ 中 q_α 可看作参数。将上式波函数代入薛定谔方程，可以证明，只要电子波函数 ψ_{e} 是核坐标 q_α 缓慢变化的函数，即

$$\frac{\partial\psi_{\mathrm{e}}(q_i,q_\alpha)}{\partial q_\alpha}=0 \tag{4.5}$$

这种分离就是可能的。实际上对于稳定的分子而言，由于原子核的质量比电子的质量大 10^3 倍以上，电子运动速度却比核运动速度快得多，使得当原子核之间发生任一微小的相对运动时，迅速运动的电子都能立即调整，以建立与变化后的原子核势场相适应的运动状态。也就是说，在任一确定的原子核构型下，电子都有相应的一系列运动状态与其适应。因此，一般来说定核近似是合理的。在这种近似下，电子运动的薛定谔方程是

$$(\hat{H}_{\mathrm{e}}+V_{\mathrm{NN}})\psi_{\mathrm{e}}(q_i,q_\alpha)=E(q_\alpha)\psi_{\mathrm{e}}(q_i,q_\alpha) \tag{4.6}$$

其中

$$\hat{H}_{\mathrm{e}}=-\frac{\hbar^2}{2m_{\mathrm{e}}}\sum_{i=1}^{n}\nabla_i^2-\sum_{\alpha=1}^{N}\sum_{i=1}^{n}\frac{z_\alpha e^2}{r_{\alpha i}}+\sum_{i=1}\sum_{\substack{j=1\\(j>i)}}\frac{e^2}{r_{ij}} \tag{4.7}$$

而原子核之间的排斥势能项 V_{NN} 在核固定时为一常数。从哈密顿算符中减去常数并不影响波函数的形式，只是使每个能量本征值减少该常数值。因此，电子的薛定谔方程可写为

$$\hat{H}_{\mathrm{e}}\psi_{\mathrm{e}}=E_{\mathrm{e}}\psi_{\mathrm{e}} \tag{4.8}$$

且有

$$E(q_\alpha)=E_{\mathrm{e}}+V_{\mathrm{NN}} \tag{4.9}$$

在确定的核构型下，电子波函数 $\psi_{\mathrm{e}}(q_i,q_\alpha)$ 可以看作仅是电子坐标的函数

$$\psi_{\mathrm{e}}=\psi_{\mathrm{e}}(q_i)=\psi_{\mathrm{e}}(q_i,q_\alpha) \tag{4.10}$$

而原子核运动的方程为

$$\left[-\frac{\hbar^2}{2}\sum_{\alpha=1}^{N}\frac{1}{m_\alpha}\nabla_\alpha^2+E(q_\alpha)\right]\psi_{\mathrm{N}}(q_\alpha)=E\psi_{\mathrm{N}}(q_\alpha) \tag{4.11}$$

其中 E 是分子体系的总能量，即方程（4.1）中的能量本征值 E 。$E(q_\alpha)$ 因电子状态而异，所以对分子的每种电子状态，必须解一个 $E(q_\alpha)$ 不同的核薛定谔方程。

如果采用原子单位，分子中电子的哈密顿算符成为

$$\hat{H}_{\mathrm{e}} = -\frac{\hbar^2}{2m_{\mathrm{e}}}\sum_{i=1}^{n}\nabla_i^2 - \sum_{\alpha=1}^{N}\sum_{i=1}^{n}\frac{z_\alpha}{r_{\alpha i}} + \sum_{i=1}^{n}\sum_{\substack{j=1\\(j>i)}}^{n}\frac{1}{r_{ij}}$$

和国际单位制相比，简化了不少。为方便计算，以后各章采用原子单位。原子单位定义如下：

单位质量——电子的质量 m_{e}，单位电荷——电子的电荷 e，单位长度——玻尔半径 a，单位角动量——普朗克常量 $\hbar$，单位能量——哈特里 $\frac{e^2}{a_0}$。

4.1.3 轨道近似

由于第 i 个电子与其他 $n-1$ 个电子的排斥能项 $\frac{1}{r_{ij}}$ 的存在，分子中电子的薛定谔方程不能分离变量。类似于多电子原子的处理方式，采用单电子近似——轨道近似。

假设分子中每个电子 i 都处在所有原子核的库仑吸引场和其他 $n-1$ 个电子形成的排斥场中运动，电子和电子间的作用仅体现在排斥上，分子中的每个电子都有独立的运动状态，这样，分子中的每个电子就可以近似地用单电子波函数——分子轨道（MO）来描述其运动状态，所以轨道近似也称单电子近似。数学基础是分子中电子的哈密顿算符式（4.7）可写成

$$\begin{aligned}\hat{H}_{\mathrm{e}} &= -\frac{1}{2}\sum_{i=1}^{n}\nabla_i^2 - \sum_{\alpha=1}^{N}\sum_{i=1}^{n}\frac{z_\alpha}{r_{\alpha i}} + \frac{1}{2}\sum_{i=1}^{n}\sum_{\substack{j=1\\(j\neq i)}}^{n}\frac{1}{r_{ij}} \\ &= \sum_{i=1}^{n}\left[-\frac{1}{2}\nabla_i^2 - \sum_{\alpha=1}^{N}\frac{z_\alpha}{r_{\alpha i}} + \sum_{\substack{j=1\\(j\neq i)}}^{n}\frac{1}{r_{ij}}\right] - \frac{1}{2}\sum_{i=1}^{n}\sum_{\substack{j=1\\(j\neq i)}}^{n}\frac{1}{r_{ij}} \\ &\approx \sum_{i=1}^{n}\left[-\frac{1}{2}\nabla_i^2 - \sum_{\alpha=1}^{N}\frac{z_\alpha}{r_{\alpha i}} + \sum_{\substack{j=1\\(j\neq i)}}^{n}\frac{1}{r_{ij}}\right] \\ &= \sum_{i=1}^{n}\hat{H}(i)\end{aligned} \qquad (4.12)$$

其中

$$\hat{H}(i) = -\frac{1}{2}\nabla_i^2 - \sum_{\alpha=1}^{N}\frac{z_\alpha}{r_{\alpha i}} + \sum_{\substack{j=1 \\ (j\neq i)}}^{n}\frac{1}{r_{ij}} \tag{4.13}$$

所以，分子的电子薛定谔方程（4.8）就可近似地分离为 n 个单电子的薛定谔方程

$$\hat{H}(i)\psi(i) = \varepsilon(i)\psi(i) \qquad (i = 1, 2, \cdots, n) \tag{4.14}$$

式中，ε 是单个电子的能量。这 n 个方程是完全等价的，只要解一个就可以得到全部解。而分子的电子薛定谔方程（4.8）的解可表示为各单电子波函数 $\psi_i(i)$ 的乘积，即

$$\psi_{\mathrm{e}}(q_i) = \psi(1, 2, \cdots, n) = \prod_{i=1}^{n}\psi_i(i) \tag{4.15}$$

分子体系的总能量（不包括原子核的动能）为

$$E = \sum_{i=1}^{n}\varepsilon_i - V_{\mathrm{ee}} + V_{\mathrm{NN}} = E_{\mathrm{e}} + V_{\mathrm{NN}} \tag{4.16}$$

其中

$$E_{\mathrm{e}} = \sum_{i=1}^{n}\varepsilon(i) - V_{\mathrm{ee}} \tag{4.17}$$

可见，n 个电子的总能量并不等于单个电子的能量之和。这是由于排斥能重复计算的缘故，所以要减去 V_{ee}。

在单电子薛定谔方程（4.14）中，由于含有电子间的排斥势能 $\frac{e^2}{r_{ij}}$，仍是 n 个电子坐标的函数，不能精确求解，需采用近似解法得到解析表达式。一般常用变分法求解。

4.2　变分原理与变分法

4.2.1　变分原理

对于给定体系的哈密顿算符 $\hat{H}$，若 f 是任何一个满足该问题边界条件的合格函数，则有

$$\langle E\rangle = \frac{\int_\tau f^*\hat{H}f\mathrm{d}\tau}{\int_\tau f^* f\mathrm{d}\tau} \geqslant E_0 \tag{4.18}$$

式中，E_0 是 $\hat{H}$ 的最低能量本征值的真实数值。此即变分原理。据此可以在多个函数中找出按式（4.18）计算的能量 $\langle E\rangle$ 值最小的一个 f，就是这些函数中最好的一个近似解。

下面给出变分原理的证明。

对于薛定谔方程

$$\hat{H}\psi = \varepsilon\psi$$

其真实波函数和相应的能量分别为

$$\psi_0, \psi_1, \psi_2, \cdots, \psi_i, \cdots$$
$$\varepsilon_0,\ \varepsilon_1,\ \varepsilon_2, \cdots,\ \varepsilon_i, \cdots$$

且

$$\varepsilon_0 \leqslant \varepsilon_1 \leqslant \varepsilon_2 \leqslant \cdots \leqslant \varepsilon_i \leqslant \cdots$$

其本征函数$\{\psi_i\}$组成一个完备集合，与$\{\psi_i\}$满足相同的边界条件的任意函数f可用$\{\psi_i\}$展开，即

$$f = \sum_i c_i \psi_i \tag{4.19}$$

则相应于函数f的平均能量为

$$\begin{aligned}\langle E\rangle &= \frac{\int_\tau f^* \hat{H} f \mathrm{d}\tau}{\int_\tau f^* f \mathrm{d}\tau} = \frac{\int_\tau (\sum_i c_i\psi_i)^* \hat{H} (\sum_j c_j\psi_j) \mathrm{d}\tau}{\int_\tau (\sum_i c_i\psi_i)^* (\sum_j c_j\psi_j) \mathrm{d}\tau} = \frac{\sum_i\sum_j c_i^* c_j \int_\tau \psi_i^* \hat{H} \psi_j \mathrm{d}\tau}{\sum_i\sum_j c_i^* c_j \int_\tau \psi_i^* \psi_j \mathrm{d}\tau} \\ &= \frac{\sum_i\sum_j c_i^* c_j \varepsilon_j \delta_{ij}}{\sum_i\sum_j c_i^* c_j \delta_{ij}} = \frac{\sum_i c_i^2 \varepsilon_i}{\sum_i c_i^2} \geqslant \frac{(\sum_i c_i^2)\varepsilon_0}{\sum_i c_i^2} = \varepsilon_0\end{aligned} \tag{4.20}$$

其中

$$\delta_{ij} = \begin{cases} 1 & i = j \\ 0 & i \neq j \end{cases} \tag{4.21}$$

称为克罗内克（Kronecker）符号。引入δ_{ij}的一步利用了ψ_i是$\hat{H}$的本征函数，ψ_i、ψ_j是正交归一的。可见，利用函数f计算得到的平均能量$\langle E\rangle$值越小，则越接近真实的基态能量ε_0，也就认为函数f越接近薛定谔方程的真实解——波函数ψ。

4.2.2　线性变分法

变分原理指出了寻找微分方程近似解的方向，即找一个能使平均值$\langle E\rangle$尽可能小的函数f。寻找近似函数f的方法有多种。通常选择的函数f，含有若干个参数$c_1, c_2, \cdots$。这实际是找一个含有若干个参数具有相同形式的函数族。通过调整参数，找出此族函数中使平均值$\langle E\rangle$小的那个函数。

选择函数f时，有一种方法是将f写成一组已知函数的线性组合，即

$$f = \sum_{i=1}^{n} c_i \phi_i$$

式中，ϕ_i 是和方程具有相同边界条件的任意已知函数；c_i 是参数。将变分函数选做已知函数线性组合形式的变分就称为线性变分法。

用变分法解微分方程的第一步就是选择合适的变分函数。选择什么样的函数以及选择多少个函数作为变分函数对线性变分法是十分重要的。虽然原则上讲，只要和微分方程具有相同边界条件的函数都可以作为变分函数，但实际上所选择的变分函数的形式与所得结果密切相关。若所选择的变分函数接近真实解，则仅需要少的函数就可以得到好的计算结果；所选择的变分函数和真实解越不接近，若想得到好的结果，需要的函数个数就越多。因此，为了得到合适的变分函数，需要对所研究的问题有深刻的理解和解决问题的经验，利用物理或化学的知识，构造出合理的模型。

下面介绍线性变分法。令单电子薛定谔方程

$$\hat{H}\psi = E\psi$$

的近似解为

$$\psi \approx f = \sum_{i=1}^{n} c_i \phi_i \tag{4.22}$$

式中，ϕ_i 是满足边界条件的已知独立函数；c_i 是实数。将式（4.22）代入求平均能量值的表达式 $\langle E \rangle$ 中，得

$$\begin{aligned}\langle E \rangle &= \frac{\int_\tau f^* \hat{H} f \mathrm{d}\tau}{\int_\tau f^* f \mathrm{d}\tau} \\ &= \frac{\int_\tau (\sum_{i=1}^{n} c_i \phi_i)^* \hat{H} (\sum_{j=1}^{n} c_j \phi_j) \mathrm{d}\tau}{\int_\tau (\sum_{i=1}^{n} c_i \phi_i)^* (\sum_{j=1}^{n} c_j \phi_j) \mathrm{d}\tau} \\ &= \frac{\sum_{i=1}^{n}\sum_{j=1}^{n} c_i^* c_j \int_\tau \phi_i^* \hat{H} \phi_j \mathrm{d}\tau}{\sum_{i=1}^{n}\sum_{j=1}^{n} c_i^* c_j \int_\tau \phi_i^* \phi_j \mathrm{d}\tau} \\ &= \frac{\sum_{i=1}^{n} c_i c_j H_{ij}}{\sum_{i=1}^{n}\sum_{j=1}^{n} c_i c_j S_{ij}}\end{aligned} \tag{4.23}$$

其中

$$H_{ij} = \int_\tau \phi_i^* \hat{H} \phi_j \, \mathrm{d}\tau \ , \ S_{ij} = \int_\tau \phi_i^* \phi_j \, \mathrm{d}\tau$$

式（4.23）可变成

$$\sum_{i=1}^{n}\sum_{j=1}^{n}c_i c_j\left[H_{ij}-\langle E\rangle S_{ij}\right]=0 \tag{4.24}$$

若 $\langle E\rangle$ 取极小值，需

$$\frac{\partial\langle E\rangle}{\partial c_i}=0 \quad (i=1,2,\cdots,n) \tag{4.25}$$

由此得

$$\sum_{j=1}^{n}c_j\left[H_{ij}-\langle E\rangle S_{ij}\right]=0 \quad (i=1,2,\cdots,n) \tag{4.26}$$

这是以 c_i 为未知数的齐次线性方程组。总计有 n 个方程，$n+1$ 个未知数（n 个 c_i 和 1 个 $\langle E\rangle$）。未知数的个数多于方程的个数，是不定方程组。根据克拉默（Cramer）法则，这种方程组有非零解的条件是方程组系数行列式为零，即

$$\det\left[H_{ij}-\langle E\rangle S_{ij}\right]=0 \tag{4.27}$$

或写作

$$\begin{vmatrix} H_{11}-\langle E\rangle S_{11} & H_{12}-\langle E\rangle S_{12} & \cdots & H_{1n}-\langle E\rangle S_{1n} \\ H_{21}-\langle E\rangle S_{21} & H_{22}-\langle E\rangle S_{22} & \cdots & H_{2n}-\langle E\rangle S_{2n} \\ \vdots & \vdots & & \vdots \\ H_{n1}-\langle E\rangle S_{n1} & H_{n2}-\langle E\rangle S_{n2} & \cdots & H_{nn}-\langle E\rangle S_{nn} \end{vmatrix}=0 \tag{4.28}$$

其中 $\langle E\rangle$ 为未知数，是此行列式的特征值。展开此行列式，可得以 $\langle E\rangle$ 为未知数的一元 n 次方程，解之可得 n 个 $\langle E\rangle$ 值，且有

$$\langle E\rangle_0\leqslant\langle E\rangle_1\leqslant\langle E\rangle_2\leqslant\cdots\leqslant\langle E\rangle_{n-1}$$

由变分原理知

$$\varepsilon_0\leqslant\langle E\rangle_0 \tag{4.29}$$

若 $\phi_1,\phi_2,\cdots$ 彼此正交，还有

$$\varepsilon_1\leqslant\langle E\rangle_1,\varepsilon_2\leqslant\langle E\rangle_2,\cdots,\varepsilon_{n-1}\leqslant\langle E\rangle_{n-1}$$

将 n 个能量 $\langle E\rangle_i$ 分别代入方程组（4.26），结合归一化条件，可得 n 套系数。其中每套系数都和一个能量值 $\langle E\rangle_i$ 相对应，将其代入展开式（4.22）中，就得到一个相应于该能量 $\langle E\rangle_i$ 的近似解。这样，我们就得到了薛定谔方程的 n 个近似解、n 个近似的能量，分别对应于基态、第一激发态、第二激发态等，即

$$\psi_0\approx f_0,\quad \psi_1\approx f_1,\ \cdots,\psi_i\approx f_i,\cdots,\psi_{n-1}\approx f_{n-1}$$

$$\varepsilon_0\approx\langle E\rangle_0,\varepsilon_1\approx\langle E\rangle_1,\cdots,\varepsilon_i\approx\langle E\rangle_i,\cdots,\varepsilon_{n-1}\approx\langle E\rangle_{n-1}$$

4.3　氢分子的结构

4.3.1　氢分子的薛定谔方程

氢分子的坐标如图 4.1 所示，薛定谔方程为

$$\hat{H}\psi(1,2)=E\psi(1,2) \tag{4.30}$$

式中，1、2 表示 1、2 两个电子的坐标

$$\psi(1,2)=\psi(x_1,y_1,z_1;x_2,y_2,z_2) \tag{4.31}$$

$$\begin{aligned}\hat{H}&=-\frac{1}{2}(\nabla_1^2+\nabla_2^2)-\frac{1}{r_{A1}}-\frac{1}{r_{B1}}-\frac{1}{r_{A2}}-\frac{1}{r_{B2}}+\frac{1}{r_{12}}\\&=\left(-\frac{1}{2}\nabla_1^2-\frac{1}{r_{A1}}-\frac{1}{r_{B1}}+\frac{1}{r_{12}}\right)+\left(-\frac{1}{2}\nabla_2^2-\frac{1}{r_{A2}}-\frac{1}{r_{B2}}+\frac{1}{r_{21}}\right)-\frac{1}{r_{21}}\\&=\hat{H}(1)+\hat{H}(2)-\frac{1}{r_{21}}\\&\approx\hat{H}(1)+\hat{H}(2)\end{aligned} \tag{4.32}$$

其中

$$\hat{H}(i)=-\frac{1}{2}\nabla_i^2-\frac{1}{r_{Ai}}-\frac{1}{r_{Bi}}+\frac{1}{r_{ij}}\quad(i,j=1,2;i\neq j) \tag{4.33}$$

是单电子的哈密顿算符。氢分子的哈密顿算符被近似地分离为两个单电子的哈密顿算符。因此，氢分子的薛定谔方程可近似地分离成两个单电子的薛定谔方程

$$\hat{H}(i)\psi(i)=\varepsilon\psi(i)\quad(i=1,2) \tag{4.34}$$

这两个方程是完全等价的，只解其中的一个就可得到全部解。此解是描述一个电子在两个原子核的吸引势场及另一个电子的排斥势场中的运动状态的波函数，即分子轨道。

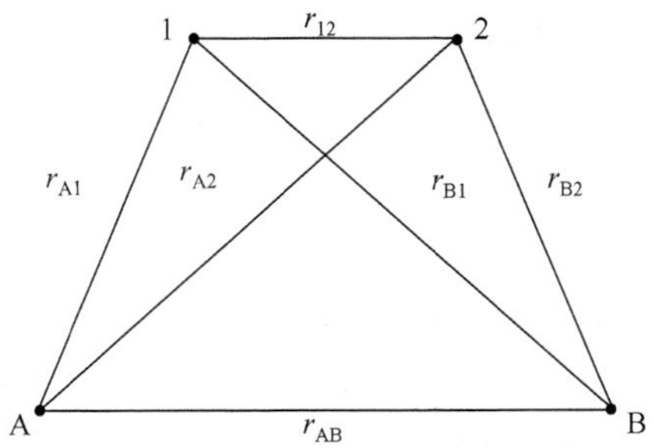

图 4.1　氢分子的坐标

氢分子薛定谔方程近似地分离为单电子薛定谔方程，所以其解近似地为单电子薛定谔方程解的乘积，即

$$\psi(1,2)=\psi_i(1)\psi_j(2) \tag{4.35}$$

式中，i、j表示波函数的形式，可以相同，也可以不同。

由式（4.32）可知，氢分子的能量为

$$E=\varepsilon(1)+\varepsilon(2)-E_{ee} \tag{4.36}$$

式中，$E_{ee}=\dfrac{1}{r_{ij}}$，为两个电子之间的排斥能，减去E_{ee}是由于将氢分子的哈密顿算符写作单电子的哈密顿算符时 1、2 两个电子间的排斥能E_{ee}重复计算了一次。

4.3.2　线性变分法解单电子薛定谔方程

由于$\dfrac{1}{r_{ij}}$项的存在，单电子薛定谔方程（4.34）仍不能精确求解。下面采用线性变分法求其近似解。

单电子薛定谔方程是两个原子核、一个电子的体系。当这个电子在 A 核附近运动时，受 B 核影响很小，相当于氢原子 A 的状态，它的基态是$\phi_A=\dfrac{1}{\sqrt{\pi}}e^{-r_A}$；当这个电子在 B 核附近运动时，受 A 核影响很小，相当于氢原子 B 的状态，它的基态是$\phi_B=\dfrac{1}{\sqrt{\pi}}e^{-r_B}$。而一般情况下既不是氢原子 A 的状态，也不是氢原子 B 的状态，可以认为既具有氢原子 A 的状态又具有氢原子 B 的状态。因此，可取两者的线性组合作为变分函数，即

$$\psi(i)\approx f=c_1\phi_A+c_2\phi_B \tag{4.37}$$

依据线性变分法，有

$$\begin{aligned}\langle E\rangle&=\frac{\int_\tau(c_1\phi_A+c_2\phi_B)^*\hat{H}(i)(c_1\phi_A+c_2\phi_B)\,d\tau}{\int_\tau(c_1\phi_A+c_2\phi_B)^*(c_1\phi_A+c_2\phi_B)\,d\tau}\\&=\frac{c_1^2\int_\tau\phi_A^*\hat{H}(i)\phi_A\,d\tau+2c_1c_2\int_\tau\phi_A^*\hat{H}(i)\phi_B\,d\tau+c_2^2\int_\tau\phi_B^*\hat{H}(i)\phi_B\,d\tau}{c_1^2\int_\tau\phi_A^*\phi_A\,d\tau+2c_1c_2\int_\tau\phi_A^*\phi_B\,d\tau+c_2^2\int_\tau\phi_B^*\phi_B\,d\tau}\\&=\frac{c_1^2H_{11}+2c_1c_2H_{12}+c_2^2H_{22}}{c_1^2S_{11}+2c_1c_2S_{12}+c_2^2S_{22}}\end{aligned}$$

其中

$$H_{11}=\int_\tau\phi_A^*\hat{H}(i)\phi_A\,d\tau$$

$$H_{22} = \int_\tau \phi_B^* \hat{H}(i)\phi_B \, d\tau$$

$$H_{12} = \int_\tau \phi_A^* \hat{H}(i)\phi_B \, d\tau = H_{21} = \int_\tau \phi_B^* \hat{H}(i)\phi_A \, d\tau$$

$$S_{11} = \int_\tau \phi_A^* \phi_A \, d\tau$$

$$S_{22} = \int_\tau \phi_B^* \phi_B \, d\tau$$

$$S_{12} = \int_\tau \phi_A^* \phi_B \, d\tau = S_{21} = \int_\tau \phi_B^* \phi_A \, d\tau$$

根据变分原理，系数c_1、c_2的选择应使$\langle E \rangle$最小，令

$$\frac{\partial \langle E \rangle}{\partial c_i} = 0 \qquad (i = 1, 2) \tag{4.38}$$

得线性代数方程组

$$\begin{cases} (H_{11} - \langle E \rangle S_{11})c_1 + (H_{12} - \langle E \rangle S_{12})c_2 = 0 \\ (H_{21} - \langle E \rangle S_{21})c_1 + (H_{22} - \langle E \rangle S_{22})c_2 = 0 \end{cases} \tag{4.39}$$

为方便计算，下面用ε代替$\langle E \rangle$，表示体系的近似能量。方程组（4.39）具有非零解的条件是系数行列式为零［对于方程组（4.39）而言，c_1、c_2是要求解的未知数］，即

$$\begin{vmatrix} H_{11} - \varepsilon S_{11} & H_{12} - \varepsilon S_{12} \\ H_{21} - \varepsilon S_{21} & H_{22} - \varepsilon S_{22} \end{vmatrix} = 0 \tag{4.40}$$

考虑到原子轨道是归一化的，A、B 两个原子核是等同的，所以有

$$H_{11} = H_{22} = \alpha$$
$$H_{12} = H_{21} = \beta$$
$$S_{11} = S_{22} = 1$$
$$S_{12} = S_{21} = S$$

则式（4.40）变成

$$\begin{vmatrix} \alpha - \varepsilon & \beta - \varepsilon S \\ \beta - \varepsilon S & \alpha - \varepsilon \end{vmatrix} = 0$$

将行列式展开得

$$(\alpha - \varepsilon)^2 - (\beta - \varepsilon S)^2 = 0$$

这是ε的一元二次方程，可得两个解

$$\varepsilon_1 = \frac{\alpha+\beta}{1+S}$$

$$\varepsilon_2 = \frac{\alpha-\beta}{1-S}$$

其中 $\beta<0$， $0<S<1$，故 $\varepsilon_1<\alpha$，对应于基态； $\varepsilon_2>\alpha$，对应于激发态。

将 ε_1、ε_2 代入线性方程组（4.39），则得到以 c_1、c_2 为未知数的二元一次代数方程组

$$\begin{cases}(\alpha-\varepsilon_i)c_1+(\beta-\varepsilon_i S)c_2=0\\(\beta-\varepsilon_i S)c_1+(\alpha-\varepsilon_i)c_2=0\end{cases} \tag{4.41}$$

当 $i=1$ 时，解得 $c_{11}=c_{12}$，下角标第一个数字表示第一组解。代入式（4.37），得

$$\psi_1 = f_1 = c_{11}(\phi_A+\phi_B) \tag{4.42}$$

当 $i=2$ 时，解得 $c_{21}=-c_{22}$，下角标第一个数字表示第二组解。代入式（4.37），得

$$\psi_2 = f_2 = c_{21}(\phi_A-\phi_B) \tag{4.43}$$

这里用 $\psi_i(i=1,2)$ 代替 f，表示 ψ_i 是单电子薛定谔方程的近似解，即单电子波函数，已不是变分函数 f 了。

系数 c_{11}、c_{21} 可以利用归一化条件确定

$$\begin{aligned}\int_\tau \psi_1^2 \mathrm{d}\tau &= c_{11}^2\int_\tau(\phi_A+\phi_B)^2\,\mathrm{d}\tau\\&=c_{11}^2\left(\int_\tau \phi_A{}^2\,\mathrm{d}\tau+2\int_\tau\phi_A\phi_B\,\mathrm{d}\tau+\int_\tau\phi_B{}^2\,\mathrm{d}\tau\right)\\&=c_{11}^2(2+2S)\\&=1\end{aligned}$$

所以

$$c_{11}=\frac{1}{\sqrt{2+2S}} \tag{4.44}$$

同样可得

$$c_{21}=\frac{1}{\sqrt{2-2S}} \tag{4.45}$$

将式（4.44）和式（4.45）分别代入式（4.42）和式（4.43）中，得

$$\psi_1=\frac{1}{\sqrt{2+2S}}(\phi_A+\phi_B) \tag{4.46}$$

$$\psi_2=\frac{1}{\sqrt{2-2S}}(\phi_A-\phi_B) \tag{4.47}$$

式中，ψ_1 是基态的近似波函数；ψ_2 是第一激发态的近似波函数。

由两个氢原子的原子轨道形成氢分子的分子轨道示意于图 4.2。由图 4.2 可见，ψ_1 和 ψ_2 的电子云都是关于两个原子核的连线呈轴对称的，称为 σ 轨道。ψ_1、ψ_2 都是由氢原子的 1s 轨道组成。ψ_1 的能量低于原子轨道 1s 的能量，称为成键轨道，以 σ1s 表示；ψ_2 的能量高于原子轨道 1s 的能量，称为反键轨道，以 σ^*1s 表示。在不违背泡利不相容原理的前提下，电子尽量占据能量低的轨道，所以两个电子都填充在 σ1s 成键轨道上。

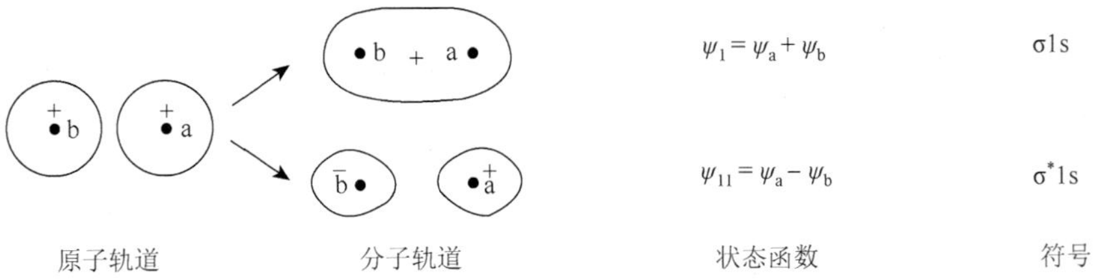

图 4.2　H_2 形成示意图

氢分子的轨道能级示于图 4.3。

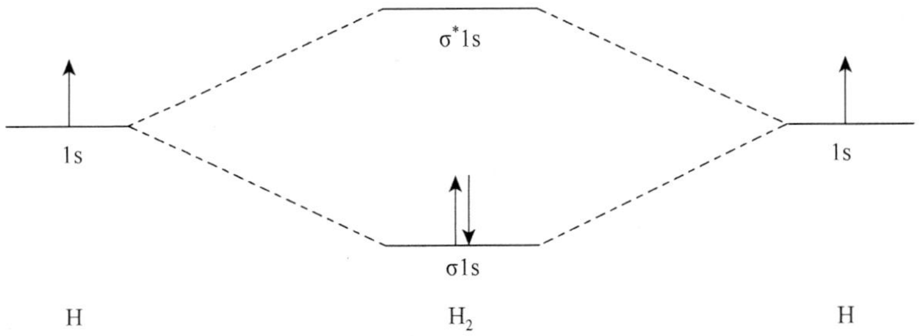

图 4.3　氢分子轨道能级相关图

氢分子的能量为

$$E \approx 2\varepsilon_1 = 2\frac{\alpha+\beta}{1+S} \approx 2(\alpha+\beta) \tag{4.48}$$

这里多算了一次电子间的排斥能。两个氢原子形成氢分子时，能量的降低值为

$$\Delta E = 2E_H - E_{H_2} \approx 2\alpha - 2(\alpha+\beta) = -2\beta$$

其中 ΔE 即为氢分子中共价键的键能。实验测得 $\Delta E = 435.33\text{kJ/mol}$，所以 $\beta = 217.66\text{kJ/mol}$。

4.3.3　氢分子的波函数和能量

1. 氢分子的完整波函数

式（4.46）和式（4.47）中的ψ_1和ψ_2是单电子薛定谔方程（4.34）的解，是描述氢分子中单个电子的运动状态的波函数。将其代入式（4.35）就得到氢分子薛定谔方程（4.39）的近似解。对于氢分子的基态，两个电子都应当在能量最低的轨道上运动，即

$$\begin{aligned}\psi(1,2) &= \psi_1(1)\psi_1(2) \\ &= N\left[\phi_{\mathrm{A}}(1)+\phi_{\mathrm{B}}(1)\right]\left[\phi_{\mathrm{A}}(2)+\phi_{\mathrm{B}}(2)\right] \\ &= N\left[1S_{\mathrm{A}}(1)+1S_{\mathrm{B}}(1)\right]\left[1S_{\mathrm{A}}(2)+1S_{\mathrm{B}}(2)\right]\end{aligned} \tag{4.49}$$

式中，$1S$ 表示氢原子的基态波函数。式（4.49）没有考虑电子的自旋和泡利不相容原理，是氢分子薛定谔方程（4.49）的近似解，但作为整个氢分子的波函数则不合适。氢分子的完整波函数需考虑电子自旋和泡利不相容原理，波函数必须是反对称的。为此必须用单电子波函数构造出自旋轨道的斯莱特行列式。将电子的自旋运动和轨道运动看作是独立的，则单电子基态自旋轨道可写出下面四种形式

$$\psi_1(1)\alpha(1)$$
$$\psi_1(1)\beta(1)$$
$$\psi_1(2)\alpha(2)$$
$$\psi_1(2)\beta(2)$$

考虑泡利不相容原理，可构造出氢分子薛定谔方程（4.29）的两个解

$$\psi_1(1)\alpha(1)\psi_1(2)\beta(2)$$

和

$$\psi_1(1)\beta(1)\psi_1(2)\alpha(2)$$

将其线性组合可以得到满足反对称要求的斯莱特行列式

$$\begin{aligned}\psi_{\mathrm{M}}(g_1,g_2) &= \frac{1}{\sqrt{2!}}\left[\psi_1(1)\alpha(1)\psi_1(2)\beta(2)-\psi_1(1)\beta(1)\psi_1(2)\alpha(2)\right] \\ &= \frac{1}{\sqrt{2!}}\begin{vmatrix}\psi_1(1)\alpha(1) & \psi_1(1)\beta(1) \\ \psi_1(2)\alpha(2) & \psi_1(2)\beta(2)\end{vmatrix}\end{aligned} \tag{4.50}$$

为了书写方便，常把$\psi_{1\alpha}$写成ψ_1，$\psi_{1\beta}$写成$\overline{\psi}_1$。这样，式（4.50）成为

$$\psi_{\mathrm{M}}(g_1,g_2)=\frac{1}{\sqrt{2!}}\begin{vmatrix}\psi_1(1) & \bar{\psi}_1(1)\\ \psi_1(2) & \bar{\psi}_1(2)\end{vmatrix} \tag{4.51}$$

或只写行列式的对角元，简化记作

$$\psi_{\mathrm{M}}(g_1,g_2)=\left|\psi_1(1)\ \ \bar{\psi}_1(2)\right| \tag{4.52}$$

这样就得到了氢分子的完整波函数，它既是氢分子薛定谔方程（4.30）的近似解，又包括自旋并符合泡利不相容原理。

2. 氢分子的能量

以两个单电子的能量之和作为氢分子的能量较粗糙，这里重复计算了两个电子间的排斥能。氢分子的总能量可以利用氢分子的薛定谔方程计算。将氢分子薛定谔方程的解（4.49）代入氢分子薛定谔方程（4.30），并左乘之，然后积分，得

$$\begin{aligned}
E&=\int_\tau \psi_1(1)\psi_1(2)\hat{H}(1,2)\psi_1(1)\psi_1(2)\mathrm{d}\tau\\
&=\int_\tau \psi_1(1)\psi_1(2)\left[-\frac{1}{2}(\nabla_1^2+\nabla_2^2)-\frac{1}{r_{\mathrm{A1}}}-\frac{1}{r_{\mathrm{B1}}}-\frac{1}{r_{\mathrm{A2}}}-\frac{1}{r_{\mathrm{B2}}}+\frac{1}{r_{12}}\right]\psi_1(1)\psi_1(2)\mathrm{d}\tau\\
&=\int_\tau \psi_1(1)\psi_1(2)\left[-\frac{1}{2}\nabla_1^2-\frac{1}{r_{\mathrm{A1}}}-\frac{1}{r_{\mathrm{B1}}}\right]\psi_1(1)\psi_1(2)\mathrm{d}\tau\\
&\quad+\int_\tau \psi_1(1)\psi_1(2)\left[-\frac{1}{2}\nabla_2^2-\frac{1}{r_{\mathrm{A2}}}-\frac{1}{r_{\mathrm{B2}}}\right]\psi_1(1)\psi_1(2)\mathrm{d}\tau\\
&\quad+\int_\tau \psi_1(1)\psi_1(2)\frac{1}{r_{12}}\psi_1(1)\psi_1(2)\mathrm{d}\tau\\
&=\int_{\tau_1} \psi_1(1)\left[-\frac{1}{2}\nabla_1^2-\frac{1}{r_{\mathrm{A1}}}-\frac{1}{r_{\mathrm{B1}}}\right]\psi_1(1)\mathrm{d}\tau_1\int_{\tau_2}\psi_1(2)\psi_1(2)\mathrm{d}\tau_2\\
&\quad+\int_{\tau_2} \psi_1(2)\left[-\frac{1}{2}\nabla_2^2-\frac{1}{r_{\mathrm{A2}}}-\frac{1}{r_{\mathrm{B2}}}\right]\psi_1(2)\mathrm{d}\tau_2\int_{\tau_1}\psi_1(1)\psi_1(1)\mathrm{d}\tau_1\\
&\quad+\int_\tau \psi_1(1)\psi_1(2)\frac{1}{r_{12}}\psi_1(1)\psi_1(2)\mathrm{d}\tau\\
&=H_{11}(1)+H_{11}(2)+J_{12}
\end{aligned} \tag{4.53}$$

其中

$$\mathrm{d}\tau=\mathrm{d}\tau_1\mathrm{d}\tau_2$$

$$H_{11}(1)=\int_{\tau_1}\psi_1(1)\left[-\frac{1}{2}\nabla_1^2-\frac{1}{r_{A1}}-\frac{1}{r_{B1}}\right]\psi_1(1)\mathrm{d}\tau_1\int_{\tau_2}\psi_1(2)\psi_1(2)\mathrm{d}\tau_2$$

$$H_{11}(2)=\int_{\tau_2}\psi_1(2)\left[-\frac{1}{2}\nabla_2^2-\frac{1}{r_{A2}}-\frac{1}{r_{B2}}\right]\psi_1(2)\mathrm{d}\tau_2\int_{\tau_1}\psi_1(1)\psi_1(1)\mathrm{d}\tau_1$$

$$J_{12}=\int_{\tau}\psi_1(1)\psi_1(2)\frac{1}{r_{12}}\psi_1(1)\psi_1(2)\mathrm{d}\tau$$

因为积分与自变量无关，只取决于函数的形式。所以

$$H_{11}(1)=H_{11}(2)=H_{11} \tag{4.54}$$

仅以被积函数的角标来标志，省去电子的坐标，式（4.53）成为

$$E=2H_{11}+J_{12} \tag{4.55}$$

式（4.49）是氢分子薛定谔方程的解，并不是氢分子的波函数。更准确地考虑应是以氢分子的波函数式（4.50）代替式（4.49）进行上述计算，即

$$\begin{aligned}
E&=\int_{v}\left|\psi_1(1)\overline{\psi}_1(2)\right|\hat{H}(1,2)\left|\psi_1(1)\overline{\psi}_1(2)\right|\mathrm{d}v\\
&=\int_{v}\frac{1}{\sqrt{2}}\left[\psi_1(1)\alpha(1)\psi_1(2)\beta(2)-\psi_1(2)\alpha(2)\psi_1(1)\beta(1)\right]\hat{H}(1,2)\\
&\quad\times\frac{1}{\sqrt{2}}\left[\psi_1(1)\alpha(1)\psi_1(2)\beta(2)-\psi_1(2)\alpha(2)\psi_1(1)\beta(1)\right]\mathrm{d}v\\
&=\frac{1}{2}\left[\int_{\tau}\psi_1(1)\psi_1(2)\hat{H}(1,2)\psi_1(1)\psi_1(2)\mathrm{d}\tau+\int_{\tau}\psi_1(2)\psi_1(1)\hat{H}(1,2)\psi_1(2)\psi_1(1)\mathrm{d}\tau\right]\\
&=H_{11}(1)+H_{11}(2)+J_{12}\\
&=2H_{11}+J_{12}
\end{aligned} \tag{4.56}$$

式中，第三个等式利用了自旋波函数正交归一的条件，第四个等式利用了式（4.53）的结果。计算结果与式（4.55）相同。若两个电子不只是填在同一基态空间轨道上，有自旋平行的电子，则以反对称的斯莱特行列式表示的近似波函数算得的能量和用乘积形式的波函数算得的能量会不同。

4.4 简单分子轨道理论

4.4.1 分子轨道理论要点

将线性变分法处理氢分子的结果抽象、推广，得到分子轨道理论。其要点如下：

（1）将分子中的每个电子都看成是在原子核和其他电子所形成的势场中运动。每个电子都具有独立的运动状态，可以用单电子波函数ψ_n来描述，单电子波函数的空间部分ψ称为分子轨道。

（2）分子轨道ψ可近似地用原子轨道线性组合（英文缩写为 LCAO）表示，组合系数由变分法或其他方法确定。用 LCAO 表示的分子轨道称为原子轨道线性组合的分子轨道，以 LCAO-MO 表示。

（3）分子轨道ψ_i相应的能量ε_i近似地表示该分子轨道上电子的电离能，分子中的电子按照泡利不相容原理和能量最低原理排布在分子轨道上。

（4）为了有效地组成分子轨道，参与组成分子轨道的原子轨道必须满足对称性匹配、能量相近和最大重叠条件。

上述四条中，（1）和（3）实际是原子轨道概念和原子结构原理的推广。第（2）条用原子轨道的线性组合表示分子轨道其实意味着原子在形成分子后仍保留了原子的一些特性（一部分状态），原来围绕一个核运动的电子现在围绕多个核运动，尽管电子的运动可以遍及整个分子，但当它靠近某个原子核时，则这个分子轨道必定接近该原子的原子轨道。

4.4.2　有效组成分子轨道的三个条件

1. 对称性匹配

对称性匹配即要求$\int_\tau \phi_A^* \phi_B \mathrm{d}\tau \neq 0$，因为$\int_\tau \phi_A^* \phi_B \mathrm{d}\tau \neq 0$即意味着电子云不重叠，或两个重叠部分互相抵消。

$$\begin{aligned}\beta = H_{12} &= \int_\tau \phi_A^* \left[-\frac{\hbar^2}{2m_e}\nabla_1^2 - \frac{e^2}{r_{A1}} - \frac{e^2}{r_{B1}} + \frac{e^2}{r_{12}}\right]\phi_B \mathrm{d}\tau \\ &= \int_\tau \phi_A^* \left[-\frac{\hbar^2}{2m_e}\nabla_1^2 - \frac{e^2}{r_{B1}}\right]\phi_B \mathrm{d}\tau - \int_\tau \phi_A^* \frac{e^2}{r_{A1}}\phi_B \mathrm{d}\tau + \int_\tau \phi_A^* \frac{e^2}{r_{12}}\phi_B \mathrm{d}\tau \\ &\approx \int_\tau \phi_A^* \left[-\frac{\hbar^2}{2m_e}\nabla_1^2 - \frac{e^2}{r_{B1}}\right]\phi_B \mathrm{d}\tau \\ &= E_B \int_\tau \phi_A^* \phi_B \mathrm{d}\tau = E_B S\end{aligned} \tag{4.57}$$

由式(4.57)可见，β是否为零取决于$\int_\tau \phi_A^* \phi_B \mathrm{d}\tau$，若$\int_\tau \phi_A^* \phi_B \mathrm{d}\tau = 0$，即$S=0$，则$\beta = 0$。这样

$$\varepsilon_1 = \frac{\alpha+\beta}{1+S} = \alpha$$

$$\varepsilon_2 = \frac{\alpha - \beta}{1 - S} = \alpha$$

分子轨道的能量和原子轨道的能量一样了，形成分子后体系能量不降低，不能形成稳定的分子轨道，所以不能成键。图 4.4 给出了对称性匹配和对称性不匹配的情况。

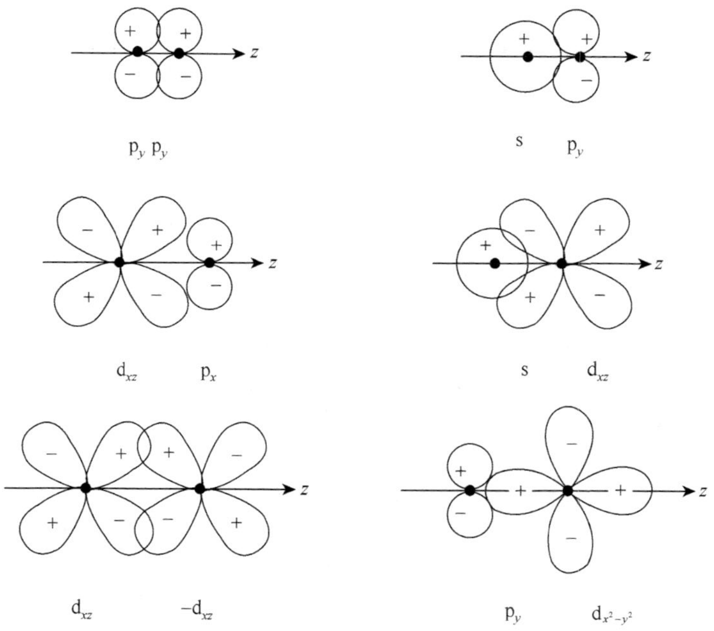

图 4.4　对称性匹配和对称性不匹配的情况

2. 最大重叠

在满足对称性匹配的条件下，原子轨道之间重叠越大、S 值越大、$|\beta|$ 值越大，即 β 负得越多；ε_1 值越小，ε_2 值越大，成键轨道能量低，越有利于形成稳定的分子。

重叠积分

$$S_{12} = \int_\tau \phi_A^* \phi_B \mathrm{d}\tau$$

当核 A、核 B 相距很远时，$S_{12} \approx 0$；核 A 和核 B 越接近，S_{12} 越大，当核 A 和核 B 重合时（假想的极端情况），$S_{12} = 1$。

重叠积分 S_{12} 的值和相互重叠的两个原子轨道的符号有关。当重叠部分中两个原子轨道具有相同的符号时，$S_{12} > 0$，重叠部分使体系的能量降低，此即成键情况。当重叠部分两个原子轨道符号相反时，重叠积分为负，即 $S_{12}<0$ ，重叠部分使体系能量升高，此即反键情况。当重叠部分两个原子轨道有一部分符号相同，有一部分相反时，重叠积分 $S_{12}=0$ ，此时重叠结果不改变体系的能量，这种重叠为非键重叠。图 4.5 以 s 轨道和 p 轨道为例，说明三种情况。

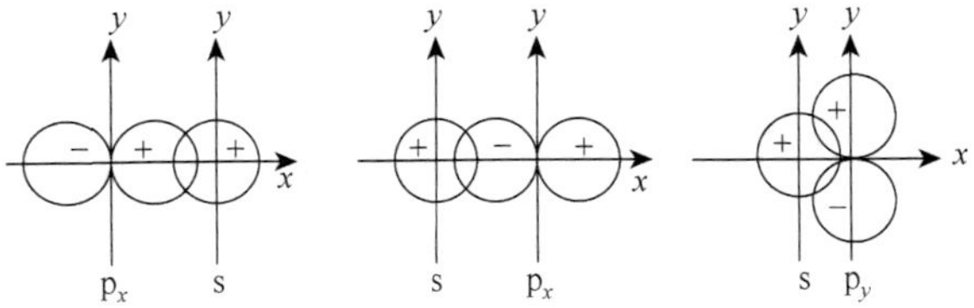

图 4.5　原子轨道的重叠

3. 原子轨道能量相近

在对称性匹配的情况下，两个原子轨道的库仑积分

$$\alpha_A=\int_\tau \phi_A \hat{H} \phi_A \mathrm{d}\tau$$

和

$$\alpha_B=\int_\tau \phi_B \hat{H} \phi_B \mathrm{d}\tau$$

越接近，形成的分子轨道越有效。当两个原子轨道的能量不同，即由能量不同的原子轨道组成分子轨道时，其能级变化不仅与 β 有关，还与 $\alpha_A-\alpha_B$ 有关。当两个原子轨道能量相差很大时，分子轨道就要还原为原子轨道，即

$$\varepsilon_1 \to \alpha_A, \varepsilon_2 \to \alpha_B \quad (\alpha_A \gg \alpha_B)$$

就没有了成键效应，不能形成化学键。组成分子轨道的原子轨道能量越接近越有利于化学键的形成，此即原子轨道能量相近原则。

4.4.3　分子轨道的符号

1. σ 轨道和 π 轨道

如果分子轨道的电子云关于原子核的连线呈轴对称，就称为σ轨道。如果分子轨道的电子云关于过原子核连线的平面呈镜面对称，就称为π轨道。

图 4.6（a）是由 s 轨道和 p 轨道组成的σ轨道的示意图，图 4.6（b）是由两个 p_x 轨道组成的π轨道的示意图。

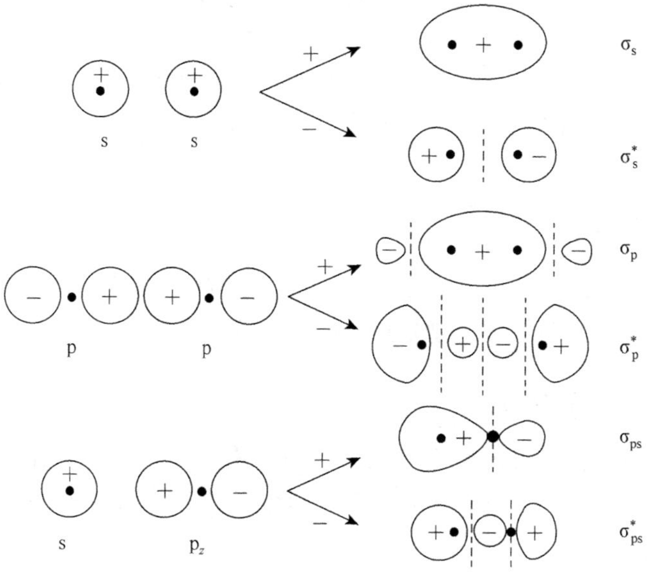

(a)

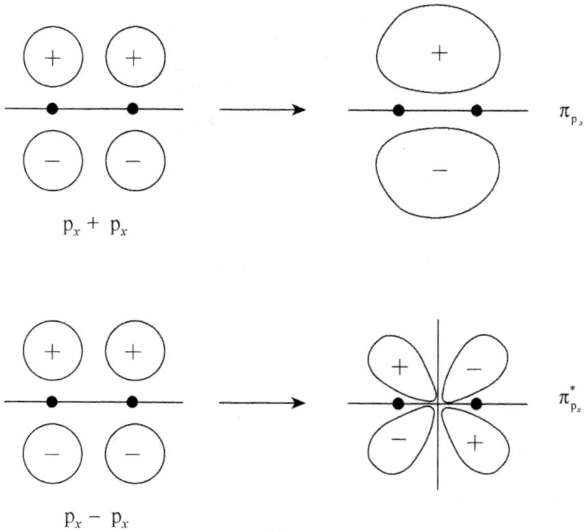

(b)

图 4.6　（a）由 s 和 p 轨道组成的 σ 轨道示意图；（b）由两个 p_x 轨道组成的 π_{p_x} 和 $\pi^*_{p_x}$ 轨道示意图

如果分子轨道关于键轴中点的反演操作不变，此分子轨道则是中心对称的，以下角标 g 表示。如果分子轨道关于键轴中点的反演操作改变符号，此分子轨道则是中心反对称的，以下角标 u 表示。

反键轨道在分子轨道符号的右上角打*号，成键轨道不打*号。

例如，氢分子的轨道ψ_1和ψ_2都是关于原子核的连线呈轴对称的，ψ_1在反演操作下不变，是中心对称的，ψ_2在反演操作下改变符号，是中心反对称的。再者，ψ_1和ψ_2都是由氢原子的 1s 轨道生成的，综上考虑，氢分子的ψ_1轨道以$\sigma_g 1s$表示，ψ_2轨道以$\sigma_u^* 1s$表示。

同核双原子分子具有对称中心，异核双原子分子没有对称中心，因此异核双原子分子不标 g 和 u。

在σ轨道上的电子称为σ电子，在π轨道上的电子称为π电子，在成键轨道上的电子称为成键电子，在反键轨道上的电子称为反键电子。

2. 分子的电子层结构

将分子轨道的符号按能级高低次序排列，并在每个分子轨道上写上电子的个数，就构成了分子的电子层结构。例如，氢分子的电子层结构为

$$(\sigma_g 1s)^2$$

锂分子Li_2的电子层结构可写为

$$(\sigma_g 1s)^2(\sigma_u^* 1s)^2(\sigma_g 2s)^2$$

对于Li_2而言，形成$\sigma_g 1s$所降低的能量和形成$\sigma_u^* 1s$所升高的能量基本相等，两个轨道上又都填了两个电子，所以互相抵消，对成键没有贡献。也就是说，原子的内层电子在形成分子时不发生相互作用，它们基本在原来的原子轨道上，不参与成键。据此，Li_2分子的电子层结构可写作

$$KK(\sigma_g 2s)^2$$

每个字母 K 表示 K 层原子轨道上已填满两个电子。同理Na_2分子的电子层结构可写作

$$KKLL(\sigma_g 3s)^2$$

每个字母 L 表示 L 层的 4 个原子轨道上已填满 8 个电子。

3. 分子轨道和原子轨道的能级相关图

将分子轨道以短线表示按能级高低顺序排列，并将其与相关的原子轨道联系起来就构成了分子轨道和原子轨道的能级相关图。

分子轨道的能量与组合的原子轨道的能量及它们的重叠程度有关。原子轨道的能量越低，由它们组合成的分子轨道的能量也越低。因为形成σ轨道的重叠积分比形成π轨道的重叠积分大，所以同一主壳层的原子轨道组合成的σ成键轨道比π成键轨道能量低，而σ反键轨道比π反键轨道能量高。

按上面的原则，图 4.7 给出了 O_2 分子的轨道能级相关图。从图中可以看到 O_2 分子轨道和 O 原子轨道间的关系及分子成键情况，可以判断分子的稳定性。

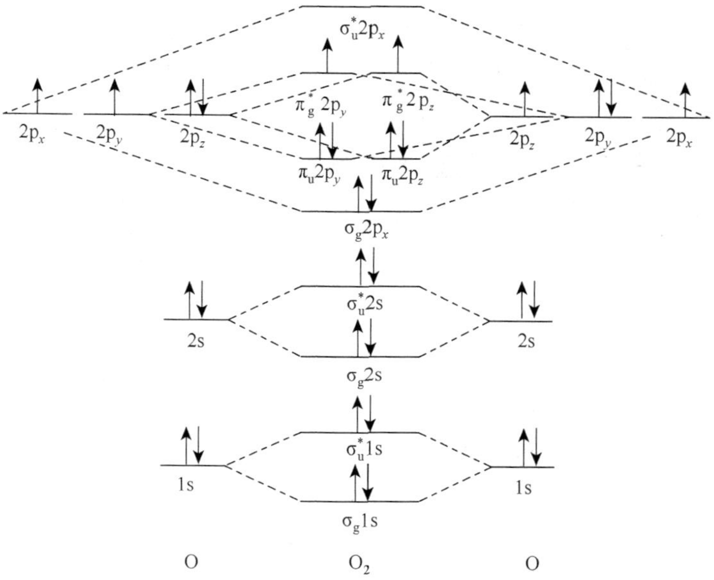

图 4.7　O_2 分子的轨道能级相关图

4.4.4　分子轨道理论的应用

1. 同核双原子分子

根据光电子能谱和分子光谱的研究，O_2 分子轨道能量顺序为

$$\sigma_g 1s < \sigma_u^* 1s < \sigma_g 2s < \sigma_u^* 2s < \sigma_g 2p_x < \pi_u 2p_y = \pi_u 2p_z < \pi_g^* 2p_y = \pi_g^* 2p_z < \sigma_u^* 2p_x$$

所以 O_2 分子的电子层结构可写作

$$KK(\sigma_g 2s)^2(\sigma_u^* 2s)^2(\sigma_g 2p_x)^2(\pi_u 2p_y)^2(\pi_u 2p_z)^2(\pi_g^* 2p_y)^1(\pi_g^* 2p_z)^1$$

O_2 分子的成键轨道为 $(\sigma_g 2p_x)^2(\pi_u 2p_y)^2(\pi_u 2p_z)^2$，各有两个电子；反键轨道为 $(\pi_g^* 2p_y)(\pi_g^* 2p_z)^1$，各有一个电子。正反键相互抵消一部分，净成键相当于有两个轨道、四个电子，所以 O_2 显双键。

除两个反键轨道外，其他轨道已填满电子。由于两个反键轨道上有两个未配对的电子，总自旋磁矩不为零，O_2 分子具有磁性，应是顺磁分子，这与实验事实相符合。O_2 分子的轨道能级相关图已示于图 4.7。

实测 N_2 分子的轨道能级顺序为

$$\sigma_g 1s < \sigma_u^* 1s < \sigma_g 2s < \sigma_u^* 2s < \pi_u 2p_y = \pi_u 2p_z < \sigma_g 2p_x < \pi_g^* 2p_y = \pi_g^* 2p_z < \sigma_u^* 2p_x$$

N_2分子的电子层结构为

$$KK(\sigma_g 2s)^2(\sigma_u^* 2s)^2(\pi_u 2p_y)^2(\pi_u 2p_z)^2(\sigma_g 2p_x)^2$$

与O_2分子的电子层结构相比较可见，$\sigma_g 2p_x$与$\pi_u 2p_y$能级顺序颠倒。这是由于2s轨道与2p轨道能量相差不多，s轨道与p_x轨道对称性相匹配。因此，一个原子的2s轨道不但与另一个原子的2s轨道重叠，还可与其$2p_x$轨道重叠。对$2p_y$、$2p_z$轨道亦然。其结果是σ2s中包含若干2p成分，σ2p中也包含若干2s成分。这导致$\sigma_g 2s$和$\sigma_u^* 2s$的能量降低，$\sigma_g 2p_x$和$\sigma_u^* 2p_x$的能量升高，这种效应随2s和2p轨道的能量差的增大而变小。第二周期N以前元素的同核双原子分子都有这种现象。O以后由于2s和$2p_x$轨道能级相差大而没有这种现象。N_2分子的轨道能级相关图示于图4.8。

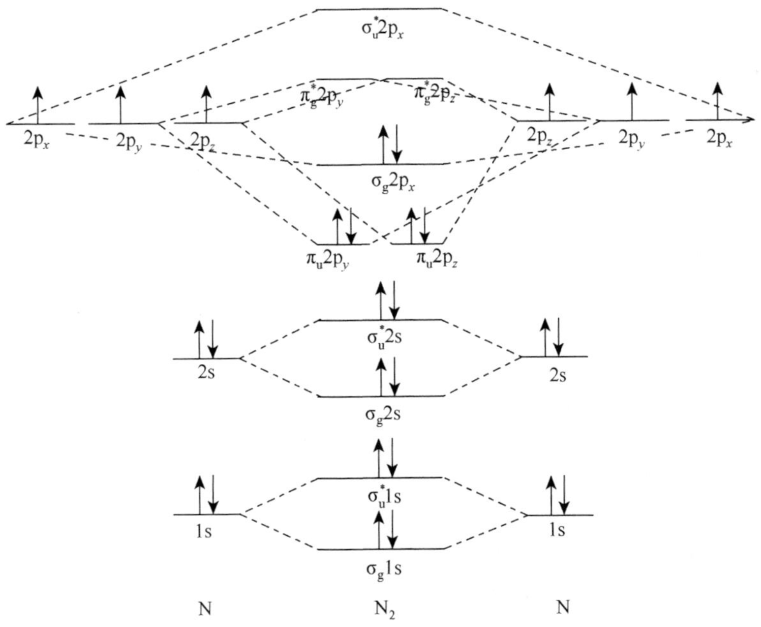

图4.8　N_2分子的轨道能级相关图

Be的电子层结构为$1s^2 2s^2$，两个Be原子共有4个价电子，如果形成Be_2分子，其电子层结构为

$$KK(\sigma_g 2s)^2(\sigma_u^* 2s)^2$$

因$(\sigma_g 2s)^2$的成键作用与$(\sigma_u^* 2s)^2$的反键作用大致抵消，净成键电子数为零，故Be_2是极不稳定的分子。

B的电子层结构为$1s^2 2s^2 2p^1$，2个B原子共有6个价电子，B_2分子的电子层结构为

$$KK(\sigma_g 2s)^2(\sigma_u^* 2s)^2(\pi_u 2p_y)^1(\pi_u 2p_z)^1$$

B_2 分子的两个原子间没有 σ 键，只有单电子 π 键。B_2 分子显顺磁性。

F 原子的电子层结构为 $1s^2 2s^2 2p^5$，F_2 分子的电子层结构为

$$KK(\sigma_g 2s)^2(\sigma_u^* 2s)^2(\sigma_g 2p_x)^2(\pi_u 2p_y)^2(\pi_u 2p_z)^2(\pi_g^* 2p_y)^2(\pi_g^* 2p_z)^2$$

其中 $(\sigma_g 2s)^2$ 的成键作用与 $(\sigma_u^* 2s)^2$ 的反键作用抵消，$(\pi_u 2p_y)^2$、$(\pi_u 2p_z)^2$ 的成键作用和 $(\pi_g^* 2p_y)^2$、$(\pi_g^* 2p_z)^2$ 的反键作用也相互抵消，所以 F_2 分子中实际对成键有贡献的只有一对 $(\sigma_g 2p_x)^2$ 电子，F_2 分子是单键结合的。

2. 异核双原子分子

异核双原子分子的两个原子的相应的原子轨道（如 $2s_a$ 和 $2s_b$、$2p_a$ 和 $2p_b$ 等）具有不同的能量，只有对称性匹配且能量又相近的原子轨道才能有效地组合成分子轨道。因此，异核双原子的分子轨道不一定由两个原子的相应原子轨道线性组合而成。分子轨道记号按能量顺序分类编号。

CO 分子的电子层结构为

$$(1\sigma)^2(2\sigma)^2(3\sigma)^2(4\sigma)^2(1\pi)^4(5\sigma)^2$$

量子化学计算和光电子能谱测量表明，1σ 轨道主要由 O 原子的 1s 轨道构成，2σ 主要由 C 原子的 1s 轨道构成，属原子轨道，不参与成键。3σ 是 O 原子的孤对电子轨道，5σ 是 C 原子的孤对电子轨道，4σ 和 1π 是成键轨道，3σ 有微弱的成键特性，5σ 有微弱的反键特性。CO 分子的轨道能级图示于图 4.9。

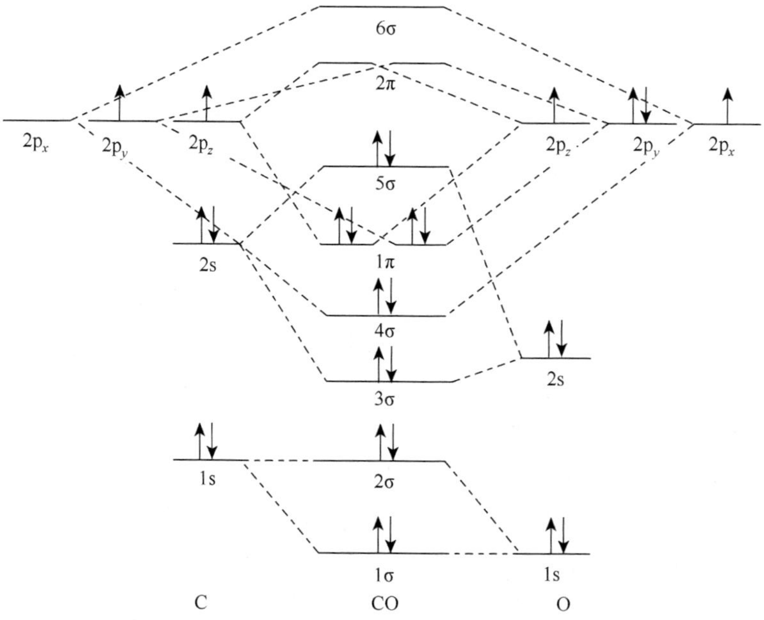

图 4.9　CO 分子的轨道能级图

HF 分子的电子层结构为

$$K(2\sigma)^2(1\pi)^4(3\sigma)^2$$

式中 K 是内层电子，2σ 是 F 原子的 2s 轨道，1π 是 F 原子的 $2p_y$ 和 $2p_z$ 轨道，3σ 是 H 原子的 1s 和 F 原子的 $2p_x$ 轨道组成的分子轨道，所以 HF 分子的电子层结构也可写作

$$K(2s)^2(2p_y)^2(2p_z)^2(\sigma)^2$$

成键轨道只有 3σ（或写作 σ），而 2σ、1π 为非键轨道，对成键没有贡献。可见，HF 分子是单键分子。HF 分子的轨道能级图示于图 4.10。

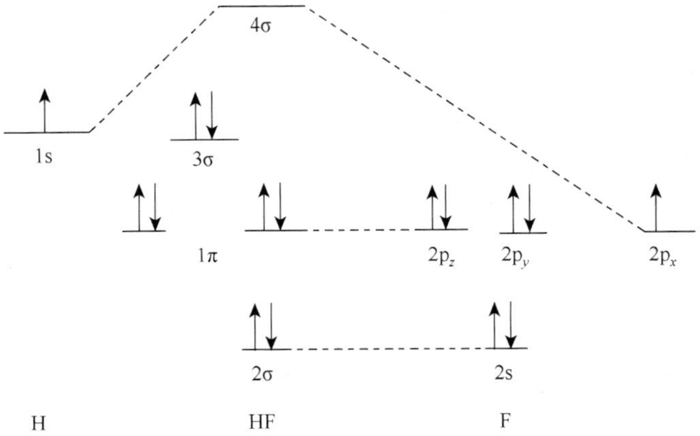

图 4.10　HF 分子的轨道能级图

4.5　休克尔分子轨道法

4.5.1　共轭体系与共轭效应

有机碳氢化合物可以分为饱和烃、不饱和烃及芳香烃三类。饱和烃不活泼，不饱和烃及芳香烃能发生多种化学反应。在不饱和烃及芳香烃中，π 轨道电子的存在是由于它们有较大活性。根据有机化学经典结构理论，这类分子的单键、双键交替出现，称这类物质为共轭分子。

共轭分子与非共轭分子相比有许多特性：一是键的平均化现象，即双键和单键键长差别缩小；二是共轭体系的整体性，例如 1,3-丁二烯的 1,4 加成和苯环上取代反应的定位效应；三是共轭分子比相应的非共轭分子稳定，例如 1, 3-丁二烯的生成热比不考虑共轭的计算多 21.3kJ / mol。共轭分子的这些特性称为共轭效应。这是由于在共轭分子中有活动范围不只局限于双键连接的两个原子之间而是遍及

整个共轭分子的 π 电子所致。休克尔（Hückle）在 1931 年提出将共轭体系的 π 电子与 σ 电子分开单独处理，建立了休克尔分子轨道法。下面以 1, 3-丁二烯分子为例说明休克尔分子轨道法对共轭分子的处理。

4.5.2　休克尔分子轨道法处理丁二烯分子

1,3-丁二烯分子是一个平面分子，其几何构型如图 4.11 所示。

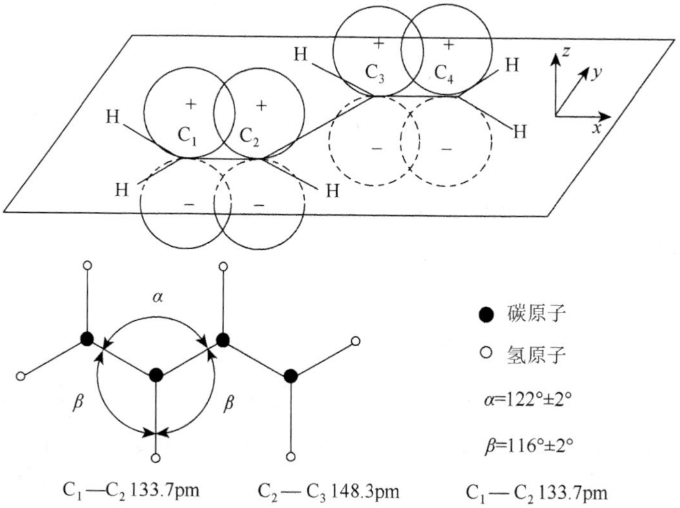

图 4.11　1, 3-丁二烯分子的几何构型

碳原子采用 sp^2 杂化轨道构成 3 个 C—C　σ 键和 6 个 C—H　σ 键。每一个碳原子剩余一个 p 轨道和一个 p 电子，这 4 个 p 轨道相互平行、垂直于分子平面。

丁二烯分子 π 电子的薛定谔方程为

$$\hat{H}_\pi(i)\psi(i)=\varepsilon\psi(i) \tag{4.58}$$

其中

$$\hat{H}_\pi(i)=-\frac{1}{2}\nabla_i^2-\sum_{\alpha=1}^{4}\frac{6}{r_{\alpha i}}+\sum_{\substack{k=1\\(i<k)}}^{8}\frac{1}{r_{ik}}+\sum_{\substack{l=1\\(i<l)}}^{12}\frac{1}{r_{il}}+\sum_{\substack{j=1\\(i<j)}}^{4}\frac{1}{r_{ij}}\quad(i=1,2,3,4) \tag{4.59}$$

式中，$i,j=1,2,3,4$ 表示 π 电子；$k=1,2,\cdots,8$ 表示碳原子的内层 1s 电子；$l=1,2,\cdots,12$ 表示除 π 电子之外的碳原子的外层价电子。π 电子和氢原子的作用忽略。令

$$U_{\text{core}}(i)=-\sum_{\alpha=1}^{4}\frac{6}{r_{\alpha i}}+\sum_{\substack{k=1\\(i<k)}}^{8}\frac{1}{r_{ik}} \tag{4.60}$$

表示碳原子实和 π 电子 i 之间的相互作用能，则

$$\hat{H}_{\pi}(i) = -\frac{1}{2}\nabla_i^2 + U_{\text{core}}(i) + \sum_{\substack{l=1\\(i<l)}}^{12}\frac{1}{r_{il}} + \sum_{\substack{j=1\\(i<j)}}^{4}\frac{1}{r_{ij}} \quad (i=1,2,3,4) \tag{4.61}$$

方程（4.58）须用线性变分法求解。π 电子的分子轨道由 4 个碳原子的 $2p_z$ 轨道组合而成，即

$$\psi = c_1\phi_1 + c_2\phi_2 + c_3\phi_3 + c_4\phi_4 \tag{4.62}$$

利用线性变分法，得

$$\sum_{j=1}^{4} c_i(H_{ij} - ES_{ij}) = 0 \quad (i=1,2,3,4) \tag{4.63}$$

将上式展开，成为

$$\begin{cases} c_1(H_{11}-ES_{11}) + c_2(H_{12}-ES_{12}) + c_3(H_{13}-ES_{13}) + c_4(H_{14}-ES_{14}) \\ c_1(H_{21}-ES_{21}) + c_2(H_{22}-ES_{22}) + c_3(H_{23}-ES_{23}) + c_4(H_{24}-ES_{24}) \\ c_1(H_{31}-ES_{31}) + c_2(H_{32}-ES_{32}) + c_3(H_{33}-ES_{33}) + c_4(H_{34}-ES_{34}) \\ c_1(H_{41}-ES_{41}) + c_2(H_{42}-ES_{42}) + c_3(H_{43}-ES_{43}) + c_4(H_{44}-ES_{44}) \end{cases} \tag{4.64}$$

其中

$$H_{ij} = \int_{\tau} \phi_i \hat{H}_{\pi}(i) \phi_j \,\mathrm{d}\tau \;, \quad S_{ij} = \int_{\tau} \phi_i \phi_j \,\mathrm{d}\tau \tag{4.65}$$

方程组（4.64）包含 32 个复杂的积分，计算起来很麻烦。为简化起见，休克尔提出同一个碳原子的库仑积分 H_{ii} 都相同，与碳原子的位置无关；相邻碳原子的交换积分也都相等；不相邻碳原子间的交换积分可以忽略，都是零；重叠积分 S_{ij} 对于同一个碳原子是 1，对于不同碳原子是零，统一可写作

$$H_{ij} = \begin{cases} \alpha_i = \alpha & i=j \\ \beta_{ij} = \beta & i = j\pm 1 \\ 0 & i\neq j, i\neq j\pm 1 \end{cases} \tag{4.66}$$

$$S_{ij} = \begin{cases} 1 & i=j \\ 0 & i\neq j \end{cases} \tag{4.67}$$

这样方程组（4.64）就简化成

$$\begin{cases} c_1(\alpha-E) + c_2\beta = 0 \\ c_2\beta + c_2(\alpha-E) + c_3\beta = 0 \\ +c_2\beta + c_3(\alpha-E) + c_4\beta = 0 \\ +c_3\beta + c_4(\alpha-E) = 0 \end{cases} \tag{4.68}$$

根据克拉默法则，此方程组有非零解的条件是变量 c 的系数行列式为零，即

$$\begin{vmatrix} \alpha-E & \beta & 0 & 0 \\ \beta & \alpha-E & \beta & 0 \\ 0 & \beta & \alpha-E & \beta \\ 0 & 0 & \beta & 0 \end{vmatrix}=0$$

用 β 除行列式各项，并令 $x=\dfrac{\alpha-E}{\beta}$，则得

$$\begin{vmatrix} x & 1 & 0 & 0 \\ 1 & x & 1 & 0 \\ 0 & 1 & x & 1 \\ 0 & 0 & 1 & x \end{vmatrix}=0$$

展开行列式，得到一元四次方程

$$x^4-3x^2+1=0$$

解之得 4 个解

$$x=\pm 0.618, \pm 1.618 \tag{4.69}$$

代入 $E=\alpha-x\beta$，得丁二烯 π 轨道能量（图 4.12）

$$E_1=\alpha+1.618\beta,\quad E_2=\alpha+0.618\beta,\quad E_3=\alpha-0.618\beta,\quad E_4=\alpha-1.618\beta$$

因为 $\beta<0$，所以

$$E_1<E_2<E_3<E_4$$

将四个能量值 E_1、E_2、E_3、E_4 依次代入方程组（4.68），并利用归一化条件，得 4 个 π 分子轨道

$$\begin{aligned}
\psi_1&=0.3717\phi_1+0.6015\phi_2+0.6015\phi_3+0.3717\phi_4\\
\psi_2&=0.6015\phi_1+0.3717\phi_2-0.3717\phi_3-0.6015\phi_4\\
\psi_3&=0.6015\phi_1-0.3717\phi_2-0.3717\phi_3+0.6015\phi_4\\
\psi_4&=0.3717\phi_1-0.6015\phi_2+0.6015\phi_3-0.3717\phi_4
\end{aligned}$$

分别对应于基态、第一激发态、第二激发态、第三激发态（图 4.13）。由于分子轨道 ψ_1 和 ψ_2 的能量 E_1 和 E_2 低于原子轨道的能量 α，电子处于这样的分子轨道中，其能量比在原子轨道中低，因而起成键作用，所以称 ψ_1 和 ψ_2 为成键轨道。E_3 和 E_4 高于 α，电子填充在这样的轨道上，其能量高于在原子轨道上的能量，所以 ψ_3 和 ψ_4 为反键轨道。在丁二烯分子的基态，4 个 π 电子填充在两个成键轨道 ψ_1 和 ψ_2 上。

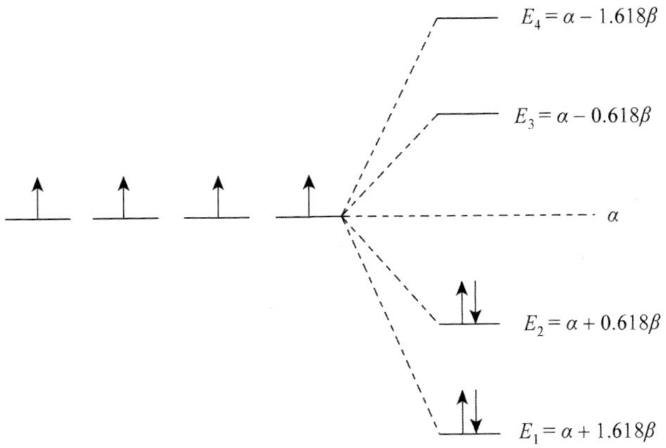

图 4.12 丁二烯分子 π 轨道能级图

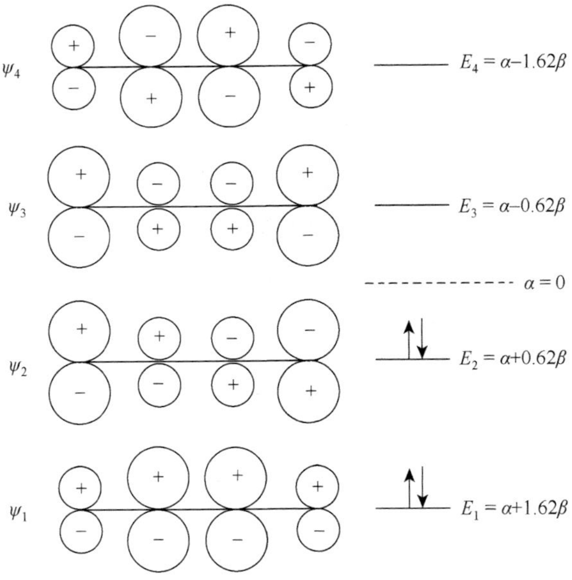

图 4.13 丁二烯分子 π 轨道示意图

π 电子的总能量为

$$E_{D\pi} = 2(E_1 + E_2) = 4\alpha + 4.472\beta$$

比原子单独存在时的能量降低了 4.472β。乙烯 π 轨道的能量为 $2\alpha + 2\beta$，若按经典结构式将丁二烯分子看作有两个小 π 键，则 π 轨道能量为 $4\alpha + 4\beta$，与大 π 轨道相比，相差 0.472β，大 π 轨道能量更低，此差值称为 π 电子的离域能。这是丁二烯分子形成大 π 轨道的原因。

4.5.3　休克尔分子轨道法要点

将休克尔分子轨道法对丁二烯分子的处理结果进行概括和抽象，得到处理有机共轭分子的休克尔分子轨道理论，这是适用于共轭 π 电子体系的简单分子轨道理论，其要点为

（1）π 电子与 σ 电子互相独立，π 电子在原子核、内层电子和 σ 键所形成的分子骨架之间运动。

（2）各碳原子的库仑积分相同，都是

$$H_{ii}=\int_\tau \phi_i\hat{H}\phi_i\mathrm{d}\tau=\alpha_i=\alpha$$

（3）键连碳原子间的积分相同，都是

$$H_{ij}=\int_\tau \phi_i\hat{H}\phi_j\mathrm{d}\tau=\beta_{ij}=\beta$$

而非键连碳原子间的交换积分都是零，即忽略了非键连原子的原子轨道间的相互作用。

（4）各原子轨道间的重叠积分都是零，即

$$S_{ij}=\int_\tau \phi_i\hat{H}\phi_j\mathrm{d}\tau\quad (i\neq j)$$

4.5.4　休克尔分子轨道法的推广

休克尔分子轨道法可以应用到更一般的情况，为形成离域 π 轨道提供 p 轨道的原子也不仅限于碳原子，还可应用于无机共轭分子。同样认为分子中的 π 电子在原子实（核和内层电子）和 σ 键所形成的分子骨架之间运动，与 σ 电子相互独立，可单独考虑。各 π 电子也具有独立的运动状态，仍采取轨道近似，其薛定谔方程为

$$\hat{H}_\pi(i)\psi(i)=\varepsilon\psi(i)\tag{4.70}$$

其中

$$\hat{H}_\pi(i)=-\frac{1}{2}\nabla_i^2-\sum_{\alpha=1}^{N}\frac{Z}{r_{\alpha i}}+\sum_{\substack{k=1\\(i<k)}}^{q}\frac{1}{r_{ik}}+\sum_{\substack{l=1\\(i<l)}}^{r}\frac{1}{r_{il}}+\sum_{\substack{j=1\\(i<j)}}^{n}\frac{1}{r_{ij}}\tag{4.71}$$

式中，$\alpha=1,2,\cdots,N$ 表示分子中的原子核；$i,j=1,2,\cdots,n$ 表示 π 电子；$k=1,2,\cdots,q$ 表示内层电子；$l=1,2,\cdots,r$ 表示外层 σ 电子。可令

$$U_{\text{core}}(i)=-\sum_{\alpha=1}^{N}\frac{Z}{r_{\alpha i}}+\sum_{\substack{k=1\\(i<k)}}^{q}\frac{1}{r_{ik}}\tag{4.72}$$

表示原子实和 π 电子 i 之间的相互作用能，则

$$\hat{H}_{\pi}(i)=-\frac{1}{2}\nabla_i^2+U_{\text{core}}(i)+\sum_{\substack{l=1\\(i<l)}}^{r}\frac{1}{r_{il}}+\sum_{\substack{j=1\\(i<j)}}^{n}\frac{1}{r_{ij}} \tag{4.73}$$

这实际上是σ-π 电子分离近似。π 电子薛定谔方程仍需采用线性变分法求解，变分函数仍取 LCAO-MO 近似。所得到的波函数描述单个π 电子的运动状态——π 电子分子轨道。

按照线性变分法，非定域的π 轨道是由具有相同对称性的所有相邻原子的适当的原子轨道线性组合而成

$$\psi=\sum_{i=1}^{n}c_i\phi_i \tag{4.74}$$

通常 ϕ_i 都是各原子的 p_y 轨道或 p_z 轨道。利用变分法得

$$\sum_{j=1}^{n}c_j(H_{ij}-ES_{ij})=0 \quad (i=1,2,\cdots,n) \tag{4.75}$$

其久期行列式为

$$\begin{vmatrix} H_{11}-ES_{11} & H_{12}-ES_{12} & \cdots & H_{1n}-ES_{1n} \\ H_{21}-ES_{21} & H_{22}-ES_{22} & \cdots & H_{2n}-ES_{2n} \\ \vdots & \vdots & & \vdots \\ H_{n1}-ES_{n1} & H_{n2}-ES_{n2} & \cdots & H_{nn}-ES_{nn} \end{vmatrix}=0 \tag{4.76}$$

其中

$$H_{ij}=\int_{\tau}\phi_i\hat{H}\phi_j\,\mathrm{d}\tau$$

$$S_{ij}=\int_{\tau}\phi_i\phi_j\,\mathrm{d}\tau$$

方程的求解仍很麻烦。休克尔引入近似，令

$$H_{ij}=\begin{cases}\alpha_i & i=j \quad \text{为同一个原子}\\ \beta_{ij} & i=j\pm1 \quad \text{为相邻原子}\\ 0 & i\neq j, i\neq j\pm1 \quad \text{为非相邻原子}\end{cases} \tag{4.77}$$

这样行列式（4.76）简化作

$$\begin{vmatrix} \alpha_1-E & \beta_{12} & 0 & 0 & \cdots & 0 & 0 \\ \beta_{21} & \alpha_2-E & \beta_{23} & 0 & \cdots & 0 & 0 \\ \vdots & \vdots & \vdots & \vdots & & \vdots & \vdots \\ 0 & 0 & 0 & 0 & \cdots & \beta_{n(n-1)} & \alpha_n-E \end{vmatrix}=0 \tag{4.78}$$

如果提供π 电子的是同一种原子，例如共轭烯烃都是 C 原子提供π 电子，不考虑原子位置所引起的 α_i 和 β_{ij} 差别，认为相同，其值由实验确定，则有

$$\alpha_i=\alpha,\ \beta_{ij}=\beta$$

式（4.78）成为

$$\begin{vmatrix} \alpha-E & \beta & 0 & 0 & \cdots & 0 & 0 \\ \beta & \alpha-E & \beta & 0 & \cdots & 0 & 0 \\ \vdots & \vdots & \vdots & \vdots & & \vdots & \vdots \\ 0 & 0 & 0 & 0 & \cdots & \beta & \alpha-E \end{vmatrix} = 0 \tag{4.79}$$

各项除以 β，且令

$$x = \frac{\alpha - E}{\beta}$$

式（4.79）成为

$$\begin{vmatrix} x & 1 & 0 & 0 & \cdots & 0 & 0 \\ 1 & x & 1 & 0 & \cdots & 0 & 0 \\ \vdots & \vdots & \vdots & \vdots & & \vdots & \vdots \\ 0 & 0 & 0 & 0 & \cdots & 1 & x \end{vmatrix} = 0 \tag{4.80}$$

行列式中对角线上的元素都是 x，与之相邻的元素为 1，其余元素为 0。据此，就能立即写出原子数为 n 的任意纯碳共轭体系的休克尔久期行列式。展开后得到能量 E 的 n 次代数方程，解此方程得到 n 个能量 E_i（$i = 1,2,\cdots,n$）；然后将 E_i 分别代入以 $\{c_i\}$ 为未知数的久期方程（4.75），并利用归一化条件，得到 n 组系数 $\{c_i\}$；将各组系数分别代入展开式（4.74），每组系数得到一个解，即分子轨道

$$\psi_j = \sum_{i=1}^{n} c_i^j \phi_i \quad (j = 1,2,\cdots,n) \tag{4.81}$$

对于环状分子，在行列式的一些位置上还会出现 1，因为环状分子首尾相连，第一个原子和最后一个原子也成为相邻原子，$H_{1n} = H_{n1}$，所以行列式第一行的最末一个元素和行列式最末一行的第一个元素都是 1，即

$$\begin{vmatrix} x & 1 & 0 & 0 & \cdots & 0 & 1 \\ 1 & x & 1 & 0 & \cdots & 0 & 0 \\ \vdots & \vdots & \vdots & \vdots & & \vdots & \vdots \\ 1 & 0 & 0 & 0 & \cdots & 1 & x \end{vmatrix} = 0 \tag{4.82}$$

4.6 休克尔分子轨道法的应用

4.6.1 苯分子的 π 电子结构

苯分子的结构式如图 4.14 所示，为一环状分子，其久期方程和久期行列式分别为

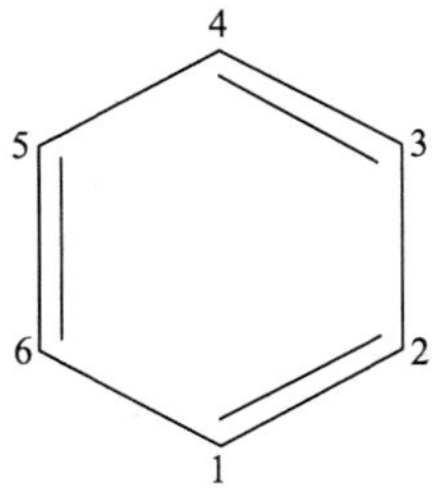

图 4.14　苯分子的结构式

$$\sum_{j=1}^{6} c_j (H_{ij} - ES_{ij}) = 0 \tag{4.83}$$

和

$$\begin{vmatrix} x & 1 & 0 & 0 & 0 & 1 \\ 1 & x & 1 & 0 & 0 & 0 \\ 0 & 1 & x & 1 & 0 & 0 \\ 0 & 0 & 1 & x & 1 & 0 \\ 0 & 0 & 0 & 1 & x & 1 \\ 1 & 0 & 0 & 0 & 1 & x \end{vmatrix} = 0 \tag{4.84}$$

展开得

$$(x-1)^2(x+1)^2(x-2)(x+2) = 0$$

解得

$$x_1 = -2, \quad x_2 = x_3 = -1, \quad x_4 = x_5 = 1, \quad x_6 = 2$$

因而

$$E_1 = \alpha + 2\beta, \quad E_2 = E_3 = \alpha + \beta, \quad E_4 = E_5 = \alpha - \beta, \quad E_6 = \alpha - 2\beta$$

代入久期方程，得 6 个 π 分子轨道

$$\psi_1 = \frac{1}{\sqrt{6}}(\phi_1 + \phi_2 + \phi_3 + \phi_4 + \phi_5 + \phi_6)$$

$$\psi_2 = \frac{1}{\sqrt{12}}(2\phi_1 + \phi_2 - \phi_3 - 2\phi_4 - \phi_5 + \phi_6)$$

$$\psi_3 = \frac{1}{2}(\phi_2 + \phi_3 - \phi_5 - \phi_6)$$

$$\psi_4 = \frac{1}{6}(\phi_2 - \phi_3 + \phi_5 - \phi_6)$$

$$\psi_5 = \frac{1}{\sqrt{12}}(2\phi_1 - \phi_2 - \phi_3 + 2\phi_4 - \phi_5 - \phi_6)$$

$$\psi_6 = \frac{1}{\sqrt{6}}(\phi_1 - \phi_2 + \phi_3 - \phi_4 + \phi_5 - \phi_6)$$

相应的分子轨道能级图如图 4.15 所示。

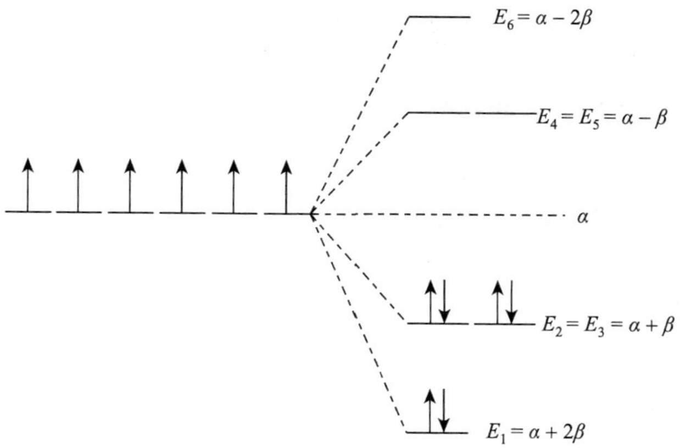

图 4.15　苯分子 π 电子轨道能级图

4.6.2　离域 π 键形成的条件和类型

1. 离域 π 键形成的条件

分子的 π 轨道也可以称为离域 π 键，什么样的分子能形成离域 π 键呢？一般需满足如下形成条件：

（1）参与形成离域 π 键的原子应在同一平面上。

（2）参与形成离域 π 键的每个原子可以提供一个 p 轨道或两个 p 轨道，形成同一个离域 π 键的 p 轨道互相平行，且垂直于分子平面。

（3）参与形成离域 π 键的各原子提供的 π 电子总数 m 小于参与形成离域 π 键的原子轨道数 n 的 2 倍，即 $m<2n$。

2. 离域 π 键的类型

由 n 个原子提供 n 个 p 轨道和 m 个 π 电子形成的离域 π 键记作 π_n^m。按 m 和 n 的关系将离域 π 键分成三种类型：

（1）$m=n$，称为正常离域 π 键，例如丁二烯分子（C_4H_6）有一个 π_4^4 键，苯分子(C_6H_6)有 π_6^6 键，二氧化氮分子（NO_2）有 π_3^3 键。

（2）$m>n$，称为多电子离域 π 键，例如二氧化碳分子（CO_2）有两个 π_3^4 键。

（3）$m<n$，称为缺电子离域 π 键，例如丙烯基阳离子（$[CH_2{=}CH{-}CH_2]^+$）有一个 π_3^2 键。

4.6.3　无机共轭分子

除有机共轭分子外，不少无机化合物也含有离域 π 键结构，称为无机共轭分子。例如，常见的 NO_2、CO_2、SO_2、CO_3^{2-}、NO_3^-、SO_3、BCl_3、$HgCl_2$、SO_4^{2-} 等。

1. AB_2 型无机共轭分子的结构

AB_2 型分子中，A 原子的 p 轨道和两个 B 原子的 p 轨道组合得到三个分子轨道，其中一个为成键轨道，一个为反键轨道，一个为非键轨道。非键轨道的能量与 B 原子的 p 轨道能量相同。

例如，二氧化碳分子（CO_2）中碳原子采取 sp 杂化，形成σ骨架，另外 $2p_y$ 和 $2p_z$ 两个轨道分别与氧的 $2p_y$ 和 $2p_z$ 轨道形成两个互相垂直的离域π键，可分别记作 π_{y3}^4 和 π_{z3}^4。CO_2 分子为直线形结构（图 4.16）。

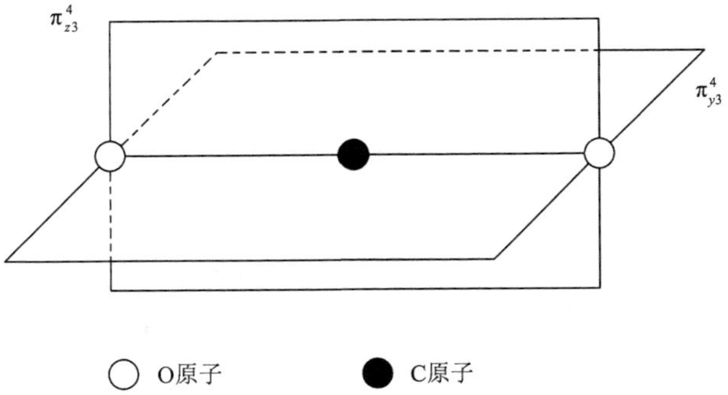

图 4.16　CO_2 分子的π键

2. AB_3 型无机共轭分子的结构

（1）碳酸根（CO_3^{2-}）中碳原子采取 sp^2 杂化，与三个氧原子形成σ骨架，分子平面为三角形。碳原子的 $2p_z$ 轨道和三个氧原子的三个 $2p_z$ 轨道形成离域π键。四个 p 电子，再加上酸根负离子所带的两个电子，在π轨道上共有六个电子，形成 π_4^6 多电子离域π键，结构式为图 4.17。

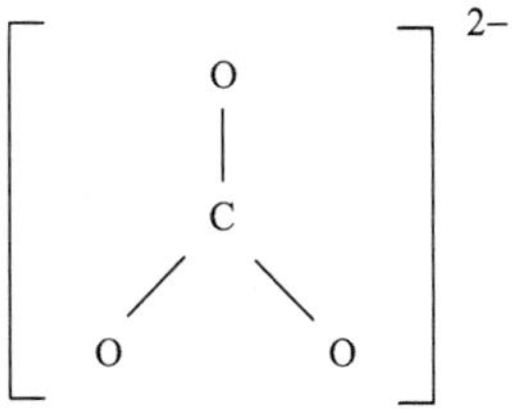

图 4.17　CO_3^{2-} 的π键

（2）石墨是大量的碳原子组成的大分子，碳原子以 sp^2 杂化轨道形成σ骨架，排列成正六边形，形成沿平面方向无限伸展的平面型大分子。每个碳原子剩下一个 $2p_z$ 轨道和一个电子，$2p_z$ 轨道相互重叠形成很大范围的离域π键，n 很大。因此，石墨是很稳定的物质。石墨大分子π轨道上的电子在外电场作用下容易移动，所以石墨导电。石墨晶体是这种大分子的层状结构，层间仅以较弱的范德华（van der Waals）力结合，容易滑动，所以易破碎成片状。

4.7　分　子　图

4.7.1　电荷密度

分子轨道

$$\psi_i = \sum_{j=1}^{n} c_{ij}\phi_j \tag{4.85}$$

的系数平方 c_{ij}^2 代表在第 i 条分子轨道上的一个电子在第 j 个原子附近的电荷密度。如果在该分子轨道上有 n（$n = 1,2$）个电子填充，那么在该分子轨道上第 j 个原子附近的电荷密度 ρ_j 为

$$\rho_j^{(i)} = n_i c_{ij}^2 \tag{4.86}$$

式中，$\rho_j^{(i)}$ 表示第 i 条分子轨道上在第 j 个原子附近的电荷密度；n_i 表示第 i 条分子轨道上电子的个数。

如果填充电子的分子轨道不止一个，把各分子轨道上第 j 个原子附近的电荷密度相加，就得到第 j 个原子附近的电荷密度。

$$\rho_j = \sum_{i=1}^{m} \rho_j^{(i)} = \sum_{i=1}^{m} n_i c_{ij}^2 \tag{4.87}$$

即对分子轨道个数 m 求和，把各分子轨道对第 j 个原子电荷密度的贡献相加。

4.7.2　键级

键级是对相邻原子间成键强度的一种量度，在定域键中，键级是净成键电子数的一半，即

$$\text{键级} = \frac{1}{2}\left(\sum_k n_k - \sum_l n_l^*\right) \tag{4.88}$$

式中，$\sum_k n_k$ 表示成键电子数；$\sum_l n_l^*$ 表示反键电子数。可见，键级只能是整数或半整数。

在共轭分子中，某分子轨道 ψ_i 中相邻碳原子 a、b 的重叠积分 $c_{ia}c_{ib}\int \psi_a\psi_b$ 前面的系数 c_{ia}、c_{ib} 作为该分子轨道中一个电子对相邻原子 a-b 所提供的键级。若一个分子轨道上有 n（$n = 1,2$）个电子，则其 a-b 原子键级为

$$n_i c_{ia} c_{ib} = P_{ab}^{(i)} \tag{4.89}$$

若该分子离域 π 键不止一个分子轨道上有电子填充，而是 N 个分子轨道上都有电

子填充，则所有电子对 a-b 原子的键级为

$$P_{ab} = \sum_{i=1}^{N} p_{ab}^{(i)} = \sum_{i=1}^{N} n_i c_{ia} c_{ib} \tag{4.90}$$

式中，n_i 是第 i 条 π 轨道上的电子数。P_{ab} 越大，表示两相邻原子间电子云越密集，因而键越牢固，键能越大，键长度越短。它表示原子 a、b 间化学键所含 π 键的成分大小，称为 π 电子键级。

4.7.3　自由价和分子图

1. 自由价

原子的最大成键度 N_{max} 与其总成键度 N_K 之差称为自由价 F_K，即

$$F_K = N_{max} - N_K \tag{4.91}$$

分子中某个原子的总成键度 N_K 为该原子与周围其他原子的键级（包括 σ 键）的总和，即

$$N_K = \sum_j P_{kj} \tag{4.92}$$

碳原子的最大成键度 N_{max} 一般认为是 4.732，以假想的二亚甲基乙烯双基分子作为标准算得。共轭分子的自由价为

$$F_K = 4.732 - \sum_j P_{kj} \tag{4.93}$$

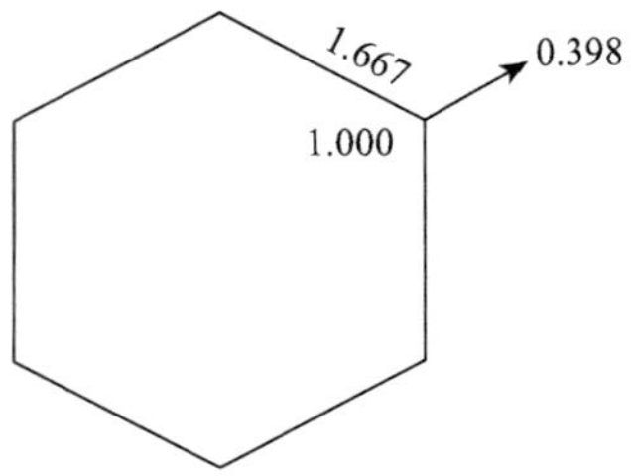

图 4.18　苯的分子图

2. 分子图

画出分子的简单结构图，将键级数值写在键的近旁，电荷密度写在该原子附近，自由价写在从该原子引出的箭头附近即构成分子图。例如，苯的分子图示于图 4.18。碳-碳键的键级为 1.667，碳原子的电荷密度为 1.000，碳原子的自由价为 0.398。

4.8　自洽场分子轨道法简介

4.8.1　分子的近似波函数

分子轨道理论采用的轨道近似把分子中每个电子看成在某个分子轨道 ψ_i 中。

ψ_i 是单电子波函数，描述单个电子的运动状态，是以分子的全部原子核为中心的多中心轨道。每个电子的波函数的乘积是分子的薛定谔方程的解［式（4.15）］。例如，氢分子薛定谔方程

$$\hat{H}(1,2)\psi(1,2) = E\psi(1,2)$$

的解可写作单电子薛定谔方程

$$\hat{H}(i)\psi(i) = \varepsilon\psi(i) \quad (i = 1,2)$$

的解的乘积，即

$$\psi(1,2) = \psi_1(1)\psi_1(2)$$

上式没有考虑电子自旋和泡利不相容原理，是氢分子薛定谔方程的近似解，但作为氢分子的波函数则不合适。氢分子的波函数必须是考虑了电子自旋和泡利不相容原理的，由单电子波函数构造出的自旋-轨道的斯莱特行列式，即

$$\begin{aligned}\psi_{\mathrm{M}}(g_1,g_2) &= \frac{1}{\sqrt{2!}}\begin{vmatrix}\psi_1(1)\alpha(1) & \psi_1(1)\beta(1)\\ \psi_1(2)\alpha(2) & \psi_1(2)\beta(2)\end{vmatrix}\\ &= \frac{1}{\sqrt{2!}}\begin{vmatrix}\psi_1(1) & \bar{\psi}_1(1)\\ \psi_1(2) & \bar{\psi}_1(2)\end{vmatrix}\\ &= \left|\bar{\psi}_1(1)\ \ \bar{\psi}_1(2)\right|\end{aligned}$$

推广到一般情况，若一个分子有 n 个电子，充满 $m(2m = n)$个分子轨道，则其波函数为

$$\psi_{\mathrm{M}}(g_1,g_2,\cdots,g_n) = \frac{1}{\sqrt{n!}}\begin{vmatrix}\psi_1(1) & \bar{\psi}_1(1) & \psi_2(1) & \bar{\psi}_2(1) & \cdots & \psi_m(1) & \bar{\psi}_m(1)\\ \psi_1(2) & \bar{\psi}_1(2) & \psi_2(2) & \bar{\psi}_2(2) & \cdots & \psi_m(2) & \bar{\psi}_m(2)\\ \vdots & \vdots & \vdots & \vdots & & \vdots & \vdots\\ \psi_1(n) & \bar{\psi}_1(n) & \psi_2(n) & \bar{\psi}_2(n) & \cdots & \psi_m(n) & \bar{\psi}_m(n)\end{vmatrix} \tag{4.94}$$

简写为

$$\psi_{\mathrm{M}}(g_1,g_2,\cdots,g_n) = \left|\psi_1(1)\bar{\psi}_1(2)\cdots\psi_m(n-1)\bar{\psi}_m(n)\right| \tag{4.95}$$

这里每个分子轨道填充两个电子，即都被充满，称为闭壳层。

4.8.2　哈特里方法

分子的薛定谔方程

$$\hat{H}\psi = E\psi \tag{4.96}$$

式中

$$\begin{aligned}\hat{H} &= -\frac{1}{2}\sum_{i=1}^{n}\nabla_i^2 - \sum_{\alpha=1}^{N}\sum_{i=1}^{n}\frac{Z_\alpha}{r_{\alpha i}} + \frac{1}{2}\sum_{i=1}^{n}\sum_{\substack{j=1\\(j\neq i)}}^{n}\frac{1}{r_{ij}} \\ &= \sum_{i=1}^{n}\left[-\frac{1}{2}\nabla_i^2 - \sum_{\alpha=1}^{m}\frac{Z_\alpha}{r_{\alpha i}} + \sum_{\substack{j=1\\(j\neq i)}}^{n}\frac{1}{r_{ij}}\right] - \frac{1}{2}\sum_{i=1}^{n}\sum_{\substack{j=1\\(j\neq i)}}^{n}\frac{1}{r_{ij}} \\ &= \sum_{i=1}^{n}\hat{H}(i) - \frac{1}{2}\sum_{i=1}^{n}\sum_{\substack{j=1\\(j\neq i)}}^{n}\frac{1}{r_{ij}}\end{aligned} \tag{4.97}$$

其中

$$\hat{H}(i) = -\frac{1}{2}\nabla_i^2 - \sum_{\alpha=1}^{m}\frac{Z}{r_{\alpha i}} + \sum_{\substack{j=1\\(j\neq i)}}^{n}\frac{1}{r_{ij}} \tag{4.98}$$

忽略式（4.97）的后一项，则

$$\hat{H} \approx \sum_i \hat{H}(i) \tag{4.99}$$

方程（4.99）可以分离变量为 n 个单电子薛定谔方程

$$\hat{H}(i)\psi(i) = \varepsilon\psi(i) \quad (i = 1, 2, \cdots, n) \tag{4.100}$$

方程（4.100）的哈密顿算符含有双粒子项 $\frac{1}{r_{ij}}$ 而不能分离变量求解。为此考虑平均场近似，将 $\frac{1}{r_{ij}}$ 变成仅是第 i 个电子坐标的函数。第 i 个电子受到其他 $n-1$ 个电子的排斥作用，稳定分子处在定态，电子在空间有一个稳定的分布，形成一个稳定的电场。第 i 个电子在电场中的势能应仅与第 i 个电子坐标有关。此即平均场近似的物理模型。其数学处理为，将双粒子项对 $j(\neq i)$ 取平均

$$\hat{H}(i) = -\frac{1}{2}\nabla_i^2 - \sum_{\alpha=1}^{N}\frac{Z_\alpha}{r_{\alpha i}} + \sum_{\substack{j=1\\(j\neq i)}}^{n}\left\langle\frac{1}{r_{ij}}\right\rangle_j \tag{4.101}$$

式中，$\left\langle\frac{1}{r_{ij}}\right\rangle_j$ 表示对电子 j 取平均。哈特里采用单电子波函数 $\psi_k(j)$ 的乘积函数 $\prod_{j=1}^{n}\psi_j(j)$ 作为对 j 求平均的函数。按量子力学原理，求平均值的方法是

$$\begin{aligned}\left\langle \frac{1}{r_{ij}} \right\rangle_j &= \int_\tau \psi_1^*(1)\psi_2^*(2)\psi_3^*(3)\cdots\psi_n^*(n)\frac{1}{r_{ij}}\psi_1(1)\psi_2(2)\psi_3(3)\cdots\psi_n(n)\mathrm{d}\tau \\ &= \int_\tau \psi_j^*(j)\frac{1}{r_{ij}}\psi_j(j)\mathrm{d}\tau_j\end{aligned} \tag{4.102}$$

式中，$\psi_j(j)$ 为第 j 个电子的分子轨道，即 j 电子的单电子波函数。由式（4.102）可见，实际对 j 求平均值时并不必用单电子波函数的乘积，而只需对第 j 个电子的波函数求积分。其他波函数积分为 1。

单电子波函数是我们要解的单电子薛定谔方程（4.100）的解，而式（4.102）要求先知道它们才能求得 $\left\langle \frac{1}{r_{ij}} \right\rangle_j$。这种互为因果的求解问题数学上可采用迭代法解决。

具体做法是先选取一组已知的单电子波函数 $\psi_1^0(1),\psi_2^0(2),\cdots,\psi_n^0(n)$，将它们代入式（4.102）算得 $\left\langle \frac{1}{r_{ij}} \right\rangle_j$，代入式（4.101）构造出 $\hat{H}(i)$，求解此微分方程，得到 n 个单电子本征函数 $\psi_1^1(1),\psi_2^1(2),\cdots,\psi_n^1(n)$ 及相应的 n 个本征值 $\left\{\varepsilon_k^1\right\}$；再以 $\psi_1^1(1),\psi_2^1(2),\cdots,\psi_n^1(n)$ 构造新的 $\left\langle \frac{1}{r_{ij}} \right\rangle_j$ 和 $\hat{H}(i)$，重复上述过程直到 $\left\{\varepsilon_k^r\right\}$、$\left\{\psi_k^r\right\}$ 的改变在所要求的精度范围之内，最后所得到的一组轨道波函数 $\psi_1^r(1),\psi_2^r(2),\cdots,\psi_n^r(n)$ 称为哈特里自洽场轨道，相应的本征值 $\varepsilon_1^r,\varepsilon_2^r,\cdots,\varepsilon_n^r$ 称为自洽轨道能。

将得到的单电子波函数构造成自旋-轨道，并写成斯莱特行列式的形式，有

$$\psi_{\mathrm{M}}(g_1,g_2,\cdots,g_n) = \frac{1}{\sqrt{n!}}\begin{vmatrix} \psi_1(1) & \bar{\psi}_1(1) & \psi_2(1) & \bar{\psi}_2(1) & \cdots & \psi_m(1) & \bar{\psi}_m(1) \\ \psi_1(2) & \bar{\psi}_1(2) & \psi_2(2) & \bar{\psi}_2(2) & \cdots & \psi_m(2) & \bar{\psi}_m(2) \\ \vdots & \vdots & \vdots & \vdots & & \vdots & \vdots \\ \psi_1(n) & \bar{\psi}_1(n) & \psi_2(n) & \bar{\psi}_2(n) & \cdots & \psi_m(n) & \bar{\psi}_m(n) \end{vmatrix} \tag{4.103}$$

其中

$$n = 2m$$

式（4.103）为用哈特里方法得到的分子体系的波函数。

4.8.3　哈特里-福克方法

福克认为采用自洽场方法解单电子薛定谔方程，将双粒子项对 j 求平均，应该用符合泡利不相容原理的反对称波函数，即斯莱特行列式代替单电子波函数

$\psi_k(j)$ 的乘积。也就是说先构造出符合反对称要求的斯莱特行列式，用其作为对 j 求平均的试探波函数。

设预选的试探波函数为

$$\psi_{\mathrm{M}}(g_1,g_2,\cdots,g_n)=\frac{1}{\sqrt{n!}}\begin{vmatrix}\psi_1(1) & \bar{\psi}_1(1) & \psi_2(1) & \bar{\psi}_2(1) & \cdots & \psi_m(1) & \bar{\psi}_m(1)\\ \psi_1(2) & \bar{\psi}_1(2) & \psi_2(2) & \bar{\psi}_2(2) & \cdots & \psi_m(2) & \bar{\psi}_m(2)\\ \vdots & \vdots & \vdots & \vdots & & \vdots & \vdots\\ \psi_1(n) & \bar{\psi}_1(n) & \psi_2(n) & \bar{\psi}_2(n) & \cdots & \psi_m(n) & \bar{\psi}_m(n)\end{vmatrix} \tag{4.104}$$

其中

$$n=2m$$

代入双粒子项 $\frac{1}{r_{ij}}$ 中对 j 取平均，即

$$\begin{aligned}\left\langle\frac{1}{r_{ij}}\right\rangle_j &=\int_\tau\left|\psi_1(1)\bar{\psi}_1(2)\cdots\psi_m(n-1)\bar{\psi}_m(n)\right|\frac{1}{r_{ij}}\left|\psi_1(1)\bar{\psi}_1(2)\cdots\psi_m(n-1)\bar{\psi}_m(n)\right|\mathrm{d}\nu\\ &=\hat{J}_j-\frac{1}{2}\hat{K}_j\end{aligned}$$

其中

$$\hat{J}_j\psi_i(1)=\left[\int_\tau\psi_j^*(2)\frac{1}{r_{12}}\psi_j(2)\,\mathrm{d}\nu_2\right]\psi_i(1) \tag{4.106}$$

$$\hat{K}_j\psi_i(1)=\left[\int_\tau\psi_j^*(2)\frac{1}{r_{12}}\psi_i(2)\,\mathrm{d}\nu_2\right]\psi_j(1) \tag{4.107}$$

故有

$$\hat{H}(i)=-\frac{1}{2}\nabla_i^2-\sum_{\alpha=1}^{N}\frac{Z_\alpha}{r_{\alpha i}}+\sum_{j=1}^{n}(\hat{J}_j-\frac{1}{2}\hat{K}_j) \tag{4.108}$$

或

$$\hat{H}(i)=-\frac{1}{2}\nabla_i^2-\sum_{\alpha=1}^{N}\frac{Z_\alpha}{r_{\alpha i}}+\sum_{j=1}^{m}(2\hat{J}_j-\hat{K}_j) \tag{4.109}$$

$$\hat{F}(i)=\hat{h}(i)+\sum_{\substack{j=1\\(j\neq i)}}^{m}(2\hat{J}_j-\hat{K}_j) \tag{4.110}$$

其中

$$\hat{h}(i) = -\frac{1}{2}\nabla_i^2 - \sum_{\alpha=1}^{N}\frac{Z_\alpha}{r_{\alpha i}} \tag{4.111}$$

式（4.110）中 $\hat{F}(i)$ 称为福克算符，是单电子哈密顿算符的近似。以算符 $\hat{F}(i)$ 构造的本征方程

$$\hat{F}(i)\psi(i) = \varepsilon\psi(i) \quad (i = 1, 2, \cdots, n) \tag{4.112}$$

是单电子薛定谔方程的近似方程，常称为福克方程。解此方程需用迭代法，这 n 个方程没有差别，解其中一个即可得全部解。求解过程完全类似于解哈特里方程，只是比哈特里方程多了 $\hat{K}_j$ 项。

4.8.4　卢森方法

福克方程是一组微分-积分方程，求解很困难，1951 年卢森（Roothann）提出了改进的方法。

将福克方程中的分子轨道取作原子轨道的线性组合，即

$$\psi(i) = \sum_{\mu=1}^{m} c_{\mu i}\phi_\mu \quad (i = 1, 2, \cdots, n) \tag{4.113}$$

式中，ψ_i 为分子轨道；ϕ_μ 为原子轨道，一般所取原子轨道的数目 m 与分子轨道的数目 n 之间有如下关系

$$m \geqslant n$$

每个分子轨道填充两个电子，即满壳层分子结构。将式（4.113）代入福克方程（4.112），得

$$\sum_{\mu=1}^{m} c_{\mu i}\hat{F}\phi_\mu = \varepsilon\sum_{\mu=1}^{m} c_{\mu i}\phi_\mu \tag{4.114}$$

对式（4.114）进行变分，得

$$\sum_{\nu=1}^{m}(F_{\mu\nu} - \varepsilon S_{\mu\nu})c_{\nu i} = 0 \quad (\mu = 1, 2, \cdots, m) \tag{4.115}$$

其中

$$\begin{aligned} F_{\mu\nu} &= \int_\tau \phi_\mu(1)\hat{F}\phi_\nu \,\mathrm{d}\tau \\ &= H_{\mu\nu} + \sum_{\lambda\sigma} P_{\lambda\sigma}\left[(\mu\nu|\lambda\sigma) - \frac{1}{2}(\mu\lambda|\nu\sigma)\right] \end{aligned} \tag{4.116}$$

$$H_{\mu\nu} = \int_\tau \phi_\mu(1)\left[-\frac{1}{2}\nabla_1^2 - \sum_{\alpha=1}^{N}\frac{Z_\alpha}{r_{\alpha 1}}\right]\phi_\nu(1)\,\mathrm{d}\tau \tag{4.117}$$

$$P_{\lambda\sigma} = 2\sum_{i=1}^{n} c_{\lambda i}^{*} c_{\sigma i} \tag{4.118}$$

$$(\mu\nu|\lambda\sigma)=\iint\phi_\mu(1)\phi_\nu(1)\frac{1}{r_{12}}\phi_\lambda(2)\phi_\sigma(2)\,\mathrm{d}\tau_1\,\mathrm{d}\tau_2 \tag{4.119}$$

$$(\mu\lambda|\nu\sigma)=\iint\phi_\mu(1)\phi_\lambda(1)\frac{1}{r_{12}}\phi_\nu(2)\phi_\sigma(2)\,\mathrm{d}\tau_1\,\mathrm{d}\tau_2 \tag{4.120}$$

$$S_{\mu\nu}=\int\phi_\mu(1)\phi_\nu(1)\,\mathrm{d}\tau_1 \tag{4.121}$$

分子的总能量为

$$E=\sum_{\mu\nu}P_{\mu\nu}H_{\mu\nu}+\frac{1}{2}\sum_{\mu\nu}\sum_{\lambda\sigma}P_{\mu\nu}P_{\lambda\sigma}\left[(\mu\nu|\lambda\sigma)-\frac{1}{2}(\mu\lambda|\nu\sigma)\right] \quad (\mu,\nu=1,2,\cdots,m) \tag{4.122}$$

式（4.115）就是卢森方程。它是一组线性齐次代数方程。其中 $c_{1i},c_{2i},\cdots,c_{mi}$ 和 ε 是未知量，根据克拉默法则，有非零解的条件是

$$\det\left|F_{\mu\nu}-\varepsilon S_{\mu\nu}\right|=0 \tag{4.123}$$

即

$$\begin{vmatrix} F_{11}-\varepsilon S_{11} & F_{12}-\varepsilon S_{12} & \cdots & F_{1m}-\varepsilon S_{1m} \\ F_{21}-\varepsilon S_{21} & F_{22}-\varepsilon S_{22} & \cdots & F_{2m}-\varepsilon S_{2m} \\ \vdots & \vdots & & \vdots \\ F_{m1}-\varepsilon S_{m1} & F_{m2}-\varepsilon S_{m2} & \cdots & F_{mm}-\varepsilon S_{mm} \end{vmatrix}=0 \tag{4.124}$$

解行列式(4.124)，可得 m 个 ε，将解得的 m 个 ε 分别代回线性代数方程组(4.114)，可得 m 套 $\{c_{\nu i}\}$，将每套 $\{c_{\nu i}\}$ 代入式（4.113）可得 m 个分子轨道

$$\psi_i=\sum_{\nu=1}^{m}c_{\nu i}\phi_\nu \quad (i=1,2,\cdots,m) \tag{4.125}$$

解卢森方程（4.115）需用迭代法，因为构造行列式的矩阵元素需要用若干组 $\{c_{\mu i}\}(P_{\lambda\sigma}=2\sum_{i=1}^{n}c_{\lambda i}^{*}c_{\sigma i})$。所以通常先选一组原子轨道，将其线性组合作为分子轨道。先假定若干组组合系数 $\{c_{\mu i}^{0}\}$ 用以构造矩阵元和式（4.124）形式的久期行列式，求解久期行列式，得到能量 $\varepsilon_i^1(i=1,2,\cdots,m)$。将得到的能量 ε_i^1 值依次代入卢森方程（4.115)，解得若干组新系数 $\{c_{\mu i}^{1}\}$。用这些解得的系数构造矩阵元和久期行列式，解此久期行列式，又得到能量 $\varepsilon_i^2(i=1,2,\cdots,m)$。将得到的能量 ε_i^2 再代入卢森

方程（4.115），又解得若干组新系数 $\left\{c_{\mu i}^{2}\right\}$。重复上面的过程，直到这次解得的能量 $\varepsilon_{i}^{n}(i=1,2,\cdots,m)$ 和前次解得的能量 $\varepsilon_{i}^{n-1}(i=1,2,\cdots,n)$ 相差在要求的精度范围内。该方法称为哈特里-福克-卢森方法，或简称卢森方法，也称原子轨道线性组合自洽场分子轨道（LCAO-MO-SCF）方法，或称从头计算方法。

构造分子轨道的原子轨道称为基函数。选取的原子轨道有三种类型，通常称为三种类型的基集合，也称基组。

（1）极小基集合：由价壳层原子轨道和内层原子轨道组成。

（2）扩张基集合：由极小基集合和任意数目的价壳层以外的原子轨道组成。

（3）价基集合：仅由价壳层原子轨道组成。

4.8.5　从头计算实例

以 HF 分子为例，说明 LCAO-MO-SCF 计算的过程。

以 F 原子核为坐标原点，F 原子的坐标为（0,0,0），H 原子的坐标为（0,0,R）。F 原子的基组态为 $1s^2 2s^2 2p^5$，H 原子的基组态为 $1s^1$。

第一步，确定原子轨道基集合。

取 F 原子的 ϕ_{1s}、ϕ_{2s}、ϕ_{2p_x}、ϕ_{2p_y}、ϕ_{2p_z} 和 H 原子的 ϕ_{1s} 为基集合，这是极小基集合。这些原子轨道可取斯莱特函数，即采用中心势场近似解得的原子轨道。构成如下分子轨道

$$\psi_1 = c_{11}1s_F + c_{21}2s_F + c_{31}2p_{xF} + c_{41}2p_{yF} + c_{51}2p_{zF} + c_{61}1s_H$$
$$\psi_2 = c_{12}1s_F + c_{22}2s_F + c_{32}2p_{xF} + c_{42}2p_{yF} + c_{52}2p_{zF} + c_{62}1s_H$$
$$\psi_3 = c_{13}1s_F + c_{23}2s_F + c_{33}2p_{xF} + c_{43}2p_{yF} + c_{53}2p_{zF} + c_{63}1s_H$$
$$\psi_4 = c_{14}1s_F + c_{24}2s_F + c_{34}2p_{xF} + c_{44}2p_{yF} + c_{54}2p_{zF} + c_{64}1s_H$$
$$\psi_5 = c_{15}1s_F + c_{25}2s_F + c_{35}2p_{xF} + c_{45}2p_{yF} + c_{55}2p_{zF} + c_{65}1s_H$$
$$\psi_6 = c_{16}1s_F + c_{26}2s_F + c_{36}2p_{xF} + c_{46}2p_{yF} + c_{56}2p_{zF} + c_{66}1s_H$$

第二步，计算矩阵元。

根据某种物理模型选取 36 个初始系数，即 6 组 $\left\{c_{\mu i}^{0}\right\}(\mu=1,2,\cdots,6)$。用这些系数由式（4.118）算出 $P_{\lambda\sigma}$，再利用基函数（H、F 的原子轨道）算出 $S_{\mu\nu}$、$(\mu\nu|\lambda\sigma)$、$H_{\mu\nu}$，从而得到矩阵元 $F_{\mu\nu}-\varepsilon S_{\mu\nu}$。

第三步，解久期行列式。

将矩阵元 $F_{\mu\nu}-\varepsilon S_{\mu\nu}$ 代入久期行列式，解久期行列式，得 $\varepsilon_{i}^{1}(i=1,2,\cdots,6)$。将解得的 ε_{i}^{1} 分别代入式（4.115），每个 ε_{i}^{1} 可得一组 $\left\{c_{\nu i}^{1}\right\}(\nu=1,2,\cdots,6)$ 共计 6 组 36 个 $c_{\nu i}^{1}$。

用这 36 个新系数 $c_{\nu i}^1(\nu=1,2,\cdots,6)$，再由式（4.118）计算 $P_{\lambda\sigma}$，与前次得到的 $S_{\mu\nu}$、$(\mu\nu|\lambda\sigma)$、$(\mu\lambda|\nu\sigma)$、$H_{\mu\nu}$ 一起构成新的矩阵元 $F_{\mu\nu}-\varepsilon S_{\mu\nu}$ 和久期行列式，解久期行列式，得 $\varepsilon_i^2(i=1,2,\cdots,6)$。将解得的 ε_i^2 代入式（4.115）又求得 6 组 $\left\{c_{\nu i}^2\right\}(\nu=1,2,\cdots,6)$。重复上述过程，直到 ε_i^r 和 $c_{\nu i}^r$ 的改变在所要求的精度范围内，即认为收敛了。最后得到的 $\left\{c_{\nu i}^r\right\}(\nu=1,2,\cdots,6)$、$\varepsilon_i^r(i=1,2,\cdots,6)$ 构成 HF 分子的自洽场分子轨道及相应的能量。

4.9 分子轨道的对称性和反应机理

前面各节介绍的分子轨道理论主要讨论分子的静态结构、成键情况和性质。此外，分子轨道也可以用来解释某些化学反应的过程机理。其中最主要的理论有 1952 年福井谦一（Fukui Kenichi）提出的前线轨道理论以及 1965 年伍德沃德（Woodward）和霍夫曼（Hoffman）提出的分子轨道对称守恒原理。下面分别介绍。

4.9.1 前线轨道理论

在分子中，已被电子占据的能量最高的分子轨道称为最高占据轨道（HOMO）；未被电子占据的能量最低的分子轨道称为最低未占轨道（LUMO）。最高占据轨道和最低未占轨道称为前线轨道。前线轨道理论认为：

（1）分子在化学反应过程中起决定作用的是一个分子的最高占据轨道和另一个分子的最低未占轨道。

（2）最高占据轨道与最低未占轨道对称性必须相匹配。

（3）最高占据轨道与最低未占轨道能量应当相近（相差应小于 6eV）。

（4）最高占据轨道流出电子和最低未占轨道流入电子应有利于旧键的断裂和新键的生成。

前线轨道理论主要适用于“协同反应”。所谓“协同反应”是指在化学反应过程中，几个反应位置上旧键的断裂和新键的生成是同时进行的简单反应。

服从上述四点的化学反应称为对称允许的反应，相应的活化能低；反之称为对称禁阻的反应，相应的活化能高。

下面以丁二烯型化合物电环合反应为例，讨论前线轨道理论的应用。

直链共轭烯烃分子在一定条件下两端碳原子能以 σ 键连成环状分子，这样的化学反应称为电环合反应。

实验指出，在加热情况下，带有取代基 R 的丁二烯型化合物的电环合反应生成反环丁烯型化合物——两个取代基 R 的位置不对称（图 4.19）。而在光照条件下，则生成顺环丁烯——两个取代基 R 的位置对称。由于反应条件的不同，产物具有明显的立体选择性。

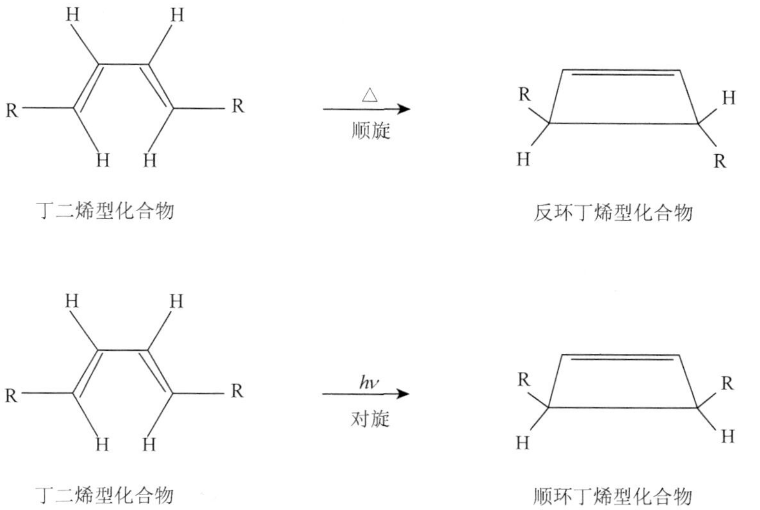

图 4.19　丁二烯型化合物在不同条件下的电环合

上述实验结果可以用前线轨道理论解释。在讨论反应物和产物的分子轨道对称性时，只需考虑参与旧键断裂新键形成的那些分子轨道，对于σ键骨架以及一些取代基都可不考虑。丁二烯分子的π轨道已在本章 4.5 节讲述。图 4.20 给出了丁二烯分子的最高占据轨道 ψ_2。如图所示，丁二烯的最高占据轨道是反对称的，即两端的 p 轨道的正负号正好相反。变成环丁烯时，两端相互平行的 p 轨道要转 90° 相互重叠才能生成σ键。两端 p 轨道旋转的方式有两种：一种是顺旋，即两端的 p 轨道沿同一方向旋转，这样两端 p 轨道会同号重叠，生成σ键；另一种是对旋，即两端的 p 轨道沿相反的方向旋转，这样两端 p 轨道会异号重叠，不能生成σ键。所以在加热条件下丁二烯两端 p 轨道必须顺旋才能反应生成反环丁烯。在光照条件下，丁二烯基态电子受光激发，由基态轨道跃迁到激发态轨道，即由最高占据轨道跃迁到最低未占轨道。图 4.21 给出了丁二烯分子最低未占轨道 ψ_3。与图 4.20 给出的丁二烯基态轨道对称性相反，图 4.21 所示的丁二烯两端 p 轨道是对称的，即正负号相同。对旋正好可以使两端 p 轨道产生同号重叠。因此，光照条件下，丁二烯按对旋方式反应，生成顺环丁二烯。

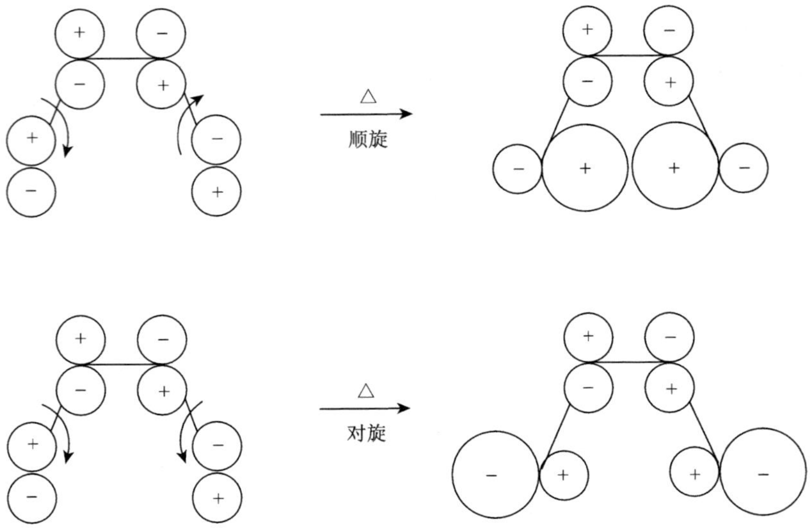

图 4.20　丁二烯分子的最高占据轨道

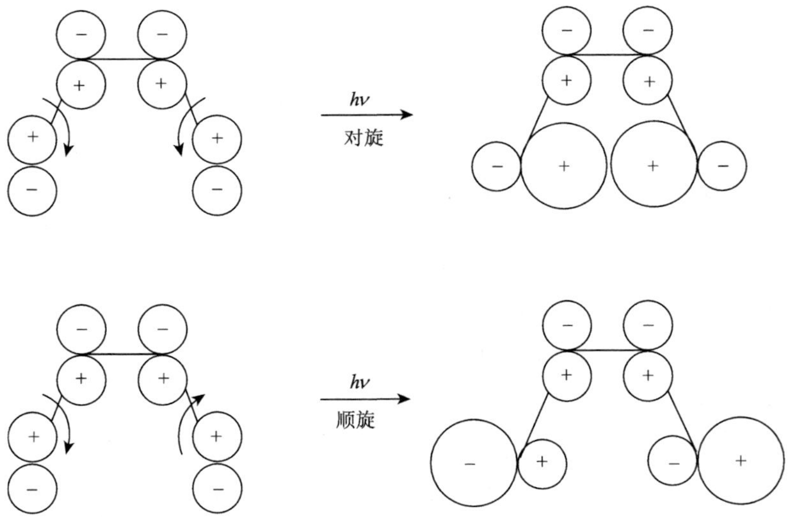

图 4.21　丁二烯分子的最低未占轨道

4.9.2　分子轨道对称守恒原理

按照分子轨道对称守恒原理得出，分子轨道的对称性控制基元反应的全过程。对一个化学反应来说，反应前后以及反应过程中分子轨道的对称性保持不变。它不仅考虑反应物与产物的前线轨道，还考虑其他的分子轨道，所以更全面。根据分子轨道能级相关图来判断反应进行的方式和条件。下面仍以丁二烯型化合物的电环合反应为例介绍这个理论。

丁二烯分子存在对称元素镜面 m 和二次旋转轴 C_2（参阅第 6 章 6.1 节）。镜面 m 是垂直于丁二烯碳原子骨架并把它们分成对等的两半；二次旋转轴 C_2 就是通过镜面 m 与分子平面相交的轴（图 4.22）。

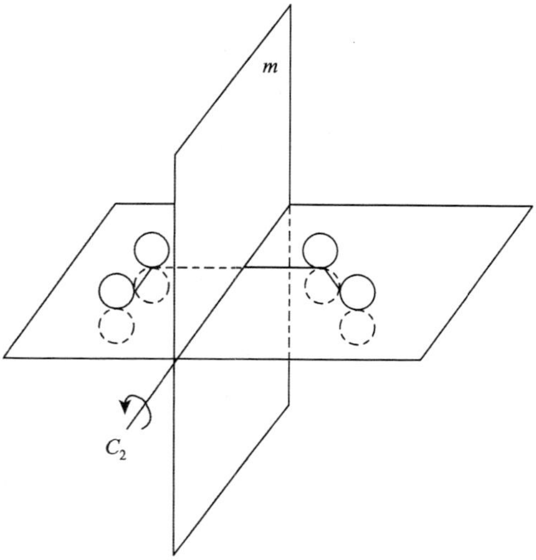

图 4.22　丁二烯分子的镜面 m 和旋转轴 C_2

对于丁二烯的分子轨道 ψ_1、ψ_2、ψ_3、ψ_4 而言，镜面 m 两边波函数 ψ_1、ψ_3 是对称的，即 ψ_1 和 ψ_3 在镜面 m 两边的图形互为镜像且符号相同，用符号 S 表示；ψ_2、ψ_4 是反对称的，即 ψ_2 和 ψ_4 在镜面 m 两边的图形互为镜像但符号相反，以 A 表示。对旋转轴 C_2 而言，ψ_1、ψ_3 是反对称的，绕 C_2 轴旋转180°，其图形不变但符号相反；ψ_2、ψ_4 是对称的，绕 C_2 轴旋转 180°，其图形和符号都不变。

丁二烯分子电环合反应时，四个大π轨道 ψ_1、ψ_2、ψ_3、ψ_4 发生变化，两端 1、4 碳原子的 p_z 轨道旋转 90° 后相互重叠生成σ键和σ*键，而生成环丁烯。2、3 碳原子的 p_z 轨道可以形成π或π*轨道。因此产物环丁烯中有σ、π、π*、σ*分子轨道，其对称性示于图 4.23。

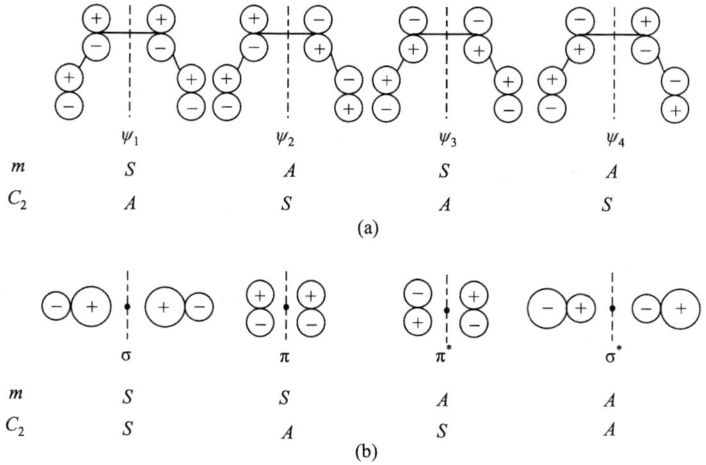

图 4.23　1,3-丁二烯（a）和环丁烯（b）的轨道分类

图 4.24 给出了 1, 3-丁二烯顺旋闭环和对旋闭环时分子对称性的变化。丁二烯按某一方式（顺旋或对旋）关环时，存在着始终保持有效的对称元素。当丁二烯顺旋关环时，C_2 轴始终有效，而镜面 m 已不是对称元素了。丁二烯对旋关环时［图 4.24（b）]，镜面 m 始终有效，而 C_2 轴不是对称元素了。因此，在讨论对旋关环时应以对称面 m 来分类，而讨论顺旋关环时，应以 C_2 来分类，并分别以这种对称元素来考察反应物和产物的分子轨道间的关系。

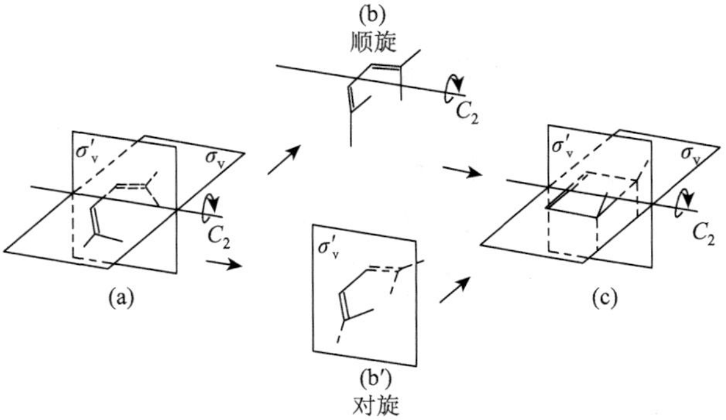

图 4.24　1,3-丁二烯顺旋闭环（a）-（b）-（c）和对旋闭环（a）-（b′）-（c）过程中分子对称性的变化

确定有效对称元素后，就可以画出分子轨道能级相关图。具体步骤如下：

（1）把反应物和产物的分子轨道按能量高低顺序排列在两边。

（2）把反应物和产物对称性相同的分子轨道一一对应连接，互相对应的轨道能量应相近。

（3）对称性相同的连线不能相交。

这样得到的图形就是分子轨道能量相关图。丁二烯→环丁烯分子轨道能量相关图示于图 4.25。由图 4.25（a）可见，丁二烯的成键轨道 ψ_1， ψ_2 转化为环丁烯的两个成键分子轨道σ、π，对应的活化能低，所以在加热的条件下顺旋关环，生成反式取代环丁烯。由图 4.25（b）可见，丁二烯的成键轨道 ψ_2 转化为环丁烯的反键 π^* 轨道，相应的活化能高，所以加热条件下不能生成反式取代环丁烯。但在光照条件下，电子从 ψ_2 激发到 ψ_3，与环丁烯的π成键轨道相关联，可以对旋关环，生成顺式取代环丁烯。这个结论与前线轨道理论分析的结果是一致的。

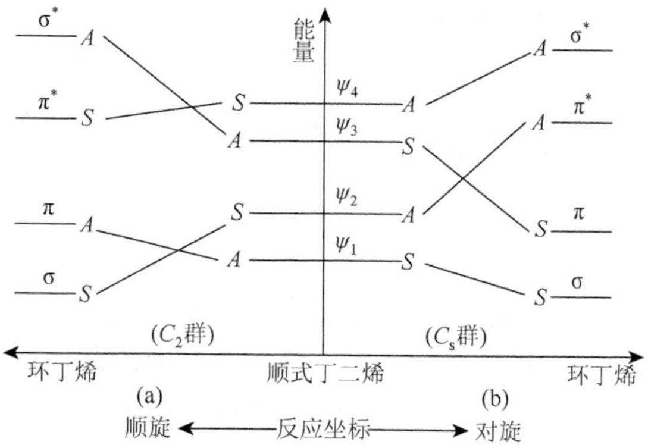

图 4.25　1,3-丁二烯顺旋和对旋合为环丁烯的能级相关图

习　　题

4.1 阐明变分原理。

4.2 什么是变分法？什么是线性变分法？

4.3 应用线性变分法处理 H_2^+ 的结构。

4.4 画出 O_2、O_2^+、O_2^- 的分子轨道能级相关图，比较它们的稳定性。

4.5 画出 CO 、 NO 、 CN^- 的分子轨道能级相关图。

4.6 给出 N_2、NO^+、CO_2 分子的电子层结构。

4.7 概述简单分子轨道理论。

4.8 什么是 σ 键？什么是 π 键？

4.9 概述休克尔分子轨道法。

4.10 用休克尔分子轨道法处理环丁二烯。

4.11 用休克尔分子轨道法处理苯分子。

4.12 下列分子哪些是共轭分子？写出大 π 键。

$$C_2H_4，CH_2{=}C{=}CH_2，BF_3，SO_3^{2-}，HgCl_2$$

4.13 概述哈特里自洽场方法。

4.14 概述哈特里-福克自洽场方法。

4.15 概述哈特里-福克-卢森自洽场方法。

4.16 叙述卢森方法处理 O_2 的过程。

4.17 概述前线轨道理论和分子轨道对称守恒原理。

4.18 用前线轨道理论和分子轨道理论讨论：

（1）乙烯的加氢反应；

（2）$H_2 + Br_2 \longrightarrow 2HBr$

（3）$C_2H_4 + Cl_2 \longrightarrow C_2H_4Cl_2$

第5章　价键理论

海特勒（Heitler）和伦敦（London）在1927年首次用量子力学理论处理氢分子的结构，成功地阐述了共价键的本质。这种方法经斯莱特和鲍林（Pauling）等的推广、应用，逐步形成了研究共价分子结构的价键理论。

5.1　海特勒和伦敦对氢分子的处理

5.1.1　线性变分法解氢分子的薛定谔方程

氢分子由两个氢原子核和两个电子构成，其坐标如图5.1所示。

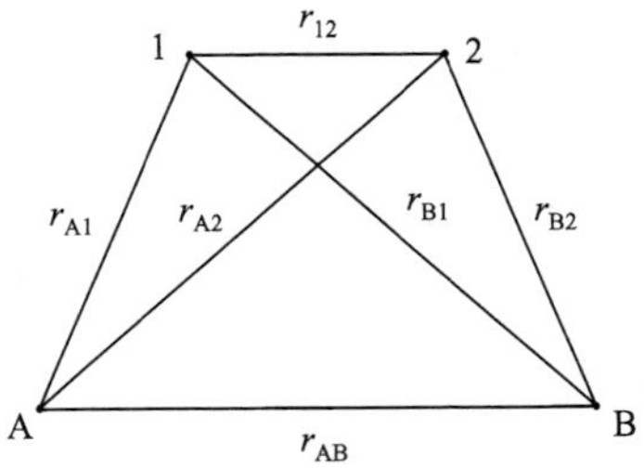

图5.1　氢分子的坐标

在定核近似下，氢分子的哈密顿算符为

$$\begin{aligned}\hat{H} &= -\frac{\hbar^2}{2m_e}\nabla_1^2 - \frac{\hbar^2}{2m_e}\nabla_2^2 - \frac{e^2}{r_{A1}} - \frac{e^2}{r_{B1}} - \frac{e^2}{r_{A2}} - \frac{e^2}{r_{B2}} + \frac{e^2}{r_{12}} + \frac{e^2}{r_{AB}} \\ &= \left[-\frac{\hbar^2}{2m_e}\nabla_1^2 - \frac{e^2}{r_{A1}}\right] + \left[-\frac{\hbar^2}{2m_e}\nabla_2^2 - \frac{e^2}{r_{B2}}\right] + \left[-\frac{e^2}{r_{A2}} - \frac{e^2}{r_{B1}} + \frac{e^2}{r_{12}} + \frac{e^2}{r_{AB}}\right] \\ &= \hat{H}_A(1) + \hat{H}_B(2) + \hat{H}'\end{aligned} \tag{5.1}$$

也可以写成

$$\begin{aligned}\hat{H} &= \left[-\frac{\hbar^2}{2m_e}\nabla_1^2 - \frac{e^2}{r_{B1}}\right] + \left[-\frac{\hbar^2}{2m_e}\nabla_2^2 - \frac{e^2}{r_{A2}}\right] + \left[-\frac{e^2}{r_{A1}} - \frac{e^2}{r_{B2}} + \frac{e^2}{r_{12}} + \frac{e^2}{r_{AB}}\right] \\ &= \hat{H}_B(1) + \hat{H}_A(2) + \hat{H}''\end{aligned} \tag{5.2}$$

式(5.1)中的$\hat{H}_A(1)$为氢原子A的哈密顿算符，电子1在氢原子A中；$\hat{H}_B(2)$为氢原子B的哈密顿算符，电子2在氢原子B中；$\hat{H}'$为两个氢原子组成氢分子后增加的相互作用项，其中两项正号，两项负号，相互抵消了一部分，净剩值不大，若以

$$\phi_A = \phi_{1s} = \frac{1}{\sqrt{\pi}} e^{-r_A}$$

表示氢原子A的基态（电子处于1s轨道上），以

$$\phi_B = \phi_{1s} = \frac{1}{\sqrt{\pi}} e^{-r_B}$$

表示氢原子B的基态（电子处于1s轨道上），则当两个氢原子远离，相互无作用时，整个体系的波函数为

$$f_1 = \phi_A(1)\phi_B(2) \tag{5.3}$$

这就相当于忽略式（5.1）的算符$\hat{H}'$，不考虑两个氢原子之间的相互作用。

式(5.2)中的$\hat{H}_A(2)$为氢原子A的哈密顿算符，电子2在氢原子A中；$\hat{H}_B(1)$为氢原子B的哈密顿算符，电子1在氢原子B中；$\hat{H}''$为两个氢原子组成氢分子后增加的相互作用项，它和$\hat{H}_A(2)$、$\hat{H}_B(1)$相比也是小的。忽略$\hat{H}''$，整个体系的波函数为

$$f_2 = \phi_A(2)\phi_B(1) \tag{5.4}$$

其中$\phi_A(2)$为电子2绕A核运动时，氢原子A的基态波函数；$\phi_B(1)$为电子1绕B核运动时，氢原子B的基态波函数。

实际的氢分子体系既不是$\hat{H}_A(1)+\hat{H}_B(2)$，也不是$\hat{H}_A(2)+\hat{H}_B(1)$，这只是两个极端情况。整个氢分子的波函数可取作二者的线性组合作为尝试变分函数

$$\begin{aligned}\psi(1,2) &= c_1 f_1 + c_2 f_2 \\ &= c_1\phi_A(1)\phi_B(2) + c_2\phi_A(2)\phi_B(1)\end{aligned} \tag{5.5}$$

将式（5.5）代入氢分子的薛定谔方程进行线性变分，得

$$\begin{cases} c_1(H_{11} - ES_{11}) + c_2(H_{12} - ES_{12}) = 0 \\ c_1(H_{21} - ES_{21}) + c_2(H_{22} - ES_{22}) = 0 \end{cases} \tag{5.6}$$

其中

$$H_{ij} = \int_\tau f_i^* \hat{H} f_j \, d\tau, \quad S_{ij} = \int_\tau f_i^* f_j \, d\tau \quad (i,j=1,2) \tag{5.7}$$

式中，$\hat{H}$为整个氢分子的哈密顿算符。由于

$$H_{ii} = H_{jj}, \quad H_{ij} = H_{ji}, \quad S_{ii} = S_{jj} = 1, \quad S_{ij} = S_{ji} \quad (i,j=1,2) \tag{5.8}$$

久期行列式可以写作

$$\begin{vmatrix} H_{11} - E & H_{12} - ES_{12} \\ H_{12} - ES_{12} & H_{11} - E \end{vmatrix} = 0 \tag{5.9}$$

展开式（5.9），得

$$E_1 = \frac{H_{11} + H_{12}}{1 + S_{12}}, \qquad E_2 = \frac{H_{11} - H_{12}}{1 - S_{12}} \tag{5.10}$$

将 E_1、E_2 分别代入方程组（5.6），得

$$\psi_1 = \frac{1}{2(1 + S_{12})}(f_1 + f_2) = \frac{1}{2(1 + S_{12})}[\phi_A(1)\phi_B(2) + \phi_A(2)\phi_B(1)] \tag{5.11}$$

$$\psi_2 = \frac{1}{2(1 - S_{12})}(f_1 - f_2) = \frac{1}{2(1 - S_{12})}[\phi_A(1)\phi_B(2) - \phi_A(2)\phi_B(1)] \tag{5.12}$$

其中

$$\begin{aligned} H_{11} &= \int_\tau f_1^* \hat{H} f_1 \, \mathrm{d}\tau \\ &= \int_\tau \phi_A^*(1)\phi_B^*(2)\hat{H}\phi_A(1)\phi_B(2)\,\mathrm{d}\tau \\ &= \int_\tau \phi_A^*(1)\phi_B^*(2)\left[-\frac{\hbar^2}{2m_e}\nabla_1^2 - \frac{e^2}{r_{A1}}\right]\phi_A(1)\phi_B(2)\,\mathrm{d}\tau \\ &\quad + \int_\tau \phi_A^*(1)\phi_B^*(2)\left[-\frac{\hbar^2}{2m_e}\nabla_2^2 - \frac{e^2}{r_{B2}}\right]\phi_A(1)\phi_B(2)\,\mathrm{d}\tau \\ &\quad + \int_\tau \phi_A^*(1)\phi_B^*(2)\left[-\frac{e^2}{r_{A2}} - \frac{e^2}{r_{B1}} + \frac{e^2}{r_{12}} + \frac{e^2}{r_{AB}}\right]\phi_A(1)\phi_B(2)\,\mathrm{d}\tau \\ &= H_{AA} + H_{BB} + Q \end{aligned} \tag{5.13}$$

式中

$$\begin{aligned} H_{AA} &= \int_\tau \phi_A^*(1)\phi_B^*(2)\left[-\frac{\hbar^2}{2m_e}\nabla_1^2 - \frac{e^2}{r_{A1}}\right]\phi_A(1)\phi_B(2)\,\mathrm{d}\tau \\ &= \int_\tau \phi_A^*(1)\left[-\frac{\hbar^2}{2m_e}\nabla_1^2 - \frac{e^2}{r_{A1}}\right]\phi_A(1)\,\mathrm{d}\tau_1 \end{aligned} \tag{5.14}$$

等于氢原子的能量，为 $-\frac{1}{2}$ Hartree。

$$\begin{aligned} H_{BB} &= \int_\tau \phi_A^*(1)\phi_B^*(2)\left[-\frac{\hbar^2}{2m_e}\nabla_2^2 - \frac{e^2}{r_{B2}}\right]\phi_A(1)\phi_B(2)\,\mathrm{d}\tau \\ &= \int_\tau \phi_B^*(2)\left[-\frac{\hbar^2}{2m_e}\nabla_2^2 - \frac{e^2}{r_{B2}}\right]\phi_B(2)\,\mathrm{d}\tau_2 \end{aligned} \tag{5.15}$$

也等于氢原子的能量，为 $-\frac{1}{2}$ Hartree。

$$Q = \int_\tau \phi_A^*(1)\phi_B^*(2)\left[-\frac{e^2}{r_{A2}} - \frac{e^2}{r_{B1}} + \frac{e^2}{r_{12}} + \frac{e^2}{r_{AB}}\right]\phi_A(1)\phi_B(2)\,\mathrm{d}\tau \tag{5.16}$$

所以

$$H_{11} = Q - 1 = H_{22} \tag{5.17}$$

$$\begin{aligned}
H_{12} &= \int_\tau f_1 \hat{H} f_1 \, \mathrm{d}\tau \\
&= \int_\tau \phi_A^*(1)\phi_B^*(2)\hat{H}\phi_A(2)\phi_B(1)\,\mathrm{d}\tau \\
&= \int_\tau \phi_A^*(1)\phi_B^*(2)\left[-\frac{\hbar^2}{2m_e}\nabla_1^2 - \frac{e^2}{r_{B1}}\right]\phi_A(2)\phi_B(1)\,\mathrm{d}\tau \\
&\quad + \int_\tau \phi_A^*(1)\phi_B^*(2)\left[-\frac{\hbar^2}{2m_e}\nabla_2^2 - \frac{e^2}{r_{A2}}\right]\phi_A(2)\phi_B(1)\,\mathrm{d}\tau \\
&\quad + \int_\tau \phi_A^*(1)\phi_B^*(2)\left[-\frac{e^2}{r_{A1}} - \frac{e^2}{r_{B2}} + \frac{e^2}{r_{12}} + \frac{e^2}{r_{AB}}\right]\phi_A(2)\phi_B(1)\,\mathrm{d}\tau
\end{aligned} \tag{5.18}$$

其中第一项

$$\begin{aligned}
&\int_\tau \phi_A^*(1)\phi_B^*(2)\left[-\frac{\hbar^2}{2m_e}\nabla_1^2 - \frac{e^2}{r_{B1}}\right]\phi_A(2)\phi_B(1)\,\mathrm{d}\tau \\
&= \int_\tau \phi_A^*(1)\left[-\frac{\hbar^2}{2m_e}\nabla_1^2 - \frac{e^2}{r_{B1}}\right]\phi_B(1)\,\mathrm{d}\tau_1 \int_\tau \phi_B^*(2)\phi_A(2)\,\mathrm{d}\tau_2 \\
&= E_H \int_\tau \phi_A^*(1)\phi_B(1)\,\mathrm{d}\tau \int_\tau \phi_B^*(2)\phi_A(2)\,\mathrm{d}\tau \\
&= E_H S_{AB}^2 \\
&= -\frac{1}{2} S_{AB}^2
\end{aligned} \tag{5.19}$$

式中，E_H是氢原子的基态能量，为$-\frac{1}{2}$ Hartree。

式（5.18）第二项

$$\begin{aligned}
&\int_\tau \phi_A^*(1)\phi_B^*(2)\left[-\frac{\hbar^2}{2m_e}\nabla_2^2 - \frac{e^2}{r_{A2}}\right]\phi_A(2)\phi_B(1)\mathrm{d}\tau \\
&= \int_\tau \phi_B(2)\left[-\frac{\hbar^2}{2m_e}\nabla_2^2 - \frac{e^2}{r_{A1}}\right]\phi_A(2)\mathrm{d}\tau_2 \int_\tau \phi_A^*(1)\phi_B(1)\mathrm{d}\tau_1 \\
&= E_H \int_\tau \phi_B^*(2)\phi_A(2)\mathrm{d}\tau_2 \int_\tau \phi_A^*(1)\phi_B(1)\mathrm{d}\tau_1 \\
&= E_H S_{AB}^2 \\
&= -\frac{1}{2} S_{AB}^2
\end{aligned} \tag{5.20}$$

式（5.18）第三项

$$\int_\tau \phi_A^*(1)\phi_B^*(2)\left[-\frac{e^2}{r_{A1}}-\frac{e^2}{r_{B2}}+\frac{e^2}{r_{12}}+\frac{e^2}{r_{AB}}\right]\phi_A(2)\phi_B(1)\mathrm{d}\tau = K \quad (5.21)$$

所以

$$H_{12} = K - S_{AB}^2 \quad (5.22)$$

$$\begin{aligned} S_{12} &= \int_\tau f_1^* f_2 \mathrm{d}\tau \\ &= \int_\tau \phi_A^*(1)\phi_B^*(2)\phi_A(2)\phi_B(1)\mathrm{d}\tau_1\mathrm{d}\tau_2 \\ &= \int_\tau \phi_A^*(1)\phi_B(1)\mathrm{d}\tau_1 \int_\tau \phi_B^*(2)\phi_A(2)\mathrm{d}\tau_2 \\ &= S_{AB}^2 \end{aligned} \quad (5.23)$$

$$E_1 = -1 + \frac{Q+K}{1+S_{AB}^2}$$

$$E_2 = -1 + \frac{Q-K}{1-S_{AB}^2}$$

$$E_1 < E_2$$

图 5.2 是氢分子的能量曲线。实线为计算值，虚线为实测值。由图 5.2 可以看出：

（1）与波函数 ψ_1 相对应的能量曲线 E_1 有一最低点，所以氢分子能够稳定存在。计算的曲线和实测的曲线相似，说明海特勒-伦敦处理氢分子的方法基本正确。

（2）计算的能量曲线的最低点坐标为

$$\begin{aligned} R_0 &= 1.65\text{a.u.} \\ &= 87\text{pm} \end{aligned}$$

$$D_e = 3.14\text{eV} = 303\text{kJ/mol}$$

实测的能量曲线的最低点坐标为

$$\begin{aligned} R_0 &= 1.40\text{a.u.} \\ &= 74\text{pm} \end{aligned}$$

$$D_e = 4.75\text{eV} = 458\text{kJ/mol}$$

可见，计算误差较大。

（3）与波函数 ψ_2 相对应的能量曲线 E_2 没有最低点，所以处于 ψ_2 状态的氢分子不稳定，会自动解离为两个氢原子。ψ_1 和 ψ_2 分别称为基态和推斥态。

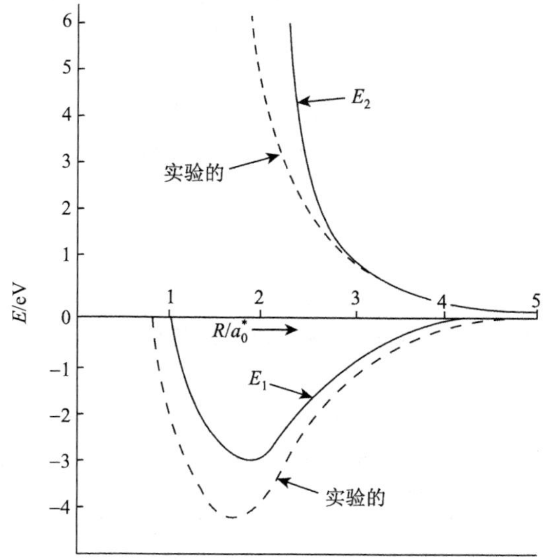

图 5.2 氢分子的能量曲线

图 5.3 是氢分子的基态和推斥态的等密度线。ψ_1^2 和 ψ_2^2 都是圆柱形对称的。ψ_1^2 在原子核间密集，ψ_2^2 在原子核间不密集。图中线上所注数字不是定量的，只是比较等密度线上电子云密度的相对大小。数字越大表示相对密度越大。

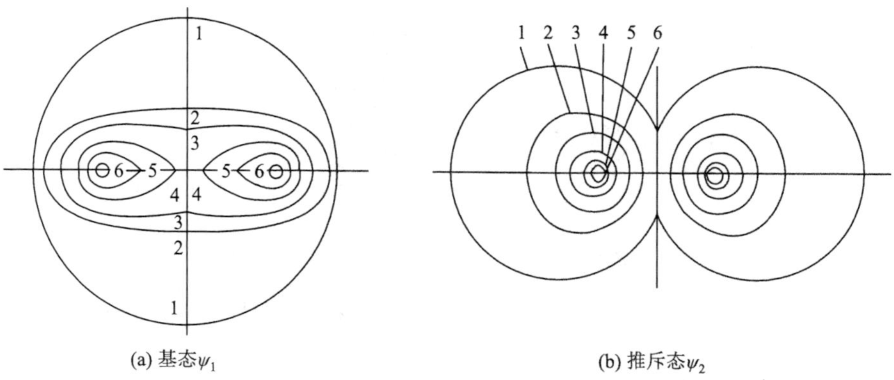

图 5.3 氢分子的两种状态的等密度线

5.1.2 氢分子的完整波函数

采用线性变分处理，得到了氢分子薛定谔方程的近似解ψ_1 、ψ_2。以此作为氢分子的近似波函数还有所欠缺：一是未考虑电子的自旋；二是对于多电子体系（氢分子有两个电子），其波函数还要满足反对称要求。下面讨论对这两个问题的处理。

氢分子包含两个电子，每个电子都可以有α自旋态和β自旋态。两个电子体系的自旋波函数可能是

$$\alpha(1)\alpha(2),\beta(1)\beta(2),\alpha(1)\beta(2),\alpha(2)\beta(1)$$

后两个函数是非对称的，组合起来可以构成对称或反对称的波函数

$$\frac{1}{\sqrt{2}}[\alpha(1)\beta(2)\pm\alpha(2)\beta(1)]$$

这样，两个电子体系的对称自旋波函数为

$$\alpha(1)\alpha(2),\beta(1)\beta(2),\frac{1}{\sqrt{2}}[\alpha(1)\beta(2)+\alpha(2)\beta(1)]$$

反对称自旋波函数为

$$\frac{1}{\sqrt{2}}[\alpha(1)\beta(2)-\alpha(2)\beta(1)]$$

氢分子薛定谔方程的近似解ψ_1、ψ_2可以考虑作为氢分子波函数的空间部分。对ψ_1而言，交换两个电子的坐标波函数不变，是对称波函数；对ψ_2而言，交换两个电子的坐标波函数改变符号，是反对称波函数。泡利不相容原理要求氢分子的完全波函数必须是反对称化的。对称函数乘对称函数得对称函数，对称函数乘反对称函数得反对称函数，反对称函数乘反对称函数得对称函数。忽略电子的轨道运动和自旋运动的相互作用，氢分子的完全波函数可以写作空间部分和自旋部分的乘积，即

$$\psi_{单重态}=\frac{1}{\sqrt{2(1+S_{AB}^2)}}[\phi_A(1)\phi_B(2)+\phi_A(2)\phi_B(1)]\frac{1}{\sqrt{2}}[\alpha(1)\beta(2)-\alpha(2)\beta(1)] \tag{5.24}$$

$$\psi_{三重态}=\frac{1}{\sqrt{2(1-S_{AB}^2)}}[\phi_A(1)\phi_B(2)-\phi_A(2)\phi_B(1)]\begin{cases}\alpha(1)\alpha(2)\\ \beta(1)\beta(2)\\ \dfrac{1}{\sqrt{2}}[\alpha(1)\beta(2)+\alpha(2)\beta(1)]\end{cases} \tag{5.25}$$

由于氢分子的哈密顿算符$\hat{H}$未包含自旋坐标，状态的能量仅由空间波函数决定，因此单重态$\psi_{单重态}$是氢分子的基态近似波函数，而三重态$\psi_{三重态}$是氢分子的第一激发态的近似波函数。

氢分子有两个电子，总自旋角动量量子数$S=1$或$S=0$。当电子总自旋角动量量子数$S=0$时，总自旋磁量子数$M_S=0$，电子总自旋角动量为零，两个电子自旋反平行。只有一种总自旋状态，对应于单重态波函数$\psi_{单重态}$，此种状态为氢分子的基态。电子处在该种状态时，原子之间的相互作用是吸引的，体系的能量在某一核间距可达到最小值，而形成化学键。

总自旋角动量量子数$S=1$时，总自旋磁量子数$M_S=1,0,-1$，电子自旋平行，有三种总自旋状态，对应于三重态的波函数$\psi_{三重态}$，是激发态，能量高。此种状

态两个氢原子互相排斥，不能形成稳定的氢分子。

综上可见，氢原子形成氢分子时，氢原子 H_A 和 H_B 的原子轨道是不变的；两个氢原子的未成对的价电子配对，在原子轨道之间交换形成键函数 ψ；电子配对后形成的定域键使体系能量降低，两个原子结合在一起，形成稳定的分子，基态波函数是基态键函数与自旋函数的乘积。

氢分子基态波函数可写成行列式形式

$$\begin{aligned}\psi_{基} &= \frac{1}{\sqrt{4(1+S_{AB}^2)}}\{[\phi_A(1)\phi_B(2)+\phi_A(2)\phi_B(1)][\alpha(1)\beta(2)-\alpha(2)\beta(1)]\} \\ &= \frac{1}{\sqrt{4(1+S_{AB}^2)}}\left\{\begin{vmatrix}\phi_A(1)\alpha(1) & \phi_A(2)\alpha(2) \\ \phi_B(1)\beta(1) & \phi_B(2)\beta(2)\end{vmatrix} - \begin{vmatrix}\phi_A(1)\beta(1) & \phi_A(2)\beta(2) \\ \phi_B(1)\alpha(1) & \phi_B(2)\alpha(2)\end{vmatrix}\right\}\end{aligned} \tag{5.26}$$

简记作

$$\psi_{基} = \frac{1}{\sqrt{4(1+S_{AB}^2)}}\{|\phi_A\alpha \quad \phi_B\beta| - |\phi_A\beta \quad \phi_B\alpha|\} \tag{5.27}$$

或

$$\psi_{基} = \frac{1}{\sqrt{4(1+S_{AB}^2)}}\left|\widehat{\phi_A\phi_B}\right| \tag{5.28}$$

根据上面对氢分子结构的处理，关于两个氢原子能够形成和不能够形成氢分子的过程可描述如下：当两个氢原子自远而近相互接近时，如果未成对的价电子自旋反平行，原子之间相互吸引，体系的能量随原子核间距离 r_{AB} 的减小而降低。达到平衡距离，体系能量降到最低点。小于平衡距离，体系能量又迅速增加。因此，两个氢原子之间的距离在平衡距离左右微小地变化。两个氢原子结合成氢分子而稳定地存在。

如果未成对的价电子自旋平行，原子之间相互排斥而不能形成稳定的分子。

海特勒和伦敦应用量子力学揭示了化学键的本质，使人们对化学键的认识产生一个飞跃，他们的工作在化学键理论的发展过程中具有里程碑的意义。

5.2　价键理论及其应用

海特勒和伦敦关于氢原子自旋反平行的价电子配对，构成化学键使体系能量降低，形成氢分子的思想与路易斯在 1800 年提出并为化学家所熟悉的价键概念相一致，所以海特勒和伦敦的工作一发表就被化学家接受并迅速发展，推广到双原子和多原子分子，形成价键理论。

5.2.1　价键理论要点

价键理论要点如下：

（1）分子是由原子实（原子核和内层电子）和价电子组成的。相互作用的原子中自旋相反、未配对的价电子相互配对形成定域的化学键把原子结合成分子。

（2）一个电子和另一个电子配对后，就不能再与第三个电子配对。

（3）分子中的原子轨道不变，电子填入原子轨道中；配对电子在成键的原子轨道上交换，构成键函数。

（4）组成键函数的原子轨道要满足对称性匹配、能量近似和电子云最大重叠三个原则。

（5）若原子 A 有成对价电子（也称孤对电子），原子 B 有能量合适的空轨道，原子 A 的孤对电子所占据的原子轨道和原子 B 的空轨道能有效地重叠，则原子 A 的孤对电子和原子 B 共享，这样的共价键称为共价配键，简称配键，以符号 $A \rightarrow B$ 表示。原子 A 称为给电子体，原子 B 称为受电子体，箭头方向表示电子配给的方向。

（6）分子体系的空间波函数是各键函数的乘积。分子体系的完整波函数包括空间部分和自旋部分，应满足泡利不相容原理，且是反对称的波函数。

5.2.2　价键理论对简单分子的应用

1. 锂

锂蒸气是双原子分子，即 Li_2。Li 的原子组态是 $1s^2 2s^1$，只有一个价电子，两个锂原子的价电子相互配对形成单键，写作 Li—Li，其键函数的空间部分为

$$\psi = N\left[\phi_{2sa}(1)\phi_{2sb}(2) + \phi_{2sa}(2)\phi_{2sb}(1)\right]$$

2. 氦

He 的原子组态是 $1s^2 2s^2$，没有未成对的电子，两个 He 原子不会形成化学键，为单原子分子。

3. 氮

N 的原子组态是 $1s^2 2s^2 2p^3 (2p_x^1, 2p_y^1, 2p_z^1)$，有三个未成对的电子。两个氮原子沿 x 轴接近，两个 $2p_x$ 电子配对形成 σ 键，电子云以两个原子核的连线为对称轴；两个 $2p_y$ 电子和两个 $2p_z$ 电子分别配对形成两个 π 键，电子云以过两个原子核的镜面对称。因此，氮分子 N_2 具有三个共价键——三重键，记作 $N \equiv N$。三个键函

数的空间部分分别是

$$\psi_{\sigma} = N\left[\phi_{2p_x a}(1)\phi_{2p_x b}(2) + \phi_{2p_x a}(2)\phi_{2p_x b}(1)\right]$$

$$\psi_{\pi_y} = N\left[\phi_{2p_y a}(3)\phi_{2p_y b}(4) + \phi_{2p_y a}(4)\phi_{2p_y b}(3)\right]$$

$$\psi_{\pi_z} = N\left[\phi_{2p_z a}(5)\phi_{2p_z b}(6) + \phi_{2p_z a}(6)\phi_{2p_z b}(5)\right]$$

N_2 分子体系的空间波函数为

$$\psi_{N_2} = \psi_{\sigma}\psi_{\pi_y}\psi_{\pi_z}$$

完整的基态波函数是

$$\psi_{N_2} = N\psi_{\sigma}\psi_{\pi_y}\psi_{\pi_z}[\alpha(1)\beta(2) - \alpha(2)\beta(1)][\alpha(3)\beta(4) - \alpha(4)\beta(3)][\alpha(5)\beta(6) - \alpha(6)\beta(5)]$$

$$= N\left|\overbrace{\psi_{2p_x a}\psi_{2p_x b}} \quad \overbrace{\psi_{2p_y a}\psi_{2p_y b}} \quad \overbrace{\psi_{2p_z a}\psi_{2p_z b}}\right|$$

4. HF 分子

H 的原子组态为 $1s^1$，F 的原子组态为 $1s^2 2s^2 2p^5 (2p_x^1, 2p_y^2, 2p_z^2)$，各有一个未成对的价电子，H 和 F 原子沿 x 轴接近，H 的 1s 电子和 F 的 $2p_x$ 电子相互配对，形成 σ 单键，写作 H—F，键函数的空间部分为

$$\psi_{HF} = N[\phi_{1sH}(1)\phi_{2p_x F}(2) + \phi_{1sH}(2)\phi_{2p_x F}(1)]$$

5.3 杂化轨道理论

5.3.1 杂化的概念

甲烷分子 CH_4 是正四面体结构（图 5.4），有四个 C—H 键，四个键彼此夹角相等，都是 $109°28'$。这用前面讨论的电子配对法不好解释。因为处于基态的碳原子的组态为 $1s^2 2s^2 2p^2$，仅有两个未配对的电子，怎么能形成四个化学键呢？如果考虑 2s 轨道上的电子有一个跃迁到 2p 轨道上，成为四个未成对的电子，这样可以和四个氢原子形成四个化学键。从能量观点来看，形成四个 C—H 键放出的能量远远大于 2s 轨道上的一个电子跃迁到 2p 轨道上所吸收的能量，这是可能的。但由于 s、p 轨道不同，这样形成的四个化学键不可能等同。夹角也不能相等。这与实验的甲烷分子不一致。解决这个矛盾的办法是必须消除 2s 轨道和 2p 轨道的差别，成键的轨道不是纯粹的 2s、$2p_x$、$2p_y$、$2p_z$，而是由它们“混合”起来，重新组成的新轨道，用数学语言来说，就是把 2s 轨道和 2p 轨道进行线性组合，形成沿四面体方向的四个新的等价轨道。这种把原子轨道“混合”起来，重新组合成新的轨道称为杂化。这是由 1931 年鲍林首先提出来的。

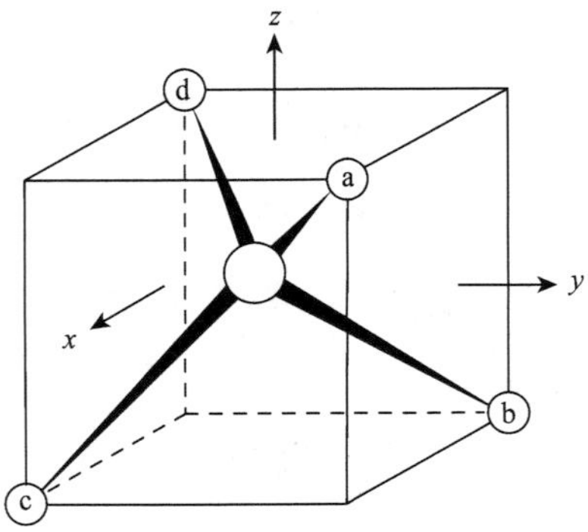

图 5.4　甲烷分子的结构

从量子力学理论来看，这种“混合”是允许的，它符合量子力学的态叠加原理。态叠加原理表明，若 $\phi_i(i=1,2,3,\cdots,n)$ 是描述体系的 n 个可能的状态的波函数，那么它们的线性组合所得到的状态 ϕ 也是这个体系的一个可能的状态，即

$$\phi=\sum_{i=1}^{n}c_i\phi_i$$

5.3.2　杂化轨道理论要点

（1）在外界微扰作用下，同一原子的不同能量的原子轨道线性组合而形成的新的原子轨道称为杂化轨道，即

$$\phi_k=\sum_{i=1}^{n}c_{ki}\phi_i\quad(k=1,2,\cdots,n)\qquad(5.29)$$

参与杂化的原子轨道的数目取决于外界微扰作用的大小和对称性。几个参与杂化的原子轨道可以组合成几个新的杂化轨道。

（2）杂化轨道 ϕ_k 是归一化的，即 $\int_\tau\phi_k^*\phi_k\,\mathrm{d}\tau=1$。

$$\begin{aligned}\int_\tau\phi_k^*\phi_k\,\mathrm{d}\tau&=\int_\tau\left(\sum_{i=1}^{n}c_{ki}\phi_i\right)^*\left(\sum_{j=1}^{n}c_{kj}\phi_j\right)\mathrm{d}\tau\\&=\sum_{i=1}^{n}\sum_{j=1}^{n}c_{ki}^*c_{kj}\int_\tau\phi_i^*\phi_j\,\mathrm{d}\tau\\&=\sum_{i=1}^{n}\sum_{j=1}^{n}c_{ki}^*c_{kj}\delta_{ij}\\&=\sum_{i=1}^{n}c_{ki}^2\\&=1\end{aligned}\qquad(5.30)$$

式中，c_{ki}^2 表示第 i 个参与杂化的原子轨道在第 k 个杂化轨道中所占的份额，c_{ki}^2 的值在 0～1 之间。式（5.30）表明 n 个参与杂化的原子轨道对第 k 条杂化轨道总贡献为 1。

（3）杂化前后原子轨道的数目不变。每个参与杂化的原子轨道在所有杂化轨道中所占的份额之和必为其全部，即

$$\sum_{k=1}^{n} c_{ki}^2 = 1 \tag{5.31}$$

若每个杂化轨道所含的 s、p、… 成分分别是 α、β、…，并且 $\alpha_1 = \alpha_2 = \cdots$，$\beta_1 = \beta_2 = \cdots$，各杂化轨道等同，则称为等性杂化。若 $\alpha_1 \neq \alpha_2 \neq \cdots$，$\beta_1 \neq \beta_2 \neq \cdots$，各杂化轨道不同，则称为不等性杂化。

（4）杂化轨道彼此之间是正交的，即

$$\int_\tau \phi_k^* \phi_l \, \mathrm{d}\tau = 0 \quad (k \neq l) \tag{5.32}$$

这是为了满足杂化轨道内的电子最小排斥原理。这个条件决定了杂化轨道的方向不是任意的，杂化轨道之间有一定的夹角。s-p 杂化轨道之间的夹角满足以下公式

$$\cos\theta = -\sqrt{\frac{\alpha_i \alpha_j}{(1-\alpha_i)(1-\alpha_j)}} = -\sqrt{\frac{\alpha_i \alpha_j}{\beta_i \beta_j}} \tag{5.33}$$

式中，α_i、α_j 分别是 i、j 轨道所含的 s 轨道份额；$1-\alpha_i = \beta_i$、$1-\alpha_j = \beta_j$ 分别是 i、j 轨道所含的 p 轨道的份额，即线性组合系数的平方 c_{ki}^2。对于 s-p 等性杂化，上式可简化成

$$\cos\theta = -\frac{\alpha}{1-\alpha} = -\frac{\alpha}{\beta} \tag{5.34}$$

5.3.3 杂化轨道理论的应用

对于 sp 型杂化，一个 s 轨道和 n 个 p 轨道的杂化表示为 sp^n，杂化轨道中 s 轨道和 p 轨道的份额比为 1∶n，杂化轨道的一般形式是

$$\phi_k = \frac{1}{\sqrt{1+n}}(\phi_\mathrm{s} + \sqrt{n}\phi_\mathrm{p}) \tag{5.35}$$

其中，ϕ_p 是 n 个 p 轨道的线性组合，所含的 p 轨道的份额是 s 轨道份额的 n 倍，并且

$$\alpha = \frac{1}{1+n}, \quad \beta = \frac{n}{1+n}, \quad n = \frac{\beta}{\alpha}, \quad \cos\theta = -\frac{\alpha}{\beta} \tag{5.36}$$

1. sp^1 等性杂化

$$\phi_k = \frac{1}{\sqrt{2}}(\phi_s + \phi_p)$$

$$\alpha = \beta = \frac{1}{2}, \theta = 180^\circ$$

若参与杂化的为一个 s 轨道，一个 p_x 轨道，则一个杂化轨道沿 x 轴正方向，另一个杂化轨道沿 x 轴负方向。为满足波函数的正交归一性，必须

$$\phi_1 = \frac{1}{\sqrt{2}}(\phi_s + \phi_{p_x})$$

$$\phi_2 = \frac{1}{\sqrt{2}}(\phi_s - \phi_{p_x})$$

ϕ_s 和 ϕ_{p_x} 及杂化轨道 ϕ_1、ϕ_2 的电子云分布如图 5.5 所示。

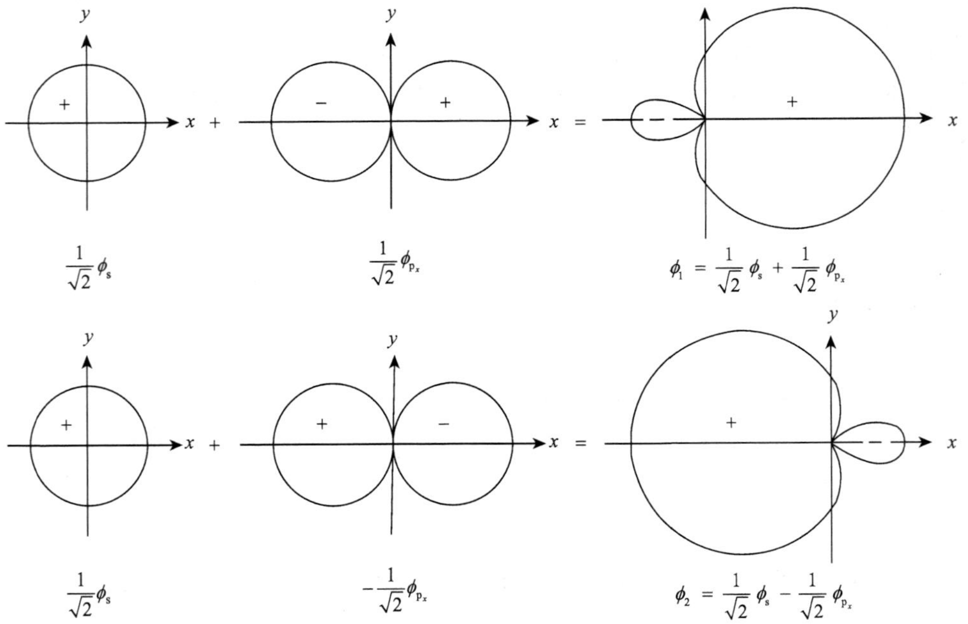

图 5.5　ψ_s 和 ψ_{p_x} 及杂化轨道 ψ_1、ψ_2 的电子云分布

s^2p^0 结构的原子如 Be、Ca、Mg、Zn、Cd、Hg 可形成 sp^1 杂化（图 5.6），构成线形分子。例如

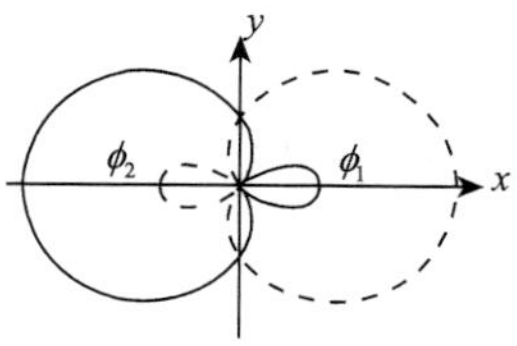

图 5.6　sp^1 杂化轨道

氯化钙　　Cl—Ca—Cl

氯化汞　　Cl—Hg—Cl

二烷基锌　　H_3C—Zn—CH_3

考虑了杂化后的 $CaCl_2$ 的键函数可写成

$$\phi_{\sigma_1} = N\left[\phi_1(1)\phi_{2p_{x_1}}(2) + \phi_1(2)\phi_{2p_{x_1}}(1)\right]$$
$$= N\left\{\left[\frac{1}{\sqrt{2}}\phi_s(1) + \frac{1}{\sqrt{2}}\phi_{p_x}(1)\right]\phi_{2p_{x_1}}(2) + \left[\frac{1}{\sqrt{2}}\phi_s(2) + \frac{1}{\sqrt{2}}\phi_{p_x}(2)\right]\phi_{2p_{x_1}}(1)\right\}$$

$$\phi_{\sigma_2} = N\left[\phi_2(3)\phi_{2p_{x_2}}(4) + \phi_2(4)\phi_{2p_{x_2}}(3)\right]$$
$$= N\left\{\left[\frac{1}{\sqrt{2}}\phi_s(3) - \frac{1}{\sqrt{2}}\phi_{p_x}(3)\right]\phi_{2p_{x_2}}(4) + \left[\frac{1}{\sqrt{2}}\phi_s(4) - \frac{1}{\sqrt{2}}\phi_{p_x}(4)\right]\phi_{2p_{x_1}}(3)\right\}$$

式中，ϕ_1、ϕ_2 是 Ca 原子的杂化轨道；$\phi_{2p_{x_1}}$、$\phi_{2p_{x_2}}$ 分别是两个 Cl 原子的原子轨道。这与双原子分子的键函数的写法是一致的，只是用杂化轨道代替了原来的原子轨道。这种写法也适用于其他多原子分子的化学键。

2. sp^2 等性杂化

$$\phi_k = \sqrt{\frac{1}{3}}\phi_s + \sqrt{\frac{2}{3}}\phi_p$$
$$\alpha = \frac{1}{3}, \beta = \frac{2}{3}, \theta = 120^\circ$$

设参与杂化的两个 p 轨道为 p_x 和 p_y，ϕ_1 的方向沿 x 轴，则

$$\phi_1 = \sqrt{\frac{1}{3}}\phi_s + \sqrt{\frac{2}{3}}\phi_{p_x}$$

$$\phi_2 = \sqrt{\frac{1}{3}}\phi_s + c_{22}\phi_{p_x} + c_{23}\phi_{p_y}$$

$$\phi_3 = \sqrt{\frac{1}{3}}\phi_s + c_{32}\phi_{p_x} + c_{33}\phi_{p_y}$$

在 ϕ_2 和 ϕ_3 中 p_x 和 p_y 的含量各自相同，因而

$$|c_{22}| = |c_{32}|, |c_{23} = c_{33}|$$

根据 ϕ_{p_x} 和 ϕ_{p_y} 的归一性，有

$$\left(\sqrt{\frac{2}{3}}\right)^2 + c_{22}^2 + c_{32}^2 = 1$$

$$c_{23}^2 + c_{33}^2 = 1$$

得

$$c_{22} = c_{32} = \pm\sqrt{\frac{1}{6}}$$

$$c_{23} = c_{33} = \pm\sqrt{\frac{1}{2}}$$

具体取正号或负号由图 5.7 可知。

$$\phi_1 = \sqrt{\frac{1}{3}}\phi_s + \sqrt{\frac{2}{3}}\phi_{p_x}$$

$$\phi_2 = \sqrt{\frac{1}{3}}\phi_s - \sqrt{\frac{1}{6}}\phi_{p_x} + \sqrt{\frac{1}{2}}\phi_{p_y}$$

$$\phi_3 = \sqrt{\frac{1}{3}}\phi_s - \sqrt{\frac{1}{6}}\phi_{p_x} - \sqrt{\frac{1}{2}}\phi_{p_y}$$

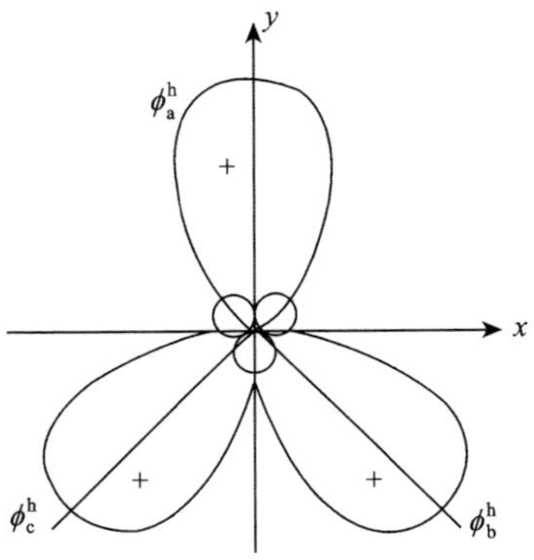

图 5.7　sp^2 杂化轨道

s^2p^1 结构的原子如ⅢA 族的 B、Al 等，以及乙烯、石墨、苯等碳原子骨架都采取 sp^2 杂化。例如

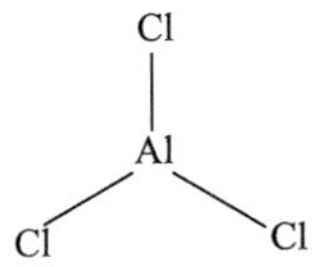

三氯化铝

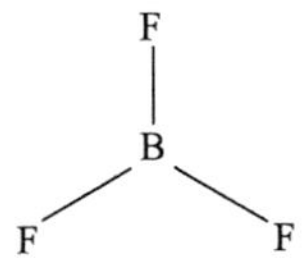

三氟化硼

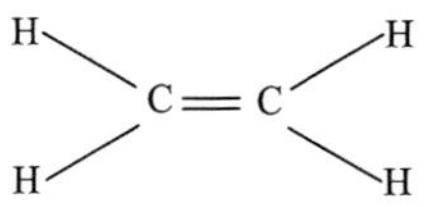

乙烯

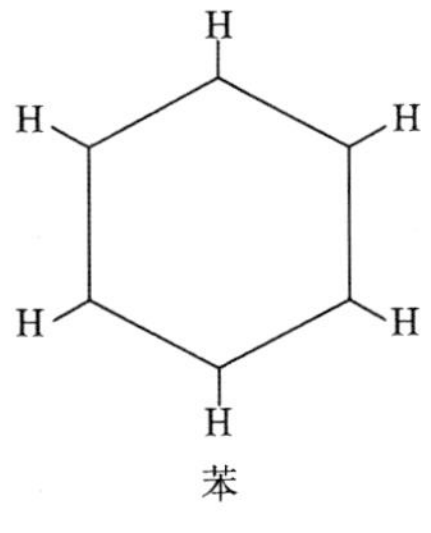

苯

3. sp^3 等性杂化

$$\phi_k = \sqrt{\frac{1}{4}}\phi_s + \sqrt{\frac{3}{4}}\phi_p$$

$$\alpha = \frac{1}{4}, \beta = \frac{3}{4}, \theta = 109°28'$$

sp^3 杂化轨道的对称轴指向正四面体的四个角，因此，sp^3 轨道也称正四面体轨道。

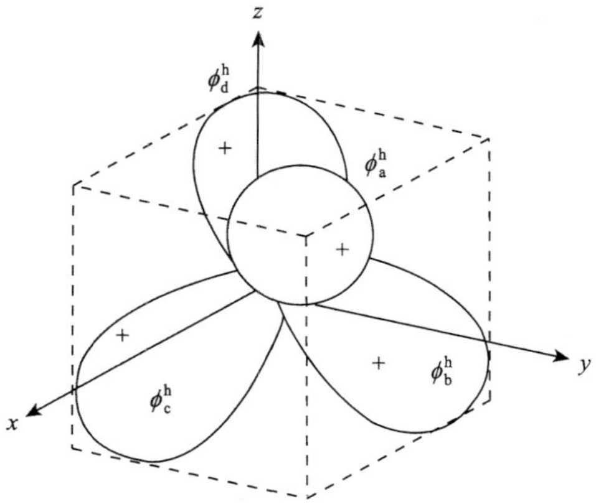

图 5.8 sp^3 杂化轨道

如果选择坐标轴使四个 sp^3 杂化轨道指向立方体的相间的四个角顶，三个坐标轴穿过立方体的面心，如图 5.8 所示，则四个 sp^3 杂化轨道可以写为

$$\phi_1 = \frac{1}{2}(\phi_s + \phi_{p_x} + \phi_{p_y} + \phi_{p_z})$$

$$\phi_2 = \frac{1}{2}(\phi_s - \phi_{p_x} + \phi_{p_y} - \phi_{p_z})$$

$$\phi_3 = \frac{1}{2}(\phi_s - \phi_{p_x} - \phi_{p_y} + \phi_{p_z})$$

$$\phi_4 = \frac{1}{2}(\phi_s + \phi_{p_x} - \phi_{p_y} - \phi_{p_z})$$

甲烷、烷烃衍生物、金刚石中的碳原子都是以 sp^3 杂化轨道成键的。此外，四氢化硅（SiH_4）、四氯化硅（$SiCl_4$）、四氯化锡（$SnCl_4$）、硅氧四面体二氧化硅（SiO_2）中的硅、锡都是以 sp^3 杂化轨道成键的。

4. 不等性sp 杂化

由于原子含有的孤对电子不参与成键，或与原子键合的诸原子不对称（如 CH_3Cl），各杂化轨道所含的同种轨道成分不完全相同，这种杂化称为不等性杂化。例如，NH_3 中的氮原子含有孤对电子。NH_3 的实测 N—H 键的夹角为107°，接近 sp^3 杂化的夹角109°28′，而与不杂化（仅以三个 p 轨道成键的键角 90°）相差很多，所以认为 NH_3 中氮原子采用不等性 sp^3 杂化。解释如下。

氮原子含有五个价电子，价电子层结构为 $2s^2 2p^3$，氮原子取 sp^3 杂化，形成四个 sp^3 杂化轨道，其中一个 sp^3 杂化轨道由氮原子自身的孤对电子占据，另外三个 sp^3 杂化轨道分别与氢原子的1s 轨道成键，双方各出一个电子配对。由于孤对电子未成键，不为双方共有，离氮原子核近，受氮原子核吸引较强，电子云密集于氮原子核的周围，含有较多的s轨道成分，另三个杂化轨道离氮原子核较远，含有较多的p轨道成分，夹角要小于正常的sp^3杂化的$109^\circ28'$，大于不杂化仅以三个p轨道成键的90°。

NH_3的三个成键杂化轨道所含有的s成分可以计算如下：三个成键的杂化轨道所含的s成分相同，所含的p成分也相同，因而

$$\cos\theta = -\frac{\alpha}{1-\alpha}$$

将$\theta = 107^\circ$代入上式，得所含s成分

$$\alpha = 0.2262 < \frac{1}{4}$$

所含p成分为

$$\beta = 1-\alpha = 0.7738 > \frac{3}{4}$$

孤对电子占据的杂化轨道所含的s成分为

$$\alpha' = 1-3\alpha = 0.3214 > \frac{1}{4}$$

p成分为

$$\beta' = 1-\alpha' = 0.6786 < \frac{3}{4}$$

这是用实测的键角倒算s成分和p成分，而不能定量预测键角的数值。H_2O的键角为$104^\circ31'$，也是不等性sp^3杂化。其中两条杂化轨道由氧的孤对电子所占据，成键的sp^3杂化轨道所含的p成分比NH_3更少，所以键角偏离等性sp^3杂化的$109^\circ28'$更多。

5. dsp杂化

为了构成有效的杂化轨道，参与杂化的轨道的能级相差不能太大。对于元素周期表中的过渡元素来说，$(n-1)$d轨道的能级和ns及np的能级相近，所以它们可以形成dsp杂化轨道。这样的杂化轨道常在配位化合物中出现。

等性dsp杂化轨道之间的夹角公式为

$$\alpha + \beta\cos\theta + \gamma\left(\frac{3}{2}\cos^2\theta - \frac{1}{2}\right) = 0 \tag{5.37}$$

式中，α、β和γ分别为杂化轨道中的s、p和d成分，且有

$$\alpha + \beta + \gamma = 1$$

下面介绍几种重要的dsp杂化轨道。

1） d^2sp^3 杂化轨道

d^2sp^3 杂化轨道有 6 个，由 2 个 d 轨道、1 个 s 轨道和 3 个 p 轨道组合而成，等性 d^2sp^3 的组成为

$$\alpha=\frac{1}{6},\beta=\frac{1}{2},\gamma=\frac{1}{3}$$

杂化轨道通式为

$$\phi_{d^2sp^3}=\frac{1}{\sqrt{6}}\phi_s+\frac{1}{\sqrt{2}}\phi_p+\frac{1}{\sqrt{3}}\phi_d$$

6 个杂化轨道指向正八面体的六个角，如图 5.9 和图 5.10 所示，轨道间的夹角为 90°，所以 d^2sp^3 又称正八面体杂化。

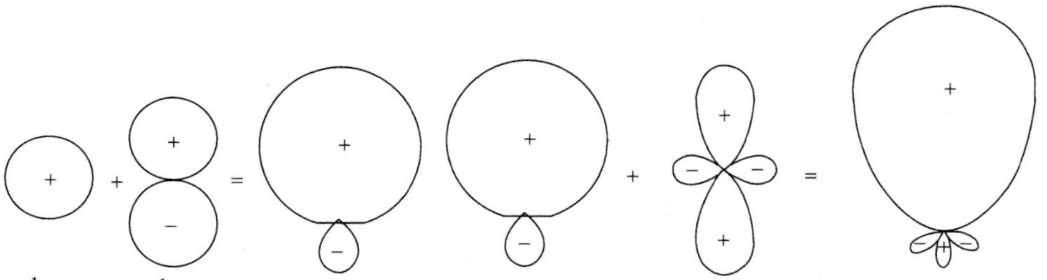

$\frac{1}{\sqrt{6}}\phi_s$　$\frac{1}{\sqrt{2}}\phi_p$　$\frac{1}{\sqrt{6}}\phi_s+\frac{1}{\sqrt{2}}\phi_p$　$\frac{1}{\sqrt{6}}\phi_s+\frac{1}{\sqrt{2}}\phi_p$　$\frac{1}{\sqrt{3}}\phi_d$　$\frac{1}{\sqrt{6}}\phi_s+\frac{1}{\sqrt{2}}\phi_p+\frac{1}{\sqrt{3}}\phi_d$

图 5.9　d^2sp^3 杂化轨道的极坐标图

$$\phi_1=\sqrt{\frac{1}{6}}\left(\phi_s+\sqrt{2}\phi_{d_{z^2}}+\sqrt{3}\phi_{p_z}\right)$$

$$\phi_2=\sqrt{\frac{1}{6}}\left(\phi_s-\sqrt{\frac{1}{2}}\phi_{d_{z^2}}+\sqrt{\frac{3}{2}}\phi_{d_{x^2-y^2}}+\sqrt{3}\phi_{p_z}\right)$$

$$\phi_3=\sqrt{\frac{1}{6}}\left(\phi_s-\sqrt{\frac{1}{2}}\phi_{d_{z^2}}-\sqrt{\frac{3}{2}}\phi_{d_{x^2-y^2}}+\sqrt{3}\phi_{p_z}\right)$$

$$\phi_4=\sqrt{\frac{1}{6}}\left(\phi_s-\sqrt{\frac{1}{2}}\phi_{d_{z^2}}+\sqrt{\frac{3}{2}}\phi_{d_{x^2-y^2}}-\sqrt{3}\phi_{p_z}\right)$$

$$\phi_5=\sqrt{\frac{1}{6}}\left(\phi_s-\sqrt{\frac{1}{2}}\phi_{d_{z^2}}-\sqrt{\frac{3}{2}}\phi_{d_{x^2-y^2}}-\sqrt{3}\phi_{p_z}\right)$$

$$\phi_6=\sqrt{\frac{1}{6}}\left(\phi_s+\sqrt{2}\phi_{d_{z^2}}-\sqrt{3}\phi_{p_z}\right)$$

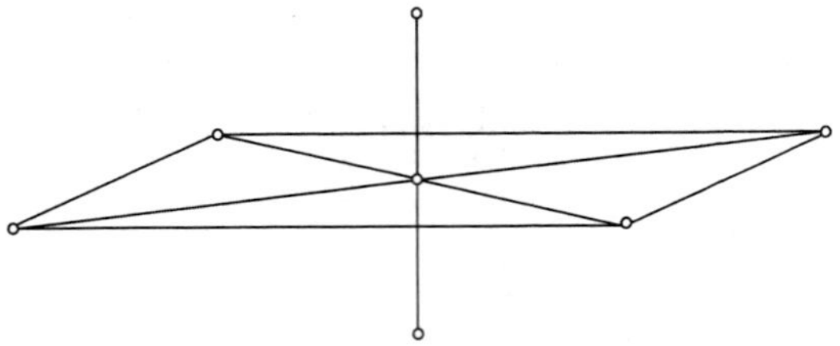

图 5.10　d^2sp^3 杂化轨道

配位数为 6 的过渡金属配合物的中心原子大多采用 d^2sp^3 杂化轨道，如钴氨配合离子 $[Co(NH_3)_6]^{3+}$、铁氰配合离子 $[Fe(CN)_6]^{3-}$ 等。

2）dsp^2 杂化轨道

dsp^2 杂化轨道有 4 个，由 1 个 d 轨道、1 个 s 轨道和 2 个 p 轨道组合而成，其中每一个轨道的 s 、p 和 d 成分依次为

$$\alpha=\frac{1}{4},\beta=\frac{1}{2},\gamma=\frac{1}{4}$$

杂化轨道的通式为

$$\phi_{dsp^2}=\frac{1}{2}\phi_s+\frac{1}{\sqrt{2}}\phi_p+\frac{1}{2}\phi_d$$

如图 5.11 所示，四个轨道指向正方形的四个角。

$$\phi_1=\frac{1}{2}\left(\phi_s+\phi_{d_{x^2-y^2}}+\sqrt{2}\phi_{p_x}\right)$$

$$\phi_2=\frac{1}{2}\left(\phi_s-\phi_{d_{x^2-y^2}}+\sqrt{2}\phi_{p_y}\right)$$

$$\phi_3=\frac{1}{2}\left(\phi_s+\phi_{d_{x^2-y^2}}-\sqrt{2}\phi_{p_x}\right)$$

$$\phi_4=\frac{1}{2}\left(\phi_s-\phi_{d_{x^2-y^2}}-\sqrt{2}\phi_{p_y}\right)$$

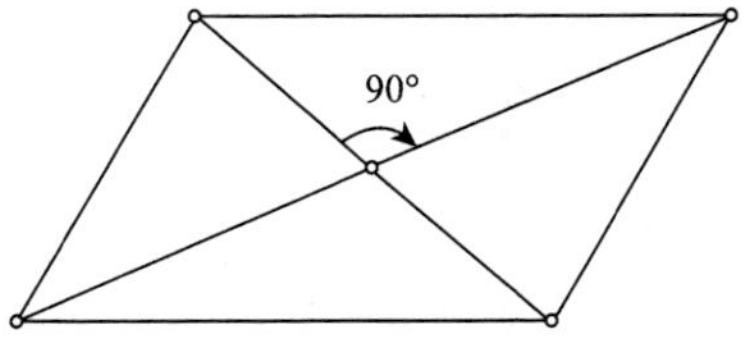

图 5.11　dsp^2 杂化轨道

配位数等于 4 的过渡金属平面形配合物的中心原子采用 dsp^2 杂化。如 $[PtCl_4]^{2-}$ 。此外，还有 f-d-s-p 杂化轨道等。表 5.1 给出了一些杂化轨道。

表 5.1 若干杂化轨道的构成及其几何构型

配位数	几何构型	杂化轨道	参与杂化的原子轨道	实例
2	直线	sp	s，p_z	BeF_2
		sd	s，d_{z^2}	$Hg(CN)_2$
		pd	p_z，d_{z^2}	$Re_2Cl_8^{2-}$
3	正三角形	sp^2	s，p_x，p_y	BCl_3
		sd^2	s，d_{xy}，$d_{x^2-y^2}$	
		dp^2	d_{z^2}，p_x，p_y	
4	正四面体	sp^3	s，p_x，p_y，p_z	CH_4
		sd^3	s，d_{xy}，d_{yz}，d_{xz}	MnO_4^-
	正方形	dsp^2	s，$d_{x^2-y^2}$，p_x，p_y	$[PtCl_4]^{2-}$
5	三角双锥	dsp^3	d_{z^2}，s，p_x，p_y，p_z	PF_3
		d^3sp	d_{z^2}，$d_{x^2-y^2}$，d_{xy}，s，p_z	$MoCl_3$
	四方锥	dsp^3	$d_{x^2-y^2}$，s，p_x，p_y，p_z	$Ni(PEt_3)_2Br_3$
		d^2sp^2	$d_{x^2-y^2}$，d_{z^2}，s，p_x，p_y	
6	正八面体	d^2sp^3	$d_{x^2-y^2}$，d_{z^2}，s，p_x，p_y，p_z	$[Co(NH_3)_6]^{3+}$
	三角棱柱	d^4sp	$d_{x^2-y^2}$，d_{xy}，d_{yz}，d_{xz}，s，p_z	
7	五角双锥	d^3sp^3	d_{z^2}，$d_{x^2-y^2}$，d_{xy}，s，p_x，p_y，p_z	$[ZrF_7]^{3-}$
8	十二面体	d^4sp^3	d_{z^2}，d_{xy}，d_{yz}，d_{xz}，s，p_x，p_y，p_z	$[Co(NH_3)_5]^{3+}$
	四方反棱柱	d^3p^3	d_{z^2}，$d_{x^2-y^2}$，d_{xy}，d_{yz}，d_{xz}，p_x，p_y，p_z	$[TaF_8]^{3-}$
		sp^3d^4	s，p_x，p_y，p_z，$d_{x^2-y^2}$，d_{xy}，d_{yz}，d_{xz}	
	正立方体	d^3fsp^3	d_{xy}，d_{yz}，d_{xz}，f_{xyz}，s，p_x，p_y，p_z	
		d^3f^4s	d_{xy}，d_{yz}，d_{xz}，f_{xyz}，f_{x^3}，f_{y^3}，f_{z^3}，s	

5.4 多原子分子的价键方法

5.4.1 多原子分子的键函数

多原子分子比双原子分子复杂，但对每个化学键仍可类似于双原子分子写出其键函数。例如，甲烷分子有四个 C—H 键，碳原子的每个杂化轨道分别与一个氢原子的 1s 轨道成键，因而四个键函数的空间部分可写作

$$\phi_1 = N_1[\phi_{sp^3_{C_1}}(1)\phi_{1s_{H_1}}(2) + \phi_{sp^3_{C_1}}(2)\phi_{1s_{H_1}}(1)]$$

$$\phi_2 = N_2[\phi_{sp^3_{C_2}}(3)\phi_{1s_{H_2}}(4) + \phi_{sp^3_{C_2}}(4)\phi_{1s_{H_2}}(3)]$$

$$\phi_3 = N_3[\phi_{sp^3_{C_3}}(5)\phi_{1s_{H_3}}(6) + \phi_{sp^3_{C_3}}(6)\phi_{1s_{H_3}}(5)]$$

$$\phi_4 = N_4[\phi_{sp^3_{C_4}}(7)\phi_{1s_{H_4}}(8) + \phi_{sp^3_{C_4}}(8)\phi_{1s_{H_4}}(7)]$$

式中，角标 C_1、C_2、C_3、C_4 分别表示碳原子第一、第二、第三、第四个杂化轨道，H_1、H_2、H_3、H_4 分别表示第一、第二、第三、第四个氢原子。圆括号内阿拉伯数字表示电子的坐标。

分子的整体波函数可以写作各键函数的乘积。例如，甲烷分子波函数可写作

$$\psi = N\phi_1(1,2)\phi_2(3,4)\phi_3(5,6)\phi_4(7,8)[\alpha(1)\beta(2)-\alpha(2)\beta(1)]$$
$$[\alpha(3)\beta(4)-\alpha(4)\beta(3)][\alpha(5)\beta(6)-\alpha(6)\beta(5)][\alpha(7)\beta(8)-\alpha(8)\beta(7)]$$

5.4.2　多原子分子的价键法处理

由海特勒-伦敦法给出键函数所得到的能量与实际的键能及分子体系的能量相差较大，过于粗略。为了提高计算精度，需对分子整体波函数及能量的计算加以改进。对于多原子分子，电子配对的方式不止一种，不仅限于相邻原子间的电子才能配对。例如，对于水分子，如图 5.12 所示，可以给出两种电子配对方式。

图 5.12　水分子的电子配对图式

分别相应于以下两种配对方式

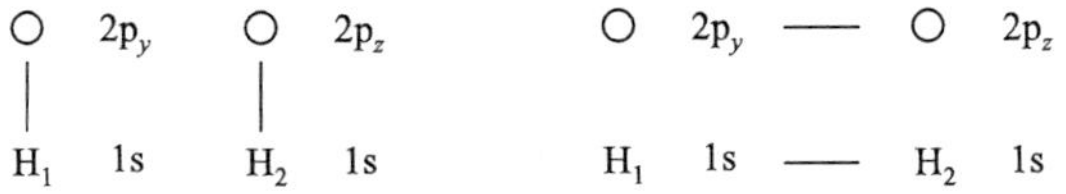

每个配对图式可以给出一个海特勒-伦敦结构，相应就有一个结构函数。分子波函数取作各配对图式的波函数的线性组合，系数应用变分法确定。相应于上面各图式的分子波函数为

$$\phi_A = N_1\left|\overline{\phi_{Op_y}\phi_{H_1 1s}} \quad \overline{\phi_{Op_z}\phi_{H_2 1s}}\right|$$

$$\phi_B = N_2\left|\overline{\phi_{Op_y}\phi_{Op_z}} \quad \overline{\phi_{H_1 1s}\phi_{H_2 1s}}\right|$$

线性变分函数为

$$\psi = c_A\psi_A + c_B\psi_B$$

应用线性变分法确定系数，就可解得水分子更精确的能量及相应的近似波函数。由于每个变分函数都是行列式的线性组合，其计算量要远大于分子轨道理论的变分函数。

为了进一步提高计算精度，还可以考虑水的离子结构的贡献。

习 题

5.1 概述海特勒-伦敦法对氢分子的处理。

5.2 写出氢分子价键法的基态波函数。

5.3 写出 O_2、CO 的键函数。

5.4 什么是杂化轨道？如何构造杂化轨道？

5.5 概述杂化轨道理论要点。

5.6 说明下列分子的成键情况，判断其几何构型：$HgCl_2$、CO_2、SO_2、H_2S、$AlCl_3$、BF_3、金刚石、石墨。

5.7 讨论下列分子的几何构型：$[AlF_6]^{3-}$、SO_4^{2-}、CO_3^{2-}、NO_3^-、C_2H_2、C_2H_4、C_2H_6、C_6H_6。

5.8 比较价键理论和分子轨道理论。

第 6 章　对称性和对称群

分子和晶体的几何构型都具有一定的对称性。这是物质内部结构性质的反映。为了深入研究分子和晶体的结构特征，需要了解对称性的知识。

6.1　对称操作和对称元素

分子的对称性可由对称操作和对称元素来描述。所谓对称操作是指一个变换动作，分子经过这个变换后，其位置与变换前是物理上不可分辨的。例如，BF_3 分子是一平面分子，各 B—F 键之间夹角为120°。绕通过硼原子中心并垂直于分子平面的轴逆时针方向旋转120°，由（a）→（b）。（a）中的 1、2、3 三个氟原子的位置分别成为（b）中的 3、1、2 三个氟原子的位置。由于 F 原子不可区分，如果 F 不标记数字标号，看不出（a）、（b）的不同之处，即变换后的图形与原来的图形是不可分辨的，是等价的。这就是实施了一个对称操作，也称等价变换。BF_3 分子转动所绕的轴就是一个对称元素，如图 6.1 所示。

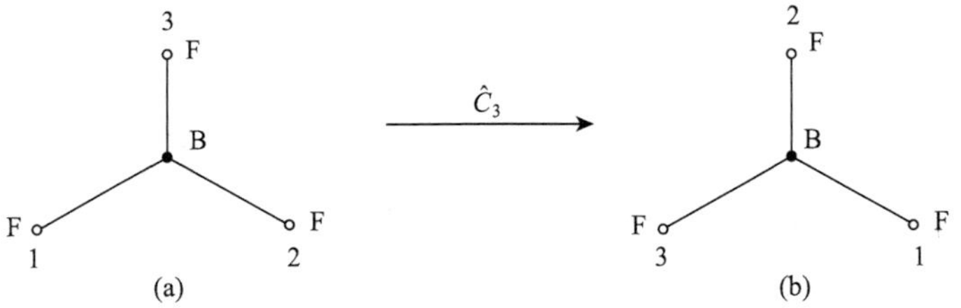

图 6.1　BF_3 分子转动所绕的 C_3 轴

对称元素和对称操作相关，但不是相同的概念，不能混淆。对称元素是几何上的点、线、面。依据对称元素所进行的对称变换称为对称操作。

下面介绍描述分子和晶体对称性的对称元素及相应的对称操作。

6.1.1　对称元素的类型和相应的对称操作

1. 对称轴和旋转

当分子图形绕一轴旋转 $\frac{2\pi}{n}$ 后，给出与原来位置上的图形在物理上不可分辨的构型，则说此分子有一个 n 重对称轴，记作 C_n，$\dfrac{2\pi}{n}$ 为该分子图形的最小旋转角，逆时针转动。

例如，BF_3 分子转动 $\dfrac{2\pi}{3}$、$\dfrac{4\pi}{3}$、2π 均为等价变换，转动 2π 还是恒等变换。相应的对称操作写为

$$\hat{C}_3 = L\left(\frac{2\pi}{3}\right)$$

$$\hat{C}_3^2 = \left[L\left(\frac{2\pi}{3}\right)\right]^2 = L\left(\frac{4\pi}{3}\right)$$

$$\hat{C}_3^3 = \left[L\left(\frac{2\pi}{3}\right)\right]^3 = L(2\pi) = \hat{E}$$

苯分子有垂直于分子平面的六重轴，绕此轴转动两次，即旋转 $2\times\dfrac{2\pi}{6}=\dfrac{2\pi}{3}$，等于绕 C_3 轴（它与 C_6 轴重合）转动一次，所以 $\hat{C}_6^2=\hat{C}_3$。同理，$\hat{C}_6^3=\hat{C}_2$，$\hat{C}_6^4=\hat{C}_3^2$。一般而言，如果 n 和 m 存在公因子 q，则 $\hat{C}_n^m=\hat{C}_{n/q}^{m/q}$

有些分子的对称轴不止一个，例如 BF_3 分子含有垂直于分子平面、通过 B 原子的 C_3 轴，还有三个通过 B 原子和一个 F 原子与分子平面重合的 C_2 轴。在有多个轴存在的分子图形中，称 n 最大者为主轴，其他为副轴。这样 BF_3 分子的主轴为 C_3 轴，三个 C_2 轴为副轴，如图 6.2 所示。

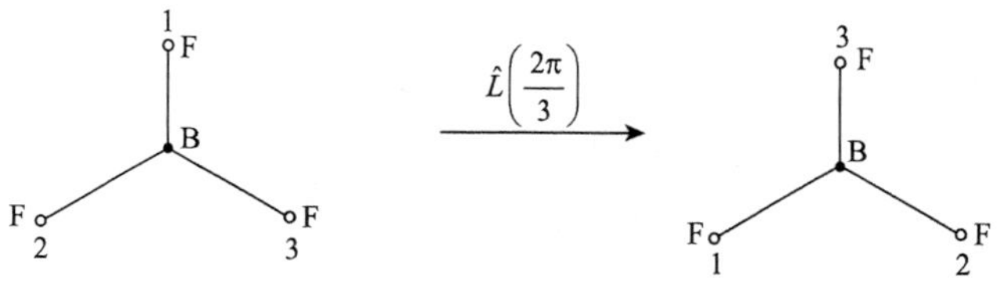

图 6.2　BF_3 分子的轴和旋转对称操作

2. 对称面和反映

对称面或镜面将分子图形分成完全相等的两部分，二者互成映像关系，在反映操作下，图形中相对称的点互相交换位置，从而得到复原的图形。对称面以符号 σ 或 m 表示，对称操作以 $\hat{\sigma}$ 或 $\hat{m}$ 表示。

例如，BF_3 分子有四个对称面。分子平面是一个对称面，通过每个 F 原子和 B 原子并与分子平面重合；另外三个对称面分别是通过一个 F 原子和 B 原子，平分另外两个 F 原子和 B 原子的键角，且与分子平面垂直通过主轴的对称面称为垂直

镜面，以 σ_v 表示；与主轴垂直的镜面称为水平镜面，以 σ_h 表示；通过主轴且平分两个相邻的夹角的镜面称为等分镜面，以 σ_d 表示。BF_3 的分子平面是 σ_h，其他三个镜面是 σ_v，也是 σ_d，如图 6.3 所示。

相对于同一对称面进行偶次反映等于恒等操作，进行奇次反映等于一次反映，即

$$\hat{\sigma}^{2n} = \hat{\sigma}^2 \hat{E}$$
$$\hat{\sigma}^{2n+1} = \hat{\sigma}$$

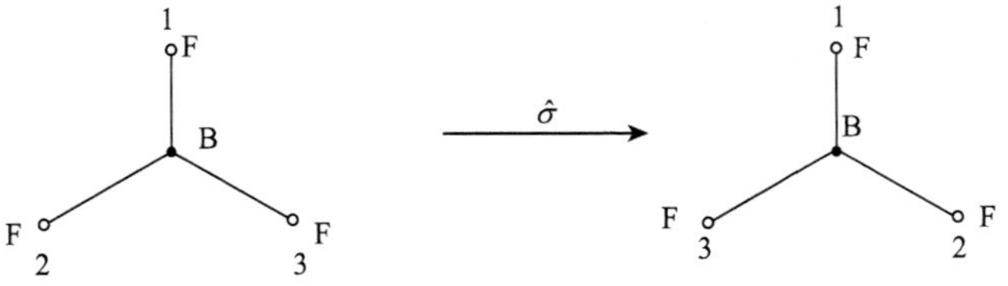

图 6.3　对称面和反映

3. 对称中心和倒反

若分子图形中的任一原子在与分子中心点的连线的反向延长线的等距离处都有相互对应的同种原子存在，依此中心进行倒反操作，这些相互对应的原子交换位置，则此中心称为对称中心，相应的对称操作称为倒反或反演。

如果将坐标原点取在分子图形的对称中心上，进行反演操作，则将原子坐标由 (x, y, z) 变换成 $(-x, -y, -z)$，且得等价构型，则该分子具有反演对称性，如图 6.4 所示。

对称中心以符号 i 表示，倒反对称操作以符号 $\hat{i}$ 表示。例如，六氟化硫具有对称中心。偶次倒反等于不动，奇次倒反等于一次倒反，即

$$\hat{i}^{2n} = \hat{E}\ ,\ \hat{i}^{2n+1} = \hat{i}$$

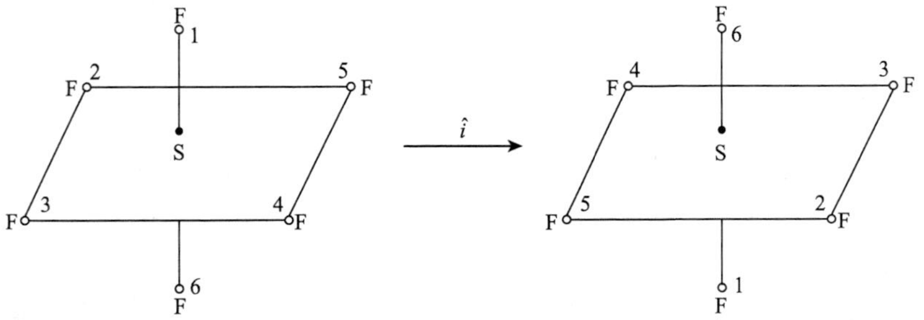

图 6.4　SF_6 的对称中心 i 和倒反对称操作

4. 反轴和旋转倒反

当把某分子图形绕某轴旋转一定角度后，再对中心进行倒反而得到等价图形，则该分子图形具有反轴。相应的对称操作称为旋转倒反。旋转倒反是由旋转和倒反两个动作连续进行，构成的一个对称操作。这种复合对称操作看作简单对称操作的乘积，即

$$旋转倒反=旋转\times倒反$$

反轴对称元素以 I_n 或 $\bar{n}$ 表示。

旋转倒反对称操作以 $\hat{I}_n^m$ 表示。下角标 n 表示轴次，上角标 m 表示转动 $\dfrac{2\pi}{n}$ 的倍数及倒反的次数。各对称操作依次为

$$\hat{I}_n^1=\hat{C}_n\hat{i},\ \hat{I}_n^2=\hat{C}_n^2\hat{i}^2=\hat{C}_n^2,\ \cdots\ ,\hat{I}_n^m=(\hat{C}_n\hat{i})^m$$

当 n 为偶数时 $\hat{I}_n^n=\hat{E}$，当 n 为奇数时 $\hat{I}_{2n}^{2n}=\hat{E}$。

例如，甲烷分子(CH_4)具有四次反轴 $\hat{I}_4$（图 6.5），对称操作为

$$\hat{I}_4^1=\hat{C}_4\hat{i}\ ,\quad \hat{I}_4^2=\hat{C}_4^2\hat{i}^2=\hat{C}_4^2=\hat{C}_2\ ,\quad \hat{I}_4^3=\hat{C}_4^3\hat{i}^3=\hat{C}_4^3\hat{i}\ ,\quad \hat{I}_4^4=C_4^4\hat{i}^4=\hat{E}$$

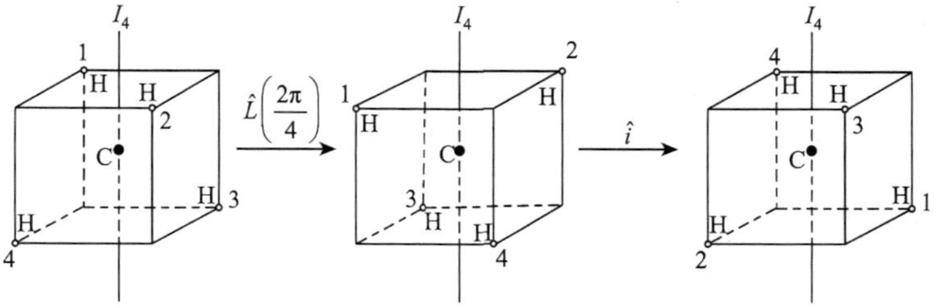

图 6.5 CH_4 分子的 I_4 反轴和旋转倒反对称操作

5. 象转轴和旋转反映

一个分子图形如果沿某一轴旋转 $\dfrac{2\pi}{n}$ 后，再相对于与此轴垂直的镜面反映，得到等价构型，则称此分子图形有 n 次象转轴。相应的对称操作称为旋转反映。

象转轴以 S_n 表示，旋转反映以 $\hat{S}_n^m$ 表示。下角标 n 表示轴次，上角标 m 表示转动 $\dfrac{2\pi}{n}$ 的倍数及反映的次数。旋转反映是转动和反映的连续复合动作所构成的一个对称操作，即

$$\hat{S}_n^m=\hat{C}_n^m\hat{\sigma}^m$$

例如，甲烷分子具有四次象转轴 S_4（图 6.6），对称操作为

$$\hat{S}_4^1=\hat{C}_4\hat{\sigma},\ \hat{S}_4^2=\hat{C}_4^2\hat{\sigma}^2=\hat{C}_4^2=\hat{C}_2,\ \hat{S}_4^3=\hat{C}_4^3\hat{\sigma}^3=\hat{C}_4^3\hat{\sigma},\ \hat{S}_4^4=\hat{C}_4^4\hat{\sigma}^4=\hat{E}$$

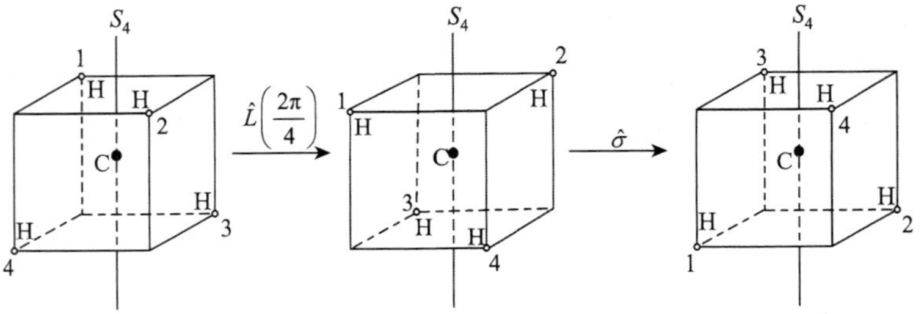

图 6.6　CH_4 分子的 S_4 轴和旋转反映对称操作

上述 5 类对称元素中，反轴和象转轴不是独立的，可取其一种。因此，在描述对称性时，取 C_n,i,σ,I_n 或 C_n,i,σ,S_n 为对称元素。通常描述分子的对称性取 S_n，描述晶体的对称性取 I_n。

反轴和象转轴两类对称元素并不都是独立的。例如，对于奇次反轴 I_n，图形中总是同时存在对称元素 C_n 和 i。2 次反轴 I_2，可以看作图形的对称面，6 次反轴可以看作是一个三重轴和与三重轴垂直的一个反映面结合而成的。只有不依赖于图形中的其他对称元素或与其他对称元素结合而构成的独立存在的对称元素才是独立的对称元素。一个图形所包含的对称元素应是那些独立的对称元素。例如，I_4 是独立的对称元素，图形中即使不存在 C_4 轴和对称中心，I_4 也可以独立存在。

6. 对称操作的乘积

对称操作是引起空间变换的算符。定义两个这样的算符的乘积是逐次运用这两个算符进行变换，乘积中右边的算符先作用。一个分子图形所具有的对称操作并不是彼此无关的。两个对称操作的乘积一定也是一个对称操作。例如，在 BF_3 分子中，对称操作

$$\hat{C}_3\cdot\hat{C}_3=\hat{C}_3^2,\qquad \hat{\sigma}\cdot\hat{\sigma}=\hat{\sigma}^2=\hat{E},\qquad \hat{C}_3\cdot\hat{C}_3\cdot\hat{C}_3=\hat{C}_3^3=\hat{E},\quad \cdots$$

6.1.2　分子的对称元素系

一个分子图形中往往同时存在多个对称元素，它们彼此之间存在着一定的组合关系。把一个对称图形按一定的组合方式结合在一起的所有对称元素的集合称为对称元素系。应当强调：①对称元素系是分子所含的全部对称元素的集合；②对称元素的结合方式有多种多样，但是对于一个有限图形来说，各对称元素必须至少相交于一点；③对称元素系中的元素必须是同一对称图形所具有的对称元

素。这种对称元素系称为点对称元素系。这种有限图形称为点对称图形。

依据所含的对称元素及结合方式的不同，可将对称元素系分类。每种分子所含的全部对称元素构成一个对称元素系。因此，如果不考虑分子的组成，仅从对称性考虑，可将分子按对称元素系加以分类。

下面介绍几种对称元素系和相应的分子。

（1）C_s' 对称元素系　仅包含一个镜面对称元素。全部对称元素的集合记作 $\{\sigma\}$。例如，如图 6.7 所示的 HClO 属于此对称元素系的分子。对称分子图形中仅含一个对称面——分子平面。

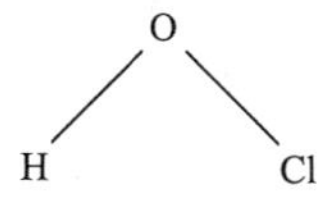

图 6.7　HClO 分子

（2）C_i' 对称元素系　对称图形中仅含一个对称中心，所含对称元素的集合记作 $\{i\}$。二氯二溴乙烷分子属此对称元素系，如图 6.8 所示。

（3）S_{2n}' 对称元素系　对称元素为一个 2*n* 次象转轴 S_{2n}'，所含对称元素的集合记作 $\{S_{2n}\}$。例如，图 6.9 所示的椅式环己烷分子含有一个 6 次象转轴，所含对称元素的集合记作 $\{S_4\}$。

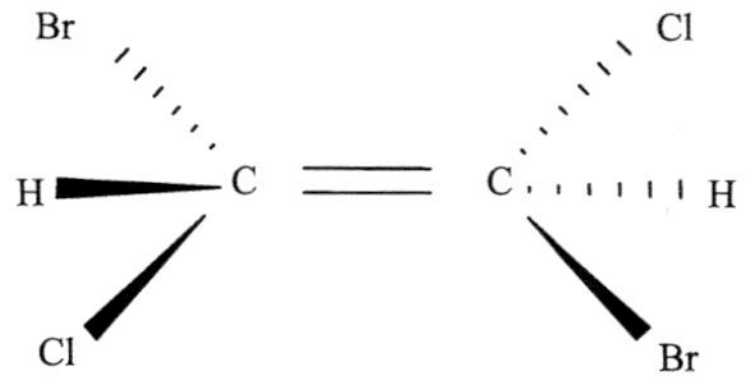

图 6.8　二氯二溴乙烷

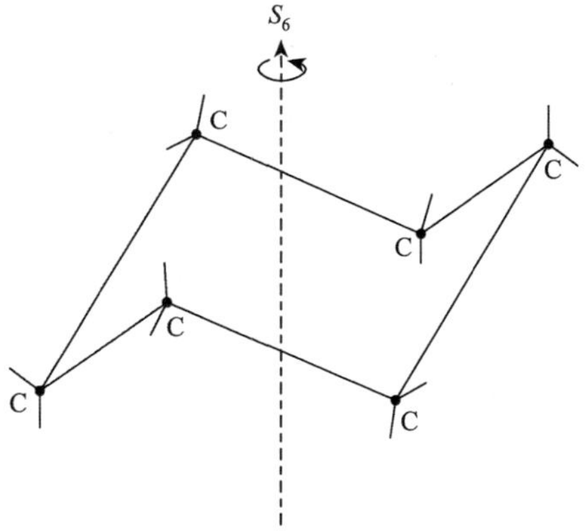

图 6.9　椅式环己烷

（4）C_n' 对称元素系　仅含有一个对称轴，所含对称元素的集合记作 $\{C_n\}$。非平面构型双氧水(H_2O_2)分子属于此对称元素系（图 6.10）。所含对称元素集合为 $\{C_2\}$。

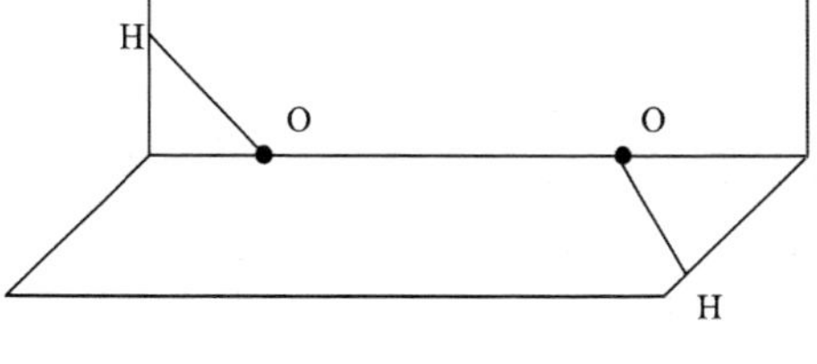

图 6.10　双氧水分子

（5）C'_{nh} 对称元素系　含有一个对称轴 C_n、垂直于此轴的镜面 σ_h 和象转轴 S_n，若 n 为偶数还有对称中心 i。所含对称元素的集合记作 $\{C_n,\sigma_h\}$。例如，图 6.11 所示的反式二氯乙烯分子($C_2H_2Cl_2$)属于此对称元素系。所含对称元素为 C_2，σ_h，i。对称元素集合为 $\{C_2,\sigma_h\}$。

（6）C'_{nv} 对称元素系　含有一个对称轴 C_n 和通过主轴的镜面 σ_v，所含对称元素的集合记作 $\{C_n,n\sigma_v\}$。例如，图 6.12 所示的 NH_3 分子属于此对称元素系，含有一个 C_3 轴和三个 σ_v。C_3 轴通过 N 和三个 H 构成的三角形重心，每个镜面通过 N 和一个 H 原子。所含对称元素的集合记作 $\{C_3,3\sigma_v\}$。

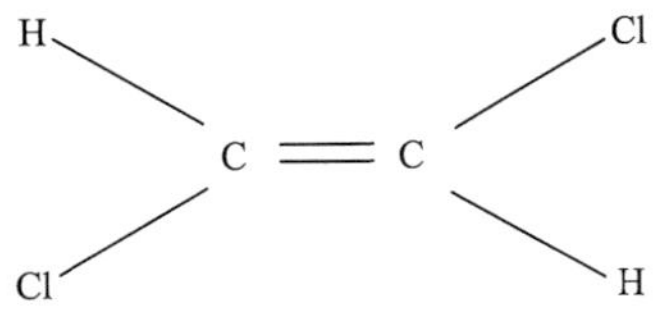

图 6.11　反式二氯乙烯分子

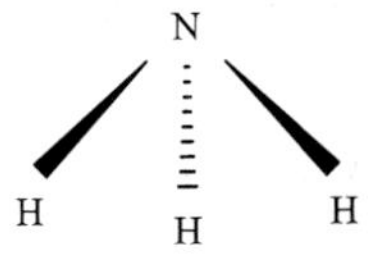

图 6.12　NH_3 分子

（7）D'_n 对称元素系　含有一个对称轴 C_n 和 n 个与 C_n 轴垂直的 C_2 轴，所含对称元素的集合记作 $\{C_n,nC_2\}$。例如，非平面形的 C_2H_4 分子（图 6.13）属此类对称元素系 D_2，存在一个 C_2 轴和 2 个与 C_2 轴垂直的 C_2 轴。

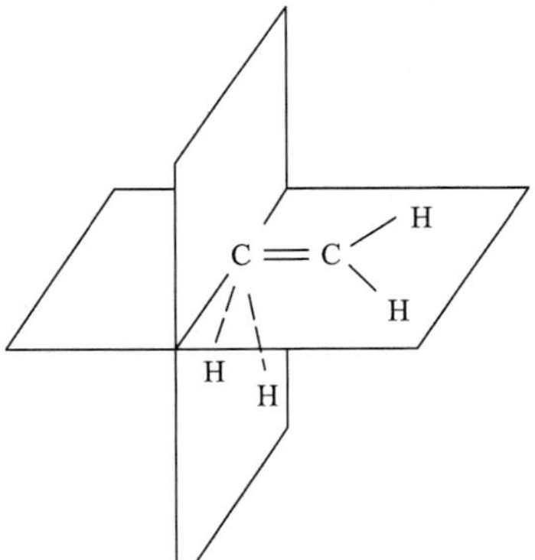

图 6.13　C_2H_4 分子（两个 H—C—H 的面角为 $0\sim\frac{\pi}{2}$）

（8）D'_{nh} 对称元素系　含有一个 C_n 轴、n 个 C_2 轴、一个 σ_h、n 个 σ_v。所含对称元素的集合记作 $\{C_n,nC_2,\sigma_h\}$。例如，平面三角形的 NO_3^- 离子（图 6.14）属于 D'_{3h} 对称元素系。含有一个 C_3 轴，3 个 C_2 轴，一个 σ_h，一个 S_6，3 个 σ_v。所含对称元素的集合记作 $\{C_3,3C_2,\sigma_h\}$。

（9）D'_{nd} 对称元素系　含有一个 C_n 轴、n 个垂直于 C_n 轴的 C_2 轴、n 个 σ_d 和一个 S_{2n}。所含对称元素的集合记作 $\{C_n, nC_2, \sigma_d\}$，反式二茂铁（图 6.15）属于该对称元素系的 D'_{5d}，其对称元素为 C_5，$5\sigma_d$，$5C_2$，i，I_5。所含对称元素的集合记作 $\{C_5, 5C_2, \sigma_d\}$。

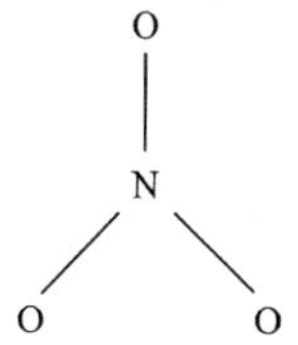

图 6.14　平面三角形的 NO_3^- 离子

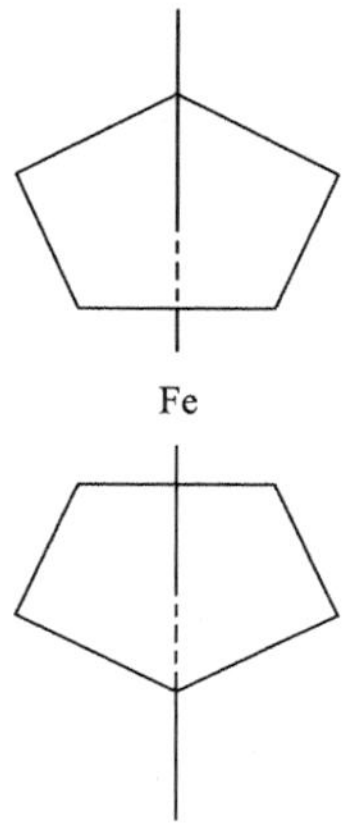

图 6.15　反式二茂铁分子

（10）T'_d 对称元素系　正四面体构型的分子属于 O'_h 对称元素系。所含对称元素为 $4C_3$，$3C_2$，$6\sigma_d$，$3S_4$。CH_4 分子属于 T'_d 对称元素系，如图 6.16 所示。

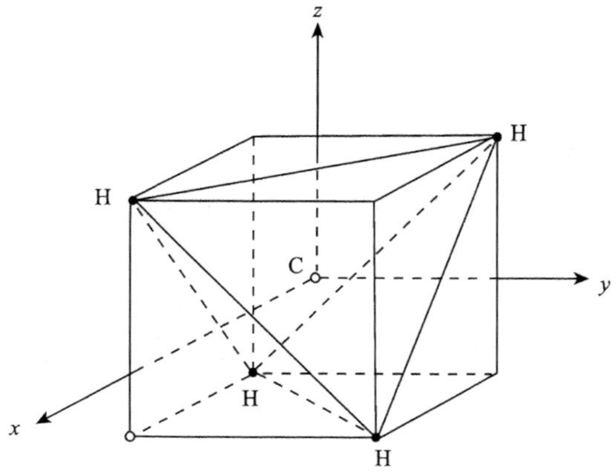

图 6.16　正四面体甲烷分子

（11）O'_h 对称元素系　具有正八面体构型的分子属于 O'_h 对称元素系。所含对称元素为 $3C_4$，$4C_3$，$6C_2$，$2\sigma_h$，i，$3S_4$，$4S_3$，$6\sigma_d$。$[Fe(CN)_6]^{3-}$ 属于该对称元素系，如图 6.17 所示。

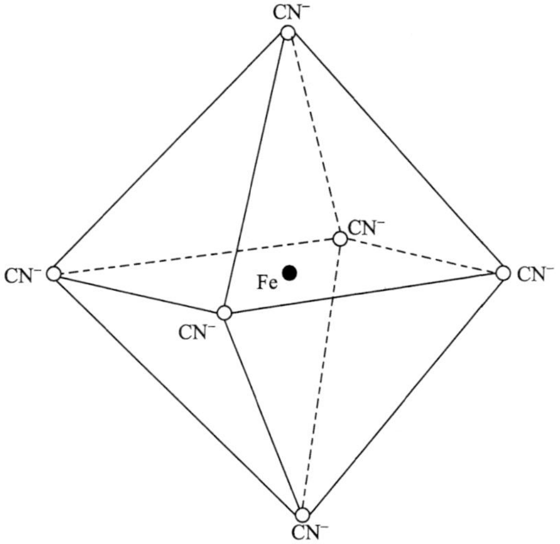

图 6.17　正八面体铁氰络离子

6.2　对　称　群

6.2.1　群的基本概念

要了解群的概念，必须先了解描述群性质时经常涉及的“集合”和“代数运算”的含义。

1. 集合

满足某种要求的事物的全体称为集合，用符号 $G:\{a,b,c,\cdots\}$ 表示。其中 $a,b,c,\cdots$ 是集合 G 中的元素。例如，一切整数构成一个集合 A，表示为 $A:\{\cdots,-2,-1,0,1,2,\cdots\}$。

2. 代数运算

代数运算规定集合中元素之间的关系。例如，整数集合 A 的代数运算是元素间的“加法”关系。

3. 群

在一个非空集合 G 中，当某种代数运算规定后，若该集合具有下面的四个性质，则 G 构成一个群。

（1）封闭性。若 $a\in G,b\in G$，则 $a\cdot b=c\in G$。

（2）结合律成立。若 $a,b,c\in G$，则 $a\cdot(b\cdot c)=(a\cdot b)\cdot c$。

（3）存在恒等元素。若 $a \in G$，$E \in G$，$a \cdot E = E \cdot a = a$，$E$ 称为恒等元素。

（4）存在逆元素。若 $a \in G$，则必有 $d \in G$，使得 $a \cdot d = d \cdot a = E$，这里称 d 为 a 的逆元素，记作 $a^{-1} = d$。a 也是 d 的逆元素，记作 $d^{-1} = a$。a、d 互为逆元素。

例如，一切整数的集合 $A:\{0, \pm 1, \pm 2, \cdots\}$，规定其代数运算为普通的加法。其中零为恒等元素。只要用群的四个性质来检验就可以证明一切整数的集合构成一个群。

群的元素的数目可以是有限个，也可以是无限个，前者称为有限群，后者称为无限群。群元素的数目称为群的阶。

4. 群的乘法表

将全部群元素排成一横列、一纵行，以行中的每个元素依次乘列中的每个元素，即得乘法表。

例如，立正、向左转、向右转、向后转四个体育动作的集合 G 的乘法表如表 6.1 所示。

表 6.1　体育动作的乘法表

G	立正	向左转	向右转	向后转
立正	立正	向左转	向右转	向后转
向左转	向左转	向后转	立正	向右转
向右转	向右转	立正	向后转	向左转
向后转	向后转	向右转	向左转	立正

从乘法表可见，集合 G 中的两个元素的乘积仍然是集合 G 中的一个元素，满足封闭性。

在做乘法时已见，立正为恒等元素；每个元素都存在逆元素：向左转$^{-1}$=向右转，向后转$^{-1}$=向后转，立正$^{-1}$=立正。

此外，集合 G 也满足结合律：

向左转·向右转·向后转=向左转·（向右转·向后转）=（向左转·向右转）·向后转

6.2.2　分子对称群

每个分子的对称元素系相应的全部独立对称操作的集合构成一个群，称为分子对称操作群，简称分子对称群。

分子（或有限图形）的所有对称元素都通过一个公共点，在实施对称操作时，至少这个点是不动的，所以也称这类群为点群。下面介绍常见的几种点群。

（1）C_s 群　C_s' 对称元素系的全部对称操作，构成相应的 C_s 群。群元素有 $\hat{\sigma},\hat{\sigma}^2=\hat{E}$，阶数为 2。例如，$C_6H_5OH$、$m$-$C_6H_4ClBr$ 分子属于 C_s 对称群。

（2）C_i 群　C_i' 对称元素系的全部对称操作构成相应的 C_i 群。群元素有 $\hat{i},\hat{i}^2=\hat{E}$，阶数为 2。例如，二氯二溴、乙烷分子属于 C_i 对称群。

（3）S_{2n} 群　S_{2n}' 对称元素系的全部对称操作构成相应的 S_{2n} 群。阶数为 $2n$，$\hat{S}_{2n},\hat{S}_{2n}^2,\cdots,\hat{S}_{2n}^{2n-1},\hat{S}_{2n}^{2n}=\hat{E}$。群元素有 n 个。

椅式环己烷是属于 S_6 群的分子。群元素即全部对称操作有 6 个，即 $\hat{E}$，$\hat{S}_6$，$\hat{S}_6^3=\hat{S}_2=\hat{i}$，$\hat{S}_6^4=\hat{C}_3^2$，$\hat{S}_6^5$。

（4）C_n 群　C_n' 对称元素系的全部对称操作构成相应的 C_n 群。群元素为 $\hat{C}_n,\hat{C}_n^2,\cdots,C_n^n=\hat{E}$，阶数为 n。例如，属于 C_n' 对称元素系的 H_2O_2，有 $\hat{C}_2,\hat{C}_2^2=\hat{E}$ 对称操作，构成 C_2 群。

（5）C_{nh} 群　C_{nh}' 对称元素系的全部对称操作构成相应的 C_{nh} 群，群元素为 $2n$ 个，即 $\hat{E},\hat{C}_n,\hat{C}_n^2,\cdots,\hat{C}_n^{n-1},\hat{\sigma}_h,\hat{\sigma}_h\hat{C}_n,\hat{\sigma}_h\hat{C}_n^2,\cdots,\hat{\sigma}_h\hat{C}_n^{n-1}$，阶数为 $2n$。分子中常见的 C_{nh} 群有 C_{1h}、C_{2h}。C_{1h} 只有镜面对称性。例如，C_6H_4ClBr 分子属于 C_{2h} 群。C_{1h} 是 C_{nh} 中的特例，用符号 C_s 表示。反式二氯乙烯分子属于 C_{2h} 群。

（6）C_{nv} 群　C_{nv} 群的群元素有 $2n$ 个，即 n 个旋转和 n 个反映。例如，H_2O、HCHO 等分子属于 C_{2v} 群，CO、NO、HF 等分子属于 $C_{\infty v}$ 群。

（7）D_n 群　D_n 群的群元素也是 $2n$ 个，即 n 个沿主轴的旋转和 n 个沿 C_2 轴的旋转（恒等操作只执行一次）。例如，非平面的乙烯分子属于 D_2 群，钴乙二胺络离子属于 D_3 群。

（8）D_{nh} 群　D_{nh} 群的群元素有 $4n$ 个，即 $\hat{C}_n^1,\hat{C}_n^2,\hat{C}_n^3,\cdots,\hat{C}_n^n=\hat{E},n\hat{C}_2,\hat{\sigma}_h,n\hat{\sigma}_v$。分子中常见的 D_{nh} 群有 D_{2h}、D_{3h}、D_{4h}、D_{5h}、D_{6h} 和 $D_{\infty h}$ 群。例如，乙烯 (C_2H_4) 分子属 D_{2h} 群，BF_3 分子属 D_{3h} 群，$[PtCl_4]^{2-}$ 络离子属 D_{4h} 群，$[C_5H_5]^-$ 属 D_{5h} 群，C_6H_6 属 D_{6h} 群，具有对称中心的直线形分子如 H_2、O_2、CO_2 分子属 $D_{\infty h}$ 群。

（9）D_{nd} 群　D_{nh} 群的群元素有 $4n$ 个，即 $\hat{C}_n^1,\hat{C}_n^2,\hat{C}_n^3,\cdots,\hat{C}_n^n=\hat{E},n\hat{C}_2,n\hat{\sigma}_d$，$\hat{S}_{2n},\hat{S}_{2n}^3$，$\hat{S}_{2n}^5,\cdots,\hat{S}_{2n}^{2n-1}$。分子中常见的 D_{nd} 群有 D_{2d}、D_{3d} 和 D_{4d}。$H_2C=C=CH_2$ 分子属 D_{2d} 群，交错构型的 H_3C-CH_3 分子属 D_{3d} 群，S_8 分子属 D_{4d} 群。

（10）S_{2n} 群　S_{2n} 群的群元素有 $2n$ 个，即 $\hat{S}_{2n}^1,\hat{S}_{2n}^2,\hat{S}_{2n}^3,\cdots,\hat{S}_{2n}^{2n-1},\hat{S}_{2n}^{2n}=\hat{E}$。分子中常见的 S_{2n} 群有 S_2、S_4 和 S_6，S_2 点群只有一个对称中心。例如，反式的 CHClBr—CHClBr 分子属 S_2 群。1,3,5,7-四甲基环辛四烯分子属 S_4 群。环己烷 C_6H_{12} 分子属 S_6 群。

（11）T_d 群　具有正四面体构型的 AB_4 型分子属 T_d 群，它的群元素有 24 个，为 $\hat{E},4\hat{C}_3^1,4\hat{C}_3^2,3\hat{C}_2^1,3\hat{S}_4^1,3\hat{S}_4^3,\hat{\sigma}_d^{(1)},\hat{\sigma}_d^{(2)},\hat{\sigma}_d^{(3)},\hat{\sigma}_d^{(4)},\hat{\sigma}_d^{(5)},\hat{\sigma}_d^{(6)}$，阶数为 24。例如，$CH_4$、$CCl_4$、$SiH_4$ 等分子属 T_d 群。

（12）O_h 群　具有正八面体构型的 AB_6 型分子属 O_h 群。它的群元素有 48 个，为 $\hat{E},3\hat{C}_4^1,3\hat{C}_4^3,4\hat{C}_3^1,4\hat{C}_3^2,6\hat{C}_2^1,\hat{i},3\hat{S}_4^1,3\hat{S}_4^2,3\hat{S}_4^3,3\hat{\sigma}_h,6\hat{\sigma}_d,4\hat{S}_3^1,4\hat{S}_3^2$，阶数为 48。例如，$SF_6$、$[PtCl_4]^{2-}$、$[Fe(CN)_6]^{4-}$、$[Fe(CN)_6]^{3-}$ 属 O_h 群。

6.3　点阵和平移群

上面介绍了对称群中的一种——点群，除直线形分子外，分子图形都是有限群。下面讨论另一种对称群——平移群，是无限群。

6.3.1　直线点阵和一维平移群

设有一组等距离地排列在一条直线上的无穷多个点，规定向右为正方向，向左为负方向。为了描述方便，给各点标上号。以连接两个相邻点所得的向量 $\vec{a}$ 进行如下操作。

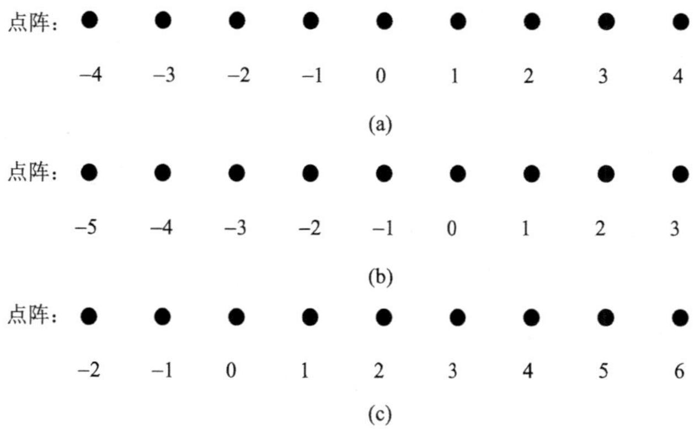

图 6.18　一维直线点阵

把所有点沿直线方向向右平移 $\vec{a}$ 则图 6.18（a）变成图 6.18（b）；再把所有点沿直线方向向左平移 $3\vec{a}$，得图 6.18（c）。结果可见，平移后原来有点的位置依然有点，原来无点的位置仍旧无点。如果不标号，看不出平移的变化，平移前后图形不可分辨。显然，平移也是一种对称操作。该对称操作所依据的对称元素是一组点。按连接其中任意两点间向量平移后能复原的一组点称为直线点阵。平移就是使全部点阵点沿同一方向移动同一距离的操作。一维平移操作用数学式表示，可以写作

$$T_m = m\vec{a}\quad (m = 0, \pm1, \pm2, \cdots)$$

规定此集合的代数运算——乘法为通常的加法，则全部一维平移操作的集合构成一个群，称为一维平移群。它满足群的四个性质：

（1）封闭性

$$m_1\vec{a}\cdot m_2\vec{a}=m_1\vec{a}+m_2\vec{a}=(m_1+m_2)\vec{a}=m_3\vec{a}\in T_m$$

（2）存在恒等元素

$$0=E$$

（3）存在逆元素

$$(m\vec{a})\cdot(-m\vec{a})=(m\vec{a})+(-m\vec{a})=0=E$$

（4）结合律成立

$$m_1\vec{a}\cdot(m_2\vec{a}\cdot m_3\vec{a})=m_1\vec{a}+(m_2\vec{a}+m_3\vec{a})=(m_1\vec{a}+m_2\vec{a})+m_3\vec{a}=\left(m_1\vec{a}\cdot m_2\vec{a}\right)\cdot m_3\vec{a}$$

所以全部一维平移操作 T_m 构成一个群。它的阶数就是全部整数的个数，为无穷阶。

6.3.2 平面点阵和二维平移群

有规律地分布在一个平面上的无穷多个点，满足点阵定义，即连接任意两点间的向量平移后能复原，则这些点构成平面点阵。

只通过两个点阵点的向量称为素向量。在平面点阵的所有素向量中，必有两个处于不同方向且长度最短的素向量，称为基本向量。

$\vec{a}$ 、$\vec{b}$ 为平面点阵中不在同一方向上的两个素向量，则连接任意两点的向量 $\vec{r}$ 可表示为

$$\vec{r}=m\vec{a}+n\vec{b}$$

与平面点阵相应的所有平移操作的集合构成二维平移群，写作

$$T_{mn}=m\vec{a}+n\vec{b}\quad(m,n=0,\pm1,\pm2,\cdots)$$

沿不同方向的任意两个素向量（如 $\vec{a}$ 、$\vec{b}$ ）的方向，将全部点阵点用直线连接起来，则将平面点阵划为平面格子。其中最小的平行四边形格子称为平面点阵单位。每个单位只分摊到一个点阵点的称为素单位，相应的格子称为素格子；多于一个点阵点的称为复单位，相应的格子称为复格子，如图 6.19 所示。

对于一个确定的平面点阵来说，点阵点的分布是固定不变的。由于在将平面点阵构成平面格子时，可沿任意两个不在同一方向的素向量做平行线划出，因而将点阵点划分为格子的形式是多种多样的。然而，若从不同格子所含点阵点的差异进行划分，则仅为两类，即素格子和复格子。

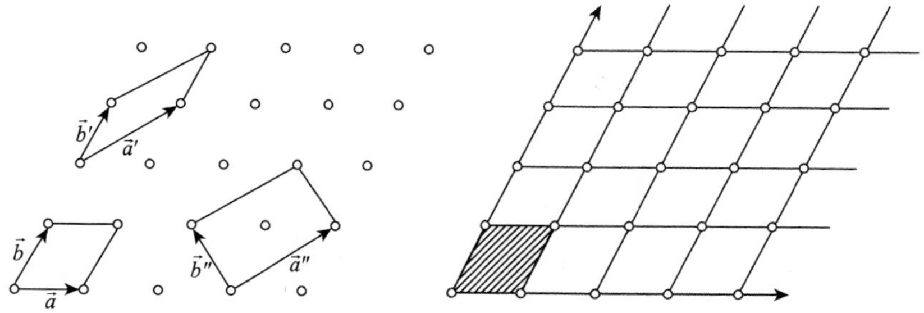

(a) 平面点阵　(b) 平面格子

图 6.19　平面点阵和平面格子

6.3.3　空间点阵和三维平移群

在三维空间无限伸展的一组点，符合点阵定义，构成空间点阵。在空间点阵中，可找出互不平行的三个向量 $\vec{a}$ 、$\vec{b}$ 、$\vec{c}$ ，空间点阵中连接点阵点的任意向量 $\vec{r}$ 可表示为

$$\vec{r} = m\vec{a} + n\vec{b} + p\vec{c}$$

与空间点阵相应的全部平移操作的集合构成三维平移群

$$T_{mnp} = m\vec{a} + n\vec{b} + p\vec{c} \quad (m, n, p = 0, \pm1, \pm2, \cdots)$$

沿不同方向的素向量做平行线，将全部点阵点连接起来，得到空间格子。空间格子是由一个个平行六面体堆成，最小的平行六面体称为空间点阵单位。按选取的素向量的不同，可以得到素单位和复单位，如图 6.20 所示。

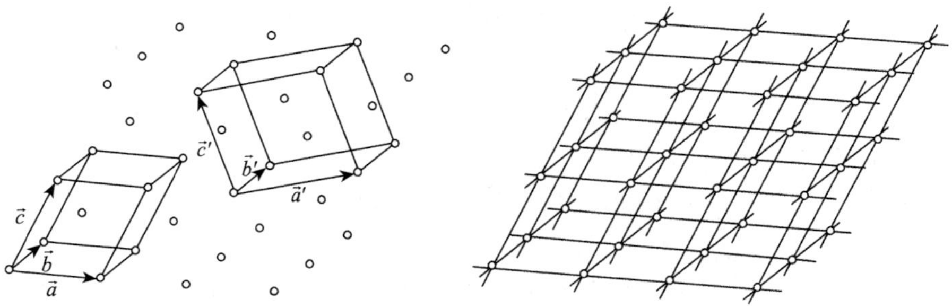

(a) 空间点阵　(b) 空间格子

图 6.20　空间点阵和空间格子

6.4 分子的偶极矩

6.4.1 分子偶极矩和分子对称性的关系

偶极矩是表示分子中电荷分布的物理量。分子中原子核的正电荷和电子的负电荷数量相等，分子不显电性。但正负电荷的中心不一定重合。正负电荷中心不重合的分子为极性分子，具有偶极矩；正负电荷中心重合的分子为非极性分子。偶极矩是一个矢量，规定其方向从正电荷中心指向负电荷中心，偶极矩定义为

$$\vec{\mu} = q\vec{r}$$

式中，$\vec{\mu}$ 为偶极矩；q 为电量；$\vec{r}$ 为正负电荷中心的距离，方向为正电荷中心指向负电荷中心。偶极矩的单位为库仑·米（C·m）。

分子有无偶极矩与分子的对称性密切相关。根据分子的对称性可以判断分子有无偶极矩，是不是极性分子。具有 C_n 、 $C_{n\mathrm{v}}(n=1,2,3,\cdots,\infty)$ 这两类点群对称性的分子可能具有偶极矩，具有其他点群对称性的分子偶极矩为零。$C_{1\mathrm{v}}$ 或 $C_{1\mathrm{h}}$ 也包括在 $C_{n\mathrm{v}}$ 中。

为什么分子的偶极矩与其所属的点群有关呢？这可作如下解释：

分子中每一个化学键都有一偶极矩称为键矩，若不考虑键的相互影响，则可认为分子的偶极矩等于各键矩的矢量和。键矩在成键原子的连线上，其大小和方向不会因对分子实施对称操作而变化，因此分子键矩的矢量和分子偶极矩矢量必须位于分子的每一对称元素上。据此可见，具有对称中心的分子不可能有偶极矩，因为位于点上的矢量大小为零。具有多个 $C_n(n>1)$ 轴的分子也不可能有偶极矩，因为一个矢量不可能与两个方向的轴重合。具有 C_n 和 $C_{n\mathrm{v}}$ 点群的分子偶极矩矢量可以和 C_n 轴重合，正负电荷中心可以分别位于轴的任意点。具有镜面对称性的分子可以有偶极矩，偶极矩矢量可以和镜面重合，正负电荷中心位于镜面上，二重反轴和镜面等同。

根据上述原理，可由分子的对称性推测分子有无偶极矩，也可由分子偶极矩推测分子的结构性质。

同核双原子分子没有偶极矩，因为其正负电荷中心重合。异核双原子分子正负电荷中心不重合，有偶极矩，其大小反映分子的极性和化学键的性质。

多原子分子的偶极矩由分子中全部原子和键的性质及其相对位置决定，即由键矩的大小和相对位置决定。键矩的大小和方向可以根据实验测定的分子偶极矩的数值和分子的几何构型推出。

例如，水的 $\mu = 6.17\times10^{-30}\,\mathrm{C\cdot m}$ ，$\angle\mathrm{HOH} = 104.5^\circ$ 。如果认为水分子的偶极矩为两个H—O键键矩的矢量和，则

$$2\mu_{H—O}\cos(104.5^\circ/2)=\mu_{H_2O}=6.17\times10^{-30}\,C\cdot m$$

$$\mu_{H—O}=5.04\times10^{-30}\,C\cdot m$$

表 6.2 和表 6.3 列出一些化学键的键矩。

表 6.2　共价键单键的键矩（单位：10^{-30}C·m）

键 A—B	键矩	x_B-x_A	键 A—B	键矩	x_B-x_A
H—Sb	−0.27	−0.3	C—F	4.70	1.5
H—As	−0.33	−0.1	C—Cl	4.87	0.5
H—P	1.20	0	N—O	（1.00）	0.5
H—I	1.27	0.3	N—F	0.567	1.0
H—C	1.33	0.4	P—I	0	0.3
H—S	2.27	0.4	P—Br	1.20	0.7
H—Br	2.60	0.7	P—Cl	2.70	0.9
H—Cl	3.60	0.9	As—I	2.60	0.4
D—Cl	3.64	—	As—Br	4.24	0.8
H—N	4.37	0.9	As—Cl	5.47	1.0
D—N	4.34	—	As—F	6.77	2.0
H—O	5.04	14	Sb—I	2.67	0.8
D—O	5.07	—	Sb—Br	6.34	1.0
H—F	6.47	1.9	Sb—Cl	8.67	1.2
C—C	0	0	S═Cl	2.33	0.5
C—N	0.73	0.5	Cl—O	2.33	0.5
C—Te	2.00	−0.4	I—Br	4.00	0.4
C—O	2.47	1.0	I—Cl	3.34	0.6
C—Se	2.67	−0.1	Br—Cl	1.00	0.2
C—S	3.00	0	Br—F	4.34	1.2
C—I	3.97	−0.1	Cl—F	2.94	1.0
C—Br	4.60	0.3			

表 6.3　多重键的键矩（单位：10^{-30}C·m）

键 A═B	键矩	键 A≡B	键矩
C═C	0	N≡O	6.7
C═N	3.0	C≡C	0
C═O	7.7	C≡N	11.7
C═S	8.7	N≡C	10

6.4.2 诱导偶极矩和分子的极化

分子带有电荷，在有电场存在时，分子的正负电荷在电场作用下会发生移动。正负电荷移动的距离大小和方向不同，造成电荷中心分离，从而产生偶极矩，这种现象称为极化。在电场作用下分子极化产生的偶极矩称为诱导偶极矩。诱导偶极矩 $\vec{\mu}_{诱}$ 与电场强度的关系为

$$\vec{\mu}_{诱} = \alpha_{诱}\vec{H} \tag{6.1}$$

式中，$\vec{H}$ 为分子直接感受到的电场强度；$\alpha_{诱}$ 为分子的极化率，单位为 $\mathrm{C \cdot m^2 / V}$。极化率是张量，式（6.1）可写作

$$\begin{pmatrix} \mu_x \\ \mu_y \\ \mu_z \end{pmatrix} = \begin{pmatrix} a_{xx} & a_{xy} & a_{xz} \\ a_{yx} & a_{yy} & a_{yz} \\ a_{zx} & a_{zy} & a_{zz} \end{pmatrix} \begin{pmatrix} E_x \\ E_y \\ E_z \end{pmatrix}$$

极性分子和非极性分子在外电场中都会被极化而产生诱导偶极矩。

分子在电场作用下正负电荷的移动分两种情况，一种是分子骨架发生变形，另一种是电子云相对于分子骨架移动。所谓分子骨架变形是指原子核和内层电子发生移动。因此，分子极化率 α_{d} 由两部分组成，即

$$\alpha_{\mathrm{d}} = \alpha_{\mathrm{a}} + \alpha_{\mathrm{e}} \tag{6.2}$$

式中，α_{a} 表示骨架变形，称为原子极化率；α_{e} 表示电子移动，称为电子极化率。

极性分子的偶极矩是分子本身固有的性质，与外加电场无关，是永久偶极矩。但当无外电场时，由于分子的热运动，各方向取向相同，大量分子的平均偶极矩为零，整体不显偶极矩。

当有外电场时，极性分子与电场之间发生相互作用，作用能为

$$\Delta E = \vec{\mu} \cdot \vec{H} \tag{6.3}$$

式中，$\vec{\mu}$ 为分子偶极矩；$\vec{H}$ 为分子所在位置的电场强度。当 $\vec{\mu}$ 与 $\vec{H}$ 方向相同时，作用能最高；相反时，作用能最低。为了使体系能量降低，分子要反抗热运动，尽量取 $\vec{\mu}$ 与 $\vec{H}$ 相同的方向，而分子的热运动又趋于使大量分子取向混合。稳定后综合效果只能是部分分子与电场取向相同。极性分子在电场中转向而产生平均偶极矩：

$$\bar{\mu}_1 = \alpha_{\mu} H \tag{6.4}$$

式中，H 为分子直接受到的电场强度的数值；α_{μ} 为转向极化率，单位为 $\mathrm{C \cdot m^2 / V}$。

$$\alpha_{\mu} = \frac{\mu^2}{3k_{\mathrm{B}}T} \tag{6.5}$$

式中，k_{B} 为玻尔兹曼（Boltzmann）常量；μ 为分子的偶极矩；T 为热力学温度。

非极性分子没有永久偶极矩，在外电场作用下产生诱导偶极矩。受分子热运动的影响，大量非极性分子的诱导偶极矩在电场中的取向也不完全相同。其平均值称为临时偶极矩

$$\bar{\mu}_2 = \alpha_d H \tag{6.6}$$

式中，α_d 为分子的变形极化率。

极性分子在外电场中也会被极化，因此极性分子平均偶极矩是 μ_1 和 μ_2 之和，即

$$\bar{\mu} = \bar{\mu}_1 + \bar{\mu}_2 = \alpha_\mu H + \alpha_d H = \alpha H \tag{6.7}$$

$$\alpha = \alpha_\mu + \alpha_d = \frac{\mu^2}{3k_B T} + \alpha_a + \alpha_e \tag{6.8}$$

式中，α 为极化率。对于极性分子，它等于转向和变形极化率之和；对于非极性分子，它等于变形极化率。

习　　题

6.1 写出下列分子的对称元素和对称操作。

$H_2C{=}CH_2$、HCN、CO_2、H_2O、H_2O_2、苯

6.2 写出四重象转轴和四重反轴的全部对称操作。

6.3 写出甲烷分子对称操作的乘法表。

6.4 什么是有限群？什么是无限群？什么是群的阶？

6.5 $[Fe(CN)_6]^{3-}$ 有哪些对称元素，属于什么点群？

6.6 如何判断一个分子有无偶极矩？

6.7 SO_2 的偶极矩为 $\mu = 5.40\times10^{-30}\,C\cdot m$，$H_2O_2$ 的偶极矩为 $\mu = 6.90\times10^{-30}\,C\cdot m$，推测它们的立体构型。

6.8 H_2O 的偶极矩为 $\mu = 6.18\times10^{-30}\,C\cdot m$，$F_2O$ 的偶极矩为 $\mu = 0.90\times10^{-30}\,C\cdot m$，两者键角相近，解释两者偶极矩的差异。

第 7 章　配位场理论

过渡金属离子（或原子）作为中心离子（或原子）与配位体分子（或离子）形成的络合物，是一大类难以用经典的原子价理论说明其结构的化合物。20 世纪以来，关于络合物的化学键的描述形成了四种理论——价键理论、晶体场理论、配位场理论和分子轨道理论。

其中价键理论在 20 世纪 30 年代由鲍林提出，由于数学处理上的困难而仍处于定性阶段。价键理论解释不了过渡金属络合物的光谱、磁性及某些络合物的稳定性。也是在 30 年代，贝特（Bathe）提出了晶体场理论，但直到 50 年代才广泛应用于化学领域。晶体场理论是静电、离子键理论的引申，或者说是改进了的静电理论。对于基本上以静电作用形成的络离子，它的解释比较成功。由于大多数情况下化学键总是兼有离子性和共价性，以参数形式来处理其中的共价键部分而修正晶体场理论，就成为配位场理论。用分子轨道理论来处理络合物的结构被称为络合物的分子轨道理论。

本章重点介绍配位场理论。

7.1　配位体场——晶体场

7.1.1　配位体场模型

过渡金属容易形成络合物。过渡金属络合物所表现的一系列重要性质与它们的中心离子——过渡金属离子的 d 轨道电子的结构密切相关。d 电子受到原子核及全充满的内壳层电子的库仑作用，这种力是一种中心力。通常称原子核和内层电子为原子实，d 电子受原子核和内壳层电子的作用可看成受原子实的作用，即原子核被内壳层电子屏蔽后的有效核电荷的作用。过渡金属离子的 d 电子在原子实和配位体所形成的势场中运动，d 电子的薛定谔方程为

$$\hat{H}\psi = E\psi$$

$$\hat{H} = \sum_{i=1}^{n}\left(-\frac{1}{2}\nabla_i^2 - \frac{z^*}{r_i}\right) + \frac{1}{2}\sum_{i=1}^{n}\sum_{\substack{j=1 \\ (j\neq i)}}^{n}\frac{1}{r_{ij}} + \sum_{i=1}^{n}V_{\mathrm{L}}(i) + \sum_{i=1}^{n}\xi_i(i)\hat{s}_i\cdot\hat{l}_i \qquad (7.1)$$

式中，z^* 为原子实的有效核电荷；$V_L(i)$ 为 d 电子 i 与配位体间的相互作用势能；$\hat{s}_i$ 为电子 i 的自旋角动量；$\hat{l}_i$ 为电子 i 的轨道角动量；$\xi(i)$ 为电子 i 的自旋-轨道角动量耦合常数。与自由的多电子原子相比，过渡金属络合物的 d 电子的哈密顿算符多了电子与配位体之间的相互作用势能项和电子的自旋与轨道角动量的耦合。实际上，自由的多电子原子也有自旋和轨道角动量的耦合，只是当时没有考虑。

在络合物中，配位体施加于中心离子的势场称为配位体场，也称晶体场。忽略中心原子轨道与配位体原子轨道之间的重叠，将 d 电子与配位体之间的相互作用看作纯静电排斥作用，并将配位体看作点电荷（对阴离子配位体）或点偶极子（对极性分子配位体）。这样一来，如果知道了络合物的几何构型，d 电子与配位体之间的作用势能 $V_L(i)$ 就可以写出来。

在自由的多电子原子中，n 和 l 相同的原子轨道是简并的。而对于络合物来说，由于中心离子周围的配位体数目有限，晶体场不是球对称的势场，简并的 d 轨道的空间取向不同，受配位体排斥作用不同，而发生能级分裂。正是简并的 d 轨道的能级分裂决定了络合物的结构和性质，下面从 d 轨道在各种不同对称性的晶体场中的能级分裂入手讨论过渡金属络合物的结构和性质。

方程（7.1）不能精确求解，可以采用微扰理论求该方程的近似解。

7.1.2 微扰理论

微扰理论是解微分方程的一种近似方法，从简单问题的精确解出发，求复杂问题的近似解。微扰理论可以用于体系的哈密顿算符含时间的情况，讨论体系状态之间的跃迁问题，如光的发射和吸收；也可以用于体系的哈密顿算符不含时间的情况，讨论定态体系薛定谔方程的近似解。

1. 非简并定态微扰理论

将定态体系的哈密顿算符分为两部分，即

$$\hat{H} = \hat{H}^0 + \hat{H}' \tag{7.2}$$

其中 $\hat{H}^0$ 的本征值 E_n^0 和相应的本征函数 ψ_n^0 已知，即

$$\hat{H}^0\psi_n^0 = E_n^0\psi_n^0 \quad (n = 1, 2, \cdots) \tag{7.3}$$

$\hat{H}'$ 很小，是加在 $\hat{H}^0$ 上的微扰，E_n 是 $\hat{H}$ 的本征值，ψ_n 是 $\hat{H}$ 的本征函数，有

$$\hat{H}\psi_n = E_n\psi_n \quad (n = 1, 2, \cdots) \tag{7.4}$$

为了反映微扰的程度，令

$$\hat{H}' = \lambda\hat{H}^1 \tag{7.5}$$

其中 λ 是一小的实数常数，取值在 0～1。取值为 0，则没有微扰，

$$\hat{H}' = \hat{H}^0 \tag{7.6}$$

取值为 1，则

$$\hat{H}' = \hat{H}^1 \tag{7.7}$$

因为 E_n 和 ψ_n 都与微扰有关，可以把 E_n 和 ψ_n 看作表征微扰程度的参数 λ 的函数，并将 E_n 和 ψ_n 展开为 λ 的幂级数，即

$$E_n = E_n^0 + \lambda E_n^1 + \lambda^2 E_n^2 + \cdots \tag{7.8}$$

$$\psi_n = \psi_n^0 + \lambda \psi_n^1 + \lambda^2 \psi_n^2 + \cdots \tag{7.9}$$

其中 E_n^0 是 E_n 的零级近似能量，λE_n^1、$\lambda^2 E_n^2$ 分别是 E_n^0 能量的一级修正、二级修正。ψ_n^0 是 ψ_n 的零级近似波函数，$\lambda\psi_n^1$、$\lambda^2\psi_n^2$ 分别是 ψ_n^0 的一级修正、二级修正。

将式（7.2）、式（7.5）、式（7.8）、式（7.9）代入式（7.4），得

$$(\hat{H}^0 + \lambda\hat{H}^1)(\psi_n^0 + \lambda\psi_n^1 + \lambda^2\psi_n^2 + \cdots) = (E_n^0 + \lambda E_n^1 + \lambda^2 E_n^2)(\psi_n^0 + \lambda\psi_n^1 + \lambda^2\psi_n^2 + \cdots) \tag{7.10}$$

式（7.10）等号两边 λ 的同次幂的系数应该相等，即

$$(\hat{H}^0 - E_n^0)\psi_n^0 = 0 \tag{7.11}$$

$$(\hat{H}^0 - E_n^0)\psi_n^1 = -(\hat{H}^1 - E_n^1)\psi_n^0 \tag{7.12}$$

$$(\hat{H}^0 - E_n^0)\psi_n^2 = -(\hat{H}^1 - E_n^1)\psi_n^1 + E_n^2\psi_n^0 \tag{7.13}$$

$$\vdots$$

方程（7.11）就是方程（7.3），方程（7.12）是 ψ_n^1 所满足的方程，解方程（7.12）可以得到 E_n^1 和 ψ_n^1。如果 ψ_n^1 是方程（7.12）的解，则由方程（7.12）可知，$\psi_n^1 + \alpha\psi_n^0$ 也应是方程（7.12）的解，α 是任意常数。引进 λ 的目的是从方程（7.10）按数量级分出方程（7.11）、方程（7.12）、方程（7.13）、…。令 $\lambda = 1$，则 $\hat{H}^1$ 为 $\hat{H}'$，E_n^1、ψ_n^1 分别为能量和波函数的一级修正。

将 ψ_n^{0*} 左乘方程（7.12）的两边，并做积分，得

$$\int_\tau \psi_n^{0*}\left(\hat{H}^0 - E_n^0\right)\psi_n^1 \mathrm{d}\tau = E_n^1\int_\tau \psi_n^{0*}\psi_n^0 \mathrm{d}\tau - \int_\tau \psi_n^{0*}\hat{H}^1\psi_n^0 \mathrm{d}\tau$$

左式有

$$\int_\tau \psi_n^{0*}\left(\hat{H}^0 - E_n^0\right)\psi_n^1 \mathrm{d}\tau = \int_\tau \left[\left(\hat{H}^0 - E_n^0\right)\psi_n^0\right]^* \psi_n^1 \mathrm{d}\tau = 0$$

右式有

$$E_n^1\int_\tau \psi_n^{0*}\psi_n^0 \mathrm{d}\tau - \int_\tau \psi_n^{0*}\hat{H}^1\psi_n^0 \mathrm{d}\tau = 左式 = 0$$

所以

$$\begin{aligned} E_n^1 &= \int_\tau \psi_n^{0*}\hat{H}^1\psi_n^0 \mathrm{d}\tau = H_{nn}^1 \\ &= \int_\tau \psi_n^{0*}\hat{H}'\psi_n^0 \mathrm{d}\tau = H_{nn}' \end{aligned} \tag{7.14}$$

式中

$$\int_{\tau} \psi_n^{0*} \psi_n^1 \mathrm{d}\tau = 1$$

式（7.14）表明，能量 E_n 的一级修正 E_n^1 是 $\hat{H}'$ 在 ψ_n^0 态的平均值。式（7.14）的后两式是由 $\hat{H}'$ 即 $\hat{H}^1$ 所致。

将 ψ_n^1 用 $\hat{H}^0$ 的本征函数展开，得

$$\psi_n^1 = \sum_i \alpha_i^1 \psi_i^0$$

由于 $\psi_n^1 + \alpha\psi_n^0$ 也是方程（7.12）的解，因此可以选取 α 使上面的展开式中不含 ψ_n^0，即

$$\psi_n^1 = \sum_{i(\neq n)} \alpha_i^1 \psi_i^0 \tag{7.15}$$

将式（7.15）代入式（7.12），得

$$\sum_{i(\neq n)} E_i^0 \alpha_i^1 \psi_i^0 - E_n^0 \sum_{i(\neq n)} \alpha_i^1 \psi_i^0 = E_n^1 \psi_n^0 - \hat{H}' \psi_n^0$$

以 $\psi_j^{0*}(j \neq n)$ 左乘上式两边，并积分，得

$$\sum_{i(\neq n)} E_i^0 \alpha_i^1 \psi_j^{0*} \psi_i^0 - E_n^0 \sum_{i(\neq n)} \alpha_i \psi_j^{0*} \psi_i^0 = E_n^1 \psi_j^{0*} \psi_n^0 - \psi_j^{0*} \hat{H}' \psi_n^0$$

即

$$\sum_{i(\neq n)} E_i^0 \alpha_i^1 \delta_{ji} - E_n^0 \sum_{i(\neq n)} \alpha_i^1 \delta_{ji} = -\int_{\tau} \psi_j^{0*} \hat{H}' \psi_n^0 \mathrm{d}\tau \tag{7.16}$$

简写为

$$(E_n^0 - E_j^0)\alpha_j^1 = H'_{jn} \tag{7.17}$$

式中

$$H'_{jn} = \int_{\tau} \psi_j^{0*} \hat{H}' \psi_n^0 \mathrm{d}\tau$$

所以

$$\alpha_j^1 = \frac{H'_{jn}}{E_n^0 - E_j^0} \tag{7.18}$$

将式（7.18）代入式（7.15），得

$$\psi_n^1 = \sum_{j(\neq n)} \frac{H'_{jn}}{E_n^0 - E_j^0} \psi_j^0 \tag{7.19}$$

这样就求出了能量和波函数的一级修正。

下面求能量的二级修正。将式（7.15）代入式（7.13），得

$$(\hat{H}^0 - E_n^0)\psi_n^2 = -(\hat{H}^1 - E_n^1)\sum_{i(\neq n)} \alpha_i^1 \psi_i^0 + E_n^2 \psi_n^0$$

用 ψ_n^{0*} 左乘上式并积分，得

$$\int_{\tau} \psi_n^{0*} (\hat{H}^0 - E_n^0) \psi_n^2 \mathrm{d}\tau = -\int_{\tau} \sum_{i(\neq n)} \alpha_i^1 \psi_n^{0*} \hat{H}' \psi_i^0 \mathrm{d}\tau + E_n^1 \sum_{i(\neq n)} \alpha_i \delta_{ni} + E_n^2$$

上式的左边为零，右边中的 $\sum_{i(\neq n)} \alpha_i \delta_{ni} = 0$ ，所以

$$E_n^2 = \sum_{i(\neq n)} \alpha_i^1 H'_{ni} = \sum_{i(\neq n)} \frac{H'_{in} H'_{ni}}{E_n^0 - E_i^0} = \sum_{i(\neq n)} \frac{(H'_{ni})^2}{E_n^0 - E_i^0} \tag{7.20}$$

式中

$$H'_{in} = \int_\tau \psi_n^{0*} \hat{H}' \psi_i^0 \mathrm{d}\tau$$

根据式（7.18），有

$$\alpha_i^1 = \frac{H'_{in}}{E_n^0 - E_i^0}$$

后一步利用了 $\hat{H}'$ 是厄米算符。

利用式（7.13）还可以求出 ψ_n^2 。用类似的步骤可以求出能量波函数更高级的修正。

将式（7.14）和式（7.20）代入式（7.8），得到微扰体系的能量：

$$E_n = E_n^0 + H'_{nn} + \sum_{i(\neq n)} \frac{(H'_{ni})^2}{E_n^0 - E_i^0} + \cdots \tag{7.21}$$

将式（7.19）代入式（7.9），得到微扰体系的波函数：

$$\psi_n = \psi_n^0 + \sum_{i(\neq n)} \frac{H'_{ni}}{E_n^0 - E_i^0} \psi_i^0 + \cdots \tag{7.22}$$

微扰理论使用的条件是级数（7.21）和（7.22）收敛。要判断级数是否收敛，必须知道级数的一般项。而所讨论的两个级数的高级项并不知道。因此，只能要求级数的已知的几项中后面的项要远小于前面的项。由此得到微扰理论适用的条件：

$$\left| \frac{H'_{ni}}{E_n^0 - E_i^0} \right| \ll 1 \quad (E_n^0 \neq E_i^0) \tag{7.23}$$

这是 $\hat{H}'$ 近似程度低的表达式。如果式（7.22）得到满足，计算一级修正就能得到相当精确的结果。

2. 简并能级的微扰理论

前面的式（7.13）以后的结果只适用于 E_n^0 不是简并的情况。如果 E_n^0 是简并的，属于 $\hat{H}^0$ 的本征值 E_n^0 有 k 个本征函数：$\psi_1^0, \psi_2^0, \cdots, \psi_k^0$

$$\hat{H}^0 \psi_{ni}^0 = E_n^0 \psi_{ni}^0 \quad (i = 1, 2, \cdots, k) \tag{7.24}$$

令 $\hat{H}_n$ 的零级近似波函数为

$$\psi_n^0 = \sum_{i=1}^{k} c_i^0 \psi_{ni}^0 \tag{7.25}$$

将式（7.25）代入式（7.12），得

$$(\hat{H}^0 - E_n^0)\psi_n^1 = E_n^1 \sum_{i=1}^{k} c_i^0 \psi_{ni}^0 - \sum_{i=1}^{k} c_i^0 \hat{H}' \psi_{ni}^0 \tag{7.26}$$

以 ψ_{nj}^{0*} 左乘上式两边后积分，得

$$\sum_{i=1}^{k} (\hat{H}'_{ji} - E_n^1 \delta_{ji}) c_i^0 = 0 \quad (j = 1, 2, \cdots, k) \tag{7.27}$$

式中

$$\hat{H}'_{ji} = \int_\tau \psi_{nj}^0 \hat{H}' \psi_{ni}^0 \mathrm{d}\tau$$

式（7.27）是以系数 c_i^0 为未知数的 k 元齐次线性方程组，根据克拉默（Cramer）法则，该方程组有不全为零的解的条件是其系数行列式为零，即

$$\begin{vmatrix} H'_{11} - E_n^1 & H'_{12} & \cdots & H'_{1k} \\ H'_{21} & H'_{22} - E_n^1 & \cdots & H'_{2k} \\ \vdots & \vdots & & \vdots \\ H'_{k1} & H'_{k2} & \cdots & H'_{kk} - E_n^1 \end{vmatrix} = 0 \tag{7.28}$$

展开行列式，得到未知量 E_n^1 的一元 k 次方程。解此方程可得 E_n^1 的 k 个根：$E_{nj}^1 (j = 1, 2, \cdots, k)$。这样就得到能量 E_n 的一级近似值：

$$E_n = E_n^0 + E_{nj}^1 \quad (j = 1, 2, \cdots, k) \tag{7.29}$$

若 k 个 E_{nj}^1 都不相等，则意味着一级微扰就将 k 重简并完全消除；若 k 个 E_{nj}^1 有几个是重根，说明 k 重简并仅部分消除，必须进一步考虑能量的二级修正，以使简并完全消除。

为了得到能量 $E_{nj} = E_n^0 + E_{nj}^1$ 所对应的波函数，把 $E_{nj}^1 (j = 1, 2, \cdots, k)$ 值代入式（7.27）中，相应于每个 j，解出一组 c_i^0，再将 c_i^0 代入式（7.25）即可得到一个 ψ_n^0，其中由最小的 E_{nj}^1 解得的一组 c_i^0 代入式（7.25）得到的 ψ_n^0 就是零级近似波函数。

7.1.3　弱场和强场

在方程（7.1）中，令

$$\hat{H}^0 = \sum_{i=1}^{n} \left(-\frac{1}{2} \nabla_i^2 - \frac{z^*}{r_i} \right) \tag{7.30}$$

$$\hat{H}' = \frac{1}{2} \sum_{i=1}^{n} \sum_{\substack{j=1 \\ (j \neq i)}}^{n} \frac{1}{r_{ij}} + \sum_{i=1}^{n} V_{\mathrm{L}}(i) + \sum_{i=1}^{n} \xi_i(i) \hat{s}_i \hat{l}_i \tag{7.31}$$

方程（7.30）的解是氢原子和类氢离子波函数组成的斯莱特行列式

$$\psi^0 = \left| \phi_1^0 \overline{\phi}_2^0 \phi_3^0 \overline{\phi}_4^0 \cdots \overline{\phi}_N^0 \right| \tag{7.32}$$

式中，N 为 d 电子的数目，有

$$\hat{H}^0\psi^0 = E^0\psi^0$$

$$E^0 = N\varepsilon_{\mathrm{d}}^0 \tag{7.33}$$

式中，$\varepsilon_{\mathrm{d}}^0$ 为无微扰体系的单电子 d 轨道的能量，满足单电子薛定谔方程

$$\sum_{i=1}^{n}\left(-\frac{1}{2}\nabla_i^2 - \frac{z^*}{r_i}\right)\phi_i^0 = \varepsilon_{\mathrm{d}}^0\phi_i^0 \tag{7.34}$$

下面引入微扰。由于组成 $\hat{H}'$ 的三个势能项大小不等，可以依次考虑。首先考虑最强的一项，略去另外两项，利用微扰理论求得近似解；其次将已经求得解的体系当作无微扰体系，将次强项当作它的微扰，利用微扰理论再求得精确一些的近似解；最后考虑两项势能的体系当作无微扰体系，将第三项当作它的微扰，求得更精确的近似解。

根据 $\hat{H}'$ 所含的三项势能在不同环境的相对大小，可以分为以下三种情况。

1. 弱场极限

若三种相互作用的强弱次序是：电子之间的相互作用＞d 电子与配位体之间的相互作用＞自旋-轨道之间的相互作用，即

$$\frac{1}{2}\sum_{i=1}^{n}\sum_{\substack{j=1\\(j\neq i)}}^{n}\frac{1}{r_{ij}} > \sum_{i=1}^{n}V(i) > \sum_{i=1}^{n}\xi_i(i)\hat{s}_i\hat{l}_i$$

则首先考虑 d 轨道之间的相互作用，求得 d^N 组态的各谱项 ^{2S+1}L；然后考虑 d 电子与配位体之间的相互作用，求得每个谱项分裂成的能级。即

d^N	^{2S+1}L	$^{2S+1}\Gamma$
不考虑d电子间的相互作用	考虑d电子间的相互作用	考虑d电子与配体之间的相互作用

自旋-轨道相互作用很弱，不考虑自旋-轨道相互作用。

2. 强场极限

若三种相互作用的强弱次序是：d 电子与配位体之间的相互作用＞d 电子之间的相互作用＞自旋-轨道之间的相互作用，即

$$\sum_{i=1}^{n}V(i) > \frac{1}{2}\sum_{i=1}^{n}\sum_{\substack{j=1\\(j\neq i)}}^{n}\frac{1}{r_{ij}} > \sum_{i=1}^{n}\xi_i(i)\hat{s}_i\hat{l}_i$$

则首先考虑 d 电子与配位体之间的相互作用，求出在晶体场中中心离子的组态；

然后考虑 d 电子之间的相互作用，得出中心离子的 d 电子能级 $^{2S+1}\Gamma$ ，即

d^N	$t_{2g}^x e_g^{N-x}$	$^{2S+1}\Gamma$
不考虑d电子间的相互作用	不考虑d电子与配体之间的相互作用	考虑d电子间的相互作用

自旋-轨道相互作用很弱，不考虑自旋-轨道相互作用。

3. 强自旋-轨道耦合

对于重过渡元素原子，单个 d 电子的自旋-轨道耦合作用比其他两种相互作用都强。这种情况在这里不讨论。

7.1.4　配位体场的势能

配位体是以一定的几何构型分布在中心离子周围，整个络合物具有确定的几何形状，有正八面体、正四面体、平面正方形等形状，下面分别讨论各种构型的势能函数。

1. 正八面体场

六个配位体构成的正八面体场记作 O_h 场，相应的势能函数记作 V_{O_h} 。例如，$[Fe(CN)_6]^{3-}$ 络合物的几何形状为正八面体，六个 CN^- 负离子构成一个八面体的配位场。图 7.1 给出了其几何构型。正八面体配位体和中心离子的坐标位置如图 7.2 所示。

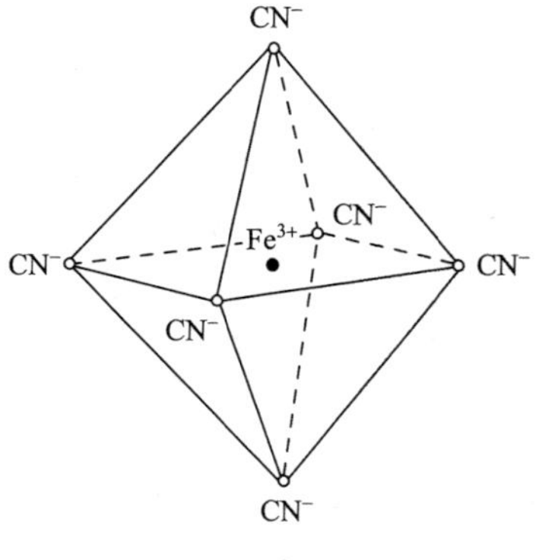

图 7.1　$[Fe(CN)_6]^{3-}$ 的几何构型

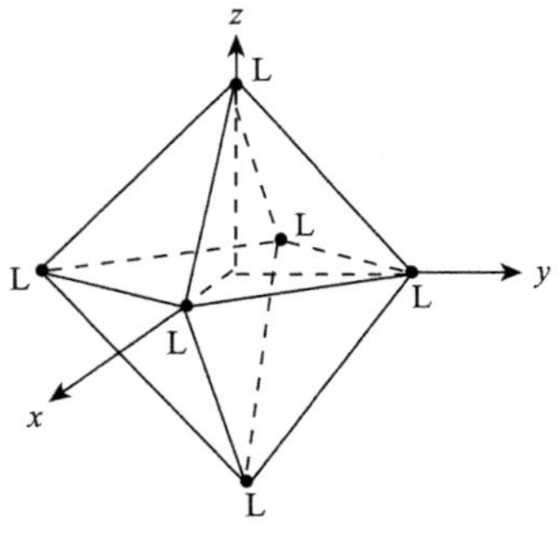

图 7.2　ML_6 正八面体的坐标位置

中心离子 M 位于坐标原点；L 为配位体，位于三个坐标轴上，距原点等距离。此正八面体配位场作用于中心离子 d 电子 i 的势能为

$$V_{O_h}(i)=\frac{3}{\sqrt{\pi}}a_0Y_{00}+\frac{21}{4\sqrt{\pi}}a_4r_i^4\left\{Y_{40}(\theta_i,\varphi_i)+\sqrt{\frac{5}{14}}\left[Y_{44}(\theta_i,\varphi_i)+Y_{4-4}(\theta_i,\varphi_i)\right]\right\} \quad (7.35)$$

其中 r_i、θ_i、φ_i 为第 i 个 d 电子的坐标；Y_{lm} 为球谐函数；a_0、a_4 为常数：

$$a_0=\begin{cases}-4\pi\dfrac{q}{R} & (\text{点电荷})\\ -4\pi\dfrac{\mu}{R} & (\text{点偶极})\end{cases}$$

$$a_4=\begin{cases}-\dfrac{4\pi}{9}\dfrac{q}{R^5} & (\text{点电荷})\\ -\dfrac{20\pi}{9}\dfrac{\mu}{R^6} & (\text{点偶极})\end{cases}$$

其中，q 为配位体的电荷；R 为中心离子与配位体的距离。

2. 正四面体场

四个配位体构成正四面体场，其势能函数记作 V_{T_d}。例如，$TiCl_4$ 为正四面体络合物，图 7.3 给出了它的几何构型，图 7.4 给出了它的坐标。正四面体场作用于中心离子 d 电子 i 的势能函数为

$$V_{T_d}(i)=\frac{2}{\sqrt{\pi}}a_0Y_{00}-\frac{7}{3\sqrt{\pi}}a_4r_i^4\left\{Y_{40}(\theta_i,\varphi_i)+\sqrt{\frac{5}{14}}[Y_{44}(\theta_i,\varphi_i)+Y_{4-4}(\theta_i,\varphi_i)]\right\} \quad (7.36)$$

式中，a_0、a_4 的取值同前。

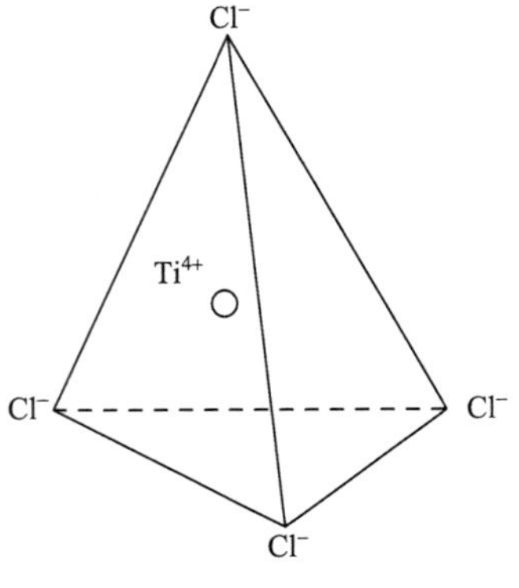

图 7.3　$TiCl_4$ 的几何构型

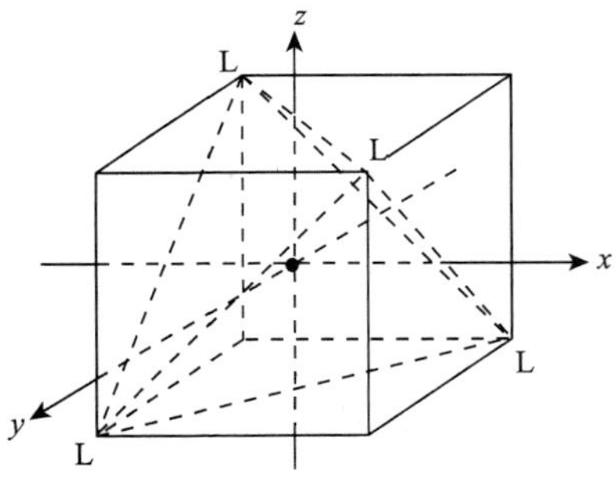

图 7.4　正四面体场的坐标

3. 正方形场

四个配位体也可以构成正方形场，其势能函数记为 $V_{D_{4h}}$。例如，$[PtCl_4]^{2-}$ 为正方形络合物，图 7.5 给出其几何构型。图 7.6 给出了正方形络合物的坐标。正方

形场作用于中心离子 d 电子 i 的势能函数为

$$V_{D_{4h}}=\frac{2}{\sqrt{\pi}}a_0Y_{00}-\frac{\sqrt{5}}{\sqrt{\pi}}a_2r_i^2Y_{20}+\frac{9}{4\sqrt{\pi}}a_4r_i^4\left\{Y_{40}+\sqrt{\frac{35}{18}}[Y_{44}(\theta_i,\varphi_i)+Y_{4-4}(\theta_i,\varphi_i)]\right\} \quad (7.37)$$

式中

$$a_2=\begin{cases}-\frac{4\pi}{5}\frac{q}{R^3} & (\text{点电荷})\\ -\frac{12\pi}{5}\frac{\mu}{R^4} & (\text{点偶极})\end{cases}$$

a_0、a_4 的取值同前。

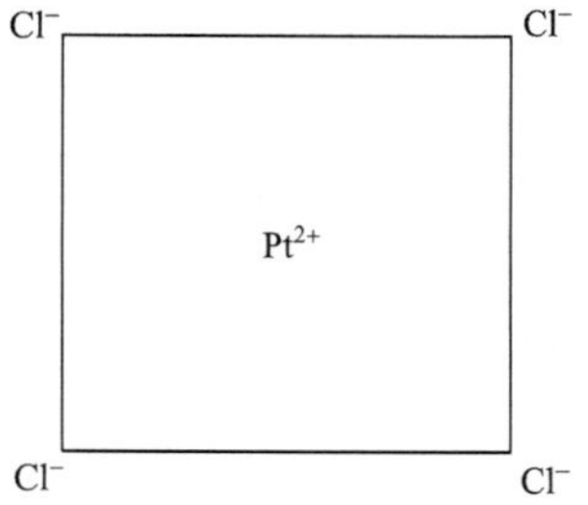

图 7.5　$[PtCl_4]^{2-}$ 的几何构型

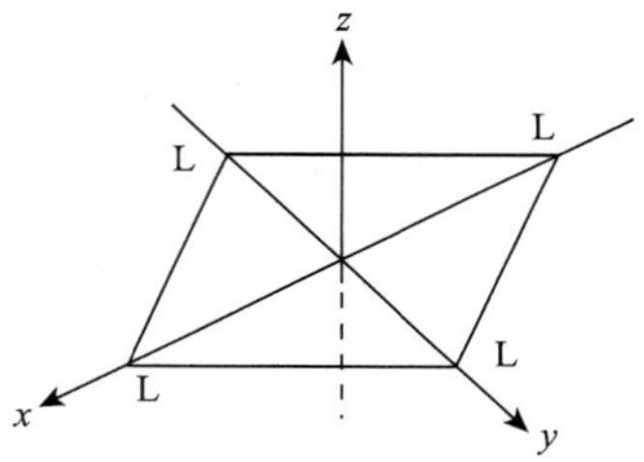

图 7.6　正方形络合物的坐标

7.2　d^1 组态在配位体场中的分裂

络合物的中心离子只有一个价电子的情况最为简单。此种情况没有价电子之间的静电排斥，如果再忽略自旋-轨道耦合，则该体系的微扰算符方程为

$$\hat{H}'=V(i)$$

无微扰体系的波函数就是有效核电荷为 z^* 的类氢离子。d 轨道波函数，为五重简并，能量为 ε_d^0。即

$$\phi_1=d_{z^2}=d_0$$

$$\phi_2=d_{x^2-y^2}=\sqrt{\frac{1}{2}}(d_2-d_{-2})$$

$$\phi_3=d_{xy}=-i\sqrt{\frac{1}{2}}(d_2-d_{-2})$$

$$\phi_4=d_{yz}=-i\sqrt{\frac{1}{2}}(d_1-d_{-1})$$

$$\phi_5=d_{xz}=\sqrt{\frac{1}{2}}(d_1+d_{-1})$$

久期方程为

$$\sum_{i=1}^{5} C_i (H'_{ji} - E_n^1 S_{ji}) = 0 \quad (j = 1,2,3,4,5)$$

$$H_{ji} = \int \phi_j^* \hat{H}' \phi_i \mathrm{d}\tau$$

这些波函数是正交归一的，即

$$S_{ji} = \int \phi_j^* \phi_i \mathrm{d}\tau = \delta_{ji} = \begin{cases} 0 & (i \neq j) \\ 1 & (i = j) \end{cases} \quad (i, j = 1,2,3,4,5)$$

久期行列式为

$$\begin{vmatrix} H'_{11} - E^1 & H'_{12} & H'_{13} & H'_{14} & H'_{15} \\ H'_{21} & H'_{22} - E^1 & H'_{23} & H'_{24} & H'_{25} \\ H'_{31} & H'_{32} & H'_{33} - E^1 & H'_{34} & H'_{35} \\ H'_{41} & H'_{42} & H'_{43} & H'_{44} - E^1 & H'_{45} \\ H'_{51} & H'_{52} & H'_{53} & H'_{54} & H'_{55} - E^1 \end{vmatrix} = 0 \qquad (7.38)$$

为了求一级能量修正值 E^1，需要计算行列式的矩阵元

$$H'_{ji} = \int \phi_j^* \hat{H}' \phi_i \mathrm{d}\tau = \int \phi_j^* V(i) \phi_i \mathrm{d}\tau$$

在晶体场模型中，配位体近似为点电荷（电荷为$-q$）或点偶极（偶极矩为 $\vec{\mu}$），设配位体位于多面体的顶点，配位体与中心离子之间的距离为 R，作用于 d 电子上的有效势能见 7.1.4 节。

d 轨道角度部分的波函数图形示于图 2.5。在配位体的势场中，d 电子所受配位体的作用与配位体的分布情况和电子运动状态密切相关，即与络合物的几何构型及电子轨道密切相关。下面分别讨论各种络合物构型的情况。

7.2.1 正八面体场

在正八面体场中，d 轨道波函数与配位体间的位置关系如图 7.7 所示。

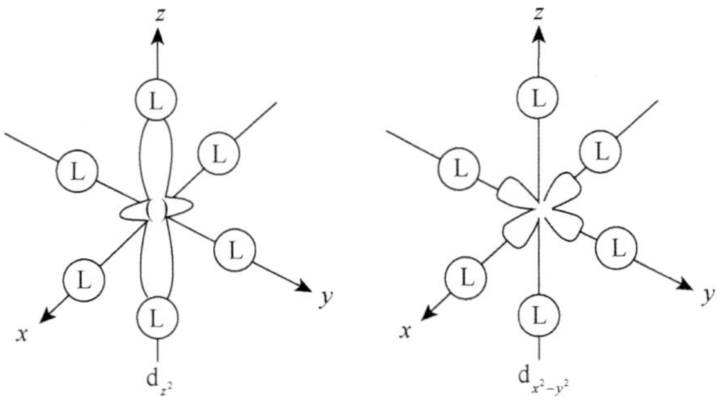

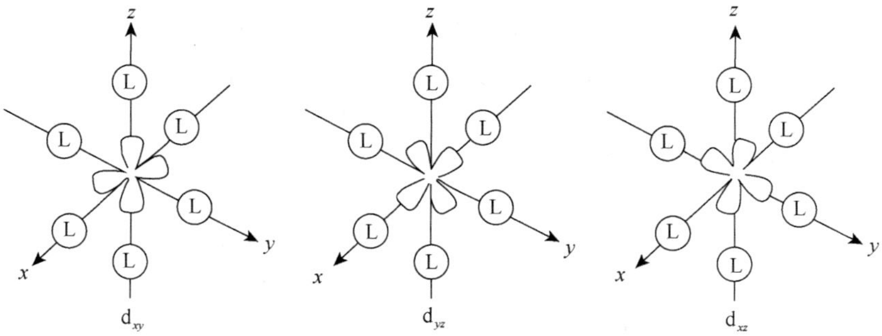

图 7.7　正八面体配位化合物 d 轨道波函数和配位体相对位置

由图可见，d_{xy}、d_{yz}、d_{xz} 轨道受八面体配位场的作用相同，具有相同的能量，将它们划为一组，以 t_{2g} 标记；$d_{x^2-y^2}$ 和 d_{z^2} 轨道受八面体配位场的作用相同，具有相同能量，划为另一组，以 e_g 标记。

由于 e_g 组的 $d_{x^2-y^2}$ 和 d_{z^2} 的电子云与配位体的距离比 t_{2g} 组的 d_{xy}、d_{yz}、d_{xz} 近，所以 e_g 组受配位体的排斥作用大于 t_{2g} 组，e_g 组能量比 t_{2g} 能量升高得多。定义

$$\Delta_{O_h} = E_{e_g} - E_{t_{2g}} \tag{7.39}$$

Δ_{O_h} 为 d 轨道在八面体场 O_h 中的分裂能。其中

$$\begin{aligned} E_{e_g} &= \int_\tau d_{z^2} V_{O_h} d_{z^2}\, d\tau \\ &= \int_\tau d_{x^2-y^2} V_{O_h} d_{x^2-y^2}\, d\tau \end{aligned} \tag{7.40}$$

E_{e_g} 为 d_{z^2} 和 $d_{x^2-y^2}$ 轨道与正八面体配位场之间的相互作用能；

$$\begin{aligned} E_{t_{2g}} &= \int_\tau d_{xy} V_{O_h} d_{xy}\, d\tau \\ &= \int_\tau d_{xz} V_{O_h} d_{xz}\, d\tau \\ &= \int_\tau d_{yz} V_{O_h} d_{yz}\, d\tau \end{aligned} \tag{7.41}$$

$E_{t_{2g}}$ 为 d_{xy}、d_{yz}、d_{xz} 轨道与正八面体配位场之间的相互作用能。因此，在正八面体场中，行列式（7.38）可以分解为两个低阶数行列式

$$\begin{vmatrix} H'_{11} - E^1 & H'_{12} \\ H'_{21} & H'_{22} - E^1 \end{vmatrix} = 0 \tag{7.42}$$

和

$$\begin{vmatrix} H'_{33} - E^1 & H'_{34} & H'_{35} \\ H'_{43} & H'_{44} - E^1 & H'_{45} \\ H'_{53} & H'_{54} & H'_{55} - E^1 \end{vmatrix} = 0 \tag{7.43}$$

并有

$$H'_{12} = H'_{21} = 0$$

$$H'_{34}=H'_{35}=H'_{43}=H'_{45}=H'_{53}=H'_{54}=0$$

展开行列式，由式（7.42）得到一个以E^1为未知数的一元二次方程，解之得到两个重根；由式（7.43）得到一个以E^1为未知数的一元三次方程，解之得到三个重根。即

$$E_{e_g}=H'_{11}=H'_{22} \tag{7.44}$$

$$E_{t_{2g}}=H'_{33}=H'_{44}=H'_{55} \tag{7.45}$$

V_{O_h}即为d^1电子体系在正八面体场中的微扰，即

$$\hat{H}'=V(i)=V_{O_h}$$

具体表达式为式（7.35）。

将V_{O_h}的表达式（7.35）代入式（7.40）和式（7.41）中，积分之，得

$$E'_{e_g}=-\frac{3}{2\pi}a_0\overline{r}^0-\frac{9}{4\pi}a_4\overline{r}^4 \tag{7.46}$$

$$E'_{t_{2g}}=-\frac{3}{2\pi}a_0\overline{r}^0+\frac{3}{2\pi}a_4\overline{r}^4 \tag{7.47}$$

$$\varepsilon_0=-\frac{3}{2\pi}a_0\overline{r}^0(>0) \tag{7.48}$$

$$D_q=-\frac{3}{8\pi}a_4\overline{r}^4(>0) \tag{7.49}$$

式中

$$\overline{r}^k=\int_0^\infty R^*_{n,2}(r)r^kR_{n,2}(r)r^2\mathrm{d}r$$

有

$$E_{e_g}=-\frac{6q}{R_0}+6D_q=\varepsilon_0+6D_q \tag{7.50}$$

和

$$E_{t_{2g}}=-\frac{6q}{R_0}-4D_q=\varepsilon_0-4D_q \tag{7.51}$$

所以

$$\begin{aligned}\Delta o_h&=E_{e_g}-E_{t_{2g}}\\&=10D_q\end{aligned} \tag{7.52}$$

在式（7.50）和式（7.51）中，第一项$-\frac{6q}{R_0}$相同，即图7.8中的ε_0值。这是势能表达式V_{O_h}中与角度无关的部分，表示d轨道上的电子在球形势场K_h中受到的作用能。

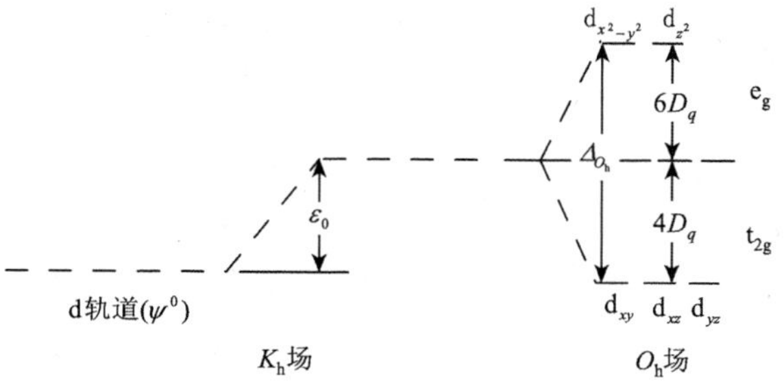

图 7.8　正八面体场中 d 轨道的能量

D_q 称为场强分数，$D_q>0$，其值取决于配位体所带的电量 q（或偶极距）、配位体与中心离子间的距离 R_0 以及中心离子的有效核电荷等。不同的配位体与中心离子间的距离不同，不同的中心离子有效核电荷不同，所以对于不同的络合物，D_q 具有不同的值。

7.2.2　正四面体场

在正四面体场中，d 轨道波函数与配位体间的位置关系如图 7.9 所示。

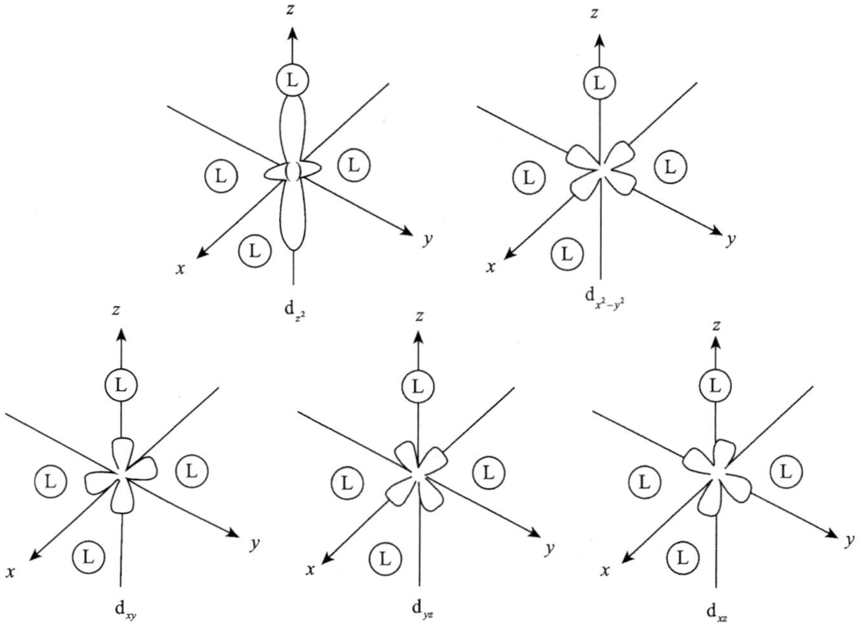

图 7.9　正四面体配位化合物 d 轨道波函数和配位体相对位置

d^1 组态的中心离子在正四面体场中分裂情况与正八面体的情况相似，能量相同的五个d轨道在正四面体场中分裂为两组，其中 d_{xy}、d_{yz}、d_{xz} 轨道受正四面体场的作用相同，以 t_2 标记；$d_{x^2-y^2}$、d_{z^2} 轨道受正四面体场的作用相同，以e标记。因为正四面体没有对称中心，所以没有下角标g和u。d轨道受正四面体场作用的能量高低次序与正八面体场相反，t_2 组的能量高于e组的能量。定义

$$\varDelta_{T_d} = E_e - E_t \tag{7.53}$$

$\varDelta_{T_d}$ 为d轨道在正四面体场 T_d 中的分裂能。其中

$$\begin{aligned} E_e &= \int_\tau d_{z^2}^* V_{T_d} d_{z^2} \, d\tau \\ &= \int_\tau d_{x^2-y^2}^* V_{T_d} d_{x^2-y^2} \, d\tau \end{aligned} \tag{7.54}$$

$$\begin{aligned} E_t &= \int_\tau d_{xy}^* V_{T_d} d_{xy} \, d\tau \\ &= \int_\tau d_{xz}^* V_{T_d} d_{xz} \, d\tau \\ &= \int_\tau d_{yz}^* V_{T_d} d_{yz} \, d\tau \end{aligned} \tag{7.55}$$

将 V_{T_d} 的表达式（7.36）代入式（7.54）和式（7.55）得

$$E_e = -\frac{1}{\pi} a_0 \overline{r}^0 + \frac{1}{\pi} a_4 \overline{r}^4 \tag{7.56}$$

$$E_t = -\frac{1}{\pi} a_0 \overline{r}^0 - \frac{2}{3\pi} a_4 \overline{r}^4 \tag{7.57}$$

令

$$\varepsilon_0 = -\frac{1}{\pi} a_0 \overline{r}^0 (>0) \tag{7.58}$$

$$D_q = -\frac{1}{6\pi} a_4 \overline{r}^4 (>0) \tag{7.59}$$

则

$$E_e = \varepsilon_0 - 6D_q = -\frac{4q}{R_0} - \frac{4}{9} \times 6D_q \tag{7.60}$$

$$E_{t_2} = \varepsilon_0 + 4D_q = -\frac{4q}{R_0} + \frac{4}{9} \times 4D_q \tag{7.61}$$

并有

$$\varepsilon_{0\text{正四面体}} = \frac{2}{3} \varepsilon_{0\text{正八面体}} \tag{7.62}$$

$$\Delta_{正四面体} = \frac{4}{9}\Delta_{正八面体} \tag{7.63}$$

所以

$$\Delta_{T_d} = -\frac{4}{9}\times 10D_q \tag{7.64}$$

d 轨道在正四面体场中的能级分裂示于图 7.10。

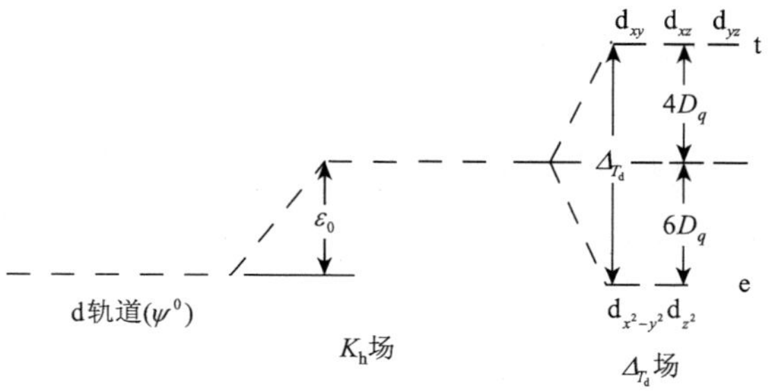

图 7.10　正四面体场中 d 轨道的能量

将式（7.64）与式（7.52）相比，得

$$\frac{\Delta_{T_d}}{\Delta_{O_h}} = -\frac{4}{9} \tag{7.65}$$

式中负号表示四面体场中 d 轨道的能级次序与八面体场相反；比值表明在同种配位体和中心离子的情况下，八面体场分裂的绝对值比四面体场大。

7.2.3　正方形场

在正方形场中，d 轨道波函数与配位体的位置关系如图 7.11 所示。

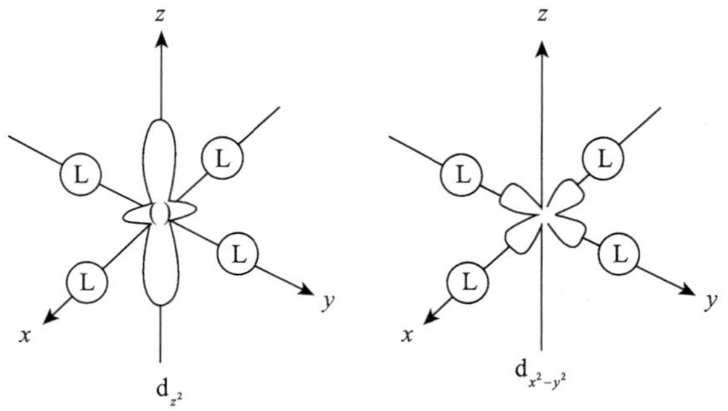

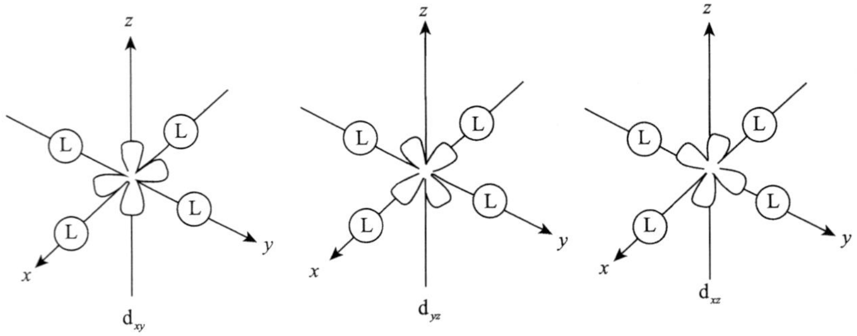

图 7.11　正方形配位化合物 d 轨道波函数和配位体相对位置

在正方形场中，d 轨道的能量分裂为四组，能级次序为

$$E_{d_{x^2-y^2}} > E_{d_{xy}} > E_{d_{z^2}} > E_{d_{xz}} = E_{d_{yz}}$$

分别以 B_{1g}、B_{2g}、A_g、e_g 表示，并示于图 7.12。

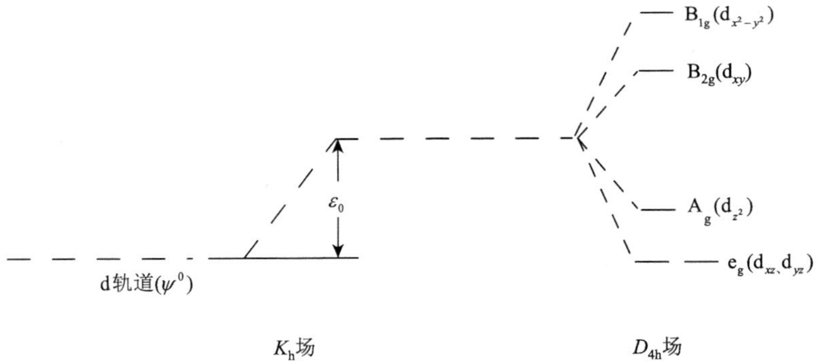

图 7.12　正方形场中 d 轨道的能量

7.2.4　影响分裂能大小的因素

分裂能的大小不仅取决于配位体，还与中心离子相关。当配位体已确定时，同一金属原子价态越高，分裂能 $\varDelta$ 越大；对于同族金属元素相同价态的离子，分裂能 $\varDelta$ 随周期数增大而增大。对确定的配位体，分裂能 $\varDelta$ 值随不同金属离子而异，其大小次序为

$$Pt^{4+} > Ir^{3+} > Pd^{4+} > Rh^{3+} > Mo^{3+} > Ru^{3+} > Co^{3+} > Cr^{3+} > Fe^{3+} > V^{2+} > Co^{2+} > Ni^{2+} > Mn^{2+}$$

若金属离子一定，则 $\varDelta$ 值仅与配位体有关，常见的配位体对同一种金属离子来说，分裂能 $\varDelta$ 值大小次序为

$$I^- < Br^- < Cl^- < SCN^- < F^- < OH^- \approx NO_2 \approx (\text{硝基}) \approx HCOO^-$$
$$< C_2O_4^{2-} < H_2O < EDTA < \text{吡啶} \approx NH_3 < \text{乙二胺} < SO_3^{2-}$$
$$< \text{联吡啶} < \text{邻蒽菲} < NO_3^- < CN^-$$

这称为光谱化学序列。

分裂能 Δ 值是配位体和中心离子共同贡献的，可以看作配位体的贡献 (f) 和中心离子的贡献 (g) 的乘积，即

$$\Delta = f \times g$$

焦金森（Jφrgensen）给出八面体场的 f 和 g 的数值，分别列于表 7.1 和表 7.2 中。

表 7.1　若干金属离子的 g 因子（单位：cm^{-1}）

组态	金属离子	g	组态	金属离子	g
$3d^5$	Mn(Ⅱ)	8000	$4d^6$	Ru(Ⅱ)	20000
$3d^8$	Ni(Ⅱ)	8700	$3d^3$	Mn(Ⅳ)	23000
$3d^7$	Co(Ⅱ)	9000	$4d^6$	Rh(Ⅲ)	27000
$3d^3$	V(Ⅱ)	12000	$4d^3$	Tc(Ⅳ)	30000
$3d^5$	Fe(Ⅲ)	14000	$5d^6$	Ir(Ⅲ)	32000
$3d^3$	Cr(Ⅲ)	17400	$5d^6$	Pt(Ⅳ)	36000
$3d^8$	Co(Ⅲ)	18200			

表 7.2　常见配位体的 f 因子（单位：cm^{-1}）

配位体	f	配位体	f	配位体	f
Br^-	0.72	CH_3COO^-	0.94	$CH_3C\underline{N}$	1.22
SCN^-	0.73	C_2H_5OH	0.97	$C_5H_5\underline{N}$	1.23
Cl^-	0.78	DMF	0.98	NH_3	1.25
$dsep^-$	0.8	$C_2O_4^{2-}$	0.99	$\underline{N}H_2CH_2CH_2\underline{N}H_2$	1.28
N_3^-	0.83	H_2O	1.00	$\underline{N}H(CH_2CH_2NH_2)_2$	1.29
dtp^-	0.83	$\underline{N}CS^-$	1.02	$\underline{N}H_2OH$	1.30
F^-	0.9	p-$CH_3C_5H_4NH_3$	1.15	dipy	1.33
dtc^-	0.90	$\underline{N}C^-$	1.15	phen	1.34
DMSO	0.91	CH_3NH_2	1.17	CN^-	～1.7
$(NH_2)_2CO$	0.92	$\underline{N}H_2COO^-$	1.18		

注：$dsep^- = (C_2H_5O)_2P\underline{Se}_2^-$；$dtp^- = (C_2H_5O)_2PS_2^-$；$dtc^- = (C_2H_5)_2NCS_2^-$；$DMSO = (CH_3)_2SO$；
DMF = H—C(=O)—N(CH$_3$)$_2$；dipy = 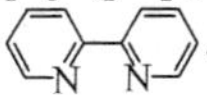。

7.3　关于 d^2～d^8 组态的讨论

7.3.1　对 d^n $(n>1)$ 组态的近似处理

对具有电子组态 d^2 - d^8 的中心离子，价电子的哈密顿算符为

$$\hat{H}=\sum_{i=1}^{n}\hat{h}_i^0+\frac{1}{2}\sum_{i=1}^{n}\sum_{\substack{j=1\\(j\neq i)}}^{n}\frac{1}{r_{ij}}+V_{\mathrm{L}} \qquad (7.66)$$

式中

$$V_{\mathrm{L}}=\sum_{i=1}^{n}V_{\mathrm{L}}(i)$$

并且没考虑自旋-轨道耦合。取零级近似，略去后两项，薛定谔方程为

$$\hat{H}^0\psi^0=E^0\psi^0$$

其中

$$\hat{H}^0=\sum_{i=1}^{n}\hat{h}_i^0$$

$$\psi^0=\psi^0\quad(1,2,\cdots,n)$$

分离变量为

$$\hat{h}_i^0\psi(i)^0=\varepsilon^0\psi^0(i)$$

且有

$$\psi^0(1,2,\cdots,n)=\prod_{i=1}^{n}\psi_k^0(i)$$

$$E^0=\sum_{i=1}^{n}\varepsilon_i^0$$

式中，$\psi_k^0(i)$ 为第 i 个电子波函数，以其角度部分表示为 d_{xy}、d_{yz}、d_{xz}、$d_{x^2-y^2}$、d_{z^2}；ε_i^0 为第 i 个电子的能量，$\varepsilon_i^0=E(\mathrm{d})$ 为 d 轨道的能量。如果考虑电子自旋，对应于本征值 E^0 有 C_{10}^n 个满足泡利不相容原理的独立的状态波函数 $\psi^0(1,2,\cdots,n)$。这是因为考虑电子自旋后，五个 d 轨道、两种自旋可构成十种单电子波函数，即十种微观状态；n 个电子占据十种微观状态，可有 C_{10}^n 种取法；每种取法构成一个斯莱特行列式，所以可构成 C_{10}^n 个满足泡利不相容原理的独立状态波函数 $\psi^0(1,2,\cdots,n)$。

如果考虑电子相互排斥和配位场 V_{L} 的作用，这 C_{10}^n 个状态也将发生能级分裂。

根据电子排斥作用$V_{ee}=\frac{1}{2}\sum_{i=1}^{n}\sum_{\substack{j=1\\(j\neq i)}}^{n}\frac{1}{r_{ij}}$和配位体作用$V_L=\sum_{i=1}^{n}V_L(i)$的相对大小，可分为以下三种情况：

（1）弱场　d 电子与配位体之间的相互作用与 d 电子之间的相互作用相比很弱，即

$$V_{ee}>V_L$$

称为弱场。对于这种情况，应先考虑 d 电子之间的相互作用。求得 d^n 组态的 C_{10}^n 个状态的光谱项 ^{2S+1}L，然后再考虑 d 电子与配位体之间的相互作用，求得每一个光谱项的能级进一步分裂的情况。

（2）强场　d 电子与配位体之间的相互作用比 d 电子之间的相互作用强，即

$$V_L>V_{ee}$$

称为强场。对于这种情况，应先考虑 d 电子与配位体之间的相互作用。求得 d^n 组态的 C_{10}^n 个状态在配位体场中的能级分裂，然后再考虑 d 电子之间的相互作用所导致的能级进一步分裂。

（3）中场　d 电子之间的相互作用与 d 电子与配位体之间的相互作用相当，即

$$V_L\approx V_{ee}$$

称为中场。这种情况下先考虑哪种作用都可以。

7.3.2　对 d^2 组态的处理

现在以 d^2 组态为例加以讨论。

在忽略 V_{ee} 和 V_L 的零级近似下，d^2 组态所包含的离子状态 $\psi^0(1,2)$ 共有 $C_{10}^2=\frac{1}{2}(10\times 9)=45$ 个，它们都具有相同的能量，是简并的。在零级近似的基础上，考虑电子间的排斥作用 $V_{ee}=\frac{1}{r_{12}}$ 和配位体的作用 V_L。根据 V_{ee} 和 V_L 的相对大小，分以下两种情况讨论。

1. *弱场方案*

弱场情况 $V_{ee}>V_L$，可先考虑电子间的相互作用。这种情况下，d^2 组态的 $C_{10}^2=45$ 个简并状态发生分裂，分成 5 个谱项 ^1S、^3P、^1D、^3F 和 ^1G。然后再考虑配位场的微扰作用，各谱项进一步分裂。

以正八面体场 O_h 为例，5 个谱项分别分裂为

$$^1S \rightarrow {}^1A_{1g}$$
$$^3P \rightarrow {}^3T_{1g}$$
$$^1D \rightarrow {}^1E_{1g}, {}^1T_{2g}$$
$$^3F \rightarrow {}^3A_{2g}, {}^3T_{1g}, {}^3T_{2g}$$
$$^1G \rightarrow {}^1A_{1g}, {}^1E_g, {}^1T_{1g}, {}^1T_{2g}$$

图 7.13 给出了 d^2 组态的能级分裂情况。

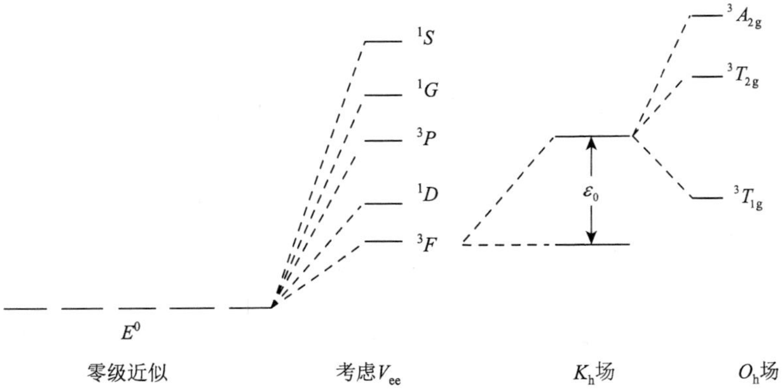

图 7.13　弱场 d^2 组态的能级分裂

d^2 组态在正四面体 T_d 场中的分裂情况与正八面体相同，只是不带角标 g，同一谱项的三个子谱项的能级顺序相反。

2. 强场方案

在强配位体场中，d 电子之间的相互作用弱于 d 电子与配位场之间的相互作用，因此首先考虑 d 电子与配位体场之间的相互作用。前已述及 d 轨道在配位场中的分裂情况，在此基础上再考虑 d 电子之间的排斥作用。

以正八面体场为例，d 轨道在正八面体配位场的作用下分裂为 e_g 和 t_{2g} 两组。两个 d 电子在能级分裂后的 d 轨道上的填充有三种填法，即 e_g^2、$t_{2g}^1e_g^1$ 和 t_{2g}^2。由于 e_g、t_{2g} 是按与配位体的作用能大小分类的中心离子的原子轨道，所以 e_g^2、t_{2g}^1 和 t_{2g}^2 称为配位场组态。和自由离子的一个组态包含若干个状态（如 d^2 组态包含 45 个状态）一样，每个配位场组态也包含若干个状态。下面以 t_{2g}^2 为例，计算其状态数：t_{2g} 轨道包含三个简并轨道 d_{xy}、d_{yz}、d_{xz}，电子在每个轨道上可以取 α 和 β 两种简并的自旋状态，这样其自旋轨道可以有 6 种，且都是简并的，即简并度为 6。

两个电子在 6 种自旋轨道上可以有

$$C_6^2=\frac{6\times 5}{2}=15$$

种填充方式，因此，t_{2g}^2 组态包含 15 个状态，这 15 个状态是简并的，每个状态波函数是两个电子的反对称化乘积波函数。在考虑了配位场的作用，d 轨道能级发生分裂的基础上，再考虑 d 电子间的排斥作用，两个 d 电子间的排斥作用使简并的配位场组态进一步发生能级分裂。例如，t_{2g}^2 组态在电子间的排斥作用下进一步分裂为四个谱项。考虑自旋多重性，四个谱项有三种可能，即

$$t_{2g}^2 \rightarrow {}^1A_{1g}, {}^1E_{1g}, {}^1T_{1g}, {}^3T_{2g} \text{ 或 } {}^1A_{1g}, {}^1E_{1g}, {}^3T_{1g}, {}^1T_{2g} \text{ 或 } {}^3A_{1g}, {}^3E_{1g}, {}^1T_{1g}, {}^1T_{2g}$$

对于 $t_{2g}^1e_g^1$ 和 e_g^2 组态可做类似的处理。t_{2g} 轨道的简并度是 $2\times 3=6$，e_g 轨道的简并度是 $2\times 2=4$，两个电子分占 t_{2g} 和 e_g 两组轨道，共有

$$C_6^1\times C_4^1=6\times 4=24$$

种方式，即 24 个简并状态。在两个 d 电子之间的排斥作用下，$t_{2g}^1e_g^1$ 分裂为四个谱项

$$t_{2g}^1e_g^1 \rightarrow {}^1T_{1g}, {}^1T_{2g}, {}^3T_{1g}, {}^3T_{2g}$$

e_g^2 组态包含 $C_4^2=6$ 个状态，考虑电子间的排斥作用，分裂为三个谱项

$$e_g^2 \rightarrow {}^3A_{2g}, {}^1E_g, {}^1A_{1g}$$

上述结果示意于图 7.14。

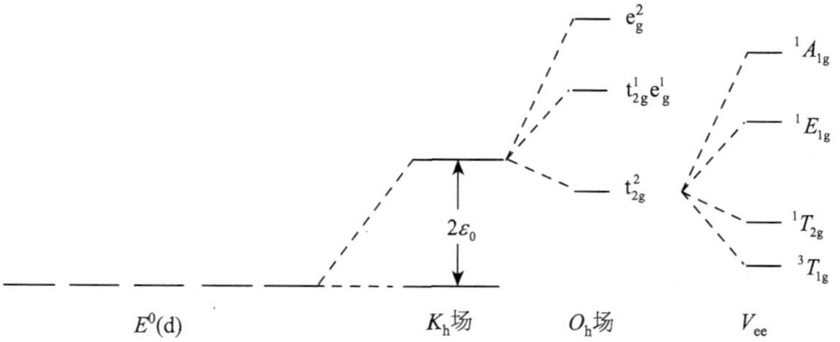

图 7.14　强场 d² 组态的能级分裂

除强场和弱场外，还有中场的情况，即 $V_{ee}\approx V_L$。例如，第一过渡族元素就是这种情况，这种情况处理更为复杂，这里不再讨论。第二、第三过渡族元素采用强场方案近似处理合适。对于稀土络合物，仅考虑配位场和电子间的排斥还不够，还需考虑自旋-轨道耦合作用，这里也不拟介绍。

对于 $d^3\sim d^9$ 组态可按上述方法处理。

7.4 晶体场理论的应用

7.4.1 d^n 组态的简化处理

从前面的讨论可见，当 d 电子数多于 1 个时，问题就变得复杂了。对这些问题，可进行简化处理，其结果也可以解释络合物的一些性质。

简化方法是忽略电子间的相互作用，按 d^1 组态在配位场中的分裂情况考虑 d^n 组态的分裂情况。然后，将 n 个电子填在分裂的中心离子轨道中。下面以八面体配位场为例讨论。

在八面体场中，d^1 组态分裂为 t_{2g} 和 e_g 两个配位场组态，t_{2g} 能量低，一个电子填在 t_{2g} 轨道上（图 7.15）。

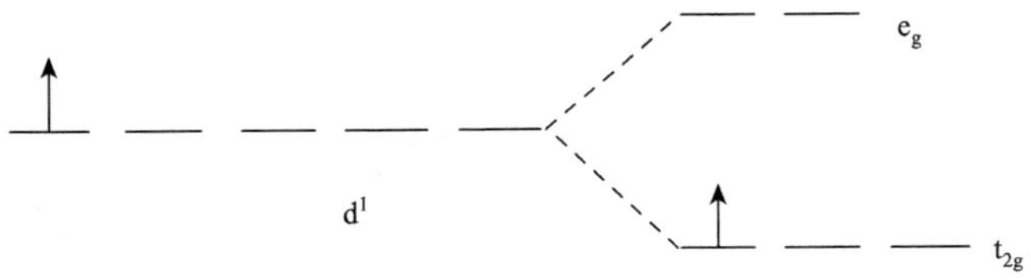

图 7.15　八面体场中 d^1 组态电子的填充

类似地，d^2 、d^3 组态的电子填充如图 7.16 所示。

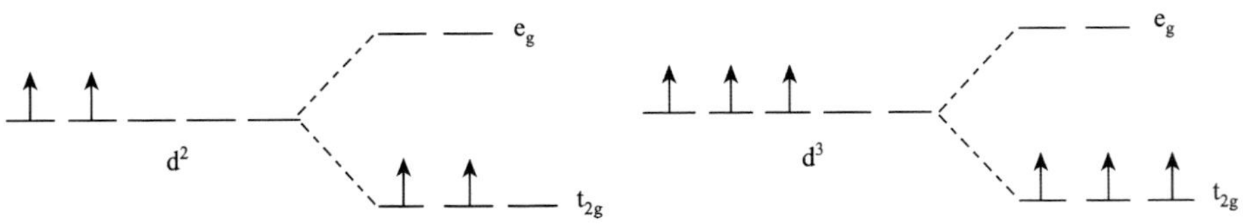

图 7.16　八面体场中 d^2 、d^3 组态电子的填充

d^4 可能有两种填充方式（图 7.17）。究竟采取哪种填充方式取决于哪种填充方式的能量低，为此需比较电子配对能和配位场分裂能的大小。定义电子配对能为两个分占两个简并轨道上自旋平行的电子成为填在其中一个轨道上两个自旋相反的电子的能量变化。这可示意如下

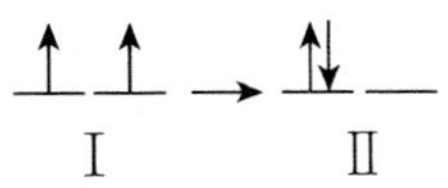

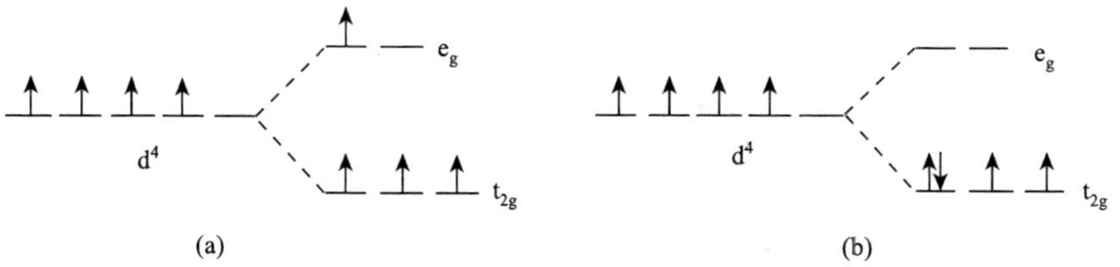

图 7.17　八面体场中 d^4 组态电子填充的两种方式

定义式为

$$P = E_{\mathrm{II}} - E_{\mathrm{I}} \tag{7.67}$$

其中

$$E_{\mathrm{I}} = 2\varepsilon_0 + J'_{12} - K_{12} \tag{7.68}$$

$$E_{\mathrm{II}} = 2\varepsilon_0 + J_{12} \tag{7.69}$$

将式（7.68）和式（7.69）代入式（7.67），得

$$P = J_{12} - J'_{12} + K_{12} \tag{7.70}$$

式中，J'_{12} 为不同轨道上的两个电子间的库仑作用能；J_{12} 为同一轨道上的两个电子间的库仑作用能；K_{12} 为交换能，自旋平行的两个电子才有此相互作用能。

由于

$$J_{12} \gg J'_{12}$$

所以可以认为

$$P = J_{12} + K_{12} \tag{7.71}$$

而分裂能

$$\Delta = E_{e_g} - E_{t_{2g}} \tag{7.72}$$

当 $\Delta < P$ 时，中心离子的四个电子采取图 7.17（a）的填充方式能量低、稳定。这种场称为弱场，电子间的相互作用大于外场作用。

当 $\Delta > P$ 时，中心离子的四个电子采取图 7.17（b）的填充方式能量低、稳定。这种场称为强场，电子间的相互作用小于外场的作用。

对于 d^5、d^6、d^7 组态，也可以通过比较 Δ 和 P 来确定电子的填充方式。

当 $\Delta > P$ 时，电子尽可能占据能级低的 t_{2g} 轨道，t_{2g} 充满后再占据 e_g 轨道。

当 $\Delta < P$ 时，电子尽可能分占不同的轨道，然后以自旋反平行的方式从能级低的轨道开始充满（配对）。所以有

	$\Delta > P$	$\Delta < P$
d^4	$t_{2g}^4 e_g^0$	$t_{2g}^3 e_g^1$
d^5	$t_{2g}^5 e_g^0$	$t_{2g}^3 e_g^2$

d^6　　$t_{2g}^6e_g^0$　　$t_{2g}^4e_g^2$

d^7　　$t_{2g}^6e_g^1$　　$t_{2g}^5e_g^2$

在八面体场中，d^5、d^6、d^7 组态电子的填充方式示意如图 7.18 所示。

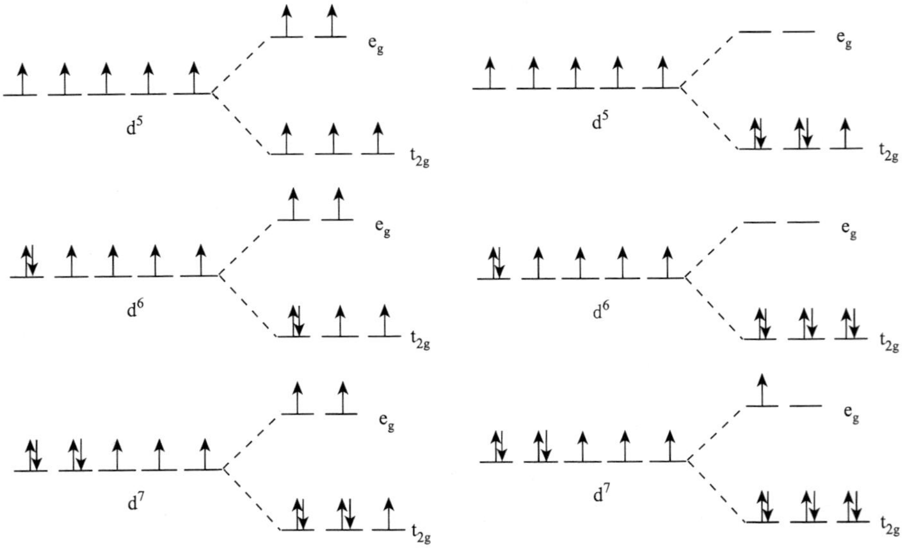

图 7.18　八面体场中 d^5、d^6、d^7 组态电子的两种填充方式

对于 d^8、d^9、d^{10} 组态，则无论 Δ 和 P 谁大谁小，都只有一种填充方式。

d^8　　$t_{2g}^6e_g^2$

d^9　　$t_{2g}^6e_g^3$

d^{10}　　$t_{2g}^6e_g^4$

如图 7.19 所示。

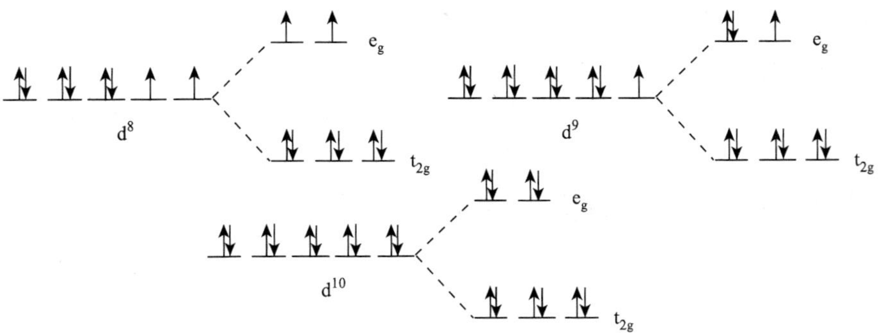

图 7.19　八面体场中 d^8、d^9、d^{10} 组态电子的填充

若选取 t_{2g} 和 e_g^* 能级的权重平均作为能级的零点，即

$$2E\left(e_g^*\right)+3E\left(t_{2g}\right)=0$$

而

$$E\left(e_g^*\right)-E\left(t_{2g}\right)=\Delta$$

由此可得 e_g^* 的能级为 0.6Δ，t_{2g} 的能级为 -0.4Δ。这个能级零点也就作为中心离子 M 处在球形场中未分裂的 d 轨道的能级。配位化合物中 d 电子填入这些轨道后，若不考虑成对能，能级降低的总值称为配位场稳定化能（LFSE）。表 7.3 列出强场和弱场中不同电子组态的配位场稳定化能的数值。

表 7.3　不同电子组态的配位场稳定化能（$-\Delta$）

d电子数目	HS（弱场）			LS（强场）		
	t_{2g}	e_g^*	LFSE	t_{2g}	e_g^*	LFSE
0	— — —	— —	0	— — —	— —	0
1	↑ — —	— —	0.4	↑ — —	— —	0.4
2	↑ ↑ —	— —	0.8	↑ ↑ —	— —	0.8
3	↑ ↑ ↑	— —	1.2	↑ ↑ ↑	— —	1.2
4	↑ ↑ ↑	↑ —	0.6	↓↑ ↑ ↑	— —	0.6
5	↑ ↑ ↑	↑ ↑	0	↓↑ ↓↑ ↑	— —	2.0
6	↓↑ ↑ ↑	↑ ↑	0.4	↓↑ ↓↑ ↓↑	— —	2.4
7	↓↑ ↓↑ ↑	↑ ↑	0.8	↓↑ ↓↑ ↓↑	↑ —	1.8
8	↓↑ ↓↑ ↓↑	↑ ↑	1.2	↓↑ ↓↑ ↓↑	↑ ↑	1.2
9	↓↑ ↓↑ ↓↑	↓↑ ↑	0.6	↓↑ ↓↑ ↓↑	↓↑ ↑	0.6
10	↓↑ ↓↑ ↓↑	↓↑ ↓↑	0	↓↑ ↓↑ ↓↑	↓↑ ↓↑	0

7.4.2　络合物的性质

1. *磁性*

络合物的磁性取决于电子的自旋，未配对的电子越多，磁性越强。

在正八面体场中，对于中心离子为 d^1、d^2、d^3、d^8、d^9 和 d^{10} 组态，不论 Δ 和 P 的相对大小如何，即不论强场和弱场，同一组态 d 电子的填充方式是相同的。因而，自旋平行的电子数目相同，络合物的磁性相同。

中心离子的 d^4 、d^5 、d^6 、d^7 组态在 $\Delta>P$ 的强场中，自旋平行的电子数目少，为低自旋；在 $\Delta<P$ 的弱场中，自旋平行的电子数目多，为高自旋。

络合物的磁性由磁矩 μ_m 的大小来定义。当 d 电子的轨道运动对磁矩没有贡献时，络合物的磁矩 μ_m 和未成对的 d 电子数 n 之间存在如下关系

$$\mu_m = \sqrt{n(n+1)}\mu_B \tag{7.73}$$

式中，μ_B 为玻尔磁子，是单个自由电子的自旋磁矩。采用该公式所得计算结果与实测值符合得很好。

实验测得络合物 $\left[Cr(H_2O)_6\right]^{3+}$ 的磁矩为 $3.85\mu_B$，Cr^{3+} 的 d 轨道有 3 个未成对的电子，按式（7.73）计算得

$$\begin{aligned}\mu_m &= \sqrt{3(3+1)}\mu_B \\ &= 3.46\mu_B\end{aligned}$$

计算值与实测值相符。

2. 稳定性

钴氨络离子 $\left[Co(NH_3)_6\right]^{2+}$ 是磁性较强的高自旋络合物，在空气中氧化成为低自旋的抗磁性络合物 $\left[Co(NH_3)_6\right]^{3+}$ 。这可如下解释：

在 $\left[Co(NH_3)_6\right]^{2+}$ 络合物中，Co^{2+} 为 d^7 组态，d 轨道按正八面体场分裂，价电子按弱场方式填充，未成对的电子数是 3，是高自旋顺磁性物质（图 7.20）。

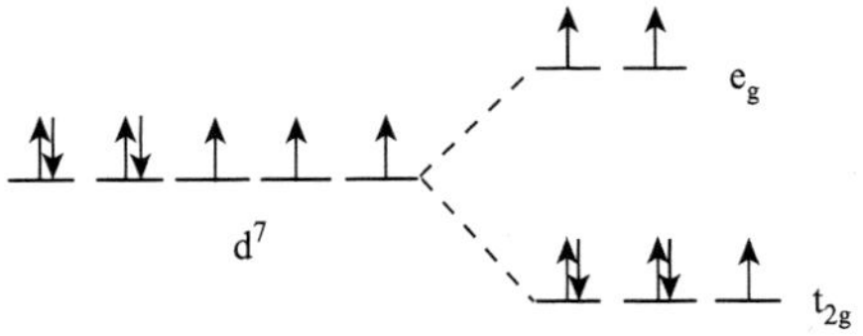

图 7.20　正八面体场中 Co^{2+} 的 d 电子的填充

在空气中，填充在高能级 e_g 轨道上的价电子容易失去一个。中心离子变成三价 Co^{3+}，为 d^6 组态。中心离子正电荷数增加，使 Δ 增大，电子按强场方式填充。电子全部配对，$\left[Co(NH_3)_6\right]^{3+}$ 成为低自旋抗磁性络合物（图 7.21）。

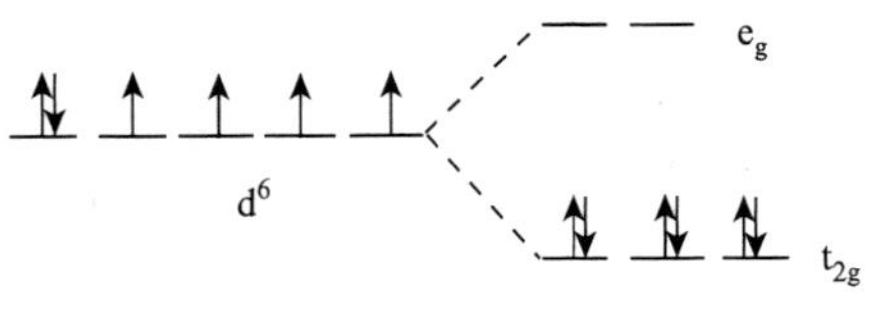

图 7.21　正八面体场中的 Co^{3+} 的 d 电子的填充

在高自旋的八面体络合物中，组态为 d^1、d^2、d^6 和 d^7 的中心离子，其轨道磁矩对络合物的总磁矩有贡献。在低自旋的八面体络合物中，组态为 d^4 和 d^5 的中心离子，其轨道磁矩对总磁矩有贡献。

络合物 $[Fe(H_2O)_6]^{3+}$ 为高自旋，实验测得磁矩为 6.0，Fe^{3+} 的组态为 d^5，按式（7.73）计算得

$$\mu_m = \sqrt{5(5+1)}\mu_B$$
$$= 5.48\mu_B$$

$[Fe(H_2O)_6]^{3+}$ 是高自旋络合物。

3. 离子水化热

第一系列过渡金属二价离子从 Ca^{2+} 到 Zn^{2+}，由于3d 电子受原子核的吸引逐渐增大，各离子的水化热应逐渐增加，但实测结果却是如图 7.22 所示的情况。

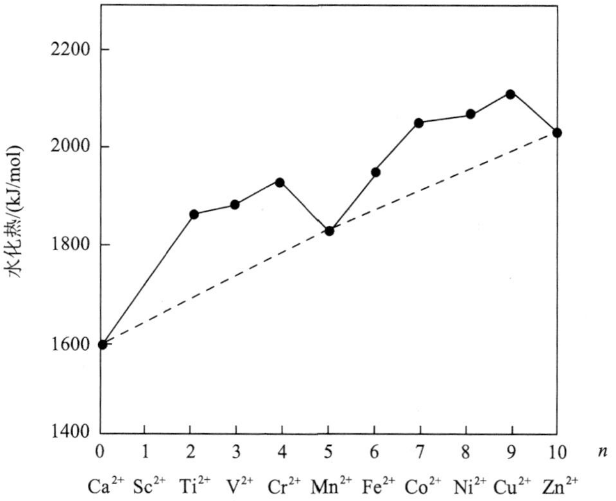

图 7.22 过渡金属络合物的水化热

第一系列过渡金属卤化物从 CaX_2 到 $ZnCl_2$ (X = Cl、Br、I)的点阵能随 d 电子数的变化也呈现类似图 7.22 的情况。这些都是由受配位场稳定化能的影响造成的。

4. 姜-泰勒效应

在配位数为 6 的八面体络合物中，t_{2g} 和 e_g 轨道全空、全充满或未充满的 d

壳层，即 d^0 、 d^5 、 d^{10} 组态的电子云呈对称分布，络合物的构型为最稳定的正八面体。其他组态的 d 壳层电子云不是对称分布，则正八面体构型将发生变形，原来等长的六个键有的变长，有的变短，这一现象称为姜-泰勒（Jahn-Teller）效应。

例如，具有 $d^9(t_{2g}^6e_g^3)$ 壳层的 Cu^{2+} 离子，比球对称的 d^{10} 壳层少一个 e_g 电子。这一欠缺的电子可以是 $d_{x^2-y^2}$ ，也可以是 d_{z^2} 。如果欠缺的是 $d_{x^2-y^2}$ 电子，则在 xy 平面上的电子云密度比全充满状态的电子密度小，中心离子对 xy 平面上的四个配位体的吸引力大于对 z 轴上两个配位体的吸引力，使得 xy 平面上的四个配位体比 z 轴上的两个配位体更靠近中心原子，致使 xy 平面上的四个键变短， z 轴上的两个键变长，使得八面体变成拉长的八面体——拉长的四角双锥体。如果欠缺的是 d_{z^2} 电子，则在 z 轴上的电子云密度比全充满状态的电子云密度小，中心离子对 z 轴上两个配位体的吸引力大于 xy 平面上两个配位体的吸引力，造成 z 轴上的两个键变短，xy 平面上的两个键拉长。八面体变成压缩的八面体——压缩的四角双锥体。实验测得， Cu^{2+} 离子的络合物晶体的几何构型都是四角双锥体，其中绝大部分是拉长的四面体，只有 K_2CuF_4 是压扁的四面体。图 7.23 所示为畸变的八面体。

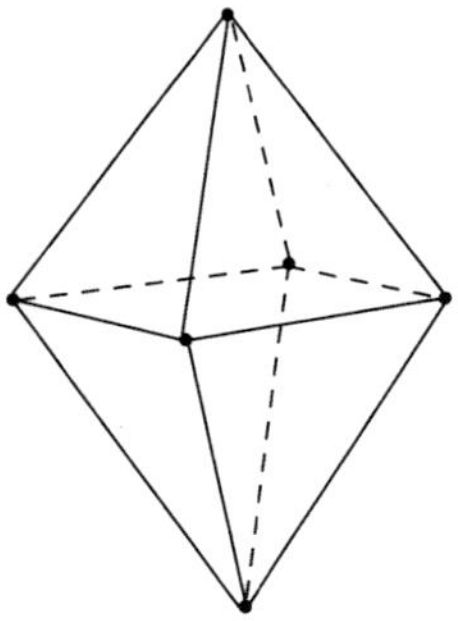

(a) 拉长的八面体

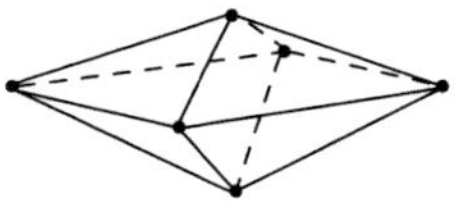

(b) 压缩的八面体

图 7.23　畸变的八面体

姜-泰勒效应使络合物晶体发生畸变，造成能级分裂，使得原来简并的能级消除简并。当络合物由正八面体畸变成四角双锥体时，T_{2g} 能级分裂为 B_{2g} 和 E_g 能级，E_g 能级分裂为 A_{1g} 能级和 B_{1g} 能级。电子填在低能级轨道上，使体系能量降低，这是额外的稳定化能，但这部分能量比分裂能和电子配对能小得多，如图 7.24 所示。

姜-泰勒效应不但引起络合物晶体的几何构型的变化，也会影响络合物的紫外-可见吸收光谱。

正四面体络合物也有姜-泰勒效应。

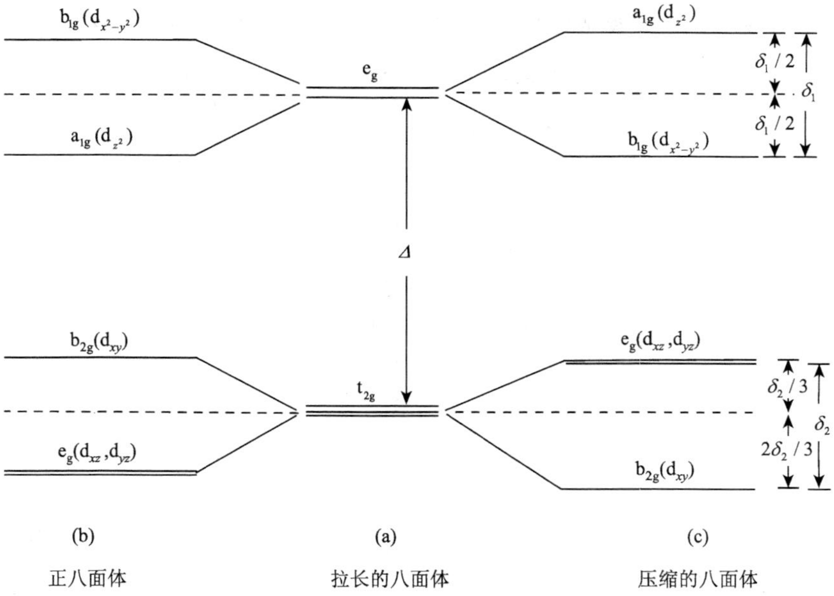

图 7.24　姜-泰勒效应与 d 轨道能级分裂

7.5　络合物的分子轨道理论与配位场理论简介

7.5.1　分子轨道理论的要点

配位化合物的分子轨道理论是用分子轨道理论的观点和方法处理金属离子和配位体的成键作用。分子轨道理论认为络合物的中心原子 M 与配位体间的化学键是共价键。当配位体接近中心原子时，中心原子的价轨道与能量相近，对称性匹配的配位体轨道组成离域分子轨道

$$\psi = \sum_{M} C_M \psi_M + \sum_{L} C_L \psi_L \tag{7.74}$$

式中，ψ_M 是中心原子 M 中 $(n-1)$d 、ns 、np 等价层的轨道，称为价轨道；$\sum_{L} C_L \psi_L$ 为配位体 L 的轨道。为了有效地组成分子轨道，需要满足对称性匹配、最大重叠和能量近似的原则。中心原子轨道和配位体轨道的对称性匹配起到重要作用。据此，应用群论，依据对称性可对用变分法（或微扰法）解薛定谔方程所得的久期行列式进行分解，找出与中心原子的价轨道相匹配的配位体的群轨道（由配位体的轨道线性组合成的与中心原子的轨道对称性相匹配的轨道）。中心原子的价轨道与对称性相匹配的配位体的群轨道组成络合物的分子轨道。将相关轨道用线连接起来，就绘制出络合物的分子轨道能级图。进行计算时，也大大减少了变分处理的计算量。

图 7.25 是正八面体配合物 ML_6 的坐标。图 7.26 是正八面体配合物的分子轨道。

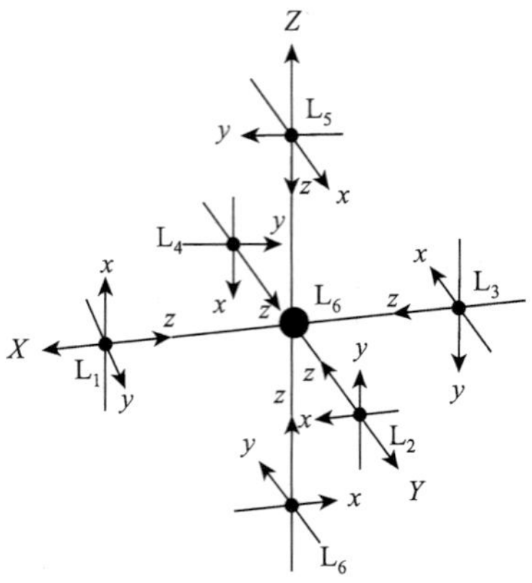

图 7.25　正八面体配合物 ML_6 的坐标

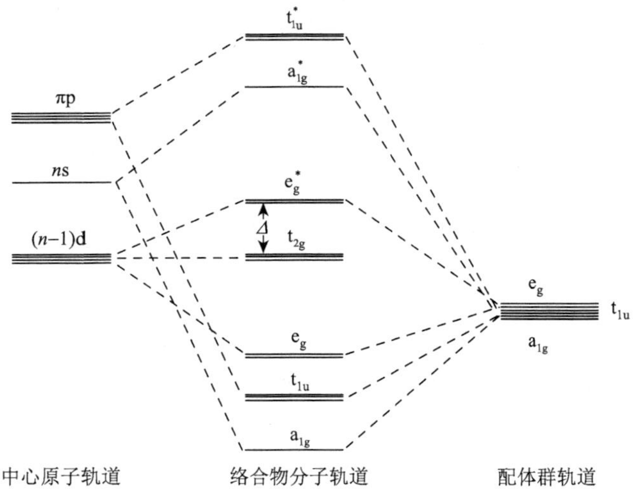

图 7.26　正八面体配合物的分子轨道（不考虑 π 成键）

7.5.2　配位场理论简介

晶体场理论是静电作用模型。把中心离子 M 和配位体 L 的相互作用看作类似离子晶体中正负离子间的静电作用。当 L 接近 M 时，M 中的 d 轨道受到 L 负电荷的静电微扰作用，使原来能级简并的 d 轨道发生分裂，引起电子排布及其他性质的变化，据此解释络合物的各种性质。但是，晶体场理论很难对络合物的性质给出定量解释。因为它忽略了中心原子与配位体间的共价键成分。模型过于简化，对于分裂能的大小变化次序难以解释。例如，中性的 NH_3 分子比带负电的卤素离子的分裂能大，CO 和 CN^-的分裂能特别大，这都无法用静电作用解释。分子轨道理论能做出更合理的解释，但要做精确的计算，数学上很困难。在这种情况下，一种解决办法是在晶体场理论的基础上，将共价键的作用考虑进去，并引入描述晶体场参数 Δ、电子静电相互作用参数 B 和 C，以及自旋-轨道耦合常数等经验参数。这些参数的数值可以调整。经过这样修改的晶体场理论称为配位场理论。其实质是晶体场理论和分子轨道理论的结合。

习　题

7.1 简述晶体场理论的要点。

7.2 判断下列配位离子是高自旋型还是低自旋型，画出 d 电子的排布方式，说明配位离子的磁性：

$$[Mn(H_2O)_6]^{2+},[Fe(CN)_6]^{4-},[FeF_6]^{3-}$$

7.3 已知$[Co(NH_3)_6]^{3+}$的 Δ 为 23000cm^{-1}，P 为 22000cm^{-1}；$[Fe(H_2O)_6]^{3+}$的 Δ 为 13700cm^{-1}，P 为 3000cm^{-1}，给出两种离子的 d 电子排布，计算其磁矩。

7.4 为什么在水溶液中同是八面体配位的 Mn^{3+} 不稳定而 Cr^{3+} 稳定？

7.5 用作干燥剂的硅胶中加入 $CoCl_2$(蓝色)，吸水后变成红色的 $CoCl_2 \cdot 6H_2O$，为什么？

7.6 比较络合物中的晶体场理论、分子轨道理论和配位场理论。

7.7 何谓姜-泰勒效应？其对络合物的性质有什么影响？用姜-泰勒效应说明下列配位离子中哪些会发生变形。

$$[Ni(H_2O)_6]^{2+},[CuCl_4]^{2-},[CuCl_6]^{4-},[Ti(H_2O)_6]^{3+},[Cr(H_2O)_6]^{2+},[MnCl_6]^{4-}$$

7.8 尖晶石的化学组成可以表示为 AB_2O_4，氧离子紧密堆积形成四面体空隙和八面体空隙。金属离子 A 占据四面体空隙，称为正常尖晶石，A 占据八面体空隙，则为反常尖晶石。计算 $NiAl_2O_4$ 两种情况的配位场稳定化能，说明 $NiAl_2O_4$ 应取哪种尖晶石结构。

第 8 章　分 子 光 谱

8.1　分子的运动

8.1.1　分子的运动方程

如第 4 章 4.1 节所述，分子体系的薛定谔方程为

$$\hat{H}\psi = E\psi \tag{8.1}$$

其哈密顿算符为

$$\hat{H} = \hat{T}_N + \hat{T}_e + V_{NN} + V_{Ne} + V_{ee} \tag{8.2}$$

波函数为

$$\psi = \psi(q_\alpha, q_i) \tag{8.3}$$

在玻恩-奥本海默近似下，式（8.1）可近似分离为分子中电子的运动方程。

$$\hat{H}_e\psi_e(q_i, q_\alpha) = E_e(q_\alpha)\psi_e(q_i, q_\alpha) \tag{8.4}$$

核运动方程

$$\hat{H}_N\psi_N(q_\alpha) = E\psi_N(q_\alpha) \tag{8.5}$$

相应的哈密顿算符分别为

$$\hat{H}_e = \hat{T}_e + V_{NN} + V_{Ne} + V_{ee} \tag{8.6}$$

$$\hat{H}_N = \hat{T}_N + E_e(q_\alpha) \tag{8.7}$$

分子的整体波函数为

$$\psi(q_\alpha, q_i) = \psi_e(q_i, q_\alpha)\psi_N(q_\alpha) \tag{8.8}$$

方程（8.4）是讨论分子的电子能级结构和分子的电子光谱的基础。方程（8.5）可以用来讨论分子中原子核的运动状况。下面以双原子分子为例讨论分子中原子核的运动。

8.1.2　双原子分子的运动方程

1. 双原子分子的平动和转动

双原子分子的核动能算符为

$$\hat{T}_{\mathrm{N}} = -\frac{\hbar^2}{2M_1}\nabla_1^2 - \frac{\hbar^2}{2M_2}\nabla_2^2 \tag{8.9}$$

式中，M_1、M_2 为原子核的质量，根据式（8.5）和式（8.7），双原子分子的运动方程为

$$\left[-\frac{\hbar^2}{2M_1}\nabla_1^2 - \frac{\hbar^2}{2M_2}\nabla_2^2 + E_{\mathrm{e}}(q_\alpha)\right]\psi_{\mathrm{N}}(q_\alpha) = E\psi_{\mathrm{N}}(q_\alpha) \tag{8.10}$$

这是一个双体问题，可做如下处理：如图 8.1 所示，在以 O 为原点的坐标系中，质量为 M_1 和 M_2 的原子核的坐标分别为 r_1 和 r_2，质心坐标为 r_{c}，M_1 和 M_2 的原子核相对的坐标为 r。

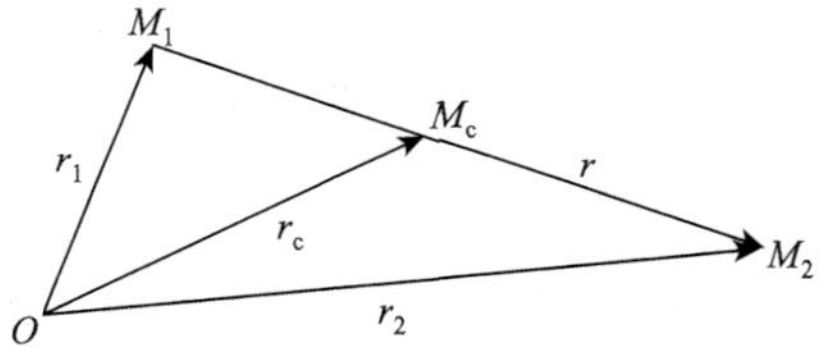

图 8.1　双原子分子的坐标

它们之间的关系为

$$\left.\begin{aligned} r_{\mathrm{c}} &= \frac{M_1 r_1 + M_2 r_2}{M_1 + M_2} \\ \vec{r} &= \vec{r}_1 + \vec{r}_2 \end{aligned}\right\} \tag{8.11}$$

可得

$$\left.\begin{aligned} r_1 &= r_{\mathrm{c}} - \frac{M_2}{M_1 + M_2} r \\ r_2 &= r_{\mathrm{c}} + \frac{M_1}{M_1 + M_2} r \end{aligned}\right\} \tag{8.12}$$

相应的核 M_1、M_2 的运动速度为

$$\left.\begin{aligned} \dot{r}_1 &= \dot{r}_{\mathrm{c}} - \frac{M_2}{M_1 + M_2} \dot{r} \\ \dot{r}_2 &= \dot{r}_{\mathrm{c}} + \frac{M_1}{M_1 + M_2} \dot{r} \end{aligned}\right\} \tag{8.13}$$

其中

$$\dot{r} = \frac{\mathrm{d}r}{\mathrm{d}t}, \dot{r}_{\mathrm{c}} = \frac{\mathrm{d}r_{\mathrm{c}}}{\mathrm{d}t}, \dot{r}_i = \frac{\mathrm{d}r_i}{\mathrm{d}t} \quad (i = 1, 2)$$

两核的动能为

$$T_{\mathrm{N}} = \frac{1}{2}M_1\dot{r}_1^2 + \frac{1}{2}M_2\dot{r}_2^2 = \frac{1}{2}M_{\mathrm{c}}\dot{r}_{\mathrm{c}}^2 + \frac{1}{2}\mu\dot{r}^2 \tag{8.14}$$

其中总质量

$$M_{\mathrm{c}} = M_1 + M_2 \tag{8.15}$$

折合质量

$$\mu = \frac{M_1 M_2}{M_1 + M_2} \tag{8.16}$$

动能算符可写作

$$\hat{T}_{\mathrm{N}} = -\frac{\hbar^2}{2M_{\mathrm{c}}}\nabla_{\mathrm{c}}^2 - \frac{\hbar^2}{2\mu}\nabla^2 \tag{8.17}$$

令

$$\psi_{\mathrm{N}}(q_\alpha) = \psi_t(r_{\mathrm{c}})\psi_{\mathrm{r}}(r)$$

式（8.10）成为

$$\left[-\frac{\hbar^2}{2M_{\mathrm{c}}}\nabla_{\mathrm{c}}^2 - \frac{\hbar^2}{2\mu}\nabla^2 + E_{\mathrm{e}}(r)\right]\psi_{\mathrm{t}}(r_{\mathrm{c}})\psi_{\mathrm{r}}(r) = E\psi_{\mathrm{t}}(r_{\mathrm{c}})\psi_{\mathrm{r}}(r) \tag{8.18}$$

分离变量后得

$$-\frac{\hbar^2}{2M_{\mathrm{c}}}\nabla_{\mathrm{c}}^2\psi_{\mathrm{t}}(r_{\mathrm{c}}) = E_{\mathrm{t}}\psi_{\mathrm{t}}(r_{\mathrm{c}}) \tag{8.19}$$

和

$$\left[-\frac{\hbar^2}{2\mu}\nabla^2 + E_{\mathrm{e}}(r)\right]\psi_{\mathrm{r}}(r) = (E - E_{\mathrm{t}})\psi_{\mathrm{r}}(r) \tag{8.20}$$

式（8.19）是两核的质心运动方程，是平动运动。在无界运动中 E_{t} 是连续的；在有界运动中，是一维势阱中运动的粒子形式的方程，E_{t} 是分立的。式（8.20）是两核相对运动的方程，坐标 r 是核间距。若将其中一个原子核取作原点，换成球极坐标，式（8.20）成为

$$\left\{-\frac{\hbar^2}{2\mu}\frac{1}{r^2}\left[\frac{\partial}{\partial r}\left(r^2\frac{\partial}{\partial r}\right) + \frac{1}{\sin\theta}\frac{\partial}{\partial\theta}\left(\sin\theta\frac{\partial}{\partial\theta}\right) + \frac{1}{\sin^2\theta}\frac{\partial^2}{\partial\varphi^2}\right] + E_{\mathrm{e}}(r)\right\}\psi_{\mathrm{r}}(r,\theta,\varphi) \tag{8.21}$$
$$= (E - E_{\mathrm{t}})\psi_{\mathrm{r}}(r,\theta,\varphi)$$

引入角动量算符 $\hat{L}^2$，式（8.21）可写作

$$\left\{-\frac{\hbar^2}{2\mu}\frac{1}{r^2}\left[\frac{\partial}{\partial r}\left(r^2\frac{\partial}{\partial r}\right) - \frac{\hat{L}^2}{\hbar^2}\right] + E_{\mathrm{e}}(r)\right\}\psi_{\mathrm{r}}(r,\theta,\varphi) = (E - E_{\mathrm{t}})\psi_{\mathrm{r}}(r,\theta,\varphi) \tag{8.22}$$

令

$$\psi_{\mathrm{r}}(r,\theta,\varphi) = R'(r)Y(\theta,\varphi)$$

对于稳定的分子，平衡核间距 r 约等于 r_0，把核的位置看作不变，r 当成常量，等于 r_0，方程（8.22）可简化为

$$\frac{1}{2\mu r_0^2}\hat{L}^2 Y(\theta,\varphi) = E_\mathrm{r} Y(\theta,\varphi) \tag{8.23}$$

令

$$I = \mu r_0^2$$

即转动惯量，则式（8.23）成为

$$\frac{1}{2I}\hat{L}^2 Y(\theta,\varphi) = E_\mathrm{r} Y(\theta,\varphi) \tag{8.24}$$

此式即为转动方程。利用方程（8.24）可以讨论分子的转动运动、分子的键长和键角等。解此方程可得分子的转动能级 E_r、转动能级差 ΔE_r 等力学量。

2. 双原子分子的振动

若不考虑分子的转动，仅考虑分子中核的相对运动，即把 θ、φ 当作常量，r 看作变量，则由式（8.21）得

$$\left[-\frac{\hbar^2}{2\mu r^2}\left(\frac{\mathrm{d}}{\mathrm{d}r}r^2\frac{\mathrm{d}}{\mathrm{d}r}\right) + E_\mathrm{e}(r)\right]R'(r) = E_\mathrm{v} R'(r) \tag{8.25}$$

令

$$R(r) = rR'(r)$$

则式（8.25）成为

$$\left[-\frac{\hbar^2}{2\mu}\left(\frac{\mathrm{d}^2}{\mathrm{d}r^2}\right) + E_\mathrm{e}(r)\right]R(r) = E_\mathrm{v} R(r) \tag{8.26}$$

对于稳定的分子，两核的相对位置在 r_0 附近变化。若变量用 $\xi = \Delta r_0$ 表示，相应的变化函数用 $\psi(\xi)$ 表示。把势能函数 $E_\mathrm{e}(r)$ 在 r_0 附近做泰勒（Taylor）展开，取二阶近似，则式（8.26）可简化为

$$-\frac{\hbar^2}{2\mu}\frac{\mathrm{d}^2\psi(\xi)}{\mathrm{d}\xi^2} + \frac{1}{2}k\xi^2\psi(\xi) = E_\mathrm{v}\psi(\xi) \tag{8.27}$$

其中

$$k = \left[\frac{\mathrm{d}^2 E_\mathrm{e}(r)}{\mathrm{d}r^2}\right]_{r=r_0} \tag{8.28}$$

式（8.27）是分子的振动方程。利用方程（8.27）可以讨论分子的振动。解得振动能量 E_v 和振动能级差 ΔE_v。当分子的振动能级发生变化时，相应的振动光谱的波数为 $400 \sim 800\mathrm{cm}^{-1}$，波长为 $1.25\times10^{-4} \sim 2.5\times10^{-3}\mathrm{cm}$，在红外光谱区，即振动光谱为红外光谱。

上面用量子力学讨论了分子体系的薛定谔方程，得出分子的四种运动，即电子在核势场中的运动、分子质心的平动、分子转动和分子振动。除分子的质心平动外，其余三种运动都与分子的结构相关，并有相应的光谱。

8.2　双原子分子的光谱

8.2.1　双原子分子的转动光谱

1. 刚性转子模型

双原子分子的转动方程为

$$\frac{\hat{L}^2}{2I}Y(\theta,\varphi)=E_{\mathrm{r}}Y(\theta,\varphi)$$

这是刚性转子的薛定谔方程，做近似处理可将双原子分子看作刚性转子。
解此方程可得转动能的表达式为

$$E_{\mathrm{r}}=\frac{J(J+1)}{2I}\hbar^2 \tag{8.29}$$

转动状态，即体系波函数可用 $Y_J^k(\theta,\varphi)$ 表示。其中下角标 J 为转动能量量子数，上角标 k 为弹力常数。分子从一种转动状态进入另一种转动状态，从量子力学可以证明，需

$$\rho=\int Y_{J_1}^{k_1}(\theta,\varphi)\vec{\mu}Y_{J_2}^{k_2}(\theta,\varphi)\mathrm{d}\tau\neq 0 \tag{8.30}$$

其中 $\vec{\mu}$ 表示偶极矩，并有

$$\left.\begin{aligned}\mu_x&=\mu\sin\theta\cos\varphi\\ \mu_y&=\mu\sin\theta\sin\varphi\\ \mu_z&=\mu\cos\theta\end{aligned}\right\} \tag{8.31}$$

$$\vec{\mu}=\mu_x e_x+\mu_y e_y+\mu_z e_z \tag{8.32}$$

即

$$\rho=\int Y_{J_1}^{k_1}(\theta,\varphi)(\mu_x+\mu_y+\mu_z)Y_{J_2}^{k_2}(\theta,\varphi)\mathrm{d}\tau\neq 0 \tag{8.33}$$

若保证式（8.33）成立，需满足选择定则

$$\Delta J=J_2-J_1=\pm1,\Delta k=0 \tag{8.34}$$

跃迁才能发生。而 $\vec{\mu}=0$ 的非极性分子，式（8.30）等于零，没有转动光谱。例如，对称分子 H_2、O_2、CO_2 等没有转动光谱。

转动状态由 J 跃迁到 $J+1$ 状态，则相应的能级差为

$$\Delta E_{\mathrm{r}}(J \to J+1) = E_{\mathrm{r}}(J+1) - E_{\mathrm{r}}(J) = \frac{\hbar^2}{2I} 2(J+1) \tag{8.35}$$

ΔE_{r} 一般为 0.8～81cm^{-1}，利用 $\Delta E_{\mathrm{r}} = h\nu$ 可得双原子分子转动能级变化时，相应的波长为 0.012～1.25cm，在微波和远红外区域。这个区域的谱图称为微波谱，即转动光谱在微波范围。

令

$$B = \frac{\hbar^2}{2I} \tag{8.36}$$

则

$$\Delta E_{\mathrm{r}}(J \to J+1) = 2B(J+1) \tag{8.37}$$

分子转动光谱结构简单，为线状结构。若用波数 $\tilde{\nu}(\mathrm{cm}^{-1})$ 为横坐标，标出谱线位置，这些线状谱线是等间隔排列，每两条谱线的距离为 $2B$。例如，$^{1}H^{35}Cl$ 的转动光谱的谱线位置如图 8.2 所示。

$J \to J+1$	$0 \to 1$	$1 \to 2$	$2 \to 3$	$3 \to 4$	$4 \to 5$	$5 \to 6$	$6 \to 7$
$2B(J+1)$	$2B$	$4B$	$6B$	$8B$	$10B$	$12B$	$14B$
$\tilde{\nu}/\mathrm{cm}^{-1}$	20.793	41.59	62.38	83.18	103.97	124.76	145.56

图 8.2 $^{1}H^{35}Cl$ 的转动光谱的谱线位置

由

$$2B = \frac{\hbar^2}{I} = \frac{\hbar^2}{\mu r_0^2}$$

得

$$r_0 = \sqrt{\frac{\hbar^2}{2B\mu}} \tag{8.38}$$

从实验测得 $2B$ 的值，利用式（8.38）计算得双原子分子的键长。

例如，对 HCl 分子，测得 $2B = 20.793\mathrm{cm}^{-1}$，折合质量 $\mu = 1.6144 \times 10^{-24}\mathrm{g}$，代入式（8.38），得键长为 $r_0 = 1.29 \times 10^{-8}\mathrm{cm}$。

2. 非刚性转子模型

上面对于 HCl 分子的计算存在一定的误差。这是由于实际的 HCl 分子并不是真正的刚性转子。上述处理中采用的是刚性转子模型，假定核间距 r 是常数，原子核体积可以忽略。而实际分子在转动时 r 是变化的，不能看作常数；原子核也

具有一定的体积，不能忽略。更准确的计算应采用非刚性转子模型，有

$$\Delta E_{\rm r}(J \to J+1) = 2B(J+1) - g(J+1)^3 \tag{8.39}$$

由经验公式

$$\tilde{\nu} = am - bm^3 \quad (m = 1, 2, \cdots) \tag{8.40}$$

可得

$$\Delta E_{\rm r} = hc\tilde{\nu} = hc(am - bm^3) \tag{8.41}$$

相比较得

$$2B = ahc, \qquad g = bhc \tag{8.42}$$

选择定则如下：非极性分子 $\Delta J = 0$，没有纯转动光谱；极性分子 $\Delta J = \pm 1$。

8.2.2 双原子分子的振动光谱

1. 简谐振动

双原子分子的振动方程

$$-\frac{\hbar^2}{2\mu}\frac{{\rm d}^2\psi(\xi)}{{\rm d}\xi^2} + \frac{1}{2}k\xi^2\psi(\xi) = E_{\rm v}\psi(\xi) \tag{8.43}$$

是一维谐振子的薛定谔方程。可将双原子分子看作谐振子，做近似处理。式中

$$k = \left[\frac{{\rm d}^2 E_{\rm e}(r)}{{\rm d}r^2}\right]_{r=r_0} \tag{8.44}$$

为谐振子的弹力常数，弹性势能为

$$\frac{1}{2}k\xi^2 \tag{8.45}$$

解方程（8.43）得

$$E_{\rm v} = \left(v + \frac{1}{2}\right)h\nu \tag{8.46}$$

式中，$v = 0, 1, 2, \cdots$ 为振动量子数

$$\nu = \frac{1}{2\pi}\sqrt{\frac{k}{\mu}} \tag{8.47}$$

为振动频率。令

$$\omega = \sqrt{\frac{k}{\mu}} \tag{8.48}$$

波数

$$\tilde{\nu} = \frac{\nu}{c} = \frac{1}{2\pi c}\sqrt{\frac{k}{\mu}} = \frac{\omega}{2\pi c} = \tilde{\omega} \tag{8.49}$$

波函数

$$\phi_v(\xi)=\left(\frac{\alpha}{\pi^{\frac{1}{2}}2^v v!}\right)^{\frac{1}{2}}\mathrm{e}^{-\frac{\alpha^2\xi^2}{2}}H_v(\alpha,\xi) \quad (8.50)$$

式中

$$\alpha=(\mu\omega)^{\frac{1}{2}} \quad (8.51)$$

$H_v(\alpha,\xi)$ 称为厄米多项式，是一特殊函数。

由量子力学可推导出，当振动由一种状态跃迁至另一种状态时，需满足

$$\int\psi_v(\xi)\vec{\mu}\psi_v(\xi)\mathrm{d}\neq 0 \quad (8.52)$$

由此得选择定则：

$$\vec{\mu}\neq 0$$

$$\Delta v=\pm 1$$

非极性分子 $\vec{\mu}=0$，没有转动光谱。

2. 非简谐振动

当谐振子由 v 跃迁到 $v+1$ 状态，能量变化与吸收光的频率关系为

$$\Delta E_v(v\to v+1)=E_v(v+1)-E_v(v)=h\nu \quad (8.53)$$

振动光谱应为一条谱线。但实际情况不是这样，振动图谱上有多条谱线，式（8.53）只能解释其中最强的一条。这是因为双原子分子不是严格的谐振子，存在着非简谐性振动。双原子分子的势能曲线如图 8.3 所示，不是谐振子曲线——抛物线，只有

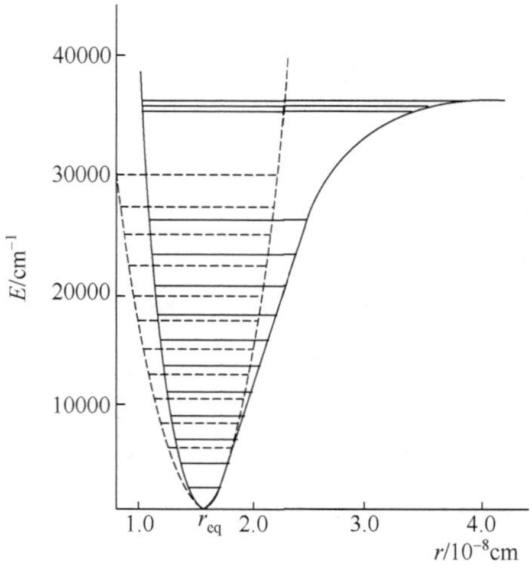

图 8.3　双原子分子的势能曲线

在平衡位置附近才能看作抛物线。因此，除了 $\frac{1}{2}k\xi^2$ 外，还应考虑泰勒展开的高次项

$$\frac{1}{3!}\left[\frac{\partial^3 E_e}{\partial r^3}\right]_{r=r_0}\xi^3 \tag{8.54}$$

和

$$\frac{1}{4!}\left[\frac{\partial^2 E_e}{\partial r^4}\right]_{r=r_0}\xi^4 \tag{8.55}$$

等。

由实验可知，由 $v=0$ 到 $v=1$ 的跃迁是最强的跃迁。这种跃迁称为基频跃迁。而对于很弱的 $v=0$ 到 $v=2$ 和 $v=0$ 到 $v=3$ 的次要跃迁则分别称为第一泛音带和第二泛音带等。

3. 莫尔斯函数

为了使计算结果更接近真实情况，莫尔斯（Morse）提出了一个双原子分子的振动势能函数公式

$$E_v(r)=D\left[e^{-2\alpha(r-r_0)}-2e^{-\alpha(r-r_0)}+1\right] \tag{8.56}$$

式中

$$D=D_e+\frac{1}{2}h\nu \tag{8.57}$$

D_e 为解离能，α 为经验参数。代入薛定谔方程（8.43），能准确地解出能量：

$$E_v(r)=\left(v+\frac{1}{2}\right)h\nu-\left(v+\frac{1}{2}\right)^2 h\nu X_e \tag{8.58}$$

式中，X_e 为校正因子。

应用上面的结果及光谱数据可以求弹力常数 k、同位素的质量以及分子的解离能 D_0。所谓解离能就是把分子中的化学键破坏而成为中性原子所需要的能量。

8.2.3 双原子分子的振动-转动光谱

双原子分子振动能级改变时，一定伴随着转动能级的变化。这时体系能量的变化应同时考虑振动和转动两种运动所引起的能量变化。

对于基频振动

$$E_{v,r}=\left(v+\frac{1}{2}\right)h\nu+\frac{\hbar^2}{2I}J(J+1) \tag{8.59}$$

按选择定则

$$\Delta v = \pm 1,\quad \Delta J = \pm 1$$

可以有两种形式的跃迁能量变化。

一种是分子从 $E_{v,r}(0,J)$到$E_{v,r}(1,J+1)$，即 $\Delta v = 1$，$\Delta J = 1$

$$\Delta E_{+1} = h\nu + 2B(J+1)\quad (J = 0,1,2,\cdots) \tag{8.60}$$

对应的谱带称为 R 支。

另一种是分子从 $E_{v,r}(0,J+1)$到$E_{v,r}(1,J)$，即 $\Delta v = 1$，$\Delta J = -1$

$$\Delta E_{-1} = h\nu - 2BJ\quad (J = 0,1,2,\cdots) \tag{8.61}$$

对应的谱带称为 P 支。

在基频跃迁中，J 取不同的值，给出 R 支和 P 支谱带的变化情况。表 8.1 为 R 支谱带的变化情况，表 8.2 为 P 支谱带的变化情况。

表 8.1　*R* 支谱带的变化情况

J	0	1	2	3
$J+1$	1	2	3	4
$E_{v,r}$	$h\nu+2B$	$h\nu+4B$	$h\nu+6B$	$h\nu+8B$

表 8.2　*P* 支谱带的变化情况

J	1	2	3	4
$J+1$	0	1	2	3
$E_{v,r}$	$h\nu-2B$	$h\nu-4B$	$h\nu-6B$	$h\nu-8B$

由表 8.1、表 8.2 画出的谱带示于图 8.4 中。

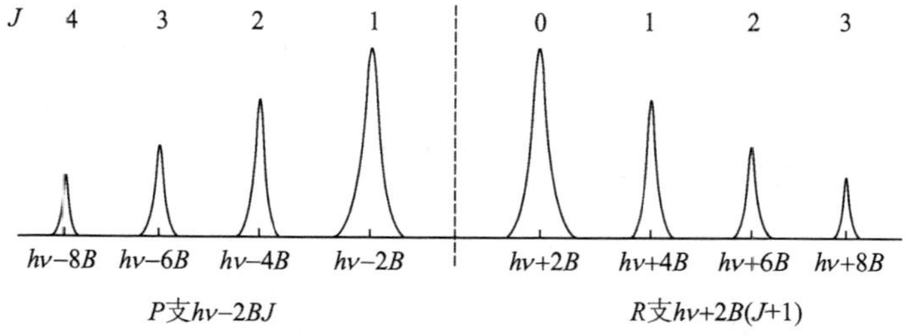

图 8.4　基本谱带的 P 支和 R 支

振动能级差为

$$\Delta E_{\mathrm{v}} = h\nu = \frac{1}{2}\left[(h\nu + 2B) - (h\nu - 2B)\right] = 4B \tag{8.62}$$

若考虑第一泛音和第二泛音，谱带也有 P 支和 R 支，但谱带中各谱线的间距会发生变化。图 8.5（a）是从分辨率低的红外光谱得到的 HCl 的基本谱带，其中的 R 支和 P 支表现为两个宽的吸收峰。图 8.5（b）是从分辨率高的红外光谱得到的基本谱带，P 支和 R 支的每一条线都很明显。

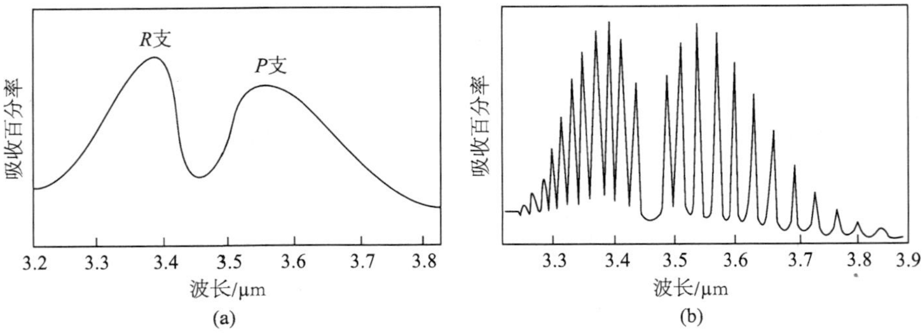

图 8.5　HCl 的振动-转动光谱的基本谱带

8.2.4　双原子分子的电子光谱

1. 双原子分子的电子谱项

1）电子能级

双原子分子中的电子在以核连线为对称轴的势场中运动。各分子轨道上的电子只有在轴方向的角动量分量有一定值，其大小等于 $m\hbar$， $m = 0, \pm 1, \pm 2, \cdots$。具有相同 $|m|$ 值的分子轨道的能量相同，具有不同 $|m|$ 值的分子轨道的能量不同。令

$$\lambda = |m|$$

分子轨道的能量可以用 λ 来表示。光谱学上以小写希腊字母 σ、π、δ、$\cdots$ 表示 $\lambda = 0,1,2,\cdots$ 的分子轨道（状态），相应的角动量在轴方向的分量分别为 0、$\pm\hbar$、$\pm 2\hbar$、$\cdots$。

分子的总轨道角动量的量子数用 L 表示，它的轴分量等于 $M_L\hbar$， $M_L = 0, \pm 1, \pm 2, \cdots, \pm L$，而

$$M_L = \sum m \tag{8.63}$$

具有相同 $|M_L|$ 值的状态能量相同，具有不同 $|M_L|$ 值的能量不同。令

$$\Lambda = |M_L| \tag{8.64}$$

分子的电子能量可以用Λ值表示。光谱学上用大写字母Σ、Π、Δ、$\cdots$表示$\Lambda=0,1,2,\cdots$的状态，相应的总角动量在轴方向的分量分别为0、$\pm\hbar$、$\pm2\hbar$、$\cdots$。

分子中电子的总自旋量子数用S表示，S可以等于零、半整数或正整数，具体由分子中自旋未成对的电子数目决定。总自旋角动量沿轴方向的分量等于$M_S\hbar$。分子光谱中以符号Σ（不要与表示$\Lambda=0$的Σ相混）代替M_S，$\Sigma=\pm S,\pm(S-1),\cdots$，共$2S+1$个值，$\Sigma$可正可负。

分子总角动量沿轴方向的分量为$\Omega\hbar$，Ω与Λ、Σ的关系是

$$\Omega=|\Lambda+\Sigma|,|\Lambda+\Sigma-1,\cdots|,\cdots,|\Lambda-\Sigma| \tag{8.65}$$

对于一个$\Lambda\neq0$的值，则有$2S+1$个不同的$\Lambda+\Sigma$值（若$\Lambda\geqslant S$，有$2S+1$个不同的Ω值)。由于$\vec{S}$与$\vec{\Lambda}$产生的磁相互作用(自旋-轨道耦合作用)，不同的$\Lambda+\Sigma$对应于分子态的不同能级。这样一来，分子的一个给定的$\Lambda\neq0$的电子谱项分裂为$2S+1$个支项。当$\Lambda=0$，如果既没有外磁场，分子又没有转动，则自旋-轨道耦合作用为零，能级没有多重分裂。通常把$2S+1$置于Λ符号的左上角，即$^{2S+1}\Lambda$，称为光谱项。把$2S+1$置于Λ符号的左上角，把$\Lambda+\Sigma$置于Λ符号的右下角，即$^{2S+1}\Lambda_{\Lambda+\Sigma}$，称为光谱支项。无论$\Lambda=0$或$\Lambda\neq0$，$2S+1$都称为光谱项的多重性。

对于$\Lambda<S$的情况，共有$2S+1$个$\Lambda+\Sigma$值，即$2S+1$个支项，但只有$2\Lambda+1$个Ω值。例如，$\Lambda=1$，$S=\dfrac{3}{2}$的谱项$^4\Pi$有四个光谱支项，即$^4\Pi_{\frac{5}{2}}$、$^4\Pi_{\frac{3}{2}}$、$^4\Pi_{\frac{1}{2}}$和$^4\Pi_{-\frac{1}{2}}$，其中后两个光谱支项的Ω值相同，都为$|\Lambda-\Sigma|=\dfrac{1}{2}$。

对于Σ状态，还可按对称性分类。如果相对于一包含分子轴的平面对称就是“+”态，写作Σ^+，反对称就是“−”态，写作Σ^-。

同核双原子分子存在对称中心，如果状态函数相对于它是对称的，则在光谱项符号的右下角标注g，反对称的则标注u，如Σ_g^+、$^2\Pi_u$等。

2）电子能级的跃迁

分子从一个电子状态跃迁到另一个电子状态的选择定则为

$$\Delta S=0$$

即各电子在跃迁过程中自旋方向不变，这一条对重原子常有例外。

$$\Delta\Lambda=0,\pm1$$

对于Σ态

$$\Sigma^+\leftrightarrow\Sigma^+\quad \Sigma^-\leftrightarrow\Sigma^-\quad \Sigma^+\leftarrow\!\!|\!\!\rightarrow\Sigma^-$$

对于同核双原子分子

$$u \leftrightarrow g \quad u \leftarrow\!|\!\rightarrow u \quad g \leftarrow\!|\!\rightarrow g$$

式中 $\leftrightarrow$ 表示允许的跃迁，$\leftarrow\!|\!\rightarrow$ 表示不允许的跃迁。这说明在跃迁时中心对称性必须改变，而节面对称性则不能改变。

氢分子基态电子排布为 $(\sigma_g 1s)^2$，光谱项是 ${}^1\Sigma_g^+$，吸收一个能量为11.4eV 的光子跃迁至激发态，电子排布为 $(\sigma_g 1s)^1(\sigma_u^* 1s)^1$，光谱项是 ${}^1\Sigma_u^+$。也可以吸收一个能量为12.3eV 的光子，电子排布为 $(\sigma_g 1s)^1(\pi_u 2p)^1$，光谱项是 Π_u^+。

分子的电子光谱是分子中的电子在两个谱项间跃迁，吸收或辐射电磁波所产生的。上面氢分子的电子在相应谱项跃迁产生的谱线都在远紫外区。

2. 电子-振动光谱

1）理论分析

分子的电子能级间距比振动能级大得多，电子能级跃迁时一定伴随有分子的振动能级跃迁。在常温下，分子大多处于 $v''=0$ 的振动基态，而电子激发后可处于多个不同的 v'' 振动态。

分子的电子-振动能量

$$E = E_e + \left(v + \frac{1}{2}\right)hc\tilde{\omega} - \left(v + \frac{1}{2}\right)^2 hcx\tilde{\omega} \tag{8.66}$$

分子从下一电子能级的振动能级跃迁到上一电子能级的振动能级吸收光子的波数等于

$$\tilde{\nu} = \frac{\Delta E_e}{hc} + \left[\left(v' + \frac{1}{2}\right)\tilde{\omega}' - \left(v' + \frac{1}{2}\right)^2 x'\tilde{\omega}'\right] - \left[\left(v'' + \frac{1}{2}\right)\tilde{\omega}'' - \left(v'' + \frac{1}{2}\right)^2 x''\tilde{\omega}''\right] \tag{8.67}$$

式中，$\tilde{\omega}'$ 和 $\tilde{\omega}''$ 表示不同电子能级的振动频率（波数），整理得

$$\begin{aligned}\tilde{\nu} = &\left[\frac{\Delta E_e}{hc} + \left(\frac{1}{2}\tilde{\omega}' - \frac{1}{4}\tilde{\omega}'x'\right) - \left(\frac{1}{2}\tilde{\omega}'' - \frac{1}{4}\tilde{\omega}''x''\right)\right] \\ &+ \left[\left(\tilde{\omega}' + \tilde{\omega}'x'\right)v' - \tilde{\omega}'x'v'^2\right] - \left[\left(\tilde{\omega}'' + \tilde{\omega}''x''\right)v'' - \tilde{\omega}''x''v''^2\right]\end{aligned} \tag{8.68}$$

与经验公式

$$\tilde{\nu}(v'v'') = \tilde{\nu}_{00} + (a'v' - b'v'^2) - (a''v'' - b''v''^2) \tag{8.69}$$

相比较，得

$$\tilde{\nu}_{00} = \frac{\Delta E_e}{hc} + \left(\frac{1}{2}\tilde{\omega}' - \frac{1}{4}\tilde{\omega}'x'\right) - \left(\frac{1}{2}\tilde{\omega}'' - \frac{1}{4}\tilde{\omega}''x''\right) \tag{8.70}$$

$$a' = \tilde{\omega}' + \tilde{\omega}'x', \quad a'' = \tilde{\omega}'' + \tilde{\omega}''x'' \tag{8.71}$$

$$b' = \tilde{\omega}'x', \quad b'' = \tilde{\omega}''x'' \tag{8.72}$$

由实验拟合得到a'、b'、a''、b''，从而求得$\tilde{\omega}'$和$\tilde{\omega}''$。

选择定则为

$$\Delta S = 0 \text{且} \Delta \Lambda = 0, \pm 1; \Delta \nu = 0, \pm 1, \pm 2, \cdots$$

对于Σ状态，电子能级的跃迁

$$\Sigma^+ \leftrightarrow \Sigma^+、\Sigma^- \leftrightarrow \Sigma^-; \mathrm{u} \leftrightarrow \mathrm{g}; \Delta v = 0, \pm 1, \pm 2, \cdots$$

图8.6画出了分子从电子基态至激发态的跃迁，v''和v'分别表示基态和激发态的振动量子数。从同一v''能级出发跃迁至不同v'能级的跃迁所产生的谱线称为v'进行式带系；而从不同v''能级跃迁至同一v'能级所产生的谱线称为v''进行式带系。

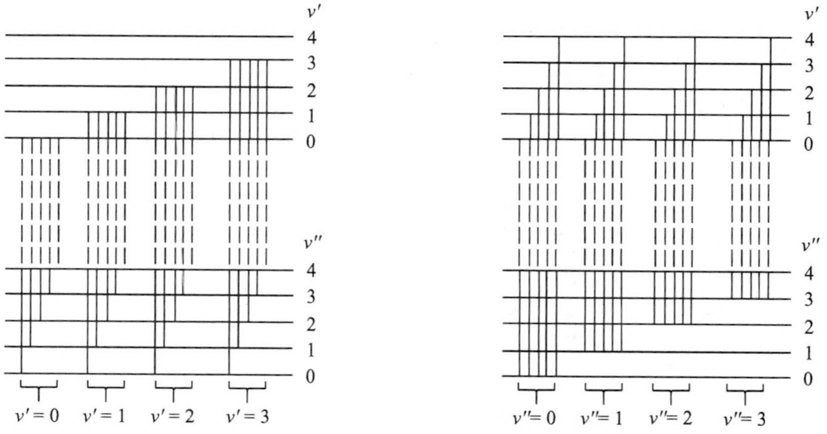

(a) (a)v''进行式带系

(b) (b)v'进行式带系

图8.6 进行式带系的能级图

通常分子处于基态$v''=0$的概率最大，所以吸收光谱中与$v''=0$相应的第一个进行式带系最强，称为零谱带系。与$v''=1$相应的v'进行式带系弱，称为热谱带系。

2）弗兰克-康登原理

零谱带系各谱带的强度分布有三种情况：$v'=0$带最强，随v'增加，谱带强度很快减小；开始时谱带强度随v'增加而增加，v'增大到某个值后谱带强度慢慢减小；v'小的谱带强度弱，随v'增加，谱带强度增加，直至离解的连续区（图8.7）。

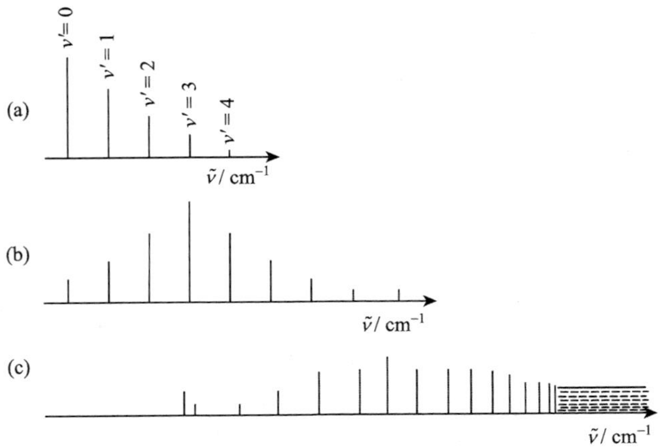

图 8.7　零谱带系的强度分布

弗兰克-康登（Franck-Condon）原理（图 8.8）：电子跃迁的过程是一个非常迅速的过程，虽然跃迁后电子态改变，但在这样短的时间内核的运动还没来得及改变，还保持原来的核间距和运动速度。用图像表示，即从低的电子能级的 $v''=0$ 的振动状态画一垂线与高的电子能级的势能曲线相交于 $v'=k$ ，则跃迁到振动态 $v'=k$ 的可能性最大。

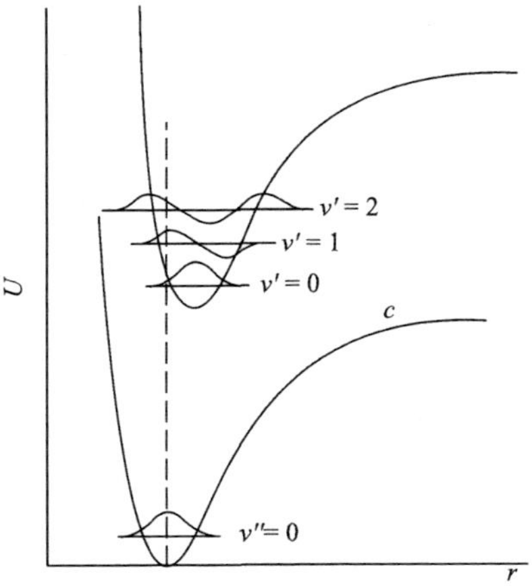

图 8.8　弗兰克-康登原理

1925 年，弗兰克提出这一原理的思想，1928 年，康登给出这一原理的量子力学证明。

应用弗兰克-康登原理可以解释零谱带系的强度分布（图 8.9）：

当上下两个电子能级的势能曲线最低点的位置相近时，从 $v''=0$ 到 $v'=0$ 的跃迁可能性最大，强度也最强。随 v' 的增加跃迁难度增大，所以谱带强度随 v' 增大迅速减小。

当上下两个势能曲线最低点位置不同时，如果上面的平衡核间距大，跃迁在振动态 $v'=0$ 的可能性就不是最大的，最大的是从 A 到 B，所以 $v'=B$ 的谱带最强。

如果上一电子能级的势能曲线平衡核间距较大而且较平浅时，跃迁可能性最大的能级已经是离解状态，所以谱带系的一段成为连续谱。

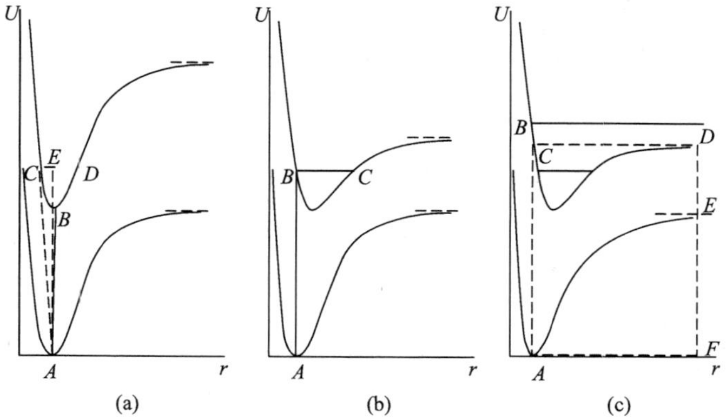

图 8.9 弗兰克-康登原理对零谱带系分布强度的解释

在发射光谱中，一个谱带系有两条强度最大的谱带（图 8.10），根据弗兰克-康登原理，这是因为分子在上一电子态的 AB 振动能级，核间距在 OA、OB 的时间最长。所以，向下一电子态跃迁时，跃迁到振动能级 CD 和 EF 的概率最大。因此，在谱带系中，出现两条强度最大的谱带。

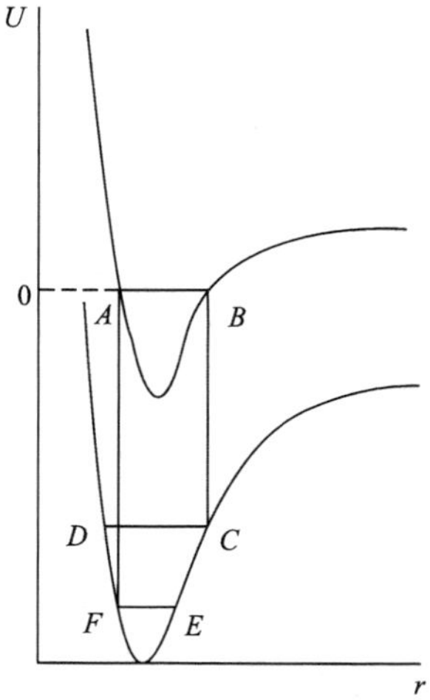

图 8.10 发射光谱强度分布的弗兰克-康登原理解释

3）电子-振动-转动光谱

分子的转动能量比电子和振动能量小很多，当电子-振动能级跃迁时也会引起转动能级跃迁。分子的总能量

$$E = E_e + E_v + B_v J(J+1)hc \tag{8.73}$$

分子能级跃迁时，相应谱线的波数

$$\tilde{\nu} = (T_e' - T_e'') + (G_v' - G_v'') + B_v' J'(J'+1) - B_v'' J''(J''+1) \tag{8.74}$$

式中，B_v' 和 B_v'' 分别是属于振动态 v' 和 v'' 的转动常数，所以 B_v' 和 B_v'' 不相等。对一确定的谱带系，ΔE_e 是常数，在同一谱带 $T_e' - T_e''$ 和 $G_v' - G_v''$ 都是常数，所以

$$\tilde{\nu} = \tilde{\nu}_0 + B_v' J'(J'+1) - B_v'' J''(J''+1) \tag{8.75}$$

$$\tilde{\nu}_0 = (T_e' - T_e'') + (G_v' - G_v'') \tag{8.76}$$

选择定则如下：

如果上下分子能级都是属于 Σ 电子态，则 $\Delta J = \pm 1$，没有 Q 支。

如果有一个电子态不是 Σ 态，$\Delta J = 0, \pm 1$，出现 Q 支。

P 支 $(\Delta J = -1)$、R 支 $(\Delta J = 1)$ 和 Q 支 $(\Delta J = 0)$ 谱线的波数依次为

$$\tilde{\nu}_P = \tilde{\nu}_0 + B_v'(J-1)J + B_v''(J+1)J = \tilde{\nu}_0 - (B_v' - B_v'')J + (B_v' - B_v'')J^2 \tag{8.77}$$

$$J = 1, 2, 3, \cdots$$

$$\tilde{\nu}_R = \tilde{\nu}_0 + (B_v' + B_v'')J + (B_v' - B_v'')J^2 \tag{8.78}$$

$$J = 0, 1, 2, \cdots$$

$$\tilde{\nu}_Q = \tilde{\nu}_0 + (B_v' - B_v'')J(J+1) \tag{8.79}$$

$$J = 1, 2, \cdots$$

由于 B_v' 和 B_v'' 数值相差很小，所以 Q 支各谱线排列很密。

P 支和 Q 支可统一表示为

$$\tilde{\nu} = \tilde{\nu}_0 + (B_v' + B_v'')m + (B_v' - B_v'')m^2 \tag{8.80}$$

$m = 1, 2, \cdots$ 为 R 支；$m = -1, -2, \cdots$ 为 P 支。与经验公式

$$\tilde{\nu} = c + dm + em^2 \tag{8.81}$$

相比较，得

$$d = B_v' + B_v'', e = B_v' - B_v'' \tag{8.82}$$

图 8.11 是分子的电子振动-转动谱带的能级图。

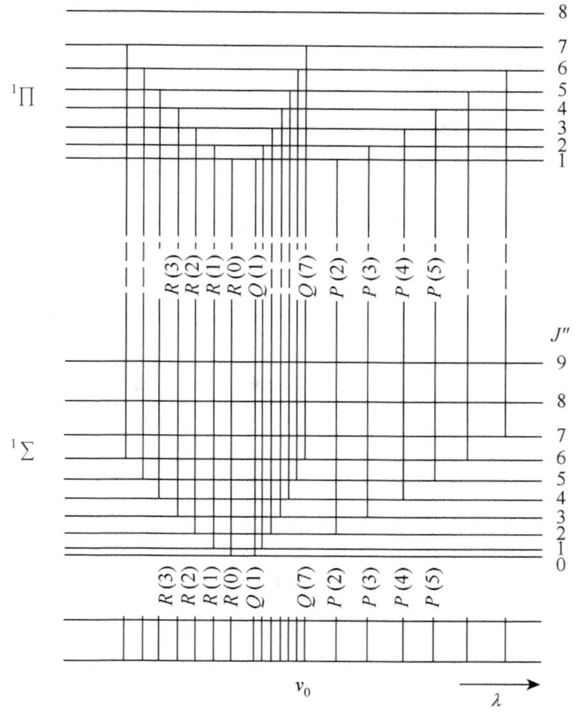

图 8.11　谱带的能级图

8.3　多原子分子光谱

8.3.1　多原子分子光谱的分类

按照分子能级跃迁的不同，多原子分子光谱可分为三类：

（1）转动光谱。由分子的转动能级跃迁产生的光谱称为转动光谱，波长范围在微波区。

（2）振动光谱。由分子的振动能级跃迁产生的光谱称为振动光谱。由于振动能级远大于转动能级，振动能级的跃迁会同时引起转动能级的跃迁，所以振动光谱中包含转动光谱，而成为振动-转动光谱。其波长范围在红外区。

（3）电子光谱。由多原子分子的价电子的跃迁产生的光谱称为电子光谱。由于电子的跃迁常常伴随着分子的振动能级和转动能级的变化，所以电子光谱包含振动和转动光谱的精细结构。电子光谱在紫外及可见光区，少数可延伸至近红外区。

8.3.2　多原子分子的转动光谱

1. 多原子分子的转动惯量

对于多原子分子，同样也会绕质心转动。由于多原子分子的自由度数比双原子分子的自由度数多，所以更为复杂。对多原子分子来说，通过分子的某一轴线，就有一个相应的转动惯量，设通过分子质心，方向角为 (θ,φ) 的轴线的转动惯量为 I，则

$$I = I(\theta,\varphi) = \sum_{i=1}^{N} M_i r_i^2 \tag{8.83}$$

式中，N 是分子所包含的原子核数；M_i 是第 i 个原子核的质量；r_i 是第 i 个核至轴线的距离。如果以 $\sqrt{\frac{1}{I}}$ 对 (θ,φ) 做立体图，可得一椭球体，它有三个互相垂直的主轴 A、B、C。对这三个主轴的转动惯量称为主转动惯量，并以 I_A、I_B、I_C 表示，即

$$I_A = \sum_{i=1}^{N} M_i r_{A_i}^2,\quad I_B = \sum_{i=1}^{N} M_i r_{B_i}^2,\quad I_C = \sum_{i=1}^{N} M_i r_{C_i}^2 \tag{8.84}$$

分子沿三个主轴方向的角动量以 L_X、L_Y、L_Z 表示，总角动量 L 则为

$$L^2 = L_X^2 + L_Y^2 + L_Z^2 \tag{8.85}$$

分子的转动能为

$$E_{\mathrm{r}} = \frac{L_X^2}{2I_X} + \frac{L_Y^2}{2I_Y} + \frac{L_Z^2}{2I_Z} \tag{8.86}$$

例如，水分子（图 8.12）在 x、y、z 轴上的转动惯量的分量为

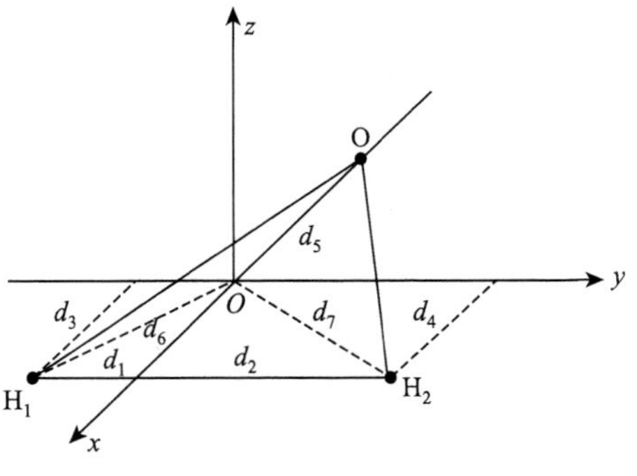

图 8.12　H_2O 的坐标

$$I_X = M_{H_1} d_1^2 + M_{H_2} d_2^2$$
$$I_Y = M_{H_1} d_3^2 + M_{H_2} d_4^2 + M_O d_5^2$$
$$I_Z = M_{H_1} d_6^2 + M_{H_2} d_7^2 + M_O d_5^2$$

转动能为

$$E_r = \frac{L_X^2}{2I_X} + \frac{L_Y^2}{2I_Y} + \frac{L_Z^2}{2I_Z}$$

上面讨论了一般分子的转动惯量，下面讨论几种特殊情况。

2. 几种特殊构型分子的转动惯量

1）直线形分子

$$I_X = 0,\quad I_Y = I_Z,\quad L_X = 0,\quad L_Y = L_Z$$

$$E_r = \frac{L_Y^2}{2I_Y} + \frac{L_Z^2}{2I_Z} = \frac{L^2}{2I_Y} \tag{8.87}$$

相应的薛定谔方程为

$$\frac{\hat{L}^2}{2I_Y} Y_J^K(\theta,\varphi) = E_r Y_J^K(\theta,\varphi) \tag{8.88}$$

所以

$$E_r(J) = \frac{\hbar^2}{2I_Y} J(J+1) = BJ(J+1) \tag{8.89}$$

选择定则为

$$J = 0,1,2,\cdots;\Delta J = \pm 1$$

当分子从 J 跃迁到 $J+1$ 状态时，吸收的辐射的频率为

$$\nu(J \to J+1) = \frac{\Delta E_r}{h} = \frac{E_r(J+1) - E_r(J)}{h} = \frac{2B}{h}(J+1) \tag{8.90}$$

2）对称陀螺分子

对称陀螺分子是有一个 $n(n>2)$ 重对称轴的分子，如 NH_3 分子。取此对称轴为 z 轴，则

$$I_X = I_Y \neq I_Z \quad L_X = L_Y \neq L_Z$$

$$E_r = \frac{L_X^2}{2I_X} + \frac{L_Y^2}{2I_Y} + \frac{L_Z^2}{2I_Z} = \frac{L^2}{2I_X} + L_Z^2\left(\frac{1}{2I_Z} - \frac{1}{2I_X}\right) \tag{8.91}$$

相应的薛定谔方程为

$$\left[\frac{\hat{L}^2}{2I_X} + \left(\frac{1}{2I_Z} - \frac{1}{2I_X}\right)\hat{L}_Z^2\right] Y_J^K(\theta,\varphi) = E_r Y_J^K(\theta,\varphi) \tag{8.92}$$

能量表达式为

$$E_{\mathrm{r}}=\frac{\hbar^{2}}{2I_{X}}J\left(J+1\right)+\left(\frac{1}{2I_{Z}}-\frac{1}{2I_{X}}\right)K^{2}\hbar^{2} \tag{8.93}$$

令

$$B=\frac{\hbar^{2}}{2I_{X}},A=\frac{\hbar^{2}}{2I_{Z}} \tag{8.94}$$

得

$$E_{\mathrm{r}}=BJ(J+1)+(A-B)K^{2}$$
$$J=0,1,2,\cdots$$
$$K=0,\pm1,\pm2,\cdots$$

选择定则为

$$\Delta J=\pm1,\Delta K=0$$

3）球形分子

$$I_{X}=I_{Y}=I_{Z} \tag{8.95}$$

$$E_{\mathrm{r}}=\frac{L^{2}}{2I_{X}} \tag{8.96}$$

相应的薛定谔方程为

$$\frac{\hat{L}^{2}}{2I_{X}}Y_{J}^{K}(\theta,\varphi)=E_{\mathrm{r}}Y_{J}^{K}(\theta,\varphi) \tag{8.97}$$

解得

$$E_{\mathrm{r}}=\frac{\hbar^{2}}{2I_{X}}J(J+1) \tag{8.98}$$

这类分子的偶极矩 $\vec{\mu}$ 等于零，没有转动光谱。

8.3.3　多原子分子的振动能级和振动光谱

1. 简正振动

一个多原子分子的振动方式是复杂的、无规则的，但我们可以将这种无规则的复杂振动看成是由许多简单振动叠加而成的结果。这种简单的振动称为分子的简正振动。

如果不考虑电子的运动，则由 N 个原子组成的分子的运动状态可由 $3N$ 个坐标描述，这是由于每个原子有 x 、 y 、 z 三个坐标。这 $3N$ 个坐标所描述的运动状态可以归结为分子质心沿 x 、 y 、 z 三个方向的三个平移运动，整个分子绕三个坐标轴的转动和 $3N-6$ 个基本的振动运动，如果是直线形分子，则有 $3N-5$ 个基本的振动运动。这些基本的振动运动就是简正振动。

例如，CO_2 分子是直线形分子，它有 $3N-5=3\times3-5=4$ 个简正振动，如图 8.13 所示。图中 ⊗ 和 ⊙ 分别表示垂直于纸面的向里和向外运动。振动（1）和（2）都是使 C—O 键长改变的振动，称为伸缩振动。（3）和（4）都是使 O—C—O 键角改变的弯曲振动。键长伸缩比键角改变需要的能量多，所以伸缩振动的频率大于弯曲振动的频率。

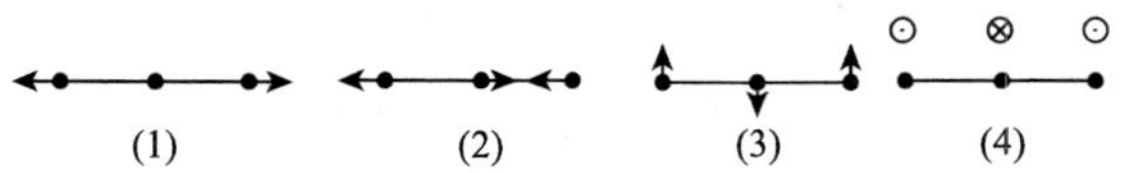

图 8.13　CO_2 分子的简正振动

H_2O 有 $3N-6=3\times3-6=3$ 个简正振动，如图 8.14 所示。其中（1）、（3）是伸缩振动，（2）是弯曲振动。

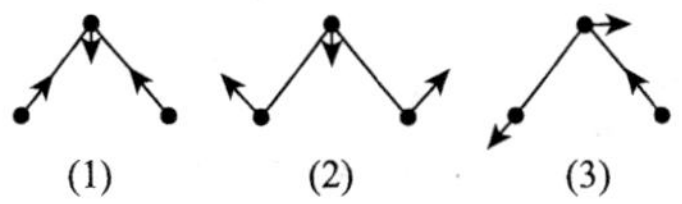

图 8.14　H_2O 的简正振动

2. 基频振动

对于一个分子的 $3N-6$ 或 $3N-5$ 个简正振动，相应地存在 $3N-6$ 或 $3N-5$ 个振动分状态。而分子的总的振动状态可以表示成各分状态的连乘，即

$$\psi_{\mathrm{v}}=\prod_{i=1}^{n}\psi_i(v_i) \tag{8.99}$$

式中，ψ_{v} 是分子的总振动状态；ψ_i 是分子的第 i 个分振动状态；v_i 是第 i 个分振动状态的量子数。相应于每个简正振动的分振动状态的能量也都是量子化的。当所有的 $v_i=0$ 时，上式可写成

$$\psi_{\mathrm{v}}(0)=\prod_{i=1}^{n}\psi_i(0) \tag{8.100}$$

式中，$\psi_{\mathrm{v}}(0)$ 称为分子振动的基态。若分子吸收能量后，仅有一个振动方式由基态 $(v=0)$ 跃迁到 $v=1$ 的状态，这种跃迁称为基频跃迁，可表示为

$$\prod_{i=1}^{n}\psi_i(0)\rightarrow\psi_j(1)\prod_{\substack{i=1\\(i\neq j)}}^{n-1}\psi_i(0) \tag{8.101}$$

这种跃迁主要是由分子本身的振动引起了偶极矩的变化而产生的。这种跃迁产生的光谱一般在红外区，称为红外光谱。令

$$\psi_{\mathrm{v}}(j=1)=\psi_{j}(1)\prod_{\substack{i=1\\(i\neq j)}}^{n-1}\psi_{i}(0) \tag{8.102}$$

若使跃迁 $\psi_{\mathrm{v}}(0)\rightarrow\psi_{\mathrm{v}}(j=1)$ 发生，需满足如下条件中的任何一个。

$$\left.\begin{aligned}\int\psi_{\mathrm{v}}(0)\mu_{x}\psi_{\mathrm{v}}(j=1)\mathrm{d}\tau\neq 0\\ \int\psi_{\mathrm{v}}(0)\mu_{y}\psi_{\mathrm{v}}(j=1)\mathrm{d}\tau\neq 0\\ \int\psi_{\mathrm{v}}(0)\mu_{z}\psi_{\mathrm{v}}(j=1)\mathrm{d}\tau\neq 0\end{aligned}\right\} \tag{8.103}$$

只有瞬间偶极矩发生变化的简正振动才有红外光谱。

除红外光谱外，当分子受到单色可见光或紫外光照时，可能引起分子的振动能级或转动能级的跃迁，从而使得入射光的光子能量及频率发生变化，于是被分子散射出来的光子就有频率改变的现象。这种被分子散射出来的包括若干新频率光的光谱称为拉曼（Raman）光谱。拉曼光谱的跃迁规则是

$$\int\psi_{\mathrm{v}}(0)\rho\psi_{\mathrm{v}}(j=1)\mathrm{d}\tau\neq 0 \tag{8.104}$$

式中，ρ 为极化张量因子。必须伴随有极化率 α 改变的简正振动才有拉曼光谱。

例如，在 CO_2 分子的振动（1）中，两个 C—O 键同时伸长，同时缩短，在振动过程中，分子的偶极矩始终等于零，因此振动（1）没有红外光谱。但 α 发生变化，有频率为 ν_1 的拉曼光谱。在振动（2）中，一个 C—O 键伸长，另一个 C—O 键缩短，所以分子有瞬间偶极矩变化。在振动（3）和（4）中，分子发生弯曲，也都有瞬间偶极矩变化，所以振动（2）、（3）和（4）分别有红外光谱 ν_2、$\nu_3=\nu_4$。而在振动（3）和（4）中，只有键角改变，没有键长变化，α 非常小，也没有频率为 $\nu_3(=\nu_4)$ 的拉曼光谱。

3. 合频跃迁与泛频跃迁

前面讨论了单一基频跃迁，即 $\psi_{\mathrm{v}}(0)\rightarrow\psi_{\mathrm{v}}(j=1)$。在实际光谱中还有如下两种跃迁

$$\psi_{\mathrm{v}}(0)\rightarrow\psi_{\mathrm{v}}(j=1,l=1)=\psi_{j}(1)\psi_{l}(1)\prod_{\substack{i=1\\(i\neq j\neq l)}}^{k-2}\psi_{i}(0) \tag{8.105}$$

称为合频跃迁。

$$\psi_{\mathrm{v}}(0)\rightarrow\psi_{\mathrm{v}}(j=2)=\psi_{j}(2)\prod_{\substack{i=1\\(i\neq j)}}^{k-1}\psi_{i}(0) \tag{8.106}$$

称为泛频跃迁。

在某些条件下，合频或泛频跃迁与某些基频跃迁有着强烈的相互作用，这种现象称为费米共振。

4. 力常数和特征频率

简正振动中一类是键长改变，另一类是键角变化。键长、键角的改变可用来描述简正振动。键长、键角称为分子内坐标。对于一个分子的简正振动可以由一组分子内坐标的改变来描述。

例如，H_2O 的键长改变用 Δd_1、Δd_2 表示，键角改变用 $\Delta\theta$ 表示，则 H_2O 分子内坐标的变化可如图 8.15 表示。

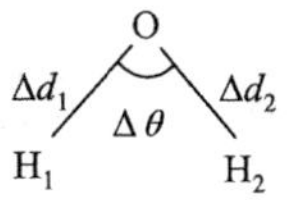

图 8.15　H_2O 分子内坐标的变化

若不考虑 d_2、θ 的变化，仅考虑 d_1 的变化，则可将 O—H_1 键长改变 Δd_1 看成简正振动，相应就有力常数 $f_{d_1d_1}$；同理对 Δd_2、$\Delta\theta$ 也分别存在力常数 $f_{d_2d_2}$、$f_{\theta\theta}$。若 d_1、d_2、θ 的相互变化也同时考虑，也有相应的力常数，可列成表 8.3。

表 8.3　力常数表

	Δd_1	Δd_2	$\Delta\theta$
Δd_1	$f_{d_1d_1}$	$f_{d_1d_2}$	$f_{d_1\theta}$
Δd_2	$f_{d_2d_1}$	$f_{d_2d_2}$	$f_{d_2\theta}$
$\Delta\theta$	$f_{\theta d_1}$	$f_{\theta d_2}$	$f_{\theta\theta}$

写成矩阵，可得

$$F=\begin{pmatrix} f_{d_1d_1} & f_{d_1d_2} & f_{d_1\theta} \\ f_{d_2d_1} & f_{d_2d_2} & f_{d_2\theta} \\ f_{\theta d_1} & f_{\theta d_2} & f_{\theta\theta} \end{pmatrix} \tag{8.107}$$

称为力常数矩阵，这样就将对一个分子的键长、键角变化的研究转变成对力常数 f 的研究。力常数通常可由实验测得的频率计算。力常数有些代表键的伸缩振动，如 $f_{d_1d_1}$、$f_{d_2d_2}$；有些代表键的弯曲，如 $f_{\theta\theta}$ 等。因为 H_1 和 H_2 间的作用力远小于化学键力，所以 $f_{dd} > f_{\theta\theta}$。而由于 $\Delta E \propto F$，所以伸缩振动的跃迁出现在高频区，而弯曲振动的跃迁出现在低频区。伸缩振动相应的力常数 f_{dd} 与键能密切相关。一般来说，某个化学基团在不同的化合物中键能变化不大，因此伸缩力常数变化也不大，因而形成了这个化学基团的特征频率。例如，基团—OH 键伸缩振动的特征频率为 3500～3700cm^{-1}。对于弯曲振动，如 H_2O 分子，H_1 和 H_2 之间不形成化学键，键角稍有变化，则会引起 $f_{\theta\theta}$ 的明显变化。因而同一个化学基团在不同的化合物中，只要构型稍有不同，在低频区的吸收峰就会明显地不同，形成指纹区，可用以鉴别不同的化合物。例如，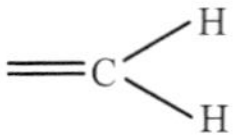 中的 C—H 键的弯曲振动频率为 1100cm^{-1} 左右，而 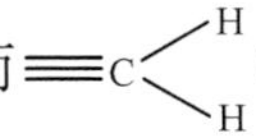 中的 C—H 键的弯曲振动频率为 700cm^{-1} 左右。

8.3.4　多原子分子的电子光谱

多原子分子的价电子跃迁产生的光谱称为电子光谱。多原子分子的电子光谱在紫外和可见光区，也有少数的电子光谱延伸到近红外区。多原子分子的价电子吸收紫外或可见光由低能级向高能级跃迁，产生的光谱称为多原子分子的吸收光谱；多原子分子的价电子由高能级向低能级跃迁，产生的光谱称为多原子分子的发射光谱。按照发射光谱产生的机制不同，又细分为荧光光谱、磷光光谱和化学发光。由于价电子的跃迁会伴随分子振动能级和转动能级的变化，多原子分子的电子光谱的谱形是宽峰，具有精细结构。

多原子分子的吸收光谱研究方便，应用较多，因此研究得多。下面介绍有机化合物的电子吸收光谱。

多原子分子的内层电子能级低、不易激发，所以可以按照价电子的性质差别讨论多原子分子的吸收光谱。

1. 电子跃迁的类型

有机化合物的基态价电子有成键 σ 电子、成键 π 电子和非键 n 电子，吸收紫外或可见光后会跃迁到分子的空轨道上，即反键 σ^* 轨道、反键 π^* 轨道，可以写作 $\sigma\rightarrow\sigma^*$、$\pi\rightarrow\pi^*$、$n\rightarrow\sigma^*$、$n\rightarrow\pi^*$。

（1）$\sigma\rightarrow\sigma^*$ 跃迁。σ 电子能级低、不易被激发，$\sigma\rightarrow\sigma^*$ 跃迁需要能量多，吸收光谱在紫外区（λ<150nm）。例如，正乙烷、正庚烷等饱和烃分子的电子吸收光谱就是 $\sigma\rightarrow\sigma^*$ 跃迁。

（2）$n\rightarrow\sigma^*$ 跃迁。饱和烃的氧、氮、硫、卤素等衍生物分子的电子吸收光谱是 $n\rightarrow\sigma^*$ 跃迁。

（3）$\pi\rightarrow\pi^*$ 跃迁。不饱和烃的 π 电子容易激发到 π^* 轨道上。例如，不饱和烃含双键的基团如羟基、偶氮基、硝基等的电子吸收光谱是 $\pi\rightarrow\pi^*$ 跃迁。

（4）$n \rightarrow \pi^*$ 跃迁。在双键上连着氧、氮、硫、卤素等杂原子，杂原子的孤对电子是非键电子，其吸收光谱是 $n \rightarrow \pi^*$ 跃迁。例如，丙酮的 λ=279nm 的吸收峰就是 $n \rightarrow \pi^*$ 跃迁。

2. 多原子分子电子光谱的分子轨道理论解释

利用分子轨道理论可以解释多原子分子的电子光谱。图 8.16 是有机分子中的价电子跃迁图。图中的横线代表分子轨道，带箭头的竖线代表电子跃迁。两个分子轨道的能级差与光谱频率的关系为

$$\Delta E = n\lambda$$

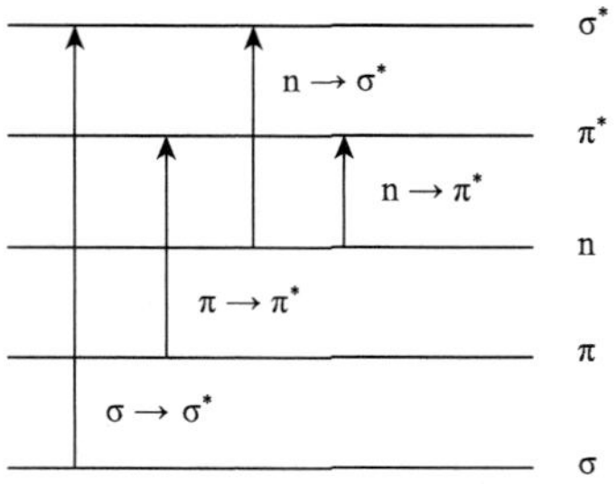

图 8.16 有机分子中的价电子跃迁

例如，共轭烯烃含有 n (n 为偶数)个 π 电子，其最高占据轨道是 $\psi_{\frac{n}{2}}$，最低空轨道是 $\psi_{\frac{n}{2}+1}$，被光照射，电子从 $\psi_{\frac{n}{2}}$ 轨道跃迁到 $\psi_{\frac{n}{2}+1}$，相应的光谱带称为 P 带，这是共轭烯烃在长波位置的第一个光谱带。根据分子轨道理论，第二个分子轨道的能量是

$$E_i = \alpha + 2\beta \cos\left(\frac{i\pi}{n+1}\right) \quad (i = 1,2,3,\cdots,n) \tag{8.108}$$

由式（8.108）得到第一吸收峰的激发能：

$$\Delta E = E_2 - E_1 = 4\beta \sin\left[\frac{\pi}{2(n+1)}\right] \tag{8.109}$$

可见，随着共轭 π 电子数目的增加，第一个吸收峰向长波方向移动。其波数与 $\sin\left[\frac{\pi}{2(n+1)}\right]$ 呈线性关系。由实验数据拟合得到的第一个吸收峰的波数为

$$\tilde{\nu}_1 = \frac{1}{10^{-4}}\left\{1.634 + 9.214\left[\frac{\pi}{2(n+1)}\right]\right\} \tag{8.110}$$

式（8.110）和式（8.109）两者符合。

3. 影响多原子分子电子光谱的外部因素

1）温度的影响

影响多原子分子的电子光谱的外部因素主要是温度和溶剂。

多原子分子电子能级的跃迁伴随着分子的振动和转动能级的变化，因此多原子分子的电子光谱为宽峰。降低温度可以减少振动能级和转动能级的贡献，使单个电子的跃迁显示出来。例如，反式二苯乙烯的电子光谱在 20℃是宽峰，在−185℃是分裂的窄峰（图 8.17）。

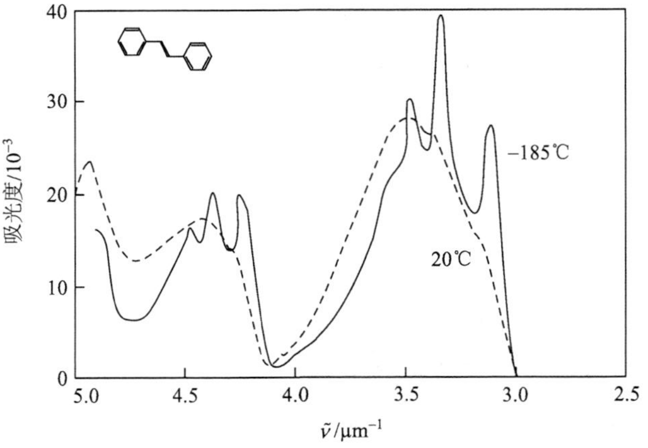

图 8.17　20℃（虚线）和−185℃（实线）测得的反式二苯乙烯的紫外吸收光谱

溶剂：异戊烷-甲基环己烷（体积比 5：1）

2）溶剂的影响

多原子分子会与溶剂作用形成氢键、络合物等，因此会改变多原子分子光谱的结构、峰的位置。例如，苯酚用乙醇为溶剂的紫外吸收光谱具有宽峰，看不到精细结构；用己烷为溶剂的紫外吸收光谱则分裂为 3 个峰（图 8.18）。

随着溶剂的极性增大，$n \to \sigma^*$ 跃迁谱带发生蓝移，$\pi \to \pi^*$ 跃迁谱带发生红移。这两个峰的距离缩小。

多原子分子与溶剂形成氢键的相对强度大小不同，紫外吸收光谱的吸收峰发生红移或蓝移。多原子分子与溶剂形成络合物，紫外吸收光谱谱带位置发生移动，造成光的颜色改变。

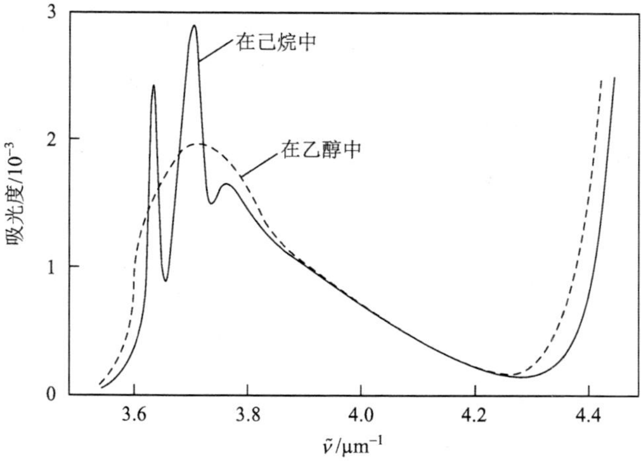

图 8.18 溶剂对苯酚紫外吸收光谱的影响

4. 多原子分子的紫外和可见吸收光谱的应用

多原子分子的紫外和可见吸收光谱在分析化学中的应用很多，是基于一个或多个波长的光密度分析，因此称为分光光度法。例如，金属元素的比色法或分光光度法分析，络合物的组成和稳定常数的测量，分子结构的推测，互变异构体的判别，酸碱电离常数的测量，以及分子化合物的判别和含量测量。

习 题

8.1 $^{1}H^{85}Br$ 分子远红外光谱的邻近两线间的距离为 $16.9298cm^{-1}$，计算其转动惯量和核间距。$^{1}H = 1.0078$，$^{85}Br = 80.9163$。

8.2 $^{12}C^{32}S$ 分子从转动能级 $J=0$ 跃迁至 $J=1$ 吸收的光的频率 $\nu = 4.917\times 10^{10}s^{-1}$，计算其键长。

8.3 CO 分子的近红外光谱在 $2144cm^{-1}$ 处有一强谱带，计算：

（1）基本谱带的频率；

（2）振动周期；

（3）力常数；

（4）零点能。

8.4 HI 的近红外光谱基本谱带 $\tilde{\nu} = 2230.1cm^{-1}$，求其力常数。

8.5 讨论弗兰克-康登原理对谱带强度分布的影响。

8.6 计算 $^{16}O^{12}C^{32}S$ 分子的转动惯量，其微观谱线频率为 24325.92MHz，36488.82MHz，48651.64MHz，60814.08MHz。

8.7 实验测得二甲苯的三个异构体在 650～900cm^{-1} 区间的红外光谱为（1）两个吸收峰 767cm^{-1} 和 692cm^{-1}，（2）一个吸收峰 792cm^{-1}，（3）一个吸收峰 742cm^{-1}。邻二甲苯、对二甲苯、间二甲苯的吸收峰各是哪个？

8.8 苯胺的紫外、可见吸收光谱和苯的紫外、可见吸收光谱差别较大，但苯胺的盐酸盐和苯的紫外吸收光谱相近，解释之。

第 9 章　光电子能谱

应用量子力学理论可以计算原子或分子轨道的能量，如果能够准确测量原子或分子的轨道能量，就可以直接验证理论方法的正确性。这具有重要意义。原子或分子的激发态轨道的电离能可以从分子光谱的实验得到，而内层轨道和价轨道的电离能则可由光电子能谱实验给出。另外，从光电子能谱实验还可以得到原子或分子结构的其他信息。本章讨论光电子能谱的原理、方法和应用。

9.1　光电子能谱原理和仪器

9.1.1　原理

光电子能谱的基本物理过程是光电效应，即光子打在样品上，样品中原子（或分子）的某一轨道上的电子吸收了光子而被电离出来，该电子成为光电子。该过程可以表示为

$$M + h\nu \longrightarrow M^+ + e^- \quad (9.1)$$

式中，M 为原子或分子；M^+ 为激发态的离子或激发态的分子离子；e^- 为电离出来的光电子。

若以 E_M 代表始态 M 的能量，E_{M^+} 代表终态的 M^+ 的能量，E_{kin} 代表光电子的动能，则按能量守恒原理

$$E_{M^+} - E_M = h\nu - E_{kin} \quad (9.2)$$

其中

$$E_{M^+} - E_M = E_b \quad (9.3)$$

为电离后离子与电离前原子（或分子）的能量差，即原子或分子中某壳层电子的结合能，也可以看作电子锁在轨道的能量。式（9.2）可写作

$$E_b = h\nu - E_{kin} \quad (9.4)$$

对自由原子或分子来说，结合能是指把电子从所在能级激发到无穷远处成为动能为零的真空自由电子所需要的能量。由于不同元素不同能级的光电子的动能和强度（正比于光电子数目）都不相同，通过测量光电子的能量、强度和角度分布可以确定物质的成分和结构。这种通过测量光电子能量、强度和角度分布研究物质

的成分和结构的方法称为光电子能谱法或电子能谱法。以光电子动能 E_{kin}(eV) 或电子结合能 E_b(eV) 为横坐标，强度（单位脉冲数/秒，即 P_s）为纵坐标所画出的曲线即为光电子能谱。按照激发光源的不同，光电子能谱可以分为紫外光电子能谱（UPS）和 X 射线光电子能谱（XPS）。光电效应早在 19 世纪末就被发现了，由于精确测量电子能量困难，将其应用于化学分析和物质结构的研究在 20 世纪 60 年代初期才得以实现。在这一领域内英国人特纳（Turner）、苏联人维列索夫（Вилесов）和瑞典人凯·西格巴恩（Kai Siegbahn）等做了开创性的工作。

9.1.2 光电子能谱仪的结构

光电子能谱仪由激发源、单色器、样品室、电子能量分析器、电子检测器、数据处理系统和真空系统等部分组成。图 9.1 为光电子能谱仪的示意图。

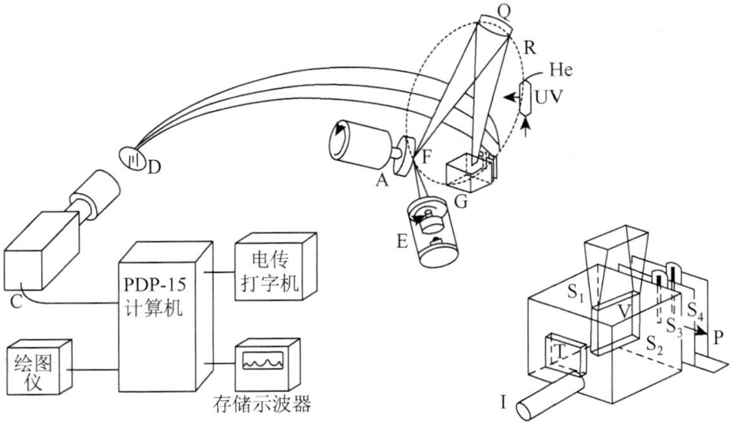

图 9.1 光电子能谱仪的示意图

E. 电子枪；A. 旋转阳极；F. 焦点；Q. 石英球面弯曲；UV. 氦灯；R. 罗兰圈；S_1、S_2、S_3、S_4. 狭缝；G. 气体样品室；V. 有效照射气体体积；T. 升温装置；I. 气体入口；P. 两级压差泵系统，其上加电子阻滞电压；D. 多道板式检测器；C. 电视录像机

激发源要求强度大、单色性好。XPS 常采用 Al、Mg 等轻元素发射的自然宽度窄的 $K_{\alpha_{1,2}}$ 射线为激发线，UPS 常用 He1（21.22eV）或 He2 线（40.8eV）为激发线。

为了排除干扰，激发用 X 射线或紫外线还需要单色化，通常采用石英单晶作单色器以获得很窄 (<0.4eV) 的单色 X 射线。

样品室是样品受光照射电离，产生光电子的装置。为避免光电子与气体做非弹性碰撞而损失能量，样品室必须高真空 ($<10^{-2}$ Pa) 。

电子能量分析器用来分析从样品室出来的光电子的动能。要求分析器灵敏度高，能量分辨率好（通常分辨率为0.1%～0.01%），内部真空度高，磁屏蔽好（内部剩余干扰磁场 $<10^{-8}$ T）。

电子检测器用来检测从分析器出来的光电子数。目前用得多的检测器是电子倍增器，其放大倍数可达 $10^6 \sim 10^8$。

数据处理系统用来记录谱函数，解谱，即自动找峰、拟合本底和峰形函数、自动扣除本底及求峰面积等。

真空系统用来保证需要高真空度的部位（样品室、分析器等）的真空。

9.2　X 射线光电子能谱

9.2.1　基本原理

X 射线光电子能谱（XPS）用某些元素的特征 X 射线为激发源。常用的特征 X 射线是 $Al(K_{\alpha_{1,2}})$ 线，能量为1486.6eV；$Mg(K_{\alpha_{1,2}})$ 线，能量为1253.6eV。X 射线的能量较大，它不仅能使结合能小的价电子电离，而且能使结合能大的内层电子电离。因此，对于绝大多数元素都能观察到几个对应于不同轨道电子电离的能谱峰。例如，Ag 的光电子能谱就有 Ag(3s)、$Ag(3p_{\frac{1}{2}})$、$Ag(3p_{\frac{3}{2}})$、$Ag(3d_{\frac{3}{2}})$、$Ag(3d_{\frac{5}{2}})$、Ag(4s)、$Ag(4p_{\frac{1}{2}})$、$Ag(4p_{\frac{3}{2}})$、Ag(4d) 这些能谱峰。光电子能谱峰用被激发电子电离前所属原子轨道或分子轨道标记。根据量子力学库普曼斯（Koopmans）定理，当某个轨道的电子突然受激发时，其他电子来不及调整而被“冻结”在各自的轨道上，于是这个轨道的电子结合能就等于该轨道能的绝对值。由于弛豫效应，两者并不严格相等，结合能与轨道能的绝对值之差

$$E_R = \left|\varepsilon_{nlj}\right| - E_b \tag{9.5}$$

称为弛豫能。弛豫能的存在是由于电离出一个电子后，原子中的其他电子不能完全保持原来的运动状态。在无外磁场存在时，轨道能只与主量子数 n、角量子数 l、总量子数 j 有关，所以用 n、l、j 来标记原子的光电子能谱峰。

光电子能谱峰的强度与光致电离的概率（光电子数目）及光电子的逃逸深度（平均自由程）有关。不同轨道的电子受光激发的概率是不同的。一般来说，在能量允许的情况下，主量子数越小，电子结合能与入射光的能量越接近，光致电离的概率越大。当光电子从样品内部跑到样品表面时，会与样品的束缚电子发生散射。频繁的非弹性散射使光电子流大大衰减。因此，尽管入射光子能穿到样品深度，但只有在样品表面很薄一层中产生的光电子才能不受到非弹性散射而逸出表面。也只有这些光电子才符合式（9.3）对谱峰强度的贡献。其他光电子只对谱线

背景有贡献。不同物质不同能量的光电子的逃逸深度是不同的，因此不同元素不同轨道的谱峰强度不一样。对能够出现谱峰的轨道而言，谱峰强度大小的规律为：

（1）n 小的壳层的峰比 n 大的壳层的峰要强些。

（2）同一壳层 l 越大，峰越强。

（3）对于两个自旋-轨道耦合分裂峰而言，$j=l+\frac{1}{2}$（自旋和轨道角动量的方向相同）比 $j=l-\frac{1}{2}$（自旋和轨道角动量的方向相反）的峰强。

每种元素的原子都有 1～2 个最强的特征峰。若有自旋-轨道耦合，则分裂为双峰，否则为单峰。例如，Ag 的光电子能谱的特征峰为 $Ag(3d_{\frac{3}{2}})$、$Ag(3d_{\frac{5}{2}})$。

由光电子能谱测得的最基本的数据是束缚态电子的结合能。对气体样品来说，可以认为样品中的原子或分子是自由原子或分子，所以其电子结合能以真空自由电子能级 E_V 为参考点。测得光电子的动能后，可按式（9.4）计算结合能 E_b。而对于固体样品而言，个别原子的电子能级在固体中变成了能带。为了测量方便，定义固体样品的结合能为束缚能级与费米能级 E_F 之差。费米能级是热力学零度时固体能带中电子填充的最高能级，它不代表一个电子的本征态的能量值，而是等于这个系统中电子的化学势。以真空中自由电子的能级 E_V 和费米能级 E_F 为参考点定义的结合能 E_b^V 和 E_b^F 两者在数值上相差一个功函数，即逸出功 W_s

$$W_s = E_b^V - E_b^F \tag{9.6}$$

当入射光子能量为 $h\nu$，样品的功函数为 W_s，结合能为 E_b^F，被激发的光电子的动能为 E_{kins}，则

$$E_b^F = h\nu - W_s - E_{kins} \tag{9.7}$$

可见，若测量 E_b^F，还需要知道 W_s。

在实际测量时，固体样品置于光电子能谱仪的样品托上。由于样品与谱仪的功函数不同，两者之间会产生一个接触电势差，而使刚离开样品表面的光电子被加速。因此，到达能量分析器入口处时的光电子动能已不再是刚离开样品表面时的动能 E_{kin}。如果光电子谱仪的功函数为 W_{sp}，实测的光电子动能为 E_{kin}，则

$$E_b^F = h\nu - W_{sp} - E_{kin} \tag{9.8}$$

其中

$$E_{kin} = E_{kins} - (W_{sp} - W_s) \tag{9.9}$$

或

$$E_{kin} + W_{sp} = E_{kins} + W_s \tag{9.10}$$

依据式（9.8），可得原子或分子中电子的结合能。

9.2.2　应用

1. 化学分析

内层电子在很大程度上保持其原子特性，XPS 基本上是物质的组成原子的光电子能谱，不同元素的最强峰（特征峰）的位置不同。因此可以根据最强峰的位置来进行元素的定性分析和定量分析。早期 XPS 主要用于化学分析，所以 XPS 也称化学分析电子能谱（electron spectroscopy for chemical analysis，ESCA）。

XPS 可以分析除 H、He 以外所有的元素，简单、快速，不破坏样品，一次扫描就可以分析样品中的全部元素。样品用量少，仅 $10^{-6}\sim10^{-8}$ g。灵敏度高，绝对灵敏度 $<10^{-10}$ g，相对灵敏度为千分之几，是一种表面分析方法。例如，XPS 作为定量分析准确度较差，但可以作为相对含量分析，可以确定不同元素的相对含量比或同一样品中同一元素的不同状态的原子相对浓度比。

2. 结构分析

内层电子特征峰的位置基本不变，但在不同分子中由于化学环境不同，电子结合能的数据（谱峰位置）会有一些偏移，这种由于处在不同化学环境而引起电子结合能的位移称为化学位移。例如，CH_4、CH_3F、CH_2F_2、CHF_3 和 CF_4 五种化合物中 C(1s) 的结合能分别为 290.7eV、293.5eV、296.2eV、299.0eV 和 301.7eV。如果以 CH_4 中 C(1s) 的结合能 290.7eV 为基准，则其他四种化合物的 C(1s) 的化学位移分别为 2.8eV、5.5eV、8.3eV、11.0eV。化学位移的大小与邻接原子的电负性有关，邻接原子的电负性越大，化学位移越大。

化学位移虽然只有几电子伏特，还不到结合能的 5%，但它反映了原子组成分子时化学键的形成对原子内层电子能级的影响，因此利用化学位移可以了解原子的状态及成键情况。

例如，硫代硫酸钠的 XPS 在硫的 2p 区出现两个相隔 5.9eV 的能谱峰，而硫酸钠仅含一个硫 2p 能谱峰，显然 $S_2O_4^{2-}$ 中含有两类硫原子，中心硫原子与三个氧原子键连，其价电子密度较小，而末端的硫原子的价电子密度较大，致使硫原子的 2p 电子结合能不同，因此 $S_2O_4^{2-}$ 的结构式应为

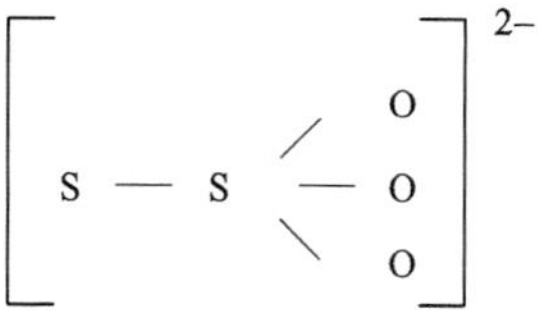

而不是$[O—S—O—S—O]^{2-}$。而SO_4^{2-}的结构式为

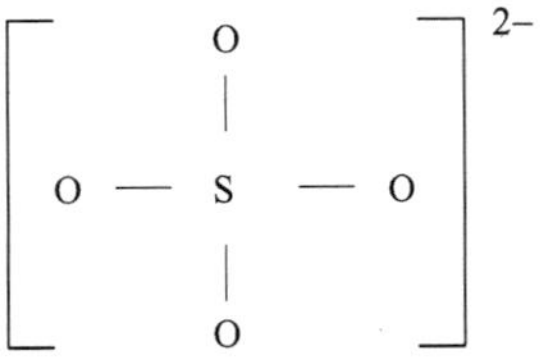

3. 表面分析

物质的表面组成和结构与本体组成和结构有很大的差别。而对于一些功能材料来说，表面组成和结构对其性能和功能具有决定性的作用。因此，可以用于表面分析的 XPS 在这方面有很多应用。例如，以木炭为载体的钯催化剂可用作含氮有机化合物的加氢还原反应的催化剂。使用一段时间后催化剂失活。经 XPS 分析得到，新催化剂以Pd^{2+}为主，表面吸附少量的氮。使用一段时间后尚有活性的催化剂则以金属 Pd 为主。而失活催化剂则钯峰消失，主要是氮峰。

4. 电子能级测量

XPS 直接反映了原子或分子的电子结构，是目前直接测量原子或分子的电子能级的最好方法，可用来验证量子化学的理论计算结果。

9.3　紫外光电子能谱

9.3.1　特点

紫外光电子能谱（UPS）以紫外光为激发源。紫外光能量低，只能激发样品中的价电子，而不能激发内层电子。习惯上称价电子的结合能为电离能，并以I_p表示，所以式（9.4）写作

$$E_{kin} = h\nu - I_p \tag{9.11}$$

与 XPS 相比，UPS 具有如下特点：

（1）UPS 主要用于测量原子或分子轨道的电离能I_p，进而研究成键情况；而 XPS 虽然也能激发价电子，但所得光电子能谱的价电子峰强度小，通常不用作价电子分析。

（2）分子的电子激发时，常常伴随着振动状态和转动状态的改变。分子振动能级间隔为0.1eV，转动能级间隔为0.001eV，而用于激发的紫外光常选作 He1

和 He2 线，其自然宽度分别为0.003eV和0.017eV。因此，对于气体样品，UPS不能分辨其转动能级的跃迁，但可以分辨其振动能级的跃迁。对于固体样品，由于分子间的相互作用，振动能级加宽，能级间隔变小，UPS 也不能分辨其振动能级跃迁。而 X 射线的自然宽度大，比分子振动能级间隔大，通常 XPS 也不能分辨振动能级的跃迁。

9.3.2　振动精细结构

令 v 和 v' 分别代表分子 M 和分子离子 M^+ 的振动量子数，$v, v' = 0,1,2,\cdots$。在室温下，M 一般处于电子能级 E_e 的振动基态（$v=0$），吸收能量为 $h\nu$ 的紫外光，打出一个电子变成分子离子 M^+ 后，电子能级为 E'_e，振动能级可以是基态（$v'=0$），也可以是激发态（$v'=1,2,\cdots$）。$v=0 \to v'=0$ 的电离过程称为绝热电离过程，相应的电离能称为绝热电离能，以 I_a 表示。由于电子的运动速度远比原子核的振动速度快，因此在电离的瞬间核间距还来不及改变。根据弗兰克-康登原理，从分子 M 的振动基态跃迁到振动极限核间距等于 M 的平衡核间距的 M^+ 的振动能级的概率最大，这种跃迁称为垂直跃迁，相应的电离能称为垂直电离能，以 I_v 表示。这样

$$
\begin{aligned}
E_{kin} &= h\nu - \left[\left(E'_e + E'_v + E'_r\right) - \left(E_e + E_v + E_r\right)\right] \\
&\approx h\nu - \left[\left(E'_e + E'_v\right) - \left(E_e + E_v\right)\right] \\
&= h\nu - \left[E'_e + E'_v(0) - E_e - E_v(0)\right] - \left[E'_v(v') + E'_v(0)\right] \\
&= h\nu - I_a - \left[E'_v(v') + E'_v(0)\right]
\end{aligned}
$$

分子离子的平衡核间距与被打出的电子所在的分子轨道的成键特性有关。能级跃迁有如下几种类型。

（1）如果被打出的电子是一个非键轨道的电子，或弱成键、弱反键的电子，则分子电离成分子离子后，平衡核间距基本不变。此时，从 $v=0 \to v'=0$ 的跃迁概率最大。$v=0 \to v'=1,2,\cdots$ 的跃迁概率依次减小。振动能级间距与原分子相近。相应的谱带的振动序列很短，仅由一个很强的尖峰和高电离能一侧的 1～2 个小峰组成，并且绝热电离能 I_a 等于垂直电离能 I_v。

（2）如果打出的电子是一个成键电子，原子间成键效应减弱，而使分子离子的平衡核间距增大。如果被打出的是反键电子，则平衡核间距减小。这两种情况都使核间距变化大。这时，从基态跃迁到激发态就有几种可能的方式。按弗兰克-康登原理，垂直跃迁的概率最大，但是跃迁到其他振动状态的概率也不小。这样的谱带是由多个振动峰组成的，振动序列比较长，这时 $I_a \neq I_v$。强度最大的峰也不是第一峰。

（3）成键或反键作用越强，则分子离子的平衡核间距与分子的平衡核间距越大。若核间距相差太大，按弗兰克-康登原理垂直跃迁到分子离子振动激发态已属能量连续的区域。因此谱带已是连续的。

综上可见，紫外光电子能谱与分子轨道的性质密切相关，因此可以根据光电子能谱谱带的形状和振动能级间距来判断被打出的电子所在分子轨道的成键特性。图 9.2 给出了 AB 的紫外光电子能谱与 AB 及 AB^+势能曲线的对应关系。下面举例予以说明。

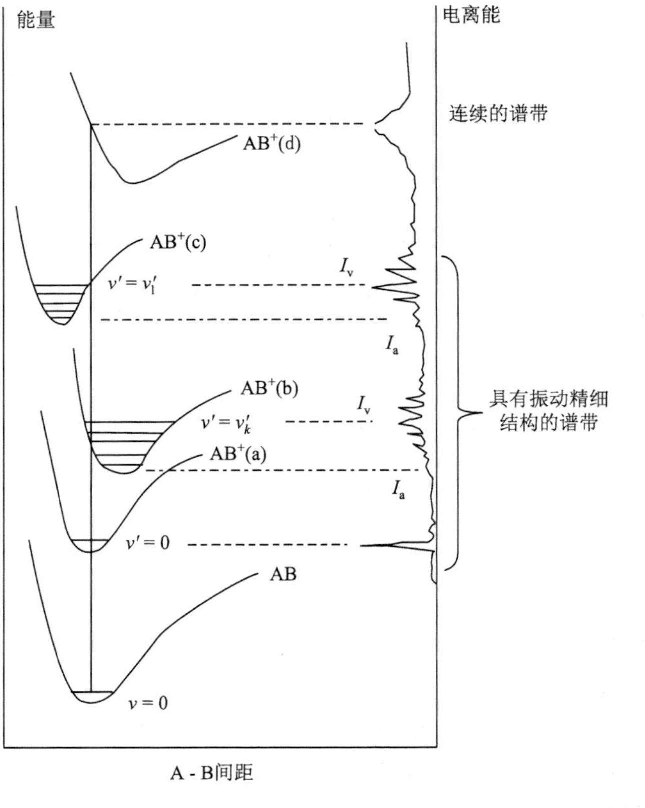

图 9.2　AB 的紫外光电子能谱与 AB 及 AB^+势能曲线的对应关系

（1）H_2 的 UPS。H_2 的电子组态是 $(1\sigma_g)^2$，只有一个占据轨道，因此电离后仅有一个谱带，$I_a = 15.45\text{eV}$。$1\sigma_g$ 是强成键轨道，电子电离后化学键强度减弱，平衡核间距增大，由 74pm 到 106pm，因此谱带振动序列较长。化学键的弹力常数 k 变小，振动频率减小。H_2 的 $\tilde{\nu} = 4280\text{cm}^{-1}$，$H_2^+$ 的 $\tilde{\nu} = 2260\text{cm}^{-1}$。

（2）N_2 的 UPS。根据简单分子轨道理论，N_2 的电子结构是

$$N_2(1\sigma_g)^2(1\sigma_u)^2(2\sigma_g)^2(2\sigma_u)^2(3\sigma_g)^2(1\pi_u)^4$$

但此结构无法解释如图 9.3 所示的 N_2 的紫外光电子能谱，三个最高占据轨道 $1\pi_u$、$3\sigma_g$、$2\sigma_u$ 应是典型的成键轨道。这样相应的谱带应具有振动精细结构，而实际上只有中间的一个谱带才具有典型的化学键的谱带特征。一、三两个谱带窄而简单，对应的轨道只能是弱成键、弱反键或非键轨道，绝不是典型的成键或反键轨道。表 9.1 列出了 N_2 分子轨道的成键特性。

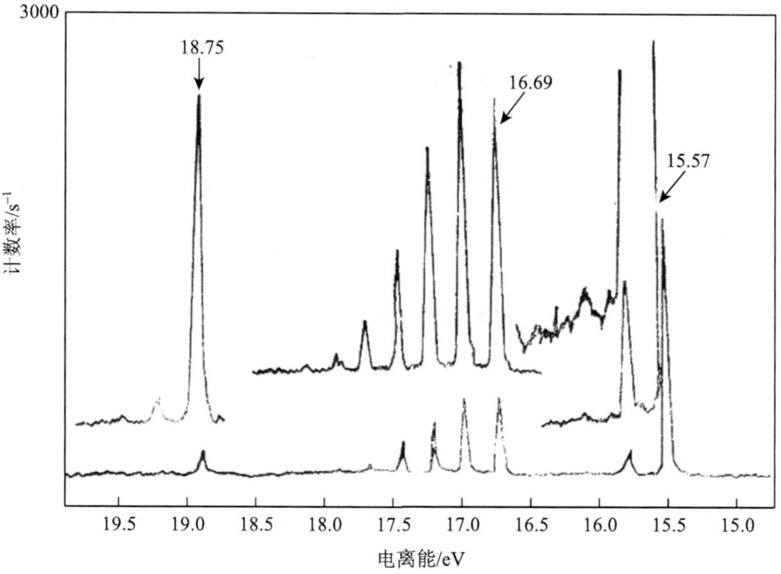

图 9.3　N_2 的紫外光电子能谱

表 9.1　N_2 分子轨道的成键特性

垂直电离能 / eV	振动能级间距 / cm^{-1}	分子轨道
15.57	2100	$\sigma_g 2p$
16.69	1810	$\pi_u 2p$
18.75	2390	$\sigma_u^* 2s$

根据振动频率，成键电子电离后振动频率减小，反键电子电离后振动频率增大。根据振动频率改变程度可以判断轨道的成键或反键程度的大小。将表 9.1 的数据与 N_2 的振动波数值 $2345cm^{-1}$ 相比较可知，$\sigma_g 2p$ 为弱成键轨道，$\pi_u 2p$ 为强成键轨道，$\sigma_u^* 2s$ 为弱反键轨道。

9.4　俄歇电子能谱

9.4.1　原理

当原子受 X 射线（或电子束）激发，电离出一个内层电子后，内层留下一个空穴，原子成为激发态离子。该激发态离子不稳定，会释放能量向低能态过渡，即从高能级跳下一个电子填补这个空穴。释放出的能量给了同一层或更高层能级的电子，使之电离。这种过程称为俄歇（Auger）过程，发射出的电子称为俄歇电子。俄歇过程是一种无辐射跃迁。俄歇过程用所涉及的三个空穴所在的壳层命名。例如 $KL_{I}L_{II}$ 意即 K 层有一个空穴，L_{I} 层一个电子去填充，释放出的能量将 L_{II} 支层的一个电子激发出去。于是在 L_{I} 和 L_{II} 支层上各留下一个空穴，如图 9.4 所示。

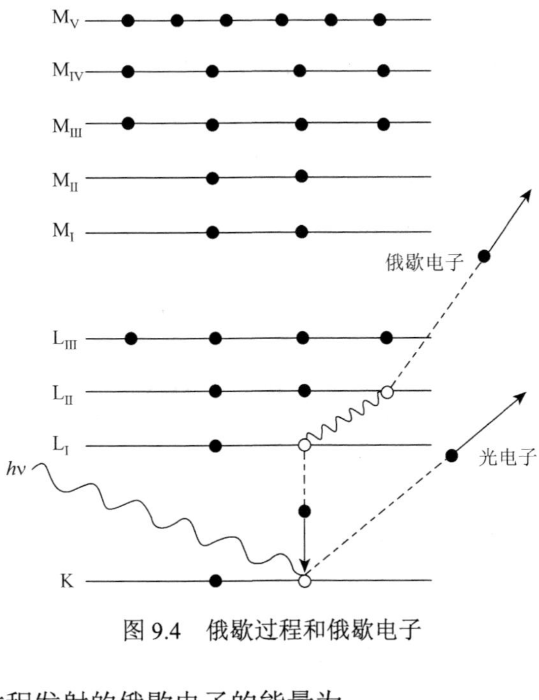

图 9.4　俄歇过程和俄歇电子

$KL_{I}L_{II}$ 俄歇过程发射的俄歇电子的能量为

$$E_{A} = E_{K} - (E_{L_{I}} - E_{L'_{II}}) - W \tag{9.12}$$

式中，E_{K}、$E_{L_{I}}$ 分别为 K、L_{I} 支层电子的结合能；$E_{L'_{II}}$ 为 L_{II} 支层有一空穴的离

子的 L_{II} 支层电子的结合能，$E_{L_{II}}$ 为 L_{II} 支层电子的结合能。$E_{L'_{II}}$ 近似为

$$E_{L'_{II}} = E_{L_{II}}(Z + \Delta Z) \tag{9.13}$$

ΔZ 的取值在 0～1 之间。

俄歇过程和发射 X 射线（光子）是两个互相竞争的过程。对于 K 层空穴，发射光子（X 射线）的概率 N_K 与发射俄歇电子的概率有如下经验公式

$$\frac{N_K}{1 - N_K} = (-6.4 + 3.4Z - 0.000103Z^3)^4 \times 10^{-8} \tag{9.14}$$

可见 Z 越小，发射俄歇电子的概率越大。

发射俄歇电子的相对概率还与空穴所在的壳层有关。由于辐射 X 射线的概率与跃迁能量的三次方成比例，而发射俄歇电子的概率与跃迁能量无关。因此，空穴所在壳层向外移动时，发射俄歇电子的概率越大。事实上除开始的 K 层外，俄歇过程总是占优势。俄歇过程使空穴数目倍增，最后原子所带的电荷可高达 $+22e$。

9.4.2　特点

俄歇电子能谱复杂，这是由于俄歇过程的选律限制很宽，可能的跃迁过程多。俄歇电子能谱峰的位置固定，与激发辐射的能量无关。俄歇电子能谱峰比光电子能谱峰宽，峰处的本底很高，有时只在连续的本底线上出现一个小的拐折。这是由于俄歇电子能量比较低，在此能量范围内有许多光电子和俄歇电子与束缚电子做非弹性散射，飞出能量连续的电子造成的本底。

俄歇电子能量低，在样品中射程很短，只是样品表面的约 0.1nm 的薄层。因此，俄歇电子能谱最适合做表面分析。

俄歇电子能谱对原子的化学环境敏感，其化学位移比光电子能谱的化学位移稍小。

9.4.3　应用

俄歇电子能谱适于做表面分析。通过测定表面俄歇电子能谱可以了解表面吸附、氧化等情况。这在催化剂的选择与使用、催化过程机理研究、表面防护等方面都可以应用。

图 9.5 为金属铝表面的俄歇电子能谱，其中(a)为 Al_2O_3 的谱，(b)为 $Al + Al_2O_3$ 的谱，(c)为清洁的 Al 的谱。由此可以了解金属铝表面的氧化、吸附等情况。

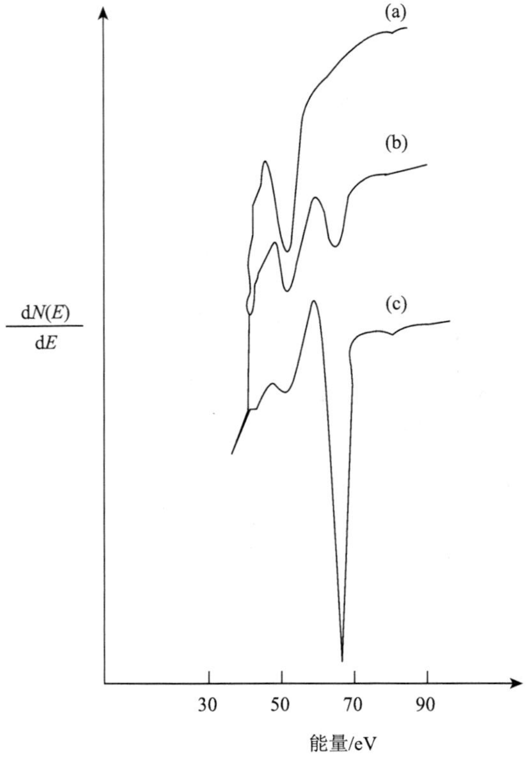

图 9.5　金属铝表面的俄歇电子能谱

（a）Al_2O_3；（b）Al + Al_2O_3；（c）清洁的 Al

习　题

9.1 光电子能谱的原理是什么？

9.2 光电子能谱仪主要由哪几部分组成？各部分的作用是什么？

9.3 光电子能谱谱峰强度有什么规律？

9.4 举例说明 XPS 的应用。

9.5 UPS 有哪些特点？

9.6 说明 UPS 谱图与分子轨道成键特性的关系。

9.7 举例说明 UPS 的应用。

9.8 说明俄歇电子能谱的原理和特点。

9.9 举例说明俄歇电子能谱的应用。

9.10 解释 NO 的第一电离能（9.26eV）比 CO 的第一电离能（14.01eV）小得多的原因。

第 10 章　晶体学基础

固态物质按组成它的原子、离子或分子的空间排列是否有序划分为晶体和无定形体两大类。晶体的有序是指构成晶体的原子、离子或分子等微粒在空间呈周期性的、有规则的排列。

晶体在宏观上是均匀的，各个部分的性质相同，局部性质和整体的性质相同。这是构成晶体的微粒重复排列的结果。晶体又具有各向异性的性质，即沿晶体的不同方向的电导率、热导率、折光系数、解理性不一定相同。这是构成晶体的微粒在各个方向上排列不同所致。晶体在外形上常具有规则的几何形状，表现出对称性。这是构成晶体的微粒规则排列的结果。

除晶体外，还有一类物质称为玻璃体（非晶体），即物质从液态冷却时，微粒没有充分的时间做规则排列就冻结在无序的过冷液态中。这样冻结成的固体与晶体不同，没有周期性的结构，没有固定的熔点，没有宏观对称性，具有各向同性。这类物质如玻璃、金属玻璃、松香、动物胶等。

还有某些物质是由极微小的单晶组成，每个晶粒仅包含几个或几十个晶胞，这种物质称为微晶物质，如炭黑。

玻璃体和微晶物质通称无定形物质。

自然界中绝大多数固体物质是晶体，因此研究晶体具有重大意义。晶体的性质由其化学组成和空间结构决定。研究晶体的组成、结构和性质之间关系的科学称为结晶化学。结晶化学包括研究晶体结构数学特征的晶体学和研究构成晶体的微粒间相互作用的本质和规律以及和性质间关系的化学晶体学两大部分。本章讨论晶体学。

10.1　晶体的点阵结构

10.1.1　晶体结构的周期性

晶体的外形一般比较齐整和规则，呈多面体形状。晶体外表所呈现的规则多面体形状是晶体内部本质的一种外在反映，是构成晶体的原子、离子或分子等微粒在空间做规则排列的结果。晶体内部结构具有明显的空间排列的周期性。

晶体结构的周期性是指一定数量和种类的原子、离子或分子在空间排列上每隔一确定的距离重复出现的情况。一个周期性的结构包含两个要素：一个是周期重复的内容，即结构单元；另一个是重复周期的大小和方向。晶体可以定义为由原子、离子或分子在空间周期地排列所构成的热力学稳定的物质。

10.1.2　晶体结构与点阵

在讨论晶体的几何结构时，可以忽略构成晶体的微粒的属性和特征（不管其是什么种类的原子、离子或分子），将其抽象成没有大小、没有质量、不可分辨的几何点。这些按照一定的规律排布的几何点构成的图形称为点阵。通过研究点阵的性质来讨论晶体的几何结构的理论就称为点阵理论。

1. 一维晶体与直线点阵

聚乙烯长链高分子$\left[CH_2 \right]_n$的周期结构如图 10.1 所示。

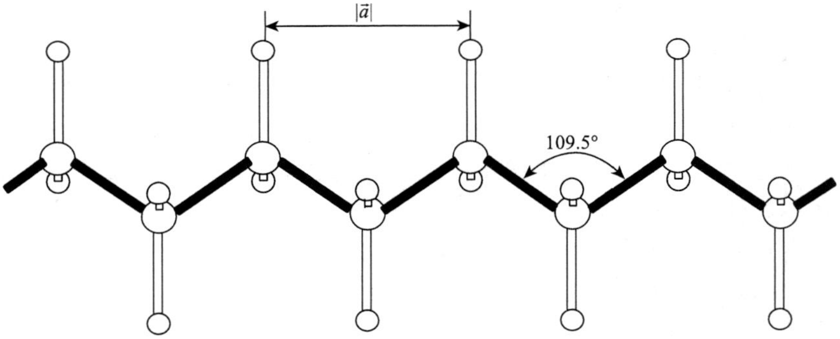

图 10.1　聚乙烯大分子的周期结构

聚乙烯分子周期性重复的内容即结构基元是两个碳原子四个氢原子组成的乙烯分子基团$CH_2=CH_2$；重复周期的大小就是图中不相键连的最近的碳原子间的距离，方向由左向右，即图中向量$\vec{a}$的长度和方向。若把乙烯分子基团$CH_2=CH_2$看作结构基元，并抽象为一个几何点，再将几何点放在乙烯分子基团$CH_2=CH_2$同等位置相同种类的原子的中心。这样由各结构基元所抽象出的点就沿着向量$\vec{a}$的方向按直线排列，如图 10.2 所示。

图 10.2　由聚乙烯分子抽象成的直线点阵

与原子间距$|\vec{a}|$相比，聚乙烯分子可看作无限长，由聚乙烯分子抽象出的一组点就构成一直线点阵。

在直线点阵中，可以找到与直线点阵相对应的平移群。

$$T_m = m\vec{a} \quad (m = 1, \pm1, \pm2, \cdots)$$

平移群中任一向量都是能使点阵结构复原的向量。点阵中仅过两个点阵点的向量称为素向量，点阵中最短的向量称为基向量，所以$\vec{a}$既是素向量又是基向量。

这样，我们有了两个研究周期性结构的数学工具：反映结构周期性的几何形式——点阵；描述结构周期性的代数形式——平移群。

2. 二维晶体和平面点阵

平面形As_2O_3晶体的周期性结构如图 10.3 所示。

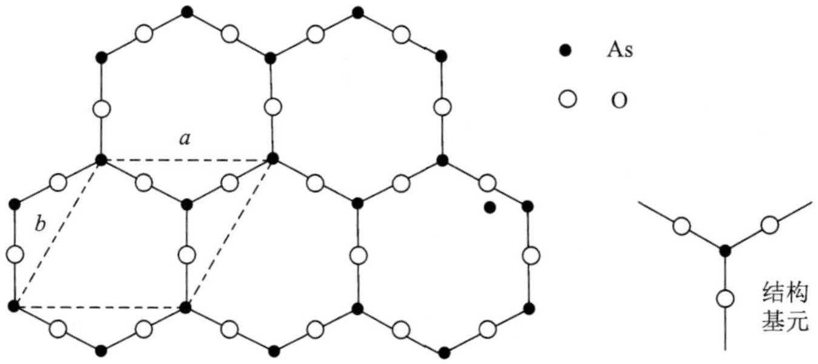

图 10.3　平面形As_2O_3晶体

As_2O_3晶体周期性重复的内容即结构基元是由三个氧、两个砷组成的As_2O_3。将每个结构基元抽象为一个几何点，将其放于结构基元中同等位置、相同种类的原子中心，即可抽象出如图 10.4 所示的平面点阵。

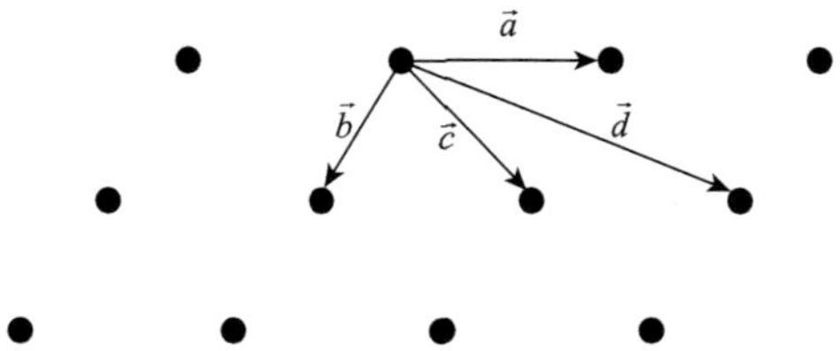

图 10.4　由As_2O_3晶体抽象出的平面点阵

平面点阵中只过两个点阵点的向量称为素向量。素向量可能有很多个。在不

同方向上的两个最短的向量称为基向量。基向量只有两个。因此与该平面点阵相对应的平移群为

$$T_{mn} = m\vec{a} + n\vec{b} \quad (m, n = 0, \pm 1, \pm 2, \cdots)$$

平移群中的任一向量都能使点阵结构复原，即点阵按平移群向量变换是一等价变换。

3. 三维晶体和空间点阵

三维 NaCl 晶体的结构如图 10.5 所示。

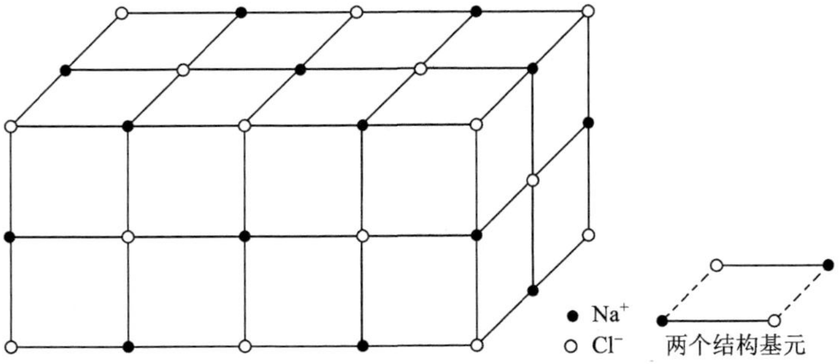

图 10.5　NaCl 的晶体结构和结构基元

NaCl 晶体周期性重复的内容即结构基元是由一个钠离子和一个氯离子组成的 NaCl。实际上的 NaCl 晶体中并不存在 NaCl 分子，NaCl 是表示其组成的化学简式。将每个结构基元 NaCl 抽象为一个几何点，可将其置于 Na^+ 或 Cl^- 的位置中心。这样就得到一个三维点阵或空间点阵，如图 10.6 所示。

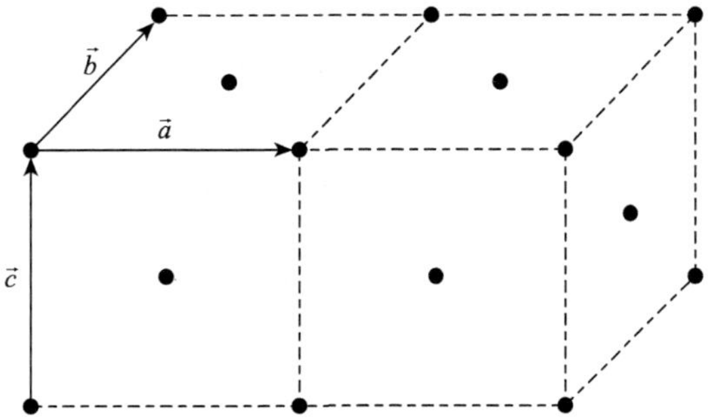

图 10.6　由 NaCl 的晶体抽象出的空间点阵

三个素向量是 $\vec{a}$ 、$\vec{b}$ 、$\vec{c}$ 。与空间点阵相应的平移群是

$$T_{mnp} = m\vec{a} + n\vec{b} + p\vec{c} \quad (m, n, p = 0, \pm 1, \pm 2, \cdots)$$

按 $\vec{a}$ 、$\vec{b}$ 、$\vec{c}$ 素向量可将空间点阵划分为空间格子。

10.1.3　点阵和格子的关系

在平面点阵和空间点阵中选择一组平移向量的方式很多，如图 10.7 中的 $\vec{a}$ 和 $\vec{b}$，$\vec{a}'$ 和 $\vec{b}'$ 等；图 10.8 中的 $\vec{a}$ 、$\vec{b}$ 、$\vec{c}$ 及 $\vec{a}'$ 、$\vec{b}'$ 、$\vec{c}'$ 等。

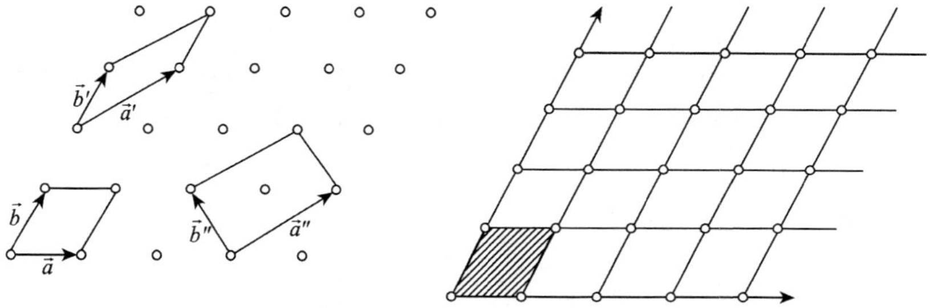

(a) 平面点阵　　(b) 平面格子

图 10.7　平面点阵和平面格子

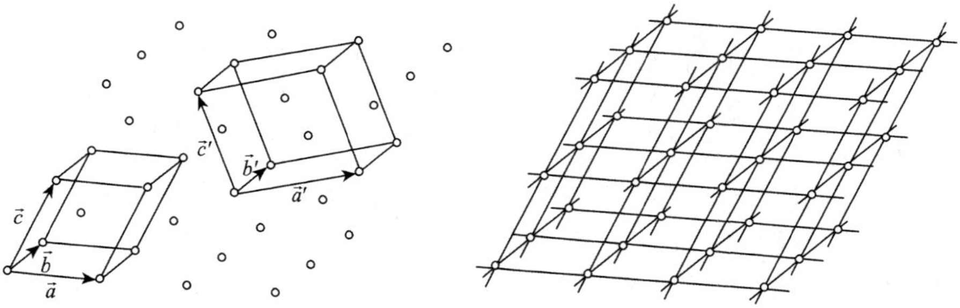

(a) 空间点阵　　(b) 空间格子

图 10.8　空间点阵和空间格子

以平移向量为边画出的平行四边形称为平面点阵的单位。只包含一个点阵点的单位称为“素单位”。例如，$\vec{a}$ 和 $\vec{b}$，$\vec{a}'$ 和 $\vec{b}'$ 组成的单位的四个顶点都有一个点阵点，这种点被四个邻近的单位所共有，所以属于一个单位的点数仅为 $1/4 \times 4 = 1$。而由 $\vec{a}''$ 和 $\vec{b}''$ 组成的单位除四个顶点外，中心还有一个点阵点，所以这一单位包含 $1/4 \times 4 + 1 = 2$ 个点阵点。包含两个或两个以上点阵点的单位称为复单位。

只在两端有点阵点的向量称为素向量，其中不在同一方向上的两个最短的素向量称为基向量。与上面平面点阵相应的平移群可有多种写法

$$T_{mn} = m\vec{a} + n\vec{b} = m'\vec{a} + n'\vec{b} = \cdots$$

$$(m, n = 0, \pm 1, \pm 2, \cdots;\quad m', n' = 0, \pm 1, \pm 2, \cdots)$$

同样，在空间点阵中以一组平移向量 $\vec{a}$ 、 $\vec{b}$ 、 $\vec{c}$ 为边画出的平行六面体称为空间点阵单位。

每个空间点阵单位的八个顶点上的点阵点是八个邻近单位所共有，所以每个单位分到 $1/8 \times 8 = 1$ 个点阵点。在空间点阵单位面上的点是两个邻近单位所共有，每个单位分到 $1/2$ 个点阵点。在空间点阵单位边线上的点是邻近四个单位所共有，每个单位分得 $1/4$ 个点阵点。在空间点阵单位中心的点就全属于这个单位。空间点阵的素向量也不止一种，除 $\vec{a}$, $\vec{b}$, $\vec{c}$ 外还可以有 $\vec{a}'$, $\vec{b}'$, $\vec{c}'$ 、 $\vec{a}''$, $\vec{b}''$, $\vec{c}''$ 等，所以相应的平移群也可以有多种写法

$$T_{mnp} = m\vec{a} + n\vec{b} + p\vec{c} = m'\vec{a}' + n'\vec{b}' + p'\vec{c}' = \cdots$$

$$(m, n, p = 0, \pm 1, \pm 2, \cdots;\quad m', n', p' = 0, \pm 1, \pm 2, \cdots)$$

按所选择的向量把全部平面点阵用直线连接起来所得的图形为平面格子。图 10.7 就是相应于向量 $\vec{a}$ 和 $\vec{b}$ 的平面格子。选择不同的向量可以把同一平面点阵划分为几种不同的平面格子。同样按所选择的向量把全部空间点阵用直线连接起来所得的图形为空间格子。选择不同的向量可以把同一空间点阵划分为几种不同的空间格子。

点阵点在划分为格子时，遵循在考虑对称性的前提下，尽量含点阵点少的原则。这样选取的单位称为正当点阵单位，相应的格子称为正当格子。

据此原则，平面正当点阵单位可有四种类型五种形式，示意于图 10.9。

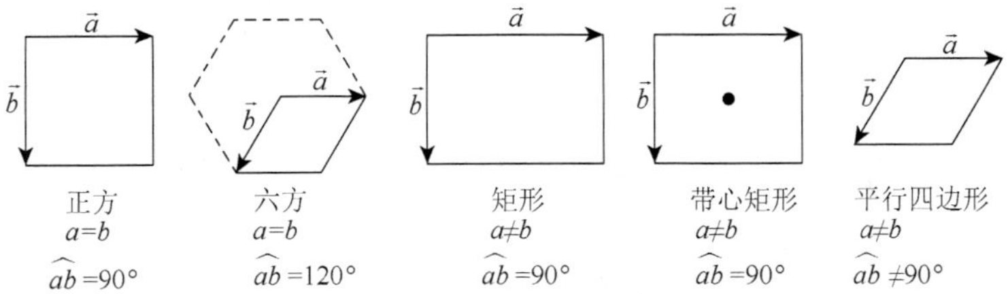

图 10.9　平面正当点阵单位

空间正当点阵单位按包含点阵点的情况可有四种类型，示意于图 10.10。

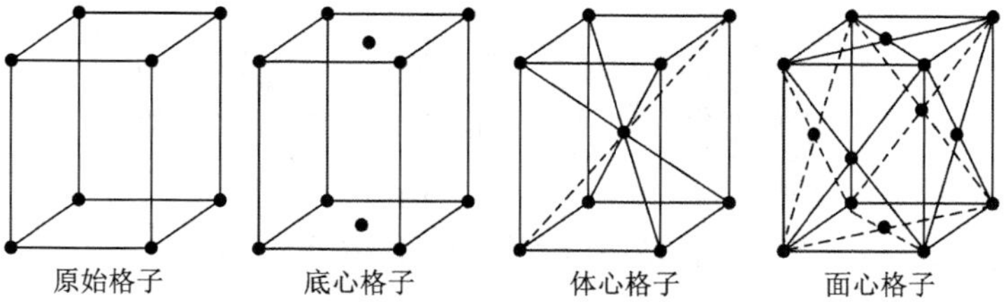

图 10.10　空间正当点阵单位

空间点阵单位是由 $\vec{a}$ 、$\vec{b}$ 、$\vec{c}$ 一组向量所规定的平行六面体。若根据 $\vec{a}$ 、$\vec{b}$ 、$\vec{c}$ 的相对长度和两个向量间的夹角特征，可以划分为七种类型，它们分别为

立方：$a=b=c$，$\alpha=\beta=\gamma=90°$

六方：$a=b\neq c$，$\alpha=\beta=90°$，$\gamma=120°$

四方：$a=b\neq c$，$\alpha=\beta=\gamma=90°$

三方：$a=b=c$，$\alpha=\beta=\gamma\neq 90°$

正交：$a\neq b\neq c$，$\alpha=\beta=\gamma=90°$

单斜：$a\neq b\neq c$，$\alpha=\gamma=90°$，$\beta>90°$

三斜：$a\neq b\neq c$，$\alpha\neq\beta\neq\gamma$

在此基础上，再考虑点阵点的情况，即考虑是素单位还是复单位，每种类型又可分为一种或几种形式，总计为 14 种，如图 10.11 所示。

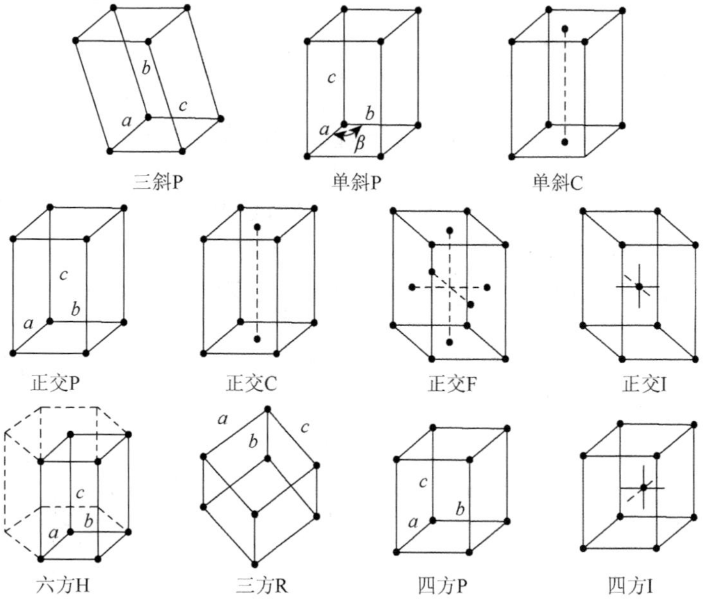

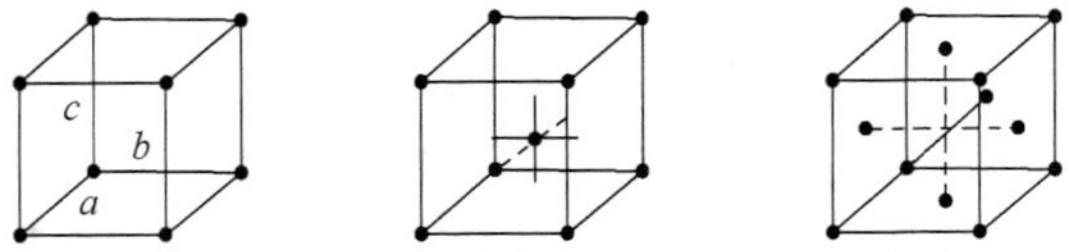

图 10.11　空间格子的 14 种形式

这 14 种空间点阵形式是由布拉维（Bravais）在 1885 年推引得到的，称为布拉维空间格子。这 14 种点阵形式对晶体来讲是唯一的，是由晶体点阵结构的特点及划分正当点阵单位的原则所决定的。

10.1.4　点阵和晶体的关系、格子和晶胞的关系

将格子放回到原来的晶体中，将晶体划分为晶格，截分的一个个包含等同内容的基本单位称为晶胞。

例如，将 As_2O_3 晶体抽象出的点阵，按基向量 $\vec{a}$ 和 $\vec{b}$ 的方向划分成正当平面格子后，再将此平面格子放回 As_2O_3 晶体中，则将 As_2O_3 晶体划分为晶格，截分成平置的、包含相同结构内容的基本单位——晶胞，如图 10.12 所示。

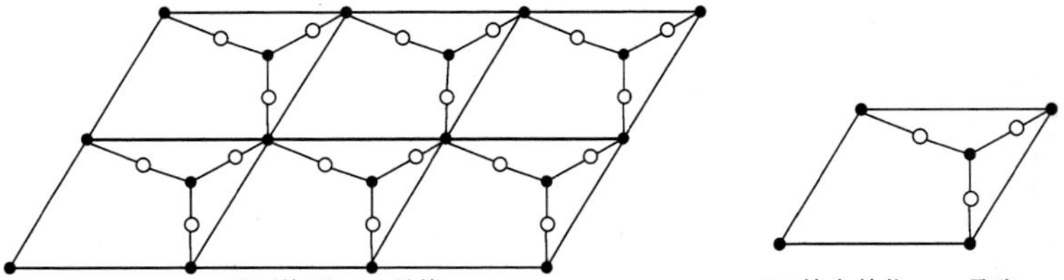

图 10.12　二维晶格和晶胞

将 NaCl 晶体抽象出的点阵，按向量 $\vec{a}$ 、$\vec{b}$ 、$\vec{c}$ 的方向划分为正当空间格子后，再将此空间格子放回 NaCl 晶体中，则将 NaCl 晶体划分为晶格，截分的一个个包含相同结构内容的基本单位就是 NaCl 的晶胞，如图 10.13 所示。

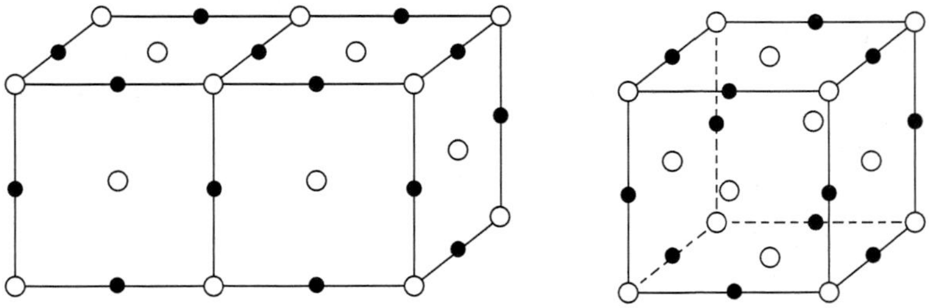

图 10.13　三维晶格和晶胞

晶胞是保持晶体结构特征的最小单位。整个晶体可以看作是由晶胞拼成的。

10.1.5　格子、正当点阵单位与晶格和晶胞的关系

讨论了点阵以后，可以给晶体重新下一个定义，即原子、离子或分子按点阵排布的物质称为晶体。每个点阵点代表晶体中的结构基元。结构基元可以是原子、离子、离子团或分子等。

点阵划分为格子后所得到的正当点阵单位，在晶体结构中就是晶胞，它是晶体结构中的最小单位。

空间点阵可以从各个方向上划分成许多组平行的平面点阵。这些平面点阵组在晶体外形上就表现为晶面。平面点阵的交线就是直线点阵，在晶体的外形上就表现为晶棱。

晶胞是代表晶体组成、结构特征和性质的最小单位，晶胞形状的不同可以作为晶体分类的根据。相应于 7 种正当格子类型，有 7 种晶胞类型，称为 7 个晶系。

表 10.1 列出了 7 个晶系的名称和特征，其中立方晶系的对称性最高，称为高级晶族；六方、四方、三方晶系次之，称为中级晶族；正交、单斜、三斜晶系又

表 10.1　7 个晶系的名称和特征

晶族	晶系	晶胞特征	特征对称元素	点群
高级	立方	$a=b=c$　$\alpha=\beta=\gamma=90°$	四个 $\underline{3}$	23，43，$m3$，$\bar{4}3m$，$m3m$
中级	六方	$a=b\neq c$ $\alpha=\beta=90°$，$\gamma=120°$	$\underline{6}$ 或 $\bar{6}$	6，$\bar{6}$，$6/m$，$6mm$， $\bar{6}2m$，62，$6/mmm$
	四方	$a=b\neq c$ $\alpha=\beta=\gamma=90°$	$\underline{4}$ 或 $\bar{4}$	4，$\bar{4}$，$4/m$，$4mm$， $\bar{4}2m$，42，$4/mmm$
	三方	$a=b=c$ $\alpha=\beta=\gamma\neq 90°$	$\underline{3}$ 或 $\bar{3}$	3，$\bar{3}$，$3m$，$\bar{3}m$，32
低级	正交	$a\neq b\neq c$ $\alpha=\beta=\gamma=90°$	三个相互垂直的 $\underline{2}$ 或两个相互垂直的 m	mm，222，mmm
	单斜	$a\neq b\neq c$ $\alpha=\gamma=90°$，$\beta>90°$	$\underline{2}$ 或 m	2，m，$2/m$
	三斜	$a\neq b\neq c$ $\alpha\neq\beta\neq\gamma$	无	1，$\bar{1}$

次之，称为低级晶族。表 10.1 中还列出特征对称元素。所谓特征对称元素，是晶体归入该晶系至少需要具备的对称元素。可以通过特征对称元素从晶体外形决定它所从属的晶系。具体做法是，对一个具体晶体，按对称性由高到低次序来判断其所属晶系。先找有没有 4 个 $\underline{3}$，如有则为立方晶系，若没有则找有没有 $\overline{6}$ 或 $\underline{6}$，如有则属六方晶系，若没有则继续往下找。依次类推，直到找到为止。

每种类型的正当点阵单位，因其可以是素单位或复单位，又可以分为一种或几种形式，称为正当点阵单位形式，总计 14 种，相应晶体就有 14 种晶胞形式。这 14 种晶胞形式和 14 种布拉维空间点阵单位形式是一样的，如图 10.11 所示。

10.2　描述晶体特征的参数和定律

10.2.1　晶胞参数及晶胞内原子的分数坐标

空间格子将晶体结构分成一个个包含等同内容的基本单位，即晶胞。晶胞包含大小、形式、内容三个要素。大小是指三个素向量的大小和方向；形式是指简单格子还是带心格子；内容是指晶胞中有哪些原子、离子或分子，以及它们在晶胞中的位置和分布情况。如果了解晶胞中原子、离子或分子的分布情况，通过平移就知道了晶体中所有的原子、离子或分子是怎样排列的。

围成晶胞的三个向量 $\vec{a}$、$\vec{b}$、$\vec{c}$ 的大小就是晶胞中三个互不平行的棱长，以 a、b、c 表示；其夹角为 $\alpha=\widehat{bc}$，$\beta=\widehat{ca}$，$\gamma=\widehat{ab}$；a、b、c、α、β、γ 合称为晶胞参数，规定了晶胞的大小和形状。

晶胞中原子的分布可以用原子的分数坐标来表达。晶胞的存在提供了天然、合理的空间坐标。选三个向量 $\vec{a}$、$\vec{b}$、$\vec{c}$ 的方向为三个晶轴 ox、oy、oz，三个向量的交点为坐标原点，每个轴的单位长度为 a、b、c，如图 10.14（a）所示。这样，晶胞中原子的位置可以用表示其坐标的三个数来规定，如图 10.14（b）所示。

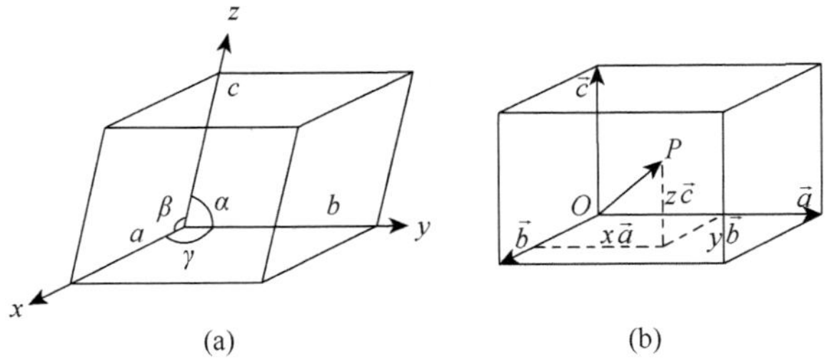

图 10.14　晶胞的坐标

如图 10.14（b）所示，O 为晶胞原点，P 为晶胞中某原子的位置，则对于向量 $\overrightarrow{OP}$ 来说，有

$$\overrightarrow{OP} = x\vec{a} + y\vec{b} + z\vec{c}$$

由于 x、y、$z \leqslant 1$，故 x、y、z 称为分数坐标。

例 10.1　NaCl 晶胞原子分数坐标[图 10.15（a）]为

Na^+	（1）	1/2，0，0；	Cl^-	（1）	0，0，0；
	（2）	0，1/2，0；		（2）	1/2，0，1/2；
	（3）	0，0，1/2；		（3）	1/2，1/2，0；
	（4）	1/2，1/2，1/2		（4）	0，1/2，1/2

例 10.2　CsCl 晶胞原子分数坐标[图 10.15（b）]为

Cs^+　1/2，1/2，1/2；　　Cl^-　0，0，0

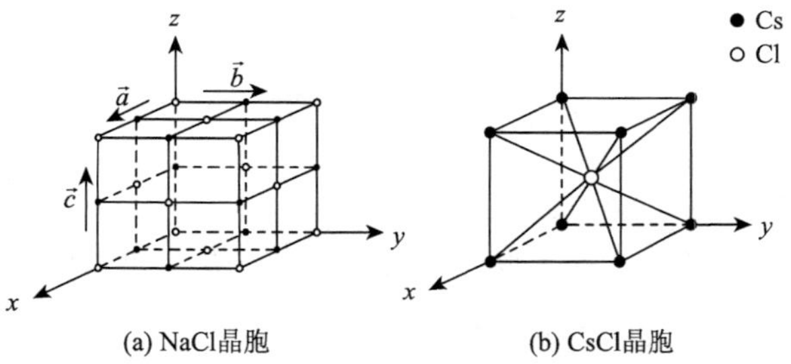

图 10.15　NaCl 晶胞和 CsCl 晶胞原子分数坐标

10.2.2　晶面指标及定律

1. 晶面指标

晶体的空间点阵可划分为一族平行而等间距的平面点阵。晶体外形中的每个晶面都和一族平面点阵平行。所以可根据晶面和晶轴相互间的取向关系，用晶面指标标记同一晶体内不同方向的平面点阵族或晶体外形的晶面。

设有一平面点阵与三个坐标轴 x、y、z 相交，在三个坐标轴上的截数分别为 r、s、t（以 a、b、c 为单位的截距数），截距数之比即可反映出平面点阵的方向。

但若直接由截距数之比 r、s、t 表示时，当平面点阵和某一坐标轴平行，截距数将会出现∞。为了避免出现∞，可采用截距数的倒数之比（$1/r$、$1/s$、$1/t$）作

为平面点阵的指标。由于平面点阵的特性，这个比值一定可化为互质的整数之比，即

$$1/r:1/s:1/t=h^*:k^*:l^*$$

所以平面点阵的取向就用指标$(h^*k^*l^*)$表示。图 10.16 中$r=3$，$s=3$，$t=4$，则

$$1/r:1/s:1/t=1/3:1/3:l/4=4:4:3$$

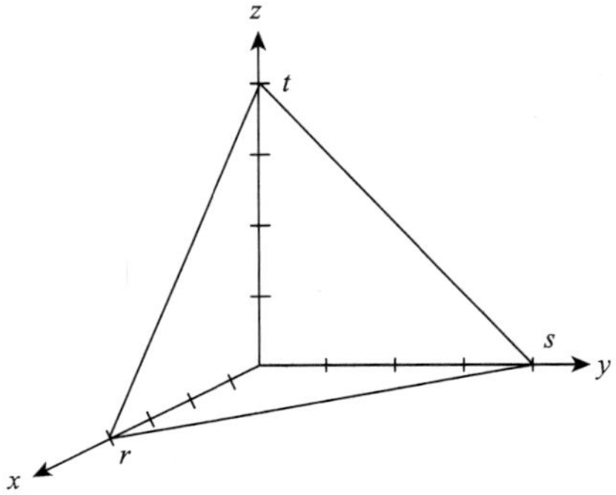

图 10.16　晶面在坐标轴上的截距

该平面点阵的指标即为（443）。

晶体外形中每个晶面都和一族平面点阵平行。所以$(h^*k^*l^*)$也用作和该平面点阵平行的晶面的指标，如图 10.17 所示。

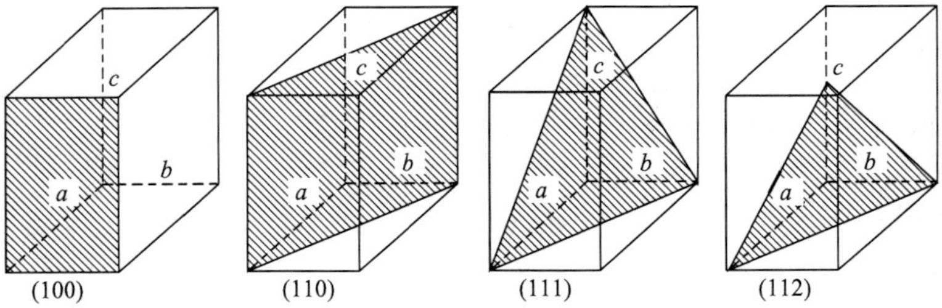

图 10.17　晶面指标

平面点阵族$(h^*k^*l^*)$中相邻两个点阵平面间的距离用$d(h^*k^*l^*)$表示。在最简单的立方晶系中有

$$d(h^*k^*l^*)=\frac{a}{\sqrt{h^{*2}+k^{*2}+l^{*2}}}$$

其他晶系也有相应的关系式。

2. 有理指数定律

晶面指标或简单整数比的规律称为有理指数定律。这一规律可以用平移群的数学表达式说明。

设在空间点阵中选取某个点阵点为原点，平移群 $T_{mnp}=m\vec{a}+n\vec{b}+p\vec{c}$ 作用在原点上就得到其他点阵点。显然每个特定的整数组 m，n，p 与一个点阵点对应。

3. 晶面交角守恒定律

两个晶面的法线交角简称为晶面交角或晶面角。同一品种的晶体，虽然外形上晶面的大小和形状不一致，但是相应的晶面间的交角是相等的。这可从点阵结构来解释。晶面就是平面点阵，晶面角是平面点阵间的交角。某一品种的晶体具有一定的点阵结构，平面点阵间的角是固定的，所以晶面角守恒。如图 10.18 所示，晶面 aa 与 bb、aa 与 $b'b'$、$a'a'$ 与 bb 或 $a'a'$ 与 $b'b'$ 相互间的角度都是相等的。影响晶体生长的外界条件只能决定晶面的大小和层次的多少，而晶面交角的大小则由组成晶体的微粒间的作用力所决定。

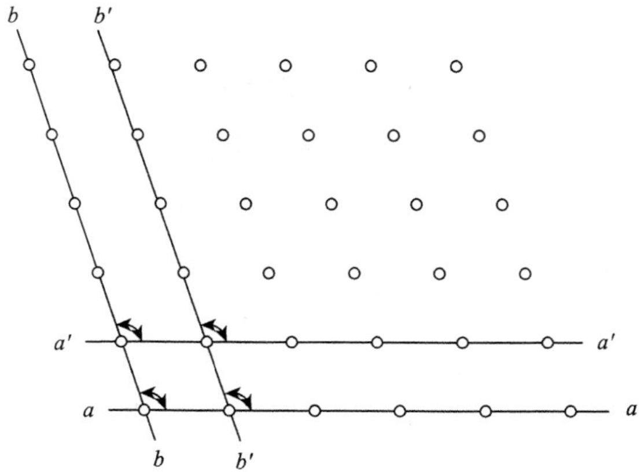

图 10.18 晶面角守恒

10.3 晶体的宏观对称性和 32 个点群

10.3.1 晶体的宏观对称元素

晶体结构的对称性与点阵周期性相适应，表现为下面两个原理：

（1）晶体的对称轴必与点阵中的一组直线点阵平行，与一组平面点阵垂直。

对称面必与一组平面点阵平行，与一组直线点阵垂直。

（2）晶体对称轴仅限于 $n=1, 2, 3, 4, 6$ 五种旋转轴，$n=5$ 和 $n>6$ 的旋转轴都不存在。

由于晶体的对称性受到点阵的制约，与晶体的宏观对称性、理想外形相联系的宏观对称元素只有 C_1、C_2、C_3、C_4、C_6、S_4、σ 和 i 这八种。

图 10.19 给出了几个晶体的旋转轴。图 10.20 给出了几个晶体的对称面。

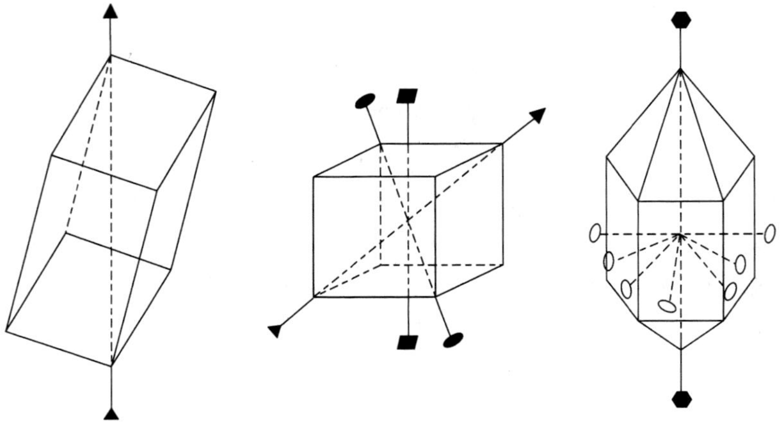

图 10.19　几个晶体的旋转轴

⬬表示 C_2 轴；▲表示 C_3 轴；■表示 C_4 轴；⬢表示 C_6 轴

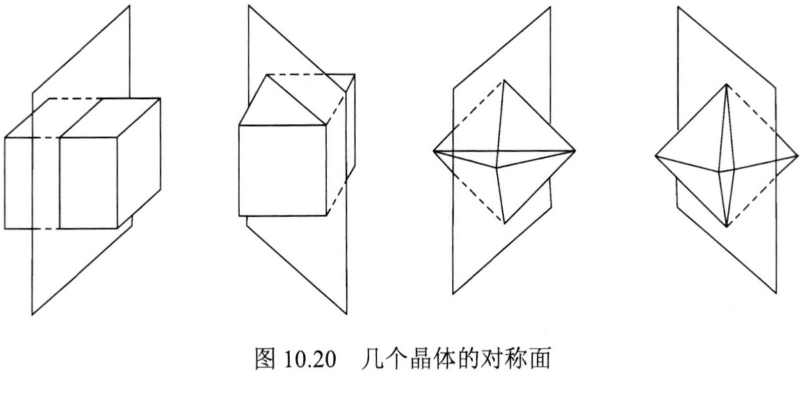

图 10.20　几个晶体的对称面

10.3.2　晶体的 32 个点群

晶体的 8 种宏观对称元素按一定的方式组合在一起，可以有 32 种组合方式，形成 32 种宏观对称元素系。每种对称元素系的全部对称操作构成一个群，所以晶体有 32 个群。对于某个晶体而言，所有群元素都经过同一点，所以称为点群。因此，从宏观对称性来分类，晶体可分为 32 个点群。表 10.2 列出了晶体的 32 个点群。表 10.3 给出了晶体 32 个点群的关系。

表 10.2　晶体的 32 个点群

C_n	i	i，σ_h	σ_h	σ_v	σ_d	S_4
C_1	$S_2 = C_i$		$C_{1h} = C_s$	$(C_v = C_s)$		
C_2		C_{2h}		C_{2v}		S_4
C_3	$S_6 = C_{3i}$		C_{sh}	C_{3v}		
C_4		C_{4h}		C_{4v}		
C_6		C_{6h}		C_{6v}		
D_2		D_{2h}		(D_{2h})	D_{2d}	
D_3	D_{3d}		D_{3h}	(D_{3h})	(D_{3d})	
D_4		D_{4h}		(D_{4h})		
D_6		D_{6h}		(D_{6h})		
T		T_h		(T_h)	T_d	(T_d)
O		O_h		(O_h)	(O_h)	

表 10.3　晶体 32 个点群的关系

轴型	加垂直主轴的反映面 σ_h	加穿过主轴的反映面 σ_v		加对称中心
C_1	σ	$[\sigma]$		i
C_2	$C_2\sigma i$	$C_22\sigma$		$[C_2\sigma i]$
C_3	$C_6(C_3\sigma)$	$C_33\sigma$		$C_3(C_3i)$
C_4	$C_4\sigma i$	$C_44\sigma$		$[C_4\sigma i]$
C_6	$C_6\sigma i$	$C_66\sigma$		$[C_6\sigma i]$
C_22C_2	$3C_23\sigma i$	σ_d 平分 C_2 夹角	σ 垂直 C_2	$[3C_23\sigma i]$
		$C_12C_22\sigma$	$[3C_3\sigma i]$	
C_33C_2	$C_63C_23\sigma(C_33C_24\sigma)$	$C_33C_23\sigma i$	$[C_33C_23\sigma i]$	$[C_33C_23\sigma i]$
C_44C_2	$C_44C_25\sigma i$		$[C_44C_25\sigma i]$	$[C_44C_25\sigma i]$
C_66C_2	$C_66C_27\sigma i$		$[C_66C_27\sigma i]$	$[C_66C_27\sigma i]$
$3C_44C_3$	$3C_44C_33\sigma i$	$3C_44C_36\sigma$	$[3C_44C_33\sigma i]$	$[3C_44C_33\sigma i]$
$3C_44C_36C_2$	$3C_44C_36C_29\sigma i$	$[3C_44C_36C_29\sigma i]$	$[3C_44C_36C_29\sigma i]$	$[3C_44C_36C_29\sigma i]$
C_4	$[C_4\sigma i]$	$[C_42C_22\sigma]$		$[C_4\sigma i]$
12*	11*	7*		2*

*表示独立的对称元素个数。

10.4　晶体的微观对称性和 230 个空间群

晶体的微观对称性就是晶体内部点阵结构中的对称性。其中除了包括前述各种宏观对称元素外，还有与空间对称操作相对应的一些对称元素，这是有限图形不能包含的。晶体的空间对称操作是和晶体的空间点阵相适应的，这是由微观点阵结构的无限性决定的。

10.4.1　晶体的微观对称元素

1. 点阵和平移

点阵是晶体的最基本的对称元素，与点阵相应的对称操作是平移，以符号 T 表示。平移是晶体最本质的对称操作，晶体可以没有其他一切对称操作，但不能没有平移这个对称操作。

与点阵相应的对称操作的阶次为∞。空间格子有 14 种形式，点阵和相应的平移群就有 14 种。在平移操作下，点阵的每一点都变动了，所以平移是一种空间对称操作，不是点对称操作。

2. 螺旋轴和旋转平移

图 10.21 给出了一种图形的等价变换。

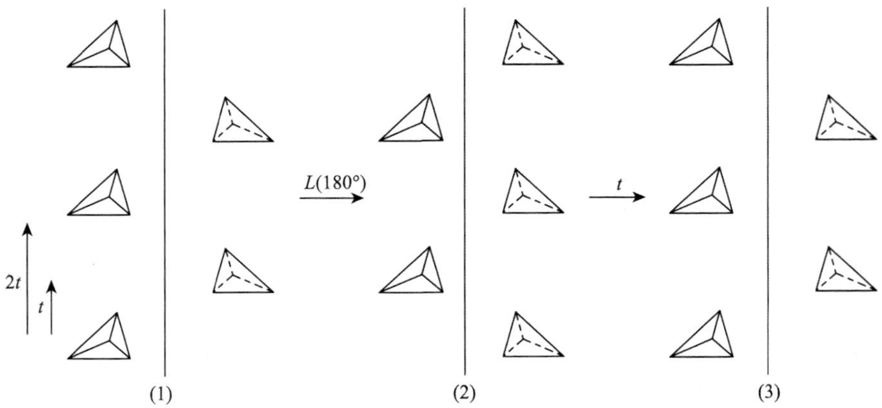

图 10.21　具有二重螺旋轴的对称图形

由图 10.21 可见，将（1）绕直线旋转 180°变换为（2），不是一个等价变换，因为（2）中直线左右两侧四面体形的位置与（1）不同了。将（2）沿直线方向平移 t，从（2）到（3）也不是等价变换，因为（3）中直线左右两侧的四面体形的位置与（2）也不同。比较（1）、（3）可见，它们是等价的，从（1）到（3）是等价变换，即旋转180°，再平移 t 这两个复合动作对（1）是对称操作，该对称操作表示为 $L(\pi)T(t)$。这种绕某一直线旋转一个角度后再沿此直线平移一个量而能使图形复原的对称操作称为旋转平移。旋转平移所依赖的直线称为螺旋轴。

旋转轴以符号 n_m 表示，相应的对称操作旋转平移以符号 $L(2\pi/n)T(mt)=C_nT(mt)$ 表示。其中 $m=\pm1, \pm2, \cdots, \pm(n-1)$，$t=T/n$，$n$ 为轴次，T 是平行于螺旋轴的直线点阵素向量，$mt=mT/n$ 为平移量。

为了使螺旋轴不与点阵相矛盾，受点阵限制，轴次仅有 1、2、3、4、6。因此，在晶体结构中，可能有的螺旋轴为 2_1、3_1、3_2、4_1、4_2、4_3、6_1、6_2、6_3、6_4、6_5 共 11 种。连续进行任意次旋转平移都会使图形复原，因此螺旋平移操作的阶次为∞。在旋转平移操作下，点阵的每一点都变动了，因此旋转平移也是一种空间对称操作。图 10.21 的图形具有二次螺旋轴 2_1。

3. 滑移面和滑移反映

图 10.22 给出了先映照再平移而成为等价变换的图形。

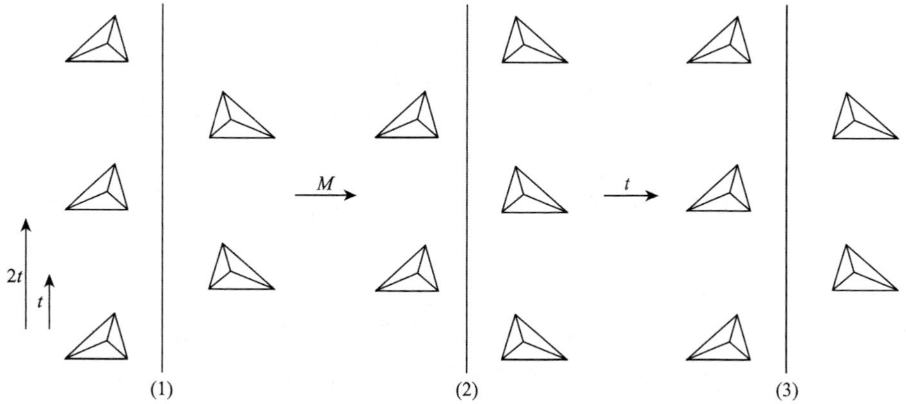

图 10.22　具有滑移面的对称图形

这种先相对于某一平面映照后再沿此平面中的某一直线平移一定距离而能使图形复原的对称操作称为滑移反映。滑移反映所依赖的平面称为滑移面。

滑移反映操作以符号 $MT(t)=\sigma T(t)$ 表示，有 $\left[MT(t)\right]^2=T(2t)$，其中 $2t$ 为滑移方向素向量，即 $2t=T$，T 属于平移群。

根据滑移面的平移量 t 和空间点阵素向量的大小和方向的关系，而将滑移面

记作 $a:a/2$， $b:b/2$， $c:c/2$； $n:(a+b)/2$， $n:(b+c)/2$， $n:(a+c)/2$； $d:(a+b)/4$， $d:(b+c)/4$， $d:(a+c)/4$。

滑移反映是空间对称操作，其阶次也是∞。

平移、旋转平移、滑移反映这三种对称操作实施时，图形上的所有点都变动，所以只有无限图形才能具有此种对称操作，称为空间对称操作。

旋转、反映、倒反、旋转倒反这四种对称操作实施时，图形上总有一个点不动，是无限图形和有限图形都可具有的对称操作，称为点对称操作。

上述这些对称操作所依赖的对称元素构成了晶体的微观对称元素，它们是旋转轴 $\underline{n}$、镜面 m、倒反中心 i、反轴 $\overline{n}$、点阵、螺旋轴 n_m、滑移面 a, b, c, n, d。晶体中的对称元素和相应的对称操作列于表 10.4 中。

表 10.4　晶体中的微观对称元素和对称操作

操作类型	对称操作	对称元素	备注
不动操作	恒等操作 E	点阵	
点对称操作	旋转 $L(2\pi/n)$ 反映 M 倒反 I 旋转倒反 $L(2\pi/n)$	旋转轴 $\underline{n}$ 镜面 m 倒反中心 反轴 $\overline{n}$	$n=1, 2, 3, 4, 6$ 只有 $\overline{4}$ 是独立的
空间对称操作	平移 T 旋转平移 $L\left(\frac{2\pi}{n}\right)T(mt)$ 滑移反映 $MT(t)$	点阵 旋转轴 n_m 滑移面 x	$n=2, 3, 4, 6$； $m\leqslant n-1$ $x=a, b, c, n, d$

10.4.2　晶体的微观对称元素系和 230 个空间群

将晶体结构中所有的对称元素，即旋转轴、镜面、对称中心、反轴、点阵、螺旋轴和滑移面进行组合，可以得到 230 种类型。每种类型就是晶体的一种微观对称元素系。而每种对称元素系所对应的全部对称操作就构成一个群，称为空间群。但其中有 80 多个还没有找到晶体的实例。反映大多数晶体结构对称性的空间群只有 100 个左右，最主要的有 30 多个，特别重要的仅 15 个。

属于同一点群的晶体可分属于几个空间群。例如，$C_{2h}-\frac{2}{m}$ 点群的晶体对应于 6 个空间群。该点群的晶体的点阵形式为简单的单斜点阵 (P) 和底心 (C) 两种；点群中的二次轴在空间群中可为 2 或 2_1；点群中的镜面在空间群中可为 m 和 C，因此，同一点群 $C_{2h}-\frac{2}{m}$ 对应于六种空间点群：

$$C_{2h}^{1}-P\frac{2}{m}，\ C_{2h}^{2}-P\frac{2_1}{m}，\ C_{2h}^{3}-C\frac{2}{m}，\ C_{2h}^{4}-P\frac{2}{c}，\ C_{2h}^{5}-P\frac{2_1}{c}，\ C_{2h}^{6}-C\frac{2}{c}$$

短线前面的记号是空间群的申夫利斯（Schönflies）符号，右上角数字表示由此点群派生出来的第几个空间群；短线后面的记号是国际符号。

在国际符号中第一个大写字母表示点阵的形式。例如，$P\frac{2_1}{c}$空间群属单斜晶系，其晶胞形式为单斜简单点阵。大写字母后面的符号表示晶体中某个方向的对称性，例如，$\frac{2_1}{c}$表示b方向有二次螺旋轴2_1及与它垂直的滑移面C。大写字母后面最多可有表示三个方向对称性的符号。例如

$$D_{2h}^{16}-P\frac{2_1}{n}\frac{2_1}{m}\frac{2_1}{a}$$

230 个空间群参见各种结构化学书。

习　题

10.1 晶体的特征是什么？点阵和晶体有什么关系？为什么将晶体抽象成点阵？

10.2 将石墨分子抽象成点阵，画出点阵单位。石墨中碳-碳键长为 1.42Å，计算正当点阵单位的边长和夹角。

10.3 如何将点阵划分为正当点阵单位？正当点阵单位和晶胞的关系是什么？

10.4 平面点阵有哪几种类型及型式？论证只有矩形单位才有带心和不带心两种型式。

10.5 空间点阵有哪几种类型及型式？说明其理由。

10.6 计算四方晶系晶胞中原子的分数坐标。

10.7 画出正方体的（111）、（101）、（110）、（000）面。

10.8 晶体有哪些宏观对称元素？有哪些微观对称元素？

10.9 为什么有立方面心点阵单位而无四方面心点阵单位？

10.10 说明下列空间群国际符号的含义：

$$C_{6h}^{2}-P\frac{6_3}{m}，\ D_{3}^{2}-P2_12_12，\ O_{h}^{7}-F\frac{4_1}{d}\bar{3}\frac{2}{m}，\ D_{2d}^{12}-I\bar{4}2d$$

第 11 章　化学晶体学

化学晶体学研究晶体的化学组成，即组成晶体的是何种原子、离子或分子；研究晶体的结构，即组成晶体的原子、离子或分子等微粒的排布及其间相互作用的大小及规律；研究晶体的组成、结构和性质间的关系。

11.1　晶体的分类

11.1.1　晶体的分类方法

晶体有多种分类方法：

（1）按组成分类　晶体可分为单质晶体、合金晶体、二元化合物晶体和多元化合物晶体。

（2）按质点的聚集状况分类　晶体可分为颗粒状晶体、链条状晶体、层片状晶体及骨架状晶体。

（3）按质点排列的几何规律或对称性分类　晶体可分 7 个晶系、14 种晶格、32 种晶族及 230 个空间群。

（4）按质点间的相互作用（化学键）类型或构成晶体的微粒分类　晶体可分为金属晶体、离子晶体、原子（共价）晶体和分子晶体，以及过渡键型和多种键型晶体。

11.1.2　典型晶体

典型晶体有金属晶体、离子晶体、原子晶体和分子晶体四类，如表 11.1 所示。

表 11.1　四类典型晶体的特征

晶体类型	结合键型	微粒	特性	实例
金属晶体	金属键	原子或正离子	金属光泽、延展性、传导性	金属单质、合金
离子晶体	离子键	正负离子	质脆、难熔、导电	盐、碱、碱性氧化物
原子晶体	共价键	原子	质坚硬、难熔、难溶	金刚石、硅、SiC
分子晶体	范德华力	分子	质软、易溶、难导电	卤素、酐、CO_2、有机物

实际晶体不只有这四类典型晶体，还有介于两种典型晶体间的过渡型晶体，或兼有几种典型晶体特征的混合键型晶体。例如，石墨同一层间是共价键的原子晶体，还有大 π 键的自由电子，层和层间是由范德华力相结合，类似于分子晶体；PbS 、 ZnS 等金属硫化物是原子晶体和离子晶体间的过渡型晶体，PbS 中还有金属晶体的自由电子作用。具有氢键的冰还具有共价键和范德华力。

11.1.3　高对称性与简单化学组成

在通常情况下，化学组成简单的晶体具有高的对称性。例如，惰性气体元素及金属单质晶体都是对称性很高的立方晶体或六方晶体。卤素、硫族及 Ga 、 Sn 、 Bi 等元素的单质晶体则是中等对称性的四方、三方及正交晶体。复杂化合物及有机物晶体则是对称性低的三斜、单斜晶体。

晶型也不完全由化学组成决定，还与温度、压力等外界条件有关。同一种物质可因温度和压力的不同而有多种晶型，即同质多晶现象。例如，碳有金刚石、石墨、无定形（微晶）碳、 C_{60} 、碳纳米管、石墨烯等多种晶型。

11.2　金 属 晶 体

11.2.1　金属键

用量子力学处理金属的结构有两种方法或理论，即分子轨道方法和价键方法。

1. 分子轨道方法

分子轨道方法就是将分子轨道理论应用于讨论金属晶体的成键情况。金属键可以看作是多原子共价键的极限情况。下面以金属钠的晶体为例说明（参见图 11.1）。

当两个钠原子形成双原子分子 Na_2 时，根据分子轨道理论，两个钠原子各以 3s 轨道参与成键，两个 3s 原子轨道线性组合成两个分子轨道，其中一个是成键轨道 $\psi_1 = \sigma_{3s}$ ，其能量 $E_1 < E_{(3s)}$ ；另一个是反键轨道 $\psi_2 = \sigma_{3s}^*$ ，其能量 $E_2 > E_{(3s)}$ 。两个价电子填在成键轨道上。

当 4 个钠原子形成四原子分子 Na_4 时，4 个 3s 轨道线性组合成 4 个分子轨道

$$\psi_j = \sum_{i=1}^{4} c_i \phi_i \quad (j = 1, 2, 3, 4)$$

其中两个成键轨道为 ψ_1 和 ψ_2 ，能量分别为 E_1 和 E_2 ，且有 $E_1 < E_2 < E_{(3s)}$ 。4 个价电子填在两个成键轨道上。两个反键轨道为 ψ_3 和 ψ_4 ，能量为 $E_4 > E_3 > E_{(3s)}$ 。反键轨道空着。

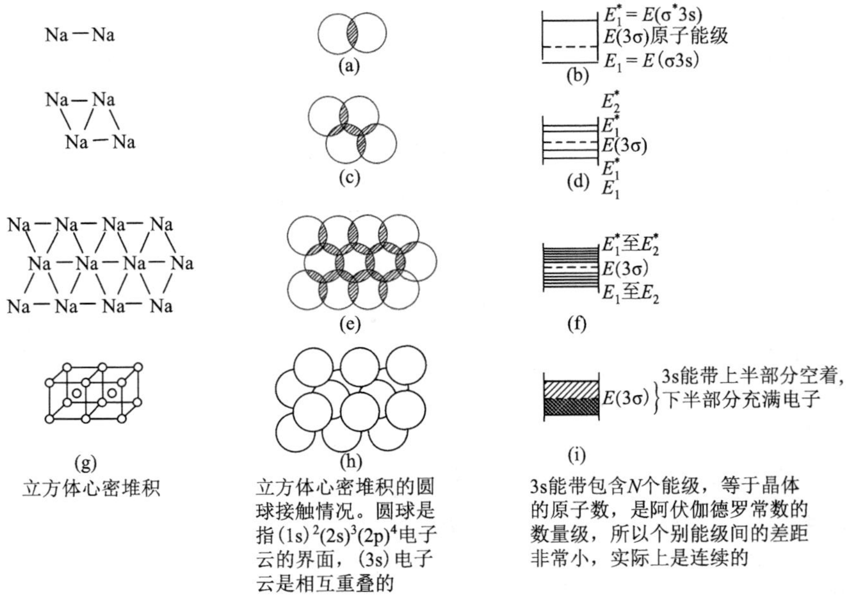

图 11.1　金属键的形成过程和能级变换

当 12 个原子形成 Na_{12} 分子时，12 个 3s 轨道线性组合成 12 个分子轨道，

$$\psi_j = \sum_{i=1}^{12} c_i \phi_i \quad (j = 1, 2, \cdots, 12)$$

其中 6 个成键轨道为 $\psi_1, \psi_2, \cdots, \psi_6$，能量分别为 $E_1, E_2, \cdots, E_6$，且有 $E_1 < E_2 < \cdots < E_6 < E_{(3s)}$；6 个反键轨道为 $\psi_7, \psi_8, \cdots, \psi_{12}$，能量分别为 $E_7, E_8, \cdots, E_{12}$，且有 $E_{(3s)} < E_7 < E_8 < \cdots < E_{12}$。

这样形成的多原子共价键与双原子共价键不同，价电子运动的范围不限于邻近原子的近旁，而是遍及结合的全部原子。这种多原子共价键与大 π 键也不同，大 π 键由 p 轨道组成，而这种多原子共价键由 s 轨道组成。大 π 键的形成限于同一平面上，而这种多原子共价键可向立体发展，最后形成金属钠的晶体。

由上面可见，参与成键的原子轨道越多，形成的分子轨道越多，邻近的分子轨道之间能级差越小。一块钠晶体含有 N 个钠原子、有 N 个分子轨道，N 的数值很大，例如1mg 的钠含有 $N \approx 10^{19}$ 个钠原子。所以邻近的分子轨道之间的能级差非常微小，以至于可以将 N 个能级看成一个具有一定上下限的连续能带。能带的下半部分由成键轨道组成，充满电子，上半部分由反键轨道组成，是空的。这就是金属能带理论模型。

原则上讲，只要金属原子间的距离足够近，所有原子轨道均可以组成相应的能带。金属晶体中原子间距和一般共价键的原子间距相近，内层原子轨道不能有效重叠，保持原子轨道特性。所以只讨论由价轨道组成的能带——价带。钠原子的 3s 和 3p

轨道相近，3s 能带和 3p 能带部分重叠。若相邻能带互不重叠，中间的能量间隔称为能带隙或禁带。电子不能填在禁带中，即电子的能量不允许取这个范围内的值。被电子充满的能带称为满带，完全空的能带称为空带，被电子部分填充的能带称为未满带，金属晶体中存在未满带是其导电的根本原因，所以未满带又称导带。

一个能带中最高能级和最低能级的能量差称为能带宽度。某一能带的宽度与晶体中金属原子间的距离有关，不同金属和同种金属不同原子轨道构成的能带宽度是不同的。能带中能级的数目不但取决于相应原子轨道的状态数目，也取决于晶粒的大小。

综上所述，当多原子共价键中原子的数目由几个、几十个发展到相当多（如约 10^{10}）时，量变就引起质变，键的性质就和一般共价键不同了。这种含有非常多的原子的多原子共价键就称为金属键。

金属键的特征是：

（1）成键电子活动范围广，可以在整个宏观晶体的范围内运动，即成键轨道是高度离域的。这种活动自由的电子称为自由电子。

（2）没有方向性和饱和性。因为金属原子的价电子层的 s 电子云是球对称的，它可以在任意方向与任何数目的附近原子做电子云重叠。因此，金属原子或正离子的排列不受饱和性和方向性的限制，只受空间范围和最紧密堆积方式的限制。

2. 价键方法（理论）

按照价键理论，金属原子以一定数目的价电子与周围原子的价电子配对形成化学键。鲍林认为金属中的化学键是以单电子键和双电子键共振的方式存在于相邻原子之间。

例如，金属锂晶体的化学键为

这样就可以解释金属晶体的配位数很高而价电子数很少，却仍可以通过共价键结合，并且电子可以自由运动。

11.2.2　金属中电子的运动

1. 自由电子模型

对于金属晶体中价电子运动的最简单近似认为是电子在晶体的恒定势场中自由运动。为了简单处理，考虑一块边长为 L 的立方体金属晶体，其电子的势能为

$$V(x,y,z)=\begin{cases}0 & 0\leqslant x,y,z\leqslant L\\ \infty & x,y,z<0;x,y,z>L\end{cases}$$

假设电子之间无相互作用，则金属晶体的单电子薛定谔方程为

$$-\frac{\hbar^2}{2m_e}\nabla^2\psi=E\psi \tag{11.1}$$

式中

$$\psi=\psi(x,y,z)$$

这是三维势阱中单电子的薛定谔方程，可以用分离变量法求解。令

$$\psi(x,y,z)=X(x)Y(y)Z(z) \tag{11.2}$$

代入方程（11.1），可分离变量为三个常微分方程

$$\begin{cases}-\dfrac{h^2}{2m_e}\dfrac{d^2X}{dx^2}=E_xX\\ -\dfrac{h^2}{2m_e}\dfrac{d^2Y}{dy^2}=E_xY\\ -\dfrac{h^2}{2m_e}\dfrac{d^2Z}{dz^2}=E_xZ\end{cases} \tag{11.3}$$

式中

$$E_x+E_y+E_z=E \tag{11.4}$$

式（11.3）中的每个方程都是单电子在一维势阱中运动的方程，应用代数法可得式（11.3）中各方程的通解：

$$\begin{cases}X(x)=A_xe^{i2\pi k_xx}+B_xe^{-i2\pi k_xx}\\ Y(y)=A_ye^{i2\pi k_yy}+B_ye^{-i2\pi k_yy}\\ Z(z)=A_ze^{i2\pi k_zz}+B_ze^{-i2\pi k_zz}\end{cases} \tag{11.5}$$

式中

$$k_x^2=\frac{2m_eE_x}{h^2},\quad k_y^2=\frac{2m_eE_y}{h^2},\quad k_z^2=\frac{2m_eE_z}{h^2} \tag{11.6}$$

各方程的实数特解为

$$\begin{cases}X(x)=\sqrt{\dfrac{2}{L}}\sin\left(\dfrac{n_x\pi x}{L}\right)\\ Y(y)=\sqrt{\dfrac{2}{L}}\sin\left(\dfrac{n_y\pi y}{L}\right)\\ Z(z)=\sqrt{\dfrac{2}{L}}\sin\left(\dfrac{n_z\pi z}{L}\right)\end{cases} \tag{11.7}$$

且有

$$E_x=\frac{h^2}{8m_eL^2}n_x^2, \quad E_y=\frac{h^2}{8m_eL^2}n_y^2, \quad E_z=\frac{h^2}{8m_eL^2}n_z^2 \tag{11.8}$$

$$k_x=\frac{n_x}{2L}, \quad k_y=\frac{n_y}{2L}, \quad k_z=\frac{n_z}{2L} \tag{11.9}$$

将式（11.7）代入式（11.2），将式（11.8）代入式（11.4），得

$$\psi=\sqrt{\frac{8}{L^3}}\sin\left(\frac{n_x\pi x}{L}\right)\sin\left(\frac{n_y\pi y}{L}\right)\sin\left(\frac{n_z\pi z}{L}\right) \tag{11.10}$$

$$E=\frac{h^2}{8m_eL^2}(n_x^2+n_y^2+n_z^2) \tag{11.11}$$

$$(n_x,n_y,n_z=1,2,3,\cdots)$$

由方程（11.11）可知，对于确定的能量 E，电子的微观状态数目是确定的，即 n_x,n_y,n_z 所可能取的满足方程（11.11）的正整数的组数。若以 n_x,n_y,n_z 为坐标轴，则方程（11.11）代表一半径为 $r=\left(\frac{8m_eL^2E}{h^2}\right)^{\frac{1}{2}}$ 的球的方程。满足方程（11.11）的任一组正整数，相当于半径为 r 的八分之一球面上的一个点，这是因为 n_x,n_y,n_z 只能取正整数，都集中在第一象限内。在八分之一球面上的点数是能量为 E 的电子所有可能的微观状态数。所以能量在 E～$E+\mathrm{d}E$ 之间的电子的微观状态数等于八分之一 $4\pi r^2\mathrm{d}r$ 内所含的点数。在所选择的坐标中，平均每一单位体积包含一个点。因此，能量在 E～$E+\mathrm{d}E$ 之间的微观状态数为

$$\mathrm{d}G=\frac{1}{8}(4\pi r^2\mathrm{d}r)=2\pi L^3\frac{(2m_e)^{\frac{3}{2}}}{h^3}E^{\frac{1}{2}}\mathrm{d}E \tag{11.12}$$

若考虑电子的自旋，则

$$\mathrm{d}G=4\pi L^3\frac{(2m_e)^{\frac{3}{2}}}{h^3}E^{\frac{1}{2}}\mathrm{d}E=\rho(E)\mathrm{d}E \tag{11.13}$$

式中

$$\rho(E)=\frac{\mathrm{d}G}{\mathrm{d}E}=4\pi L^3\frac{(2m_e)^{\frac{3}{2}}}{h^3}E^{\frac{1}{2}} \tag{11.14}$$

称为状态密度或能级密度，表示单位能量间隔中的状态数目。式（11.4）说明金属晶体中自由电子的允许状态密度随能量的增加而增加。

在金属达到热平衡时，电子在各能级上是怎样分布的？电子是费米子，服从费米-狄拉克统计，即在热平衡时，电子处在能量为 E 的每个状态上的概率为

$$f(E)=\frac{1}{e^{(E-E_F)/k_BT}+1} \tag{11.15}$$

式中，k_B 为玻尔兹曼常量；T 为热力学温度；E_F 为费米能量或化学势。在能量为 $E \sim E+dE$ 之间所分配的电子数为

$$dN=f(E)dG=f(E)\rho(E)dE=\frac{4\pi L^3\dfrac{(2m_e)^{\frac{3}{2}}}{h^3}E^{\frac{1}{2}}}{\left[e^{(E-E_F)/k_BT}+1\right]}dE \tag{11.16}$$

下面讨论热力学零度时的情况。由式（11.15）可得，在 $T=0K$，$E<E_F$，$f(E)=1$；$E>E_F$，$f(E)=0$。以 E_F^0 表示热力学零度的费米能量 E_F 值。由上可见，在热力学零度，所有低于 E_F^0 的能级都填满了电子，而所有高于 E_F^0 的能级都空着。E_F^0 就是在热力学零度电子所能占据的最高能级。

在热力学零度，费米能级 E_F^0 以下的所有状态能够容纳的电子数目为

$$N=\int_0^{E_F^0}f(E)\rho(E)dE=\frac{8\pi L^3}{3h^3}(2m_eE_F^0)^{\frac{3}{2}} \tag{11.17}$$

如果 N 的数目已知，则可由式（11.17）求得费米能级

$$E_F^0=\frac{h^2}{2m_e}\left(\frac{N}{8\pi L^3}\right)^{\frac{2}{3}} \tag{11.18}$$

电子的平均动能为

$$\begin{aligned}\bar{E}_{kin}^0&=\frac{1}{N}\int_0^{E_F^0}EdN\\&=\frac{1}{N}\int_0^{E_F^0}f(E)\rho(E)EdE\\&=\frac{1}{N}\int_0^{E_F^0}\rho(E)EdE\\&=\frac{3}{5}E_F^0\end{aligned} \tag{11.19}$$

通常，E_F^0 约为几电子伏特，由式（11.19）可见 $\bar{E}_{kin}^0$ 与 E_F^0 有相同的数量级，所以即使在热力学零度，电子仍有相当大的平均动能。这是由于电子必须遵守泡利不相容原理，即使在热力学零度，也不可能所有的电子都集中占据在最低能级上。

对于不是热力学零度，温度又不太高的情况，即 $k_BT \ll E_F^0$ 的情况，可以得到 E_F 与 E_F^0 相近，取一级近似为

$$E_F=E_F^0 \tag{11.20}$$

取二级近似为

$$E_{\mathrm{F}}=E_{\mathrm{F}}^{0}\left[1-\frac{\pi^{2}}{12}\left(\frac{k_{\mathrm{B}}T}{E_{\mathrm{F}}^{0}}\right)^{2}\right] \tag{11.21}$$

电子的平均动能为

$$\bar{E}_{\mathrm{kin}}^{0}=\frac{3}{5}E_{\mathrm{F}}^{0}\left[1+\frac{5}{12}\pi^{2}\left(\frac{k_{\mathrm{B}}T}{E_{\mathrm{F}}^{0}}\right)^{2}\right] \tag{11.22}$$

2. 电子在周期势场中运动模型

把金属中的共用电子看作自由电子是最简单的近似。实际上金属晶体中的原子实呈规则排列，势能是周期变化的，单电子的薛定谔方程应是

$$-\frac{\hbar^{2}}{2m_{\mathrm{e}}}\nabla^{2}\psi+V\psi=E\psi \tag{11.23}$$

式中

$$V=V(x,y,z)$$

为电子的势能，是以晶格的周期为周期的函数。布洛赫（Bloch）证明这个方程的解具有下列形式

$$\psi=u_{k}(x,y,z)\mathrm{e}^{\mathrm{i}2\pi\vec{r}\cdot\vec{k}} \tag{11.24}$$

称为布洛赫函数，式中

$$\vec{k}=\frac{2\pi}{\lambda}\vec{s} \tag{11.25}$$

称为波矢量，而 $\vec{s}$ 为电子的德布罗意波的传播方向的单位矢量。利用德布罗意关系

$$\vec{k}=\frac{2\pi P}{h}\vec{s}=\frac{2\pi\sqrt{2m_{\mathrm{e}}E}}{h}\vec{s} \tag{11.26}$$

得到 $\vec{k}$ 的三个分量：

$$k_{x}=\pm n_{x}\frac{\pi}{L},\quad k_{y}=\pm n_{y}\frac{\pi}{L},\quad k_{z}=\pm n_{z}\frac{\pi}{L} \tag{11.27}$$

对于一维晶体，周期势能为

$$V(x+na)=V(x) \tag{11.28}$$

式中，a 为原子间距离、n 为正整数，即 V 是以 a 为周期的函数。薛定谔方程为

$$-\frac{\hbar^{2}}{2m_{\mathrm{e}}}\frac{\mathrm{d}^{2}\psi}{\mathrm{d}x^{2}}+V\psi=E\psi \tag{11.29}$$

方程的解为

$$\psi(x)=u(x)e^{\pm\mu x} \tag{11.30}$$

和

$$\psi(x)=u(x)e^{\pm i2\pi k_x} \tag{11.31}$$

式中，μ 为实数，两式中的 $u(x)$ 都是以晶格常数 a 为周期的周期函数。式(11.30)所表示的解不是有限的，当 x 由 $-\infty$ 变到 $+\infty$ 时，波函数的值出现无穷大，所以不能代表稳定的电子状态，即有一些能量区域，晶体中的电子能量为这些区域内的值时，不是稳定的电子状态。对电子的运动状态而言，这些区域属于能量的禁区，称为禁带。式（11.31）不出现无穷大，代表稳定的电子状态，符合布洛赫定理。也就是说在一些能量区域，晶体中的电子能量为这些区域内的值时，具有稳定的电子状态。这些区域对电子的运动状态而言，属于能量的允许区域，称为允许带。由此可见，电子在周期势场中运动时，能量状态与自由电子是不同的，不是连续的，而是形成称为允许带和禁带的能带。绝缘体和半导体的价电子都填在满带，有些金属的价电子也填在满带。所不同的是满带和空带间的禁带宽度不同，绝缘体的禁带较宽，通常为几电子伏特；半导体的禁带较窄，通常为约 1eV；具有满带的导体的禁带极窄，电子很容易跃迁到空带中，甚至满带和空带重叠而变成了未满带。

图 11.2 给出了一维晶格的能量曲线。

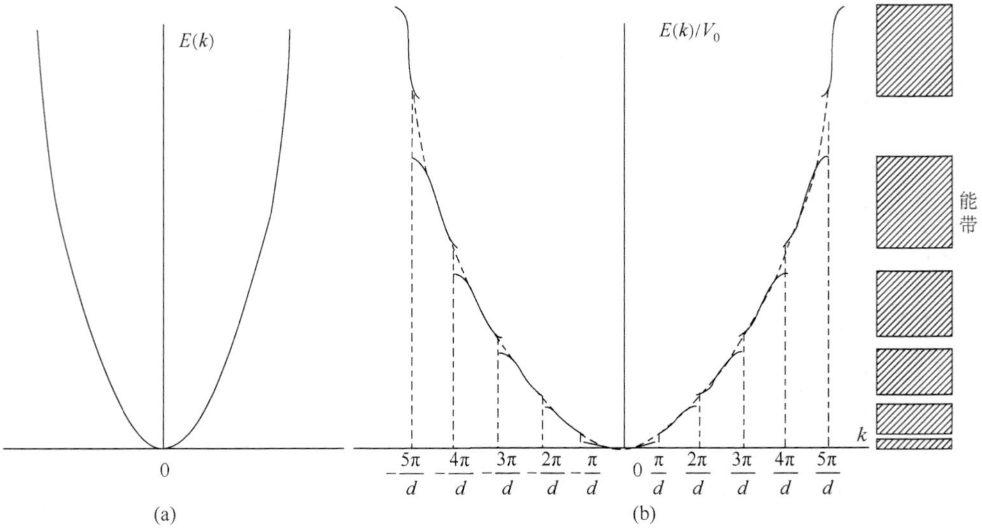

(a) 自由电子　　(b) 受克勒尼希-彭奈势场影响的电子

图 11.2　一维晶格的能量曲线

11.2.3　金属单质的三种典型结构

1. 金属原子密堆积

金属键没有饱和性和方向性，金属单质的结构采取最紧密堆积的方式以降低体系的能量。密堆积可用等径圆球模型讨论。

等径圆球的单层密堆积如图 11.3 所示。一层等径圆球的最紧密堆积方式只有一种，即每个球周围有 6 个球，产生 6 个空隙。

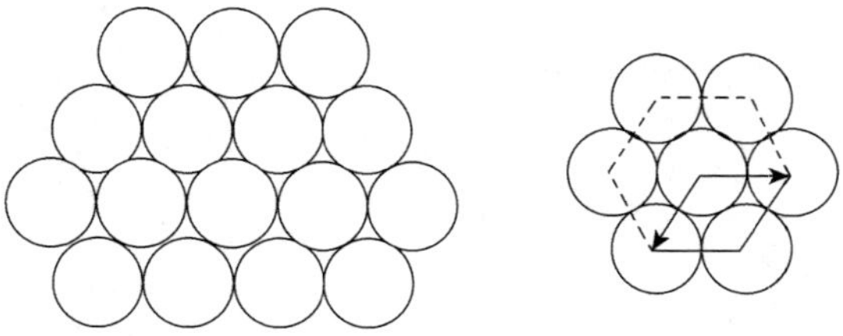

(a)　(b)

图 11.3　等径圆球的单层密堆积

等径圆球的双层密堆积如图 11.4 所示。两层等径球的最紧密堆积方式也只有一种，即在上述密置单层的一串空隙上面堆放球，此即密置双层。两个密置单层之间的空隙分为两类，一类空隙被四个等径圆球包围，连接四个球心构成一个四面体，这种空隙称为正四面体空隙。另一类空隙被六个等径圆球包围，连接这六个完整的球心构成一个正八面体，这种空隙称为正八面体空隙。密置双层保留有密置单层的 6 次旋转轴，因此这种三维点阵结构仍可按平面六方格子划分，每个格子分到两个圆球、两个正四面体空隙和一个正八面体空隙。

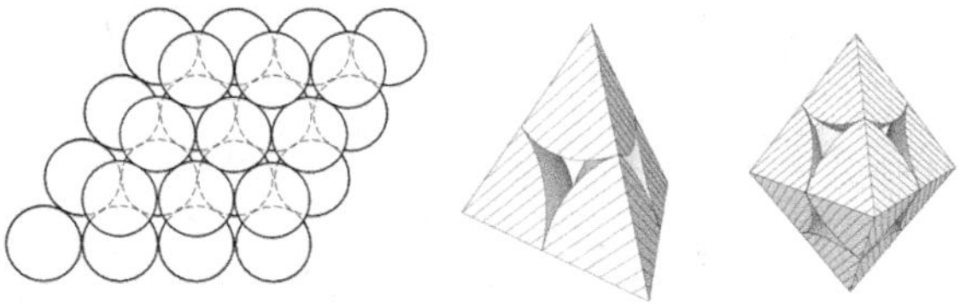

(a) 等径圆球的双层密堆积　(b) 正四面体空隙　(c) 正八面体空隙

图 11.4　等径圆球的双层密堆积和其中的空隙

三层等径圆球的两种密堆积方式如图 11.5 所示。三层等径圆球的堆积方式有两种。第一种堆积方式是将球放在密置双层的正四面体空隙上面，这样第三层的位置与第一层相同，即第三层的投影与第一层重合，此时仍保留 6 次轴。这种堆积称为 AB。第二种堆积方式是将球堆放在密置双层的正八面体空隙上，这样第三层的位置与第一层错开，即第三层的投影落在第一层球的一半空隙上，此时 6 次轴已不存在，降为 3 次轴，这种堆积称为 ABC 堆积。

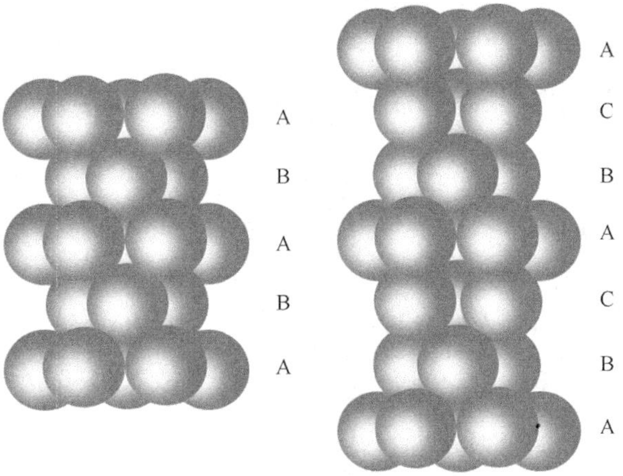

图 11.5　三层等径圆球的两种密堆积方式

等径圆球的空间密堆积型式有三种。

（1）重复 ABC 堆积，即 ABC，ABC，ABC，…，称为 A_1 型密堆积，从中可取出一个面心立方晶胞，空间利用率为 74.05%，配位数为 12，如图 11.6 所示。

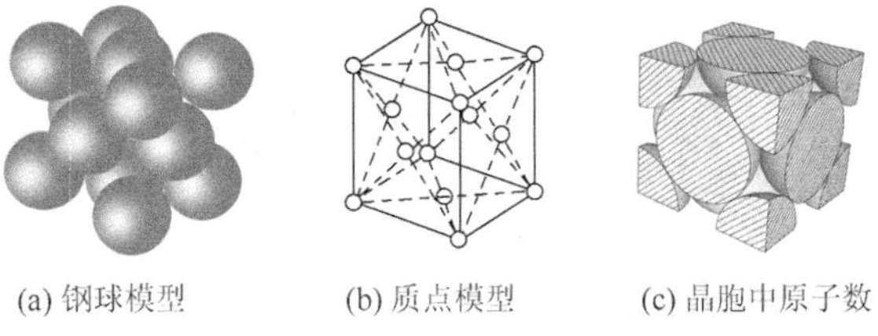

图 11.6　等径圆球的空间密堆积型式：面心立方结构

（2）重复 AB 堆积，即 AB，AB，AB，…，称为 A_3 型密堆积，从中可取出一个六方晶胞，空间利用率也是 74.05%，如图 11.7 所示。

（3）除 A_1 和 A_3 外，还有一种 A_2 密堆积方式，空间利用率为 68.02%，这种密堆积是按正方形排列的，相应的是体心立方晶胞，如图 11.8 所示。

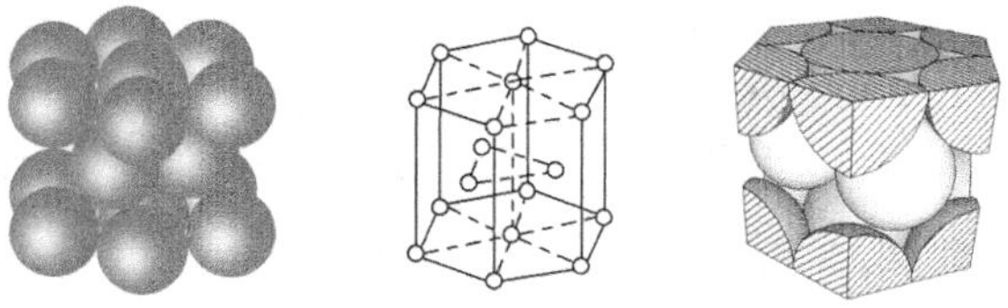

(a) 钢球模型　　(b) 质点模型　　(c) 晶胞中原子数

图 11.7 等径圆球的空间密堆积型式：密排六方结构

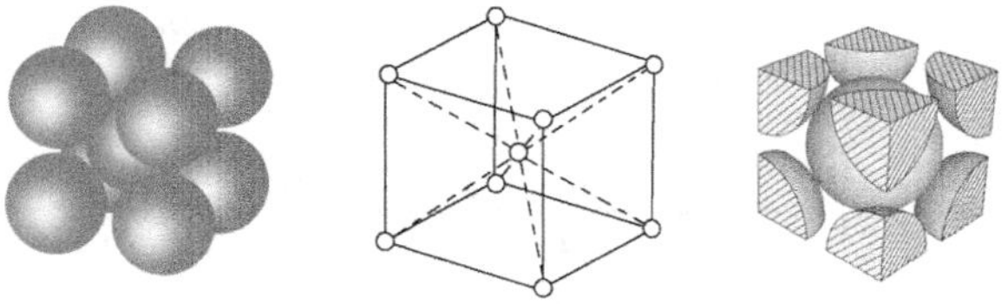

(a) 钢球模型　　(b) 质点模型　　(c) 晶胞中原子数

图 11.8 等径圆球的空间密堆积型式：体心立方结构

A_1 型面心立方晶胞含 4 个原子，原子的分数坐标为 000，$\frac{1}{2}\frac{1}{2}0$，$\frac{1}{2}0\frac{1}{2}$，$0\frac{1}{2}\frac{1}{2}$。A_2 型体心立方晶胞含 2 个原子，分数坐标为 000，$\frac{1}{2}\frac{1}{2}\frac{1}{2}$。$A_3$ 型六方晶胞含 2 个原子，分数坐标为 000，$\frac{2}{3}\frac{1}{3}\frac{1}{2}$。

2. 金属原子半径

从金属晶体的晶格参数可以求出两个近邻原子的距离，它的一半就是原子半径。金属原子半径实际是金属晶体中正离子的半径。同一种金属的晶体结构不同，则原子半径不同，因为原子的接触距离与其周围的配位情况有关。就同一种金属来说，A_2 型结构中原子的接触距离比 A_1 与 A_3 型短 0.04～0.06Å，约合 3%。哥希密特（Goldschmidt）和鲍林等曾先后从金属单质的结构数据推引了金属原子的半径。表 11.2 列出了鲍林推出的配位数为 12 的金属原子半径。这些数据有助于了解金属元素在金属与合金中的结合情况。

表 11.2 配位数为 12 的金属原子半径（单位：pm）

Li 152	Be 111.3	
Na 153.7	Mg 160	Al 143.1

续表

K 227.2	Ca 197.3	Sc 160.6	Ti 144.8	V 132.1	Cl 124.9	Mn 124	Fe 124.1	Co 125.3	Ni 124.6	Cu 127.8	Zn 133.2	Ga 122.1	Ge 122.5	As 124.8
Rb 247.5	Sr 215.1	Y 181	Zr 160	Nb 142.9	Mo 136.2	Tc 135.8	Ru 132.5	Rh 134.5	Pd 137.6	Ag 144.4	Cd 148.9	In 162.6	Sn 140.5	Sb 161
Cs 265.4	Ba 217.3	镧系	Hf 156.4	Ta 143	W 137.0	Re 137.0	Os 134	Ir 135.7	Pt 138	Au 144.2	Hg 160	Tl 170.4	Pb 175.0	Bi 152
Fr 270	Ra 220	锕系	Rf 104	Ha 105	Unh 106	Uns 107	Uno 108	Une 109						
La 187.7	Ce 182.5	Pr 182.8	Nd 182.1	Pm 181.0	Sm 180.2	Eu 204.2	Gd 180.2	Tb 178.2	Dy 177.3	Ho 176.6	Er 175.7	Tm 174.6	Yb 194.0	Lu 173.4
Ac 187.8	Th 179.8	Pa 160.6	U 138.5	Np 131	Pu 151	Am 184	Cm	Bk	Cf	Es	Fm	Md	No	Lr

由表 11.2 可见，金属的原子半径在同一族中自上而下增加，这是电子层数增加之故；在同一周期中随核电荷增加而减小，这是因为核电荷越多，对电子引力越大；第四、第五周期原子半径相近，这是“镧系收缩”之故；过渡元素变化不规则，这是由配位场的影响所致；Ga、In、Tl 的半径分别比 Zn、Cd、Hg 大，这是由于 Ga、In、Tl 含有 $(ns)^2(np)^1$ 价电子，np 电子云伸展较 ns 广。

11.3 合金的结构

11.3.1 金属固溶体

金属固溶体是由两种或两种以上的金属或金属化合物相互溶解组成的均匀物相，其成分比例可以在一定范围内变化而不影响均匀性。少数非金属单质如 H、B、C、N 等也可溶于某些金属，生成的固溶体仍具有金属特性，也称金属固溶体。

固溶体有三种类型：置换固溶体、间隙固溶体、缺位固溶体。

1. 置换固溶体

A、B 两种金属生成的固溶体仍保持 A 或 B 的结构型式，但其中一部分金属原子 A（或 B）的位置被另一种金属原子 B（或 A）统计性地取代，好像溶液一样均匀，因而称为置换固溶体。例如，在组成为 A_xB_{1-x} 的置换固溶体中，原子 A 和 B 占据完全相同的位置，每个原子的位置上被 A 占据的概率为 x，被 B 占据的概率为 $1-x$，每个原子相当于一个统计原子 A_xB_{1-x}，如图 11.9 所示。

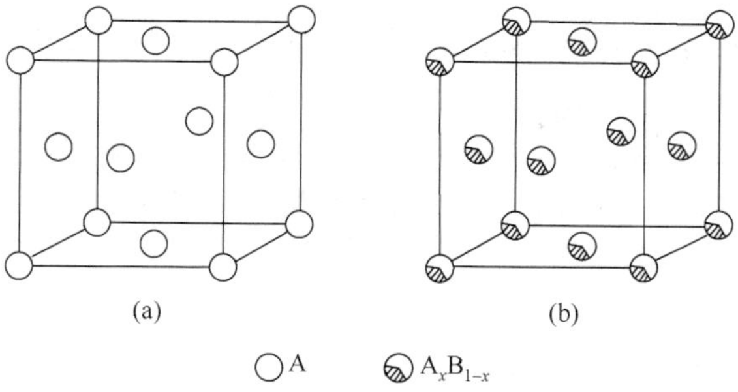

图 11.9　置换固溶体

形成置换固溶体的条件是性质相似，具体包括：

（1）A、B 具有相同的晶体结构型式。

（2）半径相近，相差不超过 10%～15%。

（3）正电性相差不多。

2. 间隙固溶体

一些原子半径比较小的非金属元素，如 H、B、C、N 等溶入过渡金属中形成间隙固溶体。这些元素不置换作为溶剂的金属的原子，而是统计地填充在溶剂金属晶格的空隙中。例如，C 溶于 γ-Fe 中生成间隙固溶体（奥氏体），如图 11.10 所示。

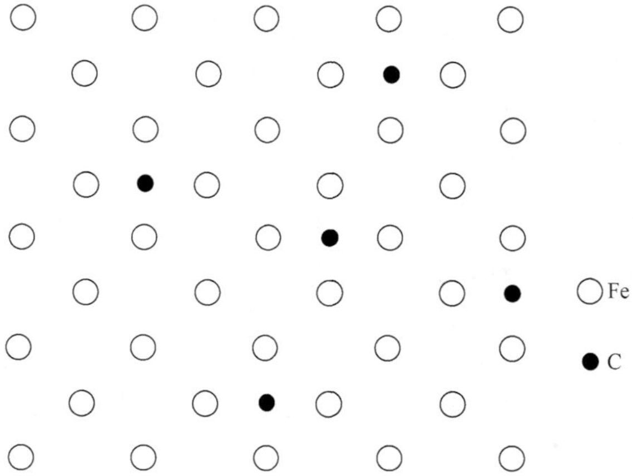

图 11.10　间隙固溶体

间隙固溶体不是组分元素间形成的化合物，其组成在一定范围内可变，具有明显的金属性。由于晶格的间隙被这些非金属元素填充，它们的电负性与金属的电负性相差不很悬殊，会生成某种程度的共价键，使得在外力作用下间隙固溶体晶面间的滑移受阻。其结果是间隙固溶体的硬度比纯金属增大，熔点也升高。通过控制溶质元素的溶入量可以获得不同硬度和熔点的合金。

3. 缺位固溶体

缺位固溶体是元素溶于含有该元素的金属化合物中生成的固溶体。例如，Sb 溶于 NiSb 中，溶入元素占据晶格的正常位置，但另一元素缺少而使应占的某些位置空缺（图 11.11）。

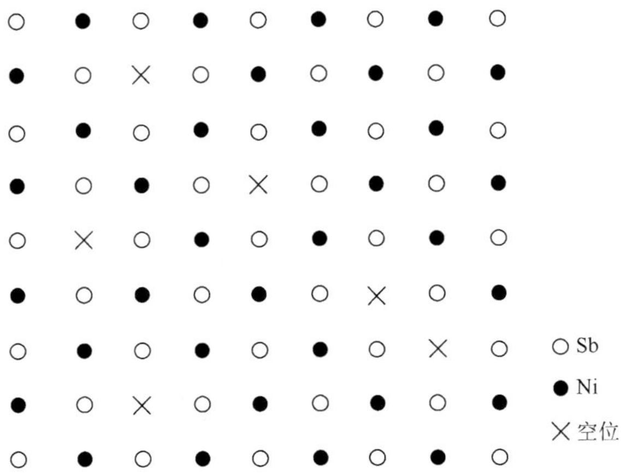

图 11.11 缺位式固溶体

11.3.2 金属化合物

若不同金属的原子半径、电负性和价电子层结构以及单质的结构型式差别很大时，则易形成金属化合物。金属化合物物相的结构型式一般不同于构成它的纯组分金属的结构型式，各组分的原子分占不同的结构位置。例如，BaSe 具有 NaCl 型的结构，与单质 Se 和 Ba 的结构型式完全不同。两种元素在结构中分别占据不同的结构位置。又如，$AuCu_3$ 面心立方晶胞中四个位置已分化为 Au 原子占据顶点位置，Cu 原子占据面的位置（图 11.12）。

金属化合物与固溶体不同。金属化合物是有序结构，每种元素的原子占据晶胞中确定的结构位置。而固溶体中各原子随机地占据各结构位置，是无序结构。有序结构也称超结构。超结构一般比无序结构具有较低的对称性或较大的单位。

从无序结构转化为有序结构的过程称为有序化。反方向的过程称为无序化。这两种过程总称为有序-无序转化。

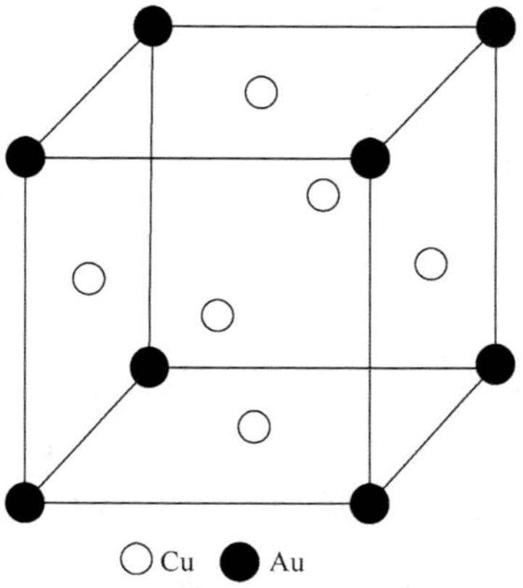

图 11.12　$AuCu_3$ 的结构

在金属固溶体无序结构和金属化合物有序结构之间可以存在一系列秩序不完全的过渡结构。

金属化合物物相一般有两种主要型式，一种是组成确定的金属化合物物相，另一种是组成可变的金属化合物物相。组成确定的金属间化合物物相 A_mB_n 没有变化的余地，组成可变的金属化合物在一个范围内变化。组成可变的金属化合物物相可以包括其极限化合物 A_mB_n，也可以不包括极限化合物 A_mB_n。

11.4　离子键与离子晶体

11.4.1　离子晶体

两种电负性相差很大的原子（如碱金属元素与卤族元素的原子）相互接近，电负性小的原子失去电子成为正离子，电负性大的原子获得电子成为负离子。正负离子因库仑引力而相互吸引，但若正负离子充分接近，正负离子的电子云又互相排斥。吸引和排斥两种作用相等，则达成平衡，形成稳定的离子键。单个原子形成的正离子或负离子的最外层电子已呈全充满结构。电子云一般都是球形对称的，因此没有方向性和饱和性，可以向空间多个方向发展而形成离子晶体。

离子晶体可以看成不等径圆球的密堆积。在空间因素允许的条件下，正离子力求与尽可能多的负离子接触，同样负离子也力求与尽可能多的正离子接触，以使体系能量尽可能降低。

离子晶体具有较高的配位数、较大的硬度和较高的熔点。离子晶体易溶解于极性溶剂，溶解或熔化后导电。大多数离子化合物在固态不导电，个别的离子化合物在固态就能够导电，称为快离子导体。大多数离子化合物固态是透明的。

11.4.2　离子晶体的晶格能

1. 玻恩-哈伯热化学循环

在离子晶体中，离子键的强度和晶格的稳定性可用晶格能的大小来衡量。晶格能U定义为由相距无限远的气态正离子和负离子生成 1 mol 离子晶体时所放出的能量的负值。例如，NaCl 晶体的晶格能U即为下式的$-\Delta H$。

$$\mathrm{Na^+(气)+Cl^-(气)} \xrightarrow{\Delta H} \mathrm{NaCl(晶)}$$

晶格能越大，形成晶体时放出的能量越多，离子晶体越稳定。玻恩和哈伯（Haber）在 1919 年设计了一种从热化学循环求晶格能的方法，以 NaCl 为例说明如下

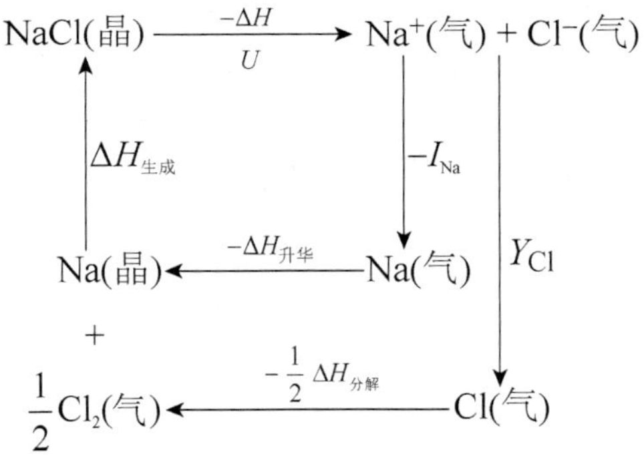

根据热化学赫斯（Hess）定律

$$\Delta H = \Delta H_{生成} - \Delta H_{升华} - \frac{1}{2}\Delta H_{分解} - I_{\mathrm{Na}} + Y_{\mathrm{Cl}}$$

$$\begin{aligned} U &= -\Delta H \\ &= -\Delta H_{生成} + \Delta H_{升华} + \frac{1}{2}\Delta H_{分解} + I_{\mathrm{Na}} - Y_{\mathrm{Cl}} \end{aligned}$$

式中，$\Delta H_{生成}$为 NaCl(晶)的生成热；$\Delta H_{升华}$为 Na(晶)的升华热；I_{Na}为 Na(气)的电离能；Y_{Cl}为 Cl 的电子亲和能。将各数据代入上式，得氯化钠的晶格能：

$$\begin{aligned} U &= 410.9 + 108.8 + 120.9 + 494.5 - 365.7 \\ &= 769.4(\text{kJ/mol}) \end{aligned}$$

由于电子亲和能 Y 的测定比较困难，实验误差也较大，所以用这种方法求晶格能不准确。

2. 晶格能的理论计算

玻恩和朗德(Landé)根据静电理论导出了计算离子化合物晶格能的理论公式。根据库仑定律

$$V_{\text{吸引}} = -\frac{Z_1 Z_2 e^2}{4\pi\varepsilon_0 R} \tag{11.32}$$

式中，Z_1、Z_2 为正负离子的电荷数；ε_0 为介电常数；R 为正负离子之间的距离。由于正负离子不是点电荷，正负离子核外电子间存在排斥作用。当正负离子间距离大时，这种排斥作用可以忽略。但当正负离子间距离接近平衡距离 R_0 时，这种排斥作用就迅速增加。玻恩提出这种排斥势能可用下式表示

$$V_{\text{排斥}} = -\frac{B}{R^n} \tag{11.33}$$

式中，B 为比例常数；n 为玻恩指数，数值与离子的电子层结构有关。n 的数值可从晶体的压缩系数求得。表 11.3 给出了 n 的取值。

表 11.3　玻恩指数

离子的电子层结构类型	He	Ne	Ar，Cu^+	Kr，Ag^+	Xe，Au^+
n	5	7	9	10	12

如果正负离子属不同的电子层结构类型，则取其平均值。例如 NaCl，Na^+和 Cl^-的电子层结构分别属于 Ne 型和 Ar 型，取平均值，则

$$n = \frac{1}{2}(7+9) = 8 \tag{11.34}$$

一对正负离子间的势能应为吸引能和排斥能之和，即

$$V = -\frac{Z_1 Z_2 e^2}{4\pi\varepsilon_0 R} + \frac{B}{R^n} \tag{11.35}$$

当 R 等于离子间的平衡距离 R_0 时，势能取最小值，它对 R 的微商等于零，即

$$\left(\frac{\mathrm{d}V}{\mathrm{d}R}\right)_{R=R_0}=\frac{Z_1Z_2e^2}{4\pi\varepsilon_0R_0^2}-\frac{nB}{R_0^{n+1}}=0 \tag{11.36}$$

得

$$B=\frac{Z_1Z_2e^2R_0^{n-1}}{4\pi\varepsilon_0 n}$$

代入V表达式（11.35）中，取$R=R_0$，所以

$$V_0=\frac{Z_1Z_2e^2}{4\pi\varepsilon_0R_0}(1-\frac{1}{n}) \tag{11.37}$$

上式给出的V_0只是一对正负离子间的相互作用势能，还不是离子化合物的晶格能V。因为在离子化合物中一个离子的周围有若干个异号离子，再远又有若干个同号离子。离子化合物晶格能应该是晶体中全部离子间的势能代数和。例如，在 NaCl 型离子化合物中，每一个离子都被其他离子包围着，其中最近邻的第一层是 6 个距离为R_0的异号离子，第二层是 12 个距离为$\sqrt{2}R_0$的同号离子，第三层是 8 个距离为$\sqrt{3}R_0$的异号离子，等等。因此，1mol 离子化合物的晶格能为 1mol 离子化合物中所有离子对之间的相互作用势能的总和的负值。即

$$\begin{aligned}V&=\frac{N_\mathrm{A}Z_1Z_2e^2}{4\pi\varepsilon_0}\left(1-\frac{1}{n}\right)\left(\frac{6}{R_0}-\frac{12}{\sqrt{2}R_0}+\frac{8}{\sqrt{3}R_0}-\frac{6}{\sqrt{4}R_0}+\frac{24}{\sqrt{5}R_0}\cdots\right)\\&=\frac{AN_\mathrm{A}Z_1Z_2e^2}{4\pi\varepsilon_0R_0}\left(1-\frac{1}{n}\right)\end{aligned} \tag{11.38}$$

式中，N_A为阿伏伽德罗常数；A为马德隆（Madelung）常数，马德隆用无穷级数和的数学方法计算了各种构型的离子化合物的A值。显然马德隆常数与离子晶体构型有关，而与正负离子的性质无关。一些晶体类型的马德隆常数列于表 11.4 中。

表 11.4　马德隆常数

晶体构型	晶系	配位比	原子坐标		马德隆常数 A	图号
			A	B		
NaCl	立方	6∶6	$0\,0\,0,\ \frac{1}{2}\,\frac{1}{2}\,0,$ $\frac{1}{2}\,0\,\frac{1}{2},\ 0\,\frac{1}{2}\,\frac{1}{2}$	$\frac{1}{2}\,\frac{1}{2}\,\frac{1}{2},\ \frac{1}{2}\,0\,0$ $0\,\frac{1}{2}\,\frac{1}{2},\ 0\,0\,\frac{1}{2}$	1.748	11.13（a）

续表

晶体构型	晶系	配位比	原子坐标		马德隆常数 A	图号
			A	B		
CsCl	立方	8∶8	0 0 0	$\frac{1}{2}\ \frac{1}{2}\ \frac{1}{2}$	1.763	11.13（b）
立方 ZnS	立方	4∶4	$0\,0\,0,\ \frac{1}{2}\ \frac{1}{2}\ 0$ $\frac{1}{2}\ 0\ \frac{1}{2},\ 0\ \frac{1}{2}\ \frac{1}{2}$	$\frac{3}{4}\ \frac{1}{4}\ \frac{1}{4},\ \frac{1}{4}\ \frac{3}{4}\ \frac{1}{4},$ $\frac{1}{4}\ \frac{1}{4}\ \frac{3}{4},\ \frac{3}{4}\ \frac{3}{4}\ \frac{3}{4}$	1.638	11.13（c）
金刚石	四方	6∶3	$0\,0\,0,\ \frac{1}{2}\ \frac{1}{2}\ \frac{1}{2}$	$u^{*}\ u\ 0,\ \bar{u}\ \bar{u}\ 0$	4.816	11.13（d）
六方 ZnS	六方	4∶4	$0\,0\,0,\ \frac{1}{3}\ \frac{2}{3}\ \frac{1}{2}$	$0\ 0\ \frac{3}{8},\ \frac{1}{3}\ \frac{2}{3}\ \frac{7}{8}$	1.641	11.13（e）
CaF_2	立方	8∶4	$0\,0\,0,\ \frac{1}{2}\ \frac{1}{2}\ 0$ $\frac{1}{2}\ 0\ \frac{1}{2},\ 0\ \frac{1}{2}\ \frac{1}{2}$	$\frac{1}{4}\ \frac{1}{4}\ \frac{1}{4},\ \frac{1}{4}\ \frac{3}{4}\ \frac{1}{4},$ $\frac{3}{4}\ \frac{1}{4}\ \frac{1}{4},\ \frac{3}{4}\ \frac{3}{4}\ \frac{1}{4},$ $\frac{1}{4}\ \frac{1}{4}\ \frac{3}{4},\ \frac{1}{4}\ \frac{3}{4}\ \frac{3}{4},$ $\frac{3}{4}\ \frac{1}{4}\ \frac{3}{4},\ \frac{3}{4}\ \frac{3}{4}\ \frac{3}{4}$	5.039	11.13（f）
TiO_2				$\frac{1}{2}+u\ \ \frac{1}{2}-u\ \ \frac{1}{2},$ $\frac{1}{2}-u\ \ \frac{1}{2}+u\ \ \frac{1}{2}$		11.13（g）

R_0 可由 X 射线衍射法求得，将 N_A、e、ε_0 的数值代入，得

$$V=\frac{1.3894\times10^{-7}}{R_0}AZ_1Z_2(1-\frac{1}{n})\ \text{kJ/mol} \tag{11.39}$$

例如，NaCl 晶体的 $R_0=279\text{pm}=2.79\times10^{-10}\text{m}$，$Z_1=Z_2=1$，$A=1.748$，所以

$$V=\frac{1.3894\times10^{-7}\times1.748\times1\times1}{2.79\times10^{-10}}(1-\frac{1}{8})=761.7(\text{kJ/mol})$$

上面给出的晶格能计算公式是近似式，在比较精确的计算中还要考虑到范德华引力和零点振动能，对于过渡金属的离子化合物还要考虑配位体势场的校正。

由于$\left(1-\dfrac{1}{n}\right)$近乎常数，所以晶格能与 Z_1Z_2 和 A 成正比，与 R_0 成反比。晶格能大的离子化合物比较稳定，反映在物理性质上则硬度高，熔点高，热膨胀系数小。

若离子晶体的电价相同（Z_1和Z_2相同）、构型相同（A相同），则R_0较大者熔点较低而热膨胀系数较大。如果离子晶体的构型相同，R_0相近，则电价高者硬度高。

11.4.3　几种典型的离子晶体结构

离子晶体的结构是多种多样的，下面（图 11.13）介绍几种常见的典型结构。NaCl 型为面心立方结构。Na^+和 Cl^-分别构成一套面心立方结构，称为亚晶格。一个 Na^+和一个 Cl^-组成一个结构基元，也抽象出面心立方结构。

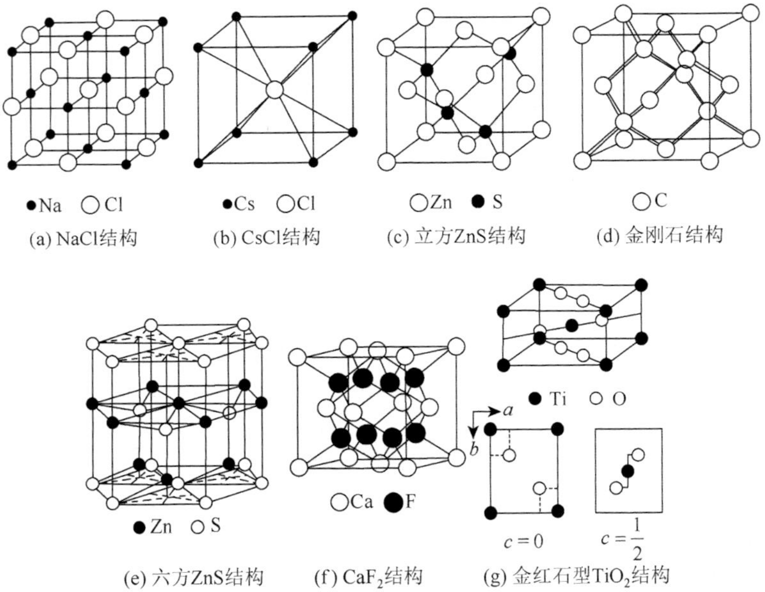

图 11.13　离子晶体结构

CsCl 型属简单立方结构。Cs^+和 Cl^-分别构成一套简单立方结构。一个 Cs^+和一个 Cl^-组成一个结构基元，抽象出简单立方结构。

立方 ZnS 型属面心立方结构。S 和 Zn 分别构成一套面心立方晶格。S 的面心立方晶格常数比 Zn 的大。一个 Zn 和一个 S 组成一个结构基元，抽象出面心立方结构。

金刚石结构又称金刚石立方晶体结构，金刚石结构中的每个原子与相邻的 4 个原子形成正四面体，故单胞内原子数为 5。

六方 ZnS 型属六方晶系。以一个 Zn 和一个 S 作为结构基元可抽象出一个六方结构。

CaF_2 型属面心立方晶系，以一个 Ca^{2+}和一个 F^-作为结构基元可抽象出一个面心立方结构。

金红石型 TiO_2 属简单四方结构。

此外，还有许多复杂的离子化合物，有的可看作是上述结构的变异。

11.5　离子半径和离子的堆积

11.5.1　离子半径

由于原子核外电子的运动范围遍及整个空间，所以离子半径的概念是不确定的。在晶体结构中讨论的离子半径是指离子在晶体中的接触半径，即把晶体中相邻的正负离子中心之间的距离作为正负离子的半径之和。正负离子中心之间的距离可以由 X 射线衍射法求得，但正负离子之间的分界线却难以划分。此外，因为晶体的结构型式不同，正负离子之间的距离也不同，所以离子半径还与晶体的结构型式有关。在求算离子半径时，通常以 NaCl 型离子晶体为标准，对其他构型的半径做一定的修正。

求算离子半径常用的方法有两种：一种是从圆球堆积的几何关系求算的哥希密特方法，这种方法所得的数值称为哥希密特离子半径；另一种是考虑核对外层电子的吸引等因素来计算离子半径的鲍林方法，这种方法所得的数据称为离子的晶体半径，也称鲍林晶体半径。

1. 哥希密特离子半径

原子失去电子成为正离子后，电子对核的屏蔽减小，原子核对外层电子的吸引力增大，因此正离子半径较小；相反负离子的半径较大。

以 NaCl 型结构考虑，球形正负离子由于半径的不同而有三种接触情况：

（1）正负离子半径比 $R^+/R^->0.414$ 时，正离子和负离子接触，负离子和负离子不接触，则

$$a_0 = 2(R^+ + R^-) \tag{11.40}$$

$$4R^- < \sqrt{2}a_0 \tag{11.41}$$

（2）正负离子半径比 $R^+/R^-=0.414$ 时，正离子和负离子接触，负离子和负离子也接触，若晶胞周期为 a_0，则

$$a_0 = 2(R^+ + R^-) \tag{11.42}$$

$$4R^- = \sqrt{2}a_0 \tag{11.43}$$

（3）正负离子半径比 $R^+/R^-<0.414$ 时，正离子和负离子不能紧密接触，负离子和负离子接触，则

$$a_0 > 2(R^+ + R^-) \tag{11.44}$$

$$4R^- = \sqrt{2}a_0 \tag{11.45}$$

因此，可以利用一些 NaCl 型离子晶体的晶格常数 a_0 求得离子半径。图 11.14 是圆球 A 与 B 的接触情况和半径比。表 11.5 是一些 NaCl 型晶体的晶格常数。

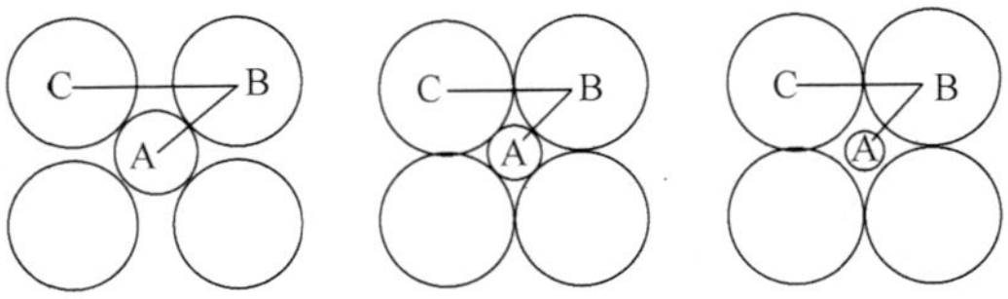

图 11.14　圆球 A 与 B 的接触情况和半径比

表 11.5　一些 NaCl 型晶体的晶格常数

晶体	MgO	MnO	CaO	MgS	MnS	CaS
a_0 / pm	421	444	480	519	521	568

从表 11.5 可见，$R_{Mg^{2+}} < R_{Mn^{2+}} < R_{Ca^{2+}}$，$R_{S^{2-}} > R_{O^{2-}}$，因此 S^{2-}堆积的空隙比 O^{2-}堆积的空隙大。在氧化物中 MnO 的 a_0 比 MgO 的大，说明 Mn^{2+}能把 O^{2-}撑开。但从硫化物看，MgS 与 MnS 的 a_0 大小相似，说明 Mn^{2+}还不能把 S^{2-}撑开，所以 MnS 中负离子与正离子是接触的。按式（11.43）算得 $R_{S^{2-}} = 521 \times \sqrt{2} / 4 \approx 184(\text{pm})$；CaS、CaO、MnO 的正负离子接触，利用式（11.40）从已求得 $R_{S^{2-}}$ 和 CaS 的 a_0 求得 $R_{Ca^{2+}} = (568/2) - 184 = 100(\text{pm})$。从 $R_{Ca^{2+}}$ 和 CaO 的 a_0 求得 $R_{O^{2-}} = (480/2) - 100 = 140(\text{pm})$；从 $R_{O^{2-}}$ 和 MnO 的 a_0 求得 $R_{Mn^{2+}} = (444/2) - 140 = 82(\text{pm})$；但从 $R_{O^{2-}}$ 和 MgO 的 a_0 不能求得 $R_{Mg^{2+}}$，因为尚无法确定在 MgO 中正负离子的接触情况，只能确定 $R_{Mg^{2+}} \leqslant (421/2) - 140 = 70.5(\text{pm})$。

2. 鲍林晶体半径

鲍林认为离子的大小主要由外层电子的分布决定，对具有相同电子层的离子则与有效核电荷成反比，因此离子半径为

$$R_1 = \frac{C_n}{Z - \delta} \tag{11.46}$$

式中，R_1 是单价离子半径；C_n 是由外层电子的主量子数 n 决定的常数；Z 是原子序数；δ 是屏蔽常数；$Z - \delta$ 是有效核电荷。

例如，NaF 晶体的离子间距是 231pm，$\delta=4.52$，故 Na^+和 F^-的有效核电荷分别是 6.48 和 4.48，代入上式，因 C_n 相同，得 $R_{Na^+}/R_{F^-}=4.48/6.48$，又 $R_{Na^+}+R_{F^-}$=231pm，所以 R_{Na^+}=95pm，R_{F^-}=136pm，$C_n=95\times6.48=616$pm。

用类似的方法可以得到一系列单价离子半径 R_1，再用下式

$$R_Z=R_1Z^{-\frac{2}{n-1}} \tag{11.47}$$

换算成多价离子半径 R_Z，其中 n 为玻恩指数。

3. 离子半径与配位数的关系

对于同一金属离子，配位数不同，半径也不同，若以配位数为 6（八面体构型）的离子半径为基准，配位数为其他值的离子半径应乘以一个系数。表 11.6 列出了与不同的配位数相应的离子半径。

表 11.6　配位数与离子半径的关系（单位：pm）

配位数	12	8	6	4
离子半径	112	103	100（标准）	94

4. 离子半径的规律性

离子半径的变化规律与元素周期系密切相关。具体如下：

（1）同一周期中的正离子半径随价数增加而减小，例如

$$Na(5pm)>Mg^{2+}(65pm)>Al^{3+}(50pm)$$

（2）同族元素的离子半径自上而下增加，例如

$$Li^+(60pm)<Na^+(95pm)<K^+(133pm)<Rb^+(148pm)<Cs^+(169pm)$$
$$F^-(136pm)<Cl^-(181pm)<Br^-(195pm)<I^-(216pm)$$

（3）周期表中左上方和右下方的对角线上相邻元素的离子半径近似相等，例如 Li^+(60pm)～Mg^{2+}(65pm)，Sc^{3+}(81pm)～Zr^{4+}(80pm)，Na^+(95pm)～Ca^{2+}(99pm)

（4）同一元素的正离子的电荷增加则半径减小，例如

$$Fe^{2+}(75pm)>Fe^{3+}(60pm)$$

（5）负离子半径较大，为 130～250pm，正离子半径小，为 10～170pm。

（6）镧系和锕系收缩，同价镧系或锕系元素的离子半径随原子层数 Z 增加而减小，因为 Z 增加一个，f 电子也增加一个，但 f 电子对核电屏蔽常数 σ 略小于 1（约为 0.98），所以有效核电荷略有增加（增加量 $\Delta Z'=\Delta Z-\Delta\sigma=1-0.98=0.02$），

有效核电荷增加则原子核对电子云的吸引力增加，所以离子半径减小。

11.5.2　离子的堆积

在离子晶体中，负离子的半径比正离子的半径大，所以正离子嵌在负离子圆球堆积的空隙中。在离子晶体的简单结构型式中，负离子的堆积方式有立方堆积、立方密堆积及六方密堆积等。在这些堆积方式中，正离子占据负离子堆积形成的立方体、正八面体和正四面体空隙。

在离子型晶体中，正离子力求与尽可能多的负离子接触，负离子也力求与尽可能多的正离子接触，以使体系的能量最低，晶体结构稳定。因此，与正离子接触的负离子个数受正负离子的半径比 R^+/R^- 限制。图 11.15 是一个正八面体的剖面图。其中四个大球代表四个负离子，半径为 R^-；中间小球代表正离子，半径为 R^+。这里正离子恰好嵌入六个负离子所堆积的正八面体空隙中，且与六个负离子都紧密接触。由图 11.15 可知

$$\frac{R^-}{R^+ + R^-} = \sin 45° = \frac{1}{\sqrt{2}}$$

因而

$$\frac{R^+}{R^-} = \sqrt{2} - 1 = 0.414$$

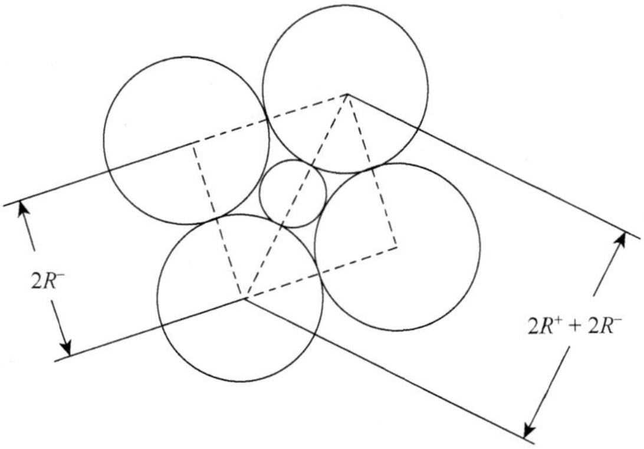

图 11.15　正八面体的剖面图

若正离子半径单独减小，则不能和六个负离子圆球同时接触，所以正离子周围有六个负离子配位的离子晶体最小的 R^+/R^- 应为 0.414。若正离子半径单独增大，正离子仍然可以和六个负离子接触，但负离子间不互相接触了，当正离子半

径单独增大到其周围可以再增加两个负离子时，则变成了周围有八个负离子配位的离子晶体，如图 11.16 所示。可算得

$$\frac{R^-}{R^+ + R^-} = \cos 30° = \sqrt{3}$$

因而，正负离子半径比为

$$\frac{R^+}{R^-} = \sqrt{3} - 1 = 0.732$$

所以正离子周围若有八个负离子配位，则 R^+/R^-最小应为 0.732。而 R^+/R^-在 0.414～0.732 之间的情况，则可取六个负离子配位的正八面体构型，仍能保证正离子和周围所有负离子接触。

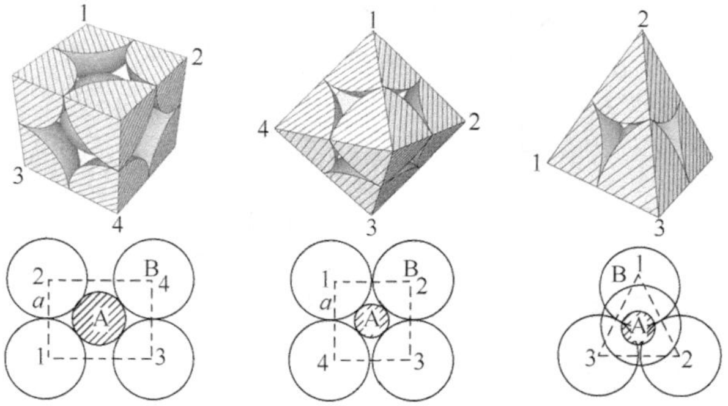

图 11.16　配位多面体和半径比的临界值

同理，其他的半径比与配位数的关系也可以算出。相关数据及构型图列于表 11.7。

表 11.7　配位数和离子半径比的关系

半径比	配位数	构型		
0.155～0.255	3	三角形	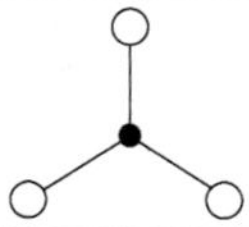	
0.255～0.414	4	四面体	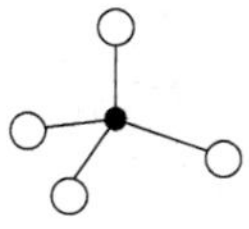	
0.414～0.732	6	八面体	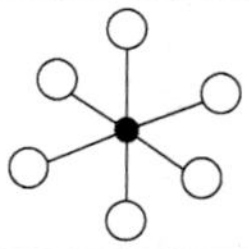	

续表

半径化	配位数	构型		
0.732～1.00	8	立方体	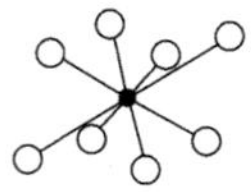	
1.00	12	最密堆积	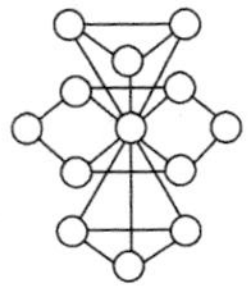	

从离子半径可以计算配位数并推测离子晶体的结构类型。例如，NaCl 晶体

$$\frac{R^+}{R^-}=\frac{0.95}{1.81}=0.52$$

配位数应取 6，Cl^-为立方密堆积，Na^+填在八面体空隙中；CsCl 晶体

$$\frac{R^+}{R^-}=\frac{1.69}{1.81}=0.93$$

配位数为 8，Cl^-为立方堆积，Cs^+填在立方体空隙中。

11.6　离子极化与过渡型晶体

11.6.1　离子的极化

1. 极化率

离子的大小和形状在电场作用下发生变形，产生诱导偶极矩，称为离子的极化。离子的诱导偶极矩 $\vec{\mu}$ 和电场强度 $\vec{E}$ 成正比，即

$$\vec{\mu}=\alpha\vec{E}$$

α 称为离子的极化率，它在数值上等于离子在单位电场作用下的偶极矩。

电场可以是外电场，也可以是离子晶体中正负离子周围异号离子的电场。

离子可极化性表示在电场作用下其电子云的变形能力，它主要取决于核电荷对外层电子吸引力的大小和外层电子的多少。离子极化率是离子可极化性的量度。

离子的极化力取决于其对周围离子所施加的电场的强度。所施电场强度越大，极化力越强。极化力强的离子，其可极化性小，反之亦然。表 11.8 列出了一些离子的极化率和离子半径的数值。

表 11.8　离子的极化率和离子半径的数值

离子	极化率/(10^{-40}C·m²/V)	半径/pm	离子	极化率/(10^{-40}C·m²/V)	半径/pm	离子	极化率/(10^{-40}C·m²/V)	半径/pm
Li^+	0.034	60	Ba^{2+}	1.72	135	Ce^{4+}	0.81	101
Na^+	0.199	95	B^{3+}	0.0033	20	F^-	1.16	136
K^+	0.923	133	Al^{3+}	0.058	50	Cl^-	4.07	181
Rb^+	1.56	149	Sc^{3+}	0.318	81	Br^-	5.31	195
Cs^+	2.69	169	Y^{3+}	0.61	93	I^-	7.90	216
Be^{2+}	0.009	31	La^{3+}	1.16	104	O^{2-}	4.32	140
Mg^{2+}	0.105	65	C^{4+}	0.0014	15	S^{2-}	11.3	184
Ca^{2+}	0.52	99	Si^{4+}	0.0184	41	Se^{2-}	11.7	198
Sr^{2+}	0.96	113	Ti^{4+}	0.206	68	Te^{2-}	15.6	221

由表 11.8 可见，

（1）离子半径越大，极化率也越大。

（2）负离子的极化率比正离子大。

（3）正离子价数越高，极化率越小。

（4）负离子价数越高，极化率越大。

（5）含 d^x 电子的正离子的极化率大，且随 x 增加而增加，如含 $3d^{10}$ 的 Ag^+比半径相近的 K^+的极化率大。

2. 极化作用对键型和晶体结构的影响

一个离子使另一个离子极化的能力大致与 $\dfrac{Z^2}{R}$ 成正比。由于正离子的半径小，极化率小，不易被极化，而负离子的半径大，极化正离子的能力又较小，所以离子键的极化主要是正离子使负离子极化。

然而，含有 d^{10} 电子的正离子，则比较容易被阴离子极化，如果阴离子又是很易极化的 I^-、S^{2-}等，则正负离子相互极化，电子云产生较大的变形，这时离子键就转变为共价键，离子晶体也就转变为共价晶体。离子极化后，正负离子就相互靠近。离子键由于高度极化转变为共价键后，键长将缩短。实测晶体键长与离子半径之和比较，两者基本相等的是离子型晶体，显著缩短的是共价型晶体，缩短不很多的是过渡键型晶体。

图 11.17 是离子极化电子云变形的示意图。

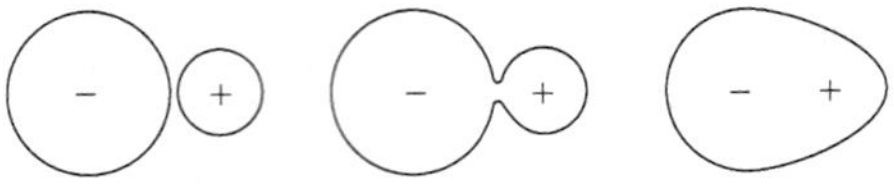

图 11.17　离子的极化

表 11.9 是键长、离子半径之和与键型的关系。

表 11.9　键长、离子半径之和与键型（单位：pm）

晶体	实测键长	离子半径之和	键型
NaF	231	231	离子型
MgO	210	205	离子型
AlN	187	321	共价型
SiC	189	301	共价型
AgF	246	246	离子型
AgCl	277	294	过渡型
AgBr	288	309	过渡型
AgI	399	333	共价型

极化作用不仅影响化合物的键型，也影响晶体的结构。极化使离子间距离缩短，也引起离子变形，这就改变了正负离子的半径比。由于负离子的变形一般比正离子大，极化使 R^+/R^-减小，从而导致配位数降低，晶体由离子型结构向共价型结构转变。例如，AgF、AgCl、AgBr 均为配位数为 6 的 NaCl 构型，而 AgI 则属于配位数等于 4 的 ZnS 构型。

在 AB 型化合物中，随着阳离子极化能力的增强和阴离子可极化性的增加，结构型式按下列次序变化

$$\text{CsCl 型} \rightarrow \text{NaCl 型} \rightarrow \text{ZnS 型} \rightarrow \text{分子型晶体}$$

随着组成 AB 型化合物的 A 与 B 的化合价的升高，极化程度增强，而逐渐向共价型过渡。因此，AB 型的离子化合物一般限于一价和二价的 A 和 B 组成的化合物，高价的 AB 型化合物大多是共价化合物。而 18 电子层结构的离子，即使是一价离子，除非与可极化性很小的负离子结合，一般也生成共价化合物。

在 AB_2 型化合物中，极化较强的情况会使阴离子失去电子，晶体具有某种程度的金属性质，强烈地极化会产生层状结构。这种结构的晶体以三层为单位进行堆积，上下两层是阴离子，中间一层是阳离子，阴离子和阴离子之间靠范德华力连接。这种结构为 CdI_2 或 $CdCl_2$ 型。在 CdI_2 结构中 I^{2-}是六方密堆积，Cd^{2+}一层隔一层地填充八面体空隙。在 $CdCl_2$ 结构中，Cl^-是立方密堆积，Cd^{2+}也是一层隔一

层地填充八面体空隙。

AB_2 型化合物的化学键的类型和结构型式随着 A 和 B 的大小及极化程度的变化示于图 11.18 中。

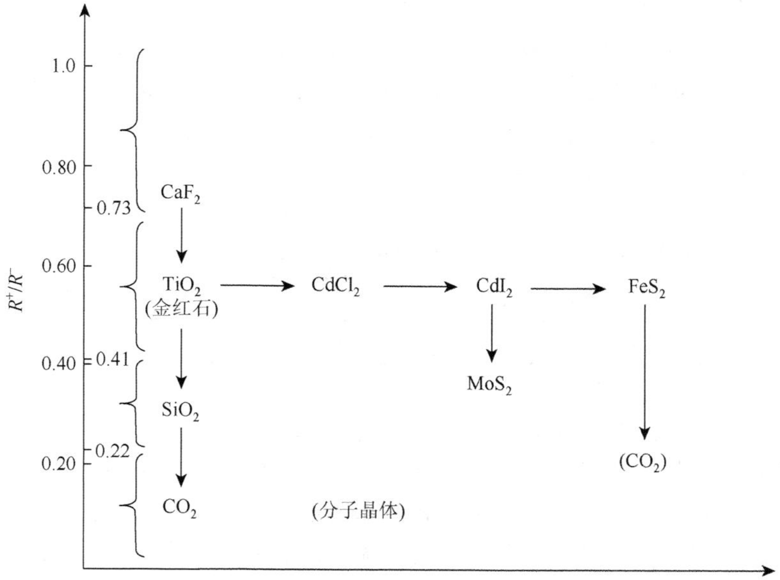

图 11.18　极化对晶体结构的影响

极化使得最典型的离子化合物也不是百分之百的离子键，也存在着一定程度的电子云重叠，包含着一些共价键成分，大多数化合物中既有离子键成分，又有共价键成分，是介于离子键和共价键之间的过渡键型。

11.6.2　哥希密特结晶化学定律

哥希密特指出："晶体的结构取决于其组成者的数量关系、大小关系与极化性能。组成者是指原子（有关的离子）和原子团。"这个概括一般称为哥希密特结晶化学定律。该定律表明，晶体的构型取决于下列三个因素：

（1）晶体的化学组成者——原子、离子、原子团间的数量关系，如 AB、AB_2、A_mB_n、ABO_3 型等。

（2）离子半径比 R^+/R^-，原子或原子团的相对大小；推广来说，结构基元的大小。

（3）离子的极化程度；推广来说，结构基元之间结合键型。

这些因素都是由晶体的化学组成及外界条件决定的。

11.6.3　离子极化对物质的物理化学性质的影响

（1）键能和晶格能增加。

极化使离子间的距离缩短，释放能量，加强了离子间的键，一般情况下键能增加 10%。对于晶体而言，极化增加了晶格能。例如，Tl^+和 Rb^+的半径都是 1.49Å，Tl^+具有 18 电子构型，比 Rb^+的极化能力强，所以铊盐的晶格能比铷盐的晶格能大。表 11.10 列出铊和铷的卤化物的晶格能。

表 11.10　铊和铷的卤化物的晶格能（单位：kJ/mol）

物质	TlCl	RbCl	TlBr	RbBr	TlI	RbI
晶格能	170	160	166	151	161	144

（2）极化使金属离子化合物的熔点、沸点降低。

碱金属卤化物的沸点、熔点和晶格能如图 11.19～图 11.21 所示。据此推断，卤化锂盐的沸点和熔点应比钠盐的沸点和熔点高。然而实验表明，LiI、LiBr 的沸点比所有其他碱金属的低。这可以解释为强烈极化使正负离子紧密结合，因而在蒸发时正负离子成对地汽化，这比正负离子单个汽化需要的能量小。在离子间键的共价成分很大时，在熔体中也会形成一定比例的“分子”，这就比完全解离成单个离子所需能量小。再者，温度升高，离子振幅加大，当负离子瞬间接近某个正离子时，引起另一方的正离子有离开的倾向，极化越强，这种倾向越强。上述两个原因造成极化强的晶体熔点降低。

极化还会影响化合物的颜色、稳定性、溶解度等。

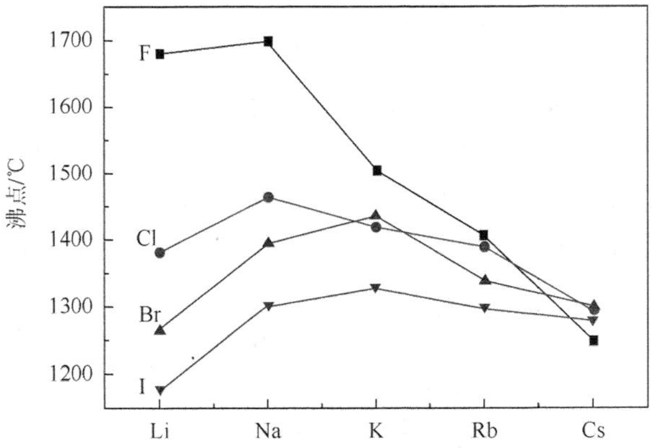

图 11.19　碱金属卤化物的沸点

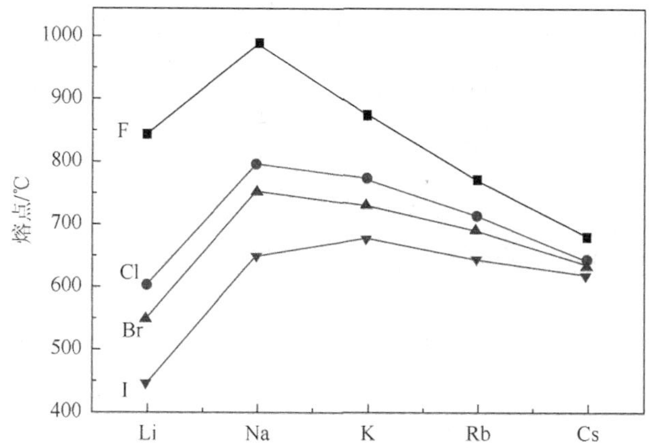

图 11.20　碱金属卤化物的熔点

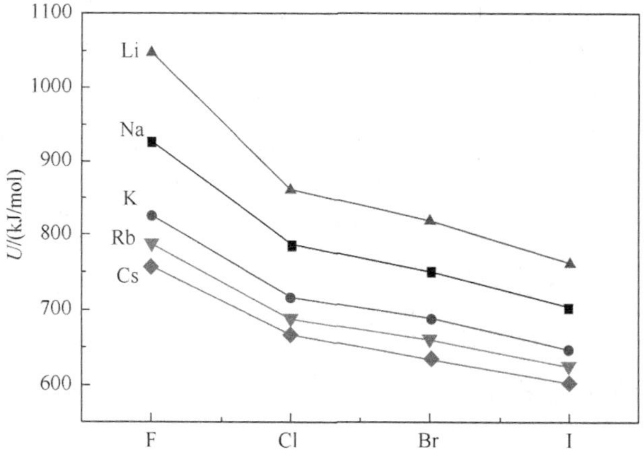

图 11.21　碱金属卤化物的晶格能

11.7　共价键和共价晶体

11.7.1　共价键和共价半径

1. 共价键

同种或不同种的原子间以共用电子的方式构成分子或晶体的化学键称为共价键。对于典型的共价键，每个原子都形成了八电子（或十八电子）的惰性气体结构。形成共价键的原子间电子云是相互重叠的。

共价键可以共用一对电子、二对电子、三对电子等，分别称为单键、双键、三键等。

共价键可以用分子轨道理论和价键理论描述和处理。

2. 共价半径

两个同种原子间的共价键键长的一半称为共价半径。在谈到共价半径时，须说明这个共价键是单键、双键、三键。

由于大 π 键的存在，共价键还有介于单键、双键之间的情况。

11.7.2 共价晶体

完全由共价键结合的晶体称为共价晶体。整个晶体都是由原子间的共价键连接的。共价晶体不是以原子密堆积的方式构成的，所以不是由密堆积决定其配位数，而是由原子的电子结构，特别是价电子的结构决定每个原子能形成多少个共价键，由共价键的个数决定其周围配位原子的个数。除了轨道形成的共价键外，由于共价键具有方向性和饱和性，在共价晶体中原子的配位数一般都比较小。

形成共价晶体的每个原子都要能形成多个共价键，以保证原子间既以共价键结合，又能形成三维结构，向空间发展，无限延伸。

因为共价键的结合力比离子键的结合力强，所以共价晶体的硬度一般都比离子晶体的硬度大，共价晶体的熔点都比离子晶体的熔点高。

1. 同一元素的原子构成的共价晶体

由同种原子构成的共价晶体也称原子晶体。形成原子晶体的原子要能采取 sp^3 杂化，以保证原子间由 sp^3 杂化轨道形成共价键结合，因为只有这样的共价键才能保证原子间既以共价键结合，又能形成三维结构，向空间无限连续发展。sp 杂化轨道形成的共价结合只能向一维方向发展，sp^2 杂化轨道形成的共价结合只能向二维发展，这两种杂化方式的共价结合要向空间发展必须借助其他形式的化学键，如离子键、氢键、范德华力等，此时不是纯粹的共价晶体了。

金刚石是典型的共价晶体，其中每个碳原子都采取 sp^3 杂化轨道与其他碳原子的 sp^3 杂化轨道形成共价键，所以配位数为 4。每个碳原子和周围四个碳原子呈正四面体构型。

金刚石的晶体结构属于立方 ZnS 型，为面心立方结构。将立方 ZnS 晶胞中的所有原子均换为碳原子，同时所有键长都等于碳-碳单键的键长（154pm），即为金刚石晶体。

单质硅、锗和 α-锡的结构与金刚石类似。但从硅到 α-锡共价键的性质逐渐减弱，金属键的性质逐渐增强。

2. 不同元素的原子构成的共价晶体

由几种不同的元素的原子构成的共价晶体中的每种原子都能形成多个共价键，这样才可能使每个原子至少能和两个或两个以上的原子结合，以保证共价键的饱和性不能使其形成有限分子；而且其中还要至少有一种原子能形成四个杂化轨道，以保证共价键的饱和性不能限制其向空间发展，形成立体结构。只有同时满足上述两条的不同种元素的原子结合才能构成共价晶体。

1）AB 型共价晶体

ZnS 型是 AB 型共价化合物的主要形式之一，有立方和六方 ZnS 型。一般六方 ZnS 型为高温变体的结构类型。在 ZnS 型 AB 共价化合物中，每个原子生成 4 个共价键，每对 A、B 原子总共应该提供 8 个价电子。因此，在上述化合物中元素 A 与 B 在元素周期表中的族数 N_A 与 N_B 之和应等于 8，而且元素 A 与 B 都为 ds 区 ⅠB、ⅡB 和 p 区ⅢA、ⅣA、ⅤA、ⅥA、ⅦA 的元素。

SiC 是 AB 型二元共价晶体，Si、C 都取 sp^3 杂化，每个 Si 周围有 4 个 C 配位，每个 C 周围有 4 个 Si 配位。β-SiC 是立方 ZnS 型结构。由于 Si 原子比 C 原子大得多，C 原子实际处在 Si 原子堆积的四面体空隙中，Si 原子呈密堆积。

α-SiC 是六方结构，可以有多种变体，具有多层结构，其差别是重复层数不同。

AlN、AlP、AlAs、AlSb，GaN、GaP、GaAs、GaSb，InN、InSb，CuF、CuCl、CuBr、CuI，AgI、ZnO、ZnS、ZnSe、ZnTe，CdO、CdS、CdSe、CdTe，HgS、HgSe、HgTe 等属于 ZnS 型晶体。

2）AB_2 型共价晶体

硅石（SiO_2）是典型的 AB_2 型共价晶体。其中每个硅原子与 4 个氧原子相连接，每个氧原子和两个硅原子相连接。Si 采取 sp^3 杂化；O 原子则依不同的硅石结构采取相应的杂化形式。

硅石中的石英取六方 ZnS 型结构，鳞石英取六方 ZnS 型结构，白硅石（也称方石英）取立方 ZnS 型结构。而且，石英、鳞石英和白硅石各具有 α 变体和 β 变体，其转变温度为

$$\text{石英} \xrightleftharpoons{870℃} \text{鳞石英} \xrightleftharpoons{1470℃} \text{白硅石} \xrightleftharpoons{1710℃} \text{硅石熔融体}$$

$$\alpha\text{-石英} \xrightleftharpoons{573℃} \beta\text{-石英}$$

$$\alpha\text{-鳞石英} \xrightleftharpoons{120\sim160℃} \beta\text{-鳞石英}$$

$$\alpha\text{-白硅石} \xrightleftharpoons{200\sim275℃} \beta\text{-白硅石}$$

β-石英、β-鳞石英、β-白硅石的结构示于图 11.22 中。

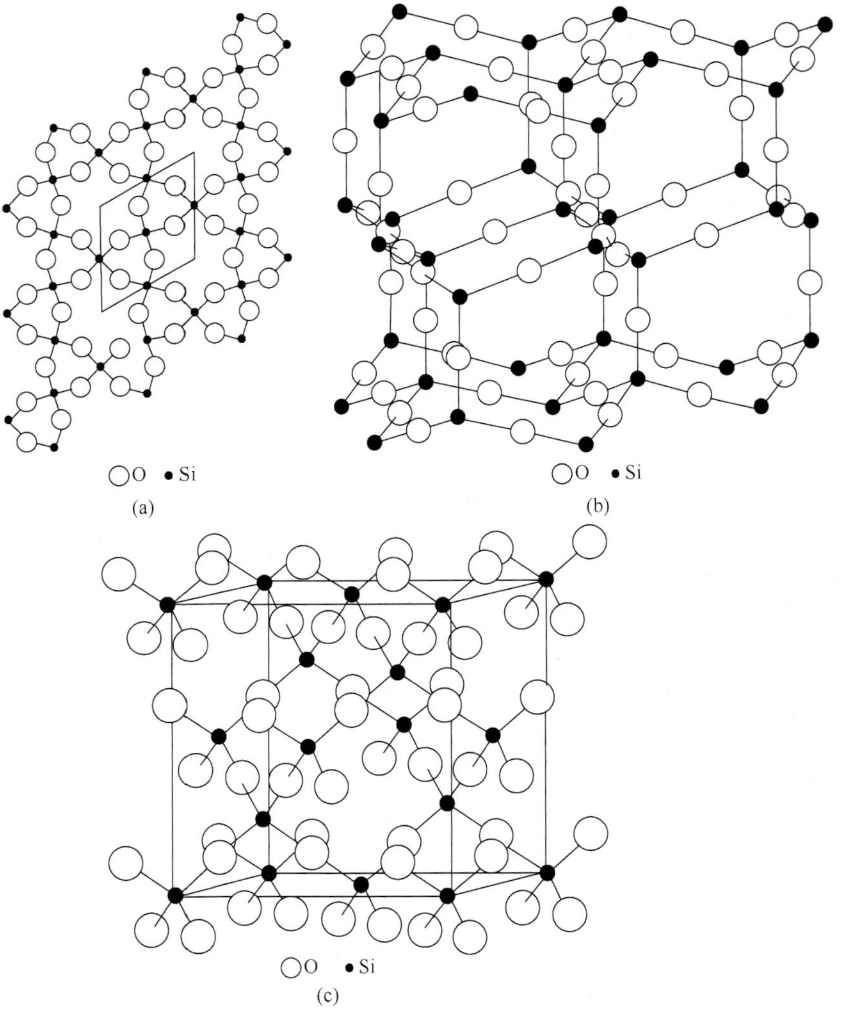

图 11.22　β-石英（a）、β-鳞石英（b）、β-白硅石（c）的结构

从图可见，只要把 ZnS 中的 Zn 和 S 都换成 Si，在 Si 和 Si 连线的中心放上 O 原子，即得立方 SiO_2 结构，配位比是 4∶2。

GeO_2 晶体属于立方 SiO_2 结构。

11.8　范 德 华 力

11.8.1　分子间的作用力

实际气体的分子之间存在着相互作用，这是导致实际气体不服从理想气体状态方程的原因。范德华（van der Waals）注意到这种力的存在，于 1873 年提出了描述实际气体的状态方程——著名的范德华方程，所以称这种作用为范德华力。不仅在气态，在物质的其他凝聚态，分子与分子之间也存在范德华力。以共价结合的有限分子在形成晶体时，由于共价键的饱和性，分子之间不再可能形成通常的化学键，而只能以范德华力相结合，这样的晶体称为分子晶体。与共价分子相似，单原子的惰性气体分子也是以范德华力相结合构成晶体的。范德华力是决定由共价分子组成的物质的熔点、沸点、熔化热、汽化热、溶解度、黏度、表面张力等物理化学性质的主要因素。

11.8.2　范德华力的本质

范德华力的本质在范德华提出的 40 年后开始被研究。1912 年，葛生（Keesom）提出范德华力是极性分子的偶极矩间的引力；1920～1921 年，德拜（Debye）认为除极性分子间的作用力之外，极性分子和非极性分子间也存在相互作用，这是由于非极性分子被极化产生了诱导偶极矩；1930 年，伦敦（London）提出范德华力的量子力学理论。

1. 静电力（葛生力）

极性分子的永久偶极矩间有静电相互作用（图 11.23），作用力的性质和大小与它们相对取向有关，相互作用的势能等于

$$V_k = -\frac{\mu_1\mu_2}{(4\pi\varepsilon_0)R^3} f(\theta) \tag{11.48}$$

式中，θ 是偶极矩 μ_1 和 μ_2 之间的夹角。

$$f(\theta) = 2\cos\theta_1\cos\theta_2 - \sin\theta_1\sin\theta_2\cos(\varphi_1-\varphi_2) \tag{11.49}$$

其中，μ_1 和 μ_2 是 $\vec{\mu}_1$ 和 $\vec{\mu}_2$ 的数值，(θ_1,φ_1)、(θ_2,φ_2) 是 $\vec{\mu}_1$ 和 $\vec{\mu}_2$ 的方向角，R 是它们的间距。依据 $\vec{\mu}_1$ 和 $\vec{\mu}_2$ 不同的取向，作用力可以是吸引的或排斥的。如果 $\vec{\mu}_1$ 和 $\vec{\mu}_2$ 各种方向取向可能性相同时，势能的平均值 $U_k = 0$。按玻尔兹曼分布定律，温度越低，$\vec{\mu}_1$ 和 $\vec{\mu}_2$ 在低势能的相对方向出现的可能性越大。平均势能为

$$U_k = \langle V_k(\theta)\exp[-V_k(\theta)/kT]\rangle_\theta \tag{11.50}$$

式中等号右边的符号 $\langle\ \rangle_\theta$ 表示对 θ 取平均。

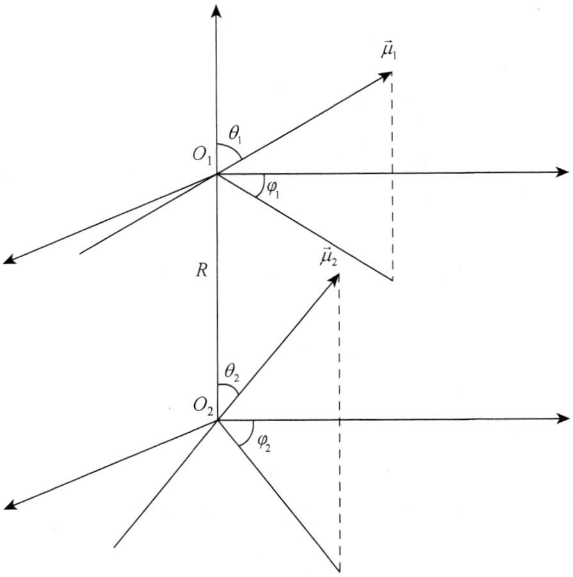

图 11.23　偶极子间的相互作用

当 $V_k \ll kT$ 时

$$\exp[-V_k(\theta)/kT] \approx 1 - V_k(\theta)/kT \tag{11.51}$$

式（11.50）成为

$$\begin{aligned} U_k &= \langle V_k(\theta)\rangle_\theta - \frac{1}{kT}[V_k(\theta)]^2 > \theta \\ &= -\frac{\mu_1\mu_2}{(4\pi\varepsilon_0)R^3}\langle f(\theta)\rangle_\theta - \frac{\mu_1^2\mu_2^2}{(4\pi\varepsilon_0)^2 R^6 kT} > \theta \end{aligned} \tag{11.52}$$

式中

$$\langle f(\theta)\rangle_\theta = 0 \text{ ，} \quad \langle f^2(\theta)\rangle_\theta = \frac{2}{3}$$

所以

$$U_k = -\frac{2}{3}\frac{\mu_1^2\mu_2^2}{(4\pi\varepsilon_0)^2 kTR^6} \tag{11.53}$$

对于同类分子，$\mu_1 = \mu_2 = \mu$

$$U_k = -\frac{2}{3}\frac{\mu^4}{(4\pi\varepsilon_0)^2 kTR^6} \tag{11.54}$$

2. 诱导力（德拜力）

在强度为 E 的电场中，极化率为 α 的分子会产生诱导偶极矩

$$\mu_1 = \alpha E \tag{11.55}$$

诱导偶极矩与电场 E 的相互作用能为

$$U = -\frac{1}{2}\alpha E^2 \tag{11.56}$$

偶极矩为 μ_1 的分子 I 在相距 R、方向角为 θ_1 处产生的电场强度 E 为

$$E = \frac{1}{4\pi\varepsilon_0}\frac{\mu_1}{R^3}\sqrt{1+3\cos^3\theta_1} \tag{11.57}$$

它与极化率为 α_2 的分子 II 的相互作用能为

$$U_{\mathrm{I}\to\mathrm{II}} = -\frac{1}{2}\alpha_2 E^2 = -\frac{1}{2}\frac{\alpha_2\mu_1^2}{(4\pi\varepsilon_0)^2 R^6}(1+3\cos^3\theta_1) \tag{11.58}$$

U 是负值（吸引力），与温度无关，对 θ_1 取平均，得

$$\langle U_{\mathrm{I}\to\mathrm{II}}\rangle_{\theta_1} = -\frac{\alpha_2\mu_1^2}{(4\pi\varepsilon_0)^2 R^6} \tag{11.59}$$

上式表示分子 I 的偶极矩与分子 II 的极化率的平均相互作用能。同样，分子 II 的偶极矩 μ_2 与分子 I 的极化率的平均相互作用能为

$$\langle U_{\mathrm{I}\to\mathrm{II}}\rangle_{\theta_2} = -\frac{\alpha_1\mu_2^2}{(4\pi\varepsilon_0)^2 R^6} \tag{11.60}$$

两者总和为

$$U_{\mathrm{D}} = -\frac{\alpha_1\mu_2^2 + \alpha_2\mu_1^2}{(4\pi\varepsilon_0)^2 R^6} \tag{11.61}$$

对于同类分子，$\mu_1 = \mu_2 = \mu$，$\alpha_1 = \alpha_2 = \alpha$，所以

$$U_{\mathrm{D}} = -\frac{2\alpha\mu^2}{(4\pi\varepsilon_0)^2 R^6} \tag{11.62}$$

3. 色散力（伦敦力）

惰性气体分子的电子云分布是球形对称的，偶极矩为零，但仍存在范德华力。而对极性分子来说，葛生力和德拜力之和比实测值小得多，说明还有第三种力存在。

1930 年，伦敦应用量子力学计算范德华力，证明其近似为

$$U_{\mathrm{L}} = -\frac{3}{2}\frac{I_1 I_2}{I_1 + I_2}\frac{\alpha_1\alpha_2}{(4\pi\varepsilon_0)^2 R^6} \tag{11.63}$$

式中，I_1、I_2 是分子 I 和分子 II 的电离能；α_1 和 α_2 是它们的极化率；R 是分子中心间距。式（11.63）是近似结果，其精确式非常复杂，与光的色散公式相似，所以称伦敦力为色散力。对于同类分子

$$U_L = -\frac{3}{4}\frac{\alpha^2 I}{(4\pi\varepsilon_0)^2 R^6} \tag{11.64}$$

色散力产生的原因是由于分子具有周期变化的瞬间偶极矩。

4. 范德华力的特征

分子间总的作用能 E 应是上述三种作用能之和，即

$$\begin{aligned} U &= U_K + U_D + U_L \\ &= -\frac{1}{(4\pi\varepsilon_0)^2 R^6}\left\{\frac{2\mu_1^2\mu_2^2}{3kT} + \alpha_1\mu_2^2 + \alpha_2\mu_1^2 + \frac{3}{2}\frac{\alpha_1\alpha_2 I_1 I_2}{(I_1+I_2)}\right\} \end{aligned} \tag{11.65}$$

对于同类分子有

$$U = -\frac{2}{(4\pi\varepsilon_0)^2 R^6}\left\{\frac{\mu^4}{3kT} + \alpha\mu^2 + \frac{3}{8}\alpha^2 I\right\} \tag{11.66}$$

范德华力具有如下特性：

（1）它是永远存在于分子或原子间的一种作用力。

（2）它是吸引力，大小在几十 kJ/mol，比化学键能小 1～2 个数量级。

（3）没有方向性和饱和性。

（4）作用范围为几百皮米。

（5）对大多数分子而言，其中最主要的作用是色散力。

11.9 分 子 晶 体

绝大多数有机物，惰性气体元素以及 H_2、N_2、O_2、Cl_2、Br_2、I_2、CO_2、SO_2、HCl 等的晶体都是分子晶体。分子内部是具有方向性和饱和性的共价键，分子之间是范德华力。因为范德华力是没有方向性和饱和性的，所以分子晶体都尽量采取密堆积的形式。

11.9.1 同种原子的分子构成的晶体

惰性气体元素的原子是球形的，形成分子晶体时都采取密堆积的形式。He 的晶体为 A_3 型，Ne、Ar、Kr、Xe 的晶体为 A_1 型。这些晶体中原子间距离的一半称为范德华半径。其数值见表 11.11。

表 11.11 惰性气体范德华半径

原子种类	He	Ne	Ar	Kr	Xe
半径/pm	180	160	190	200	200

共价分子都有一定的几何形状，分子堆积成的晶体的构型与分子的形状有关，分子在堆积成晶体时，虽然尽量减少空隙，但实际的堆积仍然不能像原子或离子的堆积那样紧密。所以多数分子晶体，尤其是有机化合物的晶体，其对称性都比较低。

H_2在低温仍能绕质心旋转，旋转范围构成球形，H_2的晶体采取 A_3型堆积。

Cl_2、Br_2、I_2分子晶体的排列为图 11.24 所示。这种构型称为 A_{14}型。Cl_2略有不同，称为 A_{18}型。在这些晶体中，不属于同一分子的两个最接近的原子间距离的一半称为范德华半径，而属于同一分子的原子间距离的一半称为共价半径。表 11.12 列出了卤素原子的范德华半径、共价半径和它们的比值。

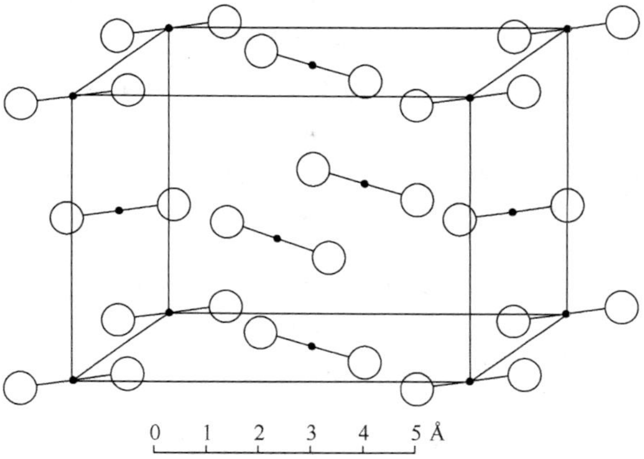

图 11.24　Cl_2、Br_2、I_2的晶体结构

表 11.12　卤素原子的范德华半径和共价半径（单位：pm）

元素	范德华半径	共价半径	比值
F	135	72	1.88
Cl	180	99	1.82
Br	195	114	1.71
I	215	133	1.62

由表 11.12 可见，两种半径的比值逐渐减小。因为金属单质晶体中这一比值为 1，所以上述半径减少的趋势意味着晶体的键型逐渐具有金属性。I_2的晶体已有金属光泽了。

O_2以 A_1最密堆积形成分子型晶体。硫有几种单质，S_8分子可形成正交或单斜晶体（图 11.25）。

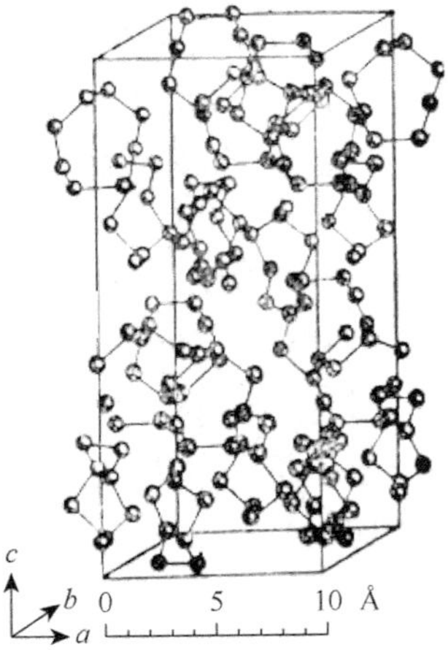

图 11.25　正交硫的晶体

N_2 晶体是 A_3 最密堆积。黄磷的结构单元是 P_4 分子，呈四面体结构，再组成晶体。磷原子也可先结合成无限的层状分子，然后形成红磷与黑磷。

11.9.2　不同种原子的分子构成的晶体

对于不同种原子组成的分子所构成的晶体，其分子本身的结构可以用价键理论和分子轨道理论讨论。在弄清其分子结构的基础上就可以讨论分子堆积成晶体的问题。分子堆积的构型与分子本身的形状有关，主要是使空隙尽量小。

例如，CO_2 晶体、SO_2 晶体、HCl 晶体以及一般的有机化合物晶体都是由不同种原子的分子构成的分子晶体，CO_2、$C_{20}H_{50}$ 和聚乙烯的堆积情况分别如图 11.26、图 11.27 和图 11.28 所示。

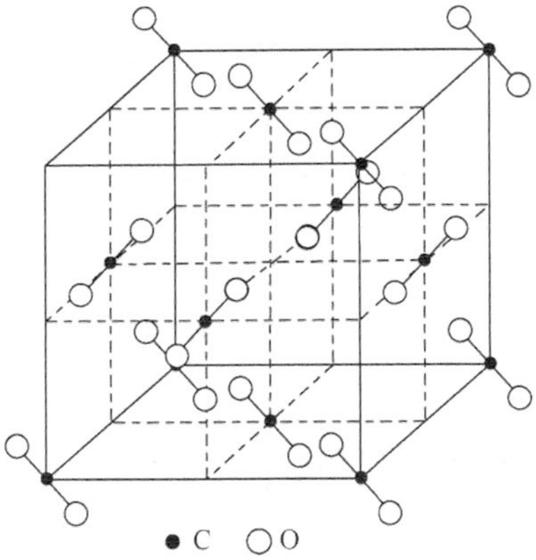

图 11.26　CO_2 的晶体结构

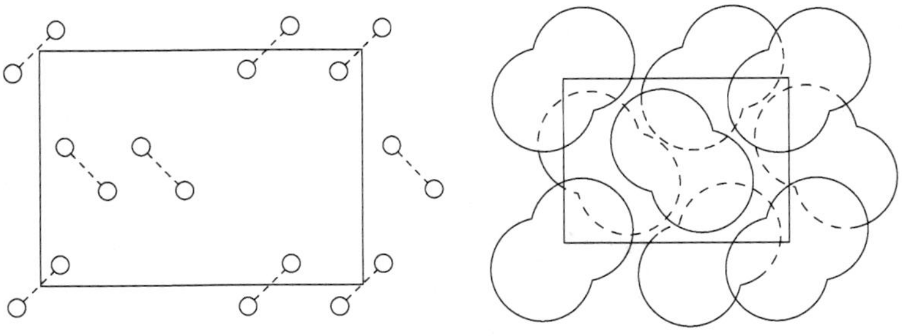

图 11.27　$C_{20}H_{50}$ 的晶体结构

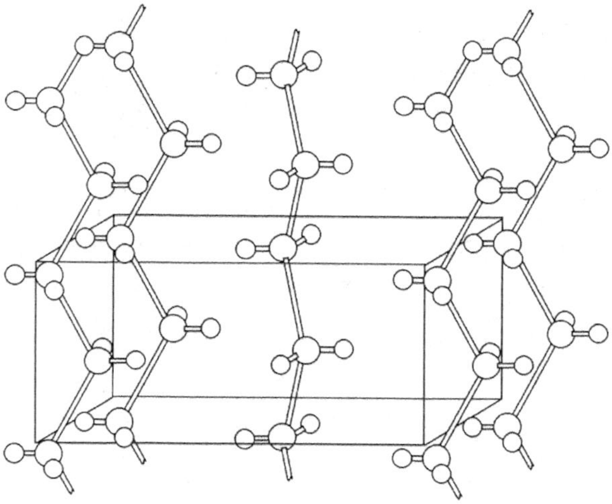

图 11.28　聚乙烯的晶体结构

一般有机化合物都为分子化合物。在分子化合物中，分子内部结合力是具有饱和性和方向性的共价键，而分子之间的结合力一般是比较弱的范德华力。

11.10　氢键和氢键晶体

11.10.1　氢键的本质

实验发现，在有些化合物中，氢原子可以同时和两个电负性很大而原子半径较小的原子 O、N、F、Cl 等相结合，这种结合称为氢键。例如，二聚甲酸分子 $(HCOOH)_2$ 的结构如图 11.29 所示。其中 O—H···O 就是氢键。“氢键”有两种含义，第一种将氢键的通式写作 X—H···Y，氢键的键长是指 X 到 Y 的距离；第二种指 H···Y 的结合，氢键的键能是指破坏 H···Y 结合所需要的能量。X—H···Y 中 X—H 的距离仅比正常的共价键的键长略长，而 H···Y 的距离则比正常的共价键的键长大得多。氢键的键能一般在 40kJ/mol 以下，而 X—H 的键能则为 10^2～10^3kJ/mol。

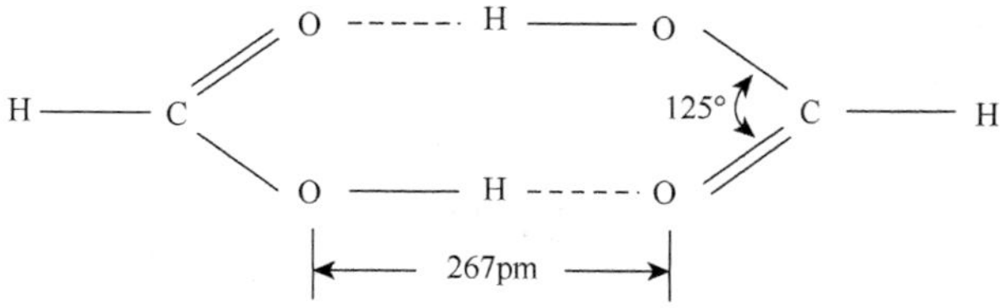

图 11.29　二聚甲酸分子的结构

形成氢键是氢原子的特殊结构造成的，氢原子体积小，核外只有一个电子。当它和电负性大的 X 原子结合时，电子偏向 X 原子，氢原子核即质子几乎裸露出来，X—H 键的偶极矩很大，因此氢原子核可以和电负性大的 Y 原子相互吸引，形成了氢键。

一般认为 X—H···Y 中，X—H 基本上是共价键，而 H···Y 是范德华力。这是由于 X—H 的键能和共价键能相近，H···Y 比化学键的键能小得多，和范德华引力的数量级相同，它又是一种偶极-偶极或偶极-离子的静电相互作用，所以通常把氢键看作是一种强的范德华力。但是，氢键和一般的范德华力又不同，即它具有方向性和饱和性。X—H 一般只能和一个 Y 结合，这是因为氢原子体积小，X、Y 原子体积又都相当大，受空间的限制，如果另有其他原子和氢核接近，必然也会和 X、Y 相接近而产生大的排斥作用，一般这个排斥作用大于和氢核的吸引作用，而无法和 H 结合。为使 X、Y 间的斥力最小，X—H···Y 尽量在一条直线上。

氢键的强弱与 X、Y 的电负性的大小有关，还与 Y 的半径大小有关。X、Y 电负性越大，氢键越强，Y 的半径越小，氢键越强。例如，F 的电负性最大而半径很小，所以 F—H···F 是最强的氢键；O—H···O 次之，O—H···N 又次之，N—H···N 更次之，Cl 的电负性很大，但它的原子半径很大，所以 O—H···Cl 很弱。

关于氢键的生成也可以用分子轨道理论来说明。X—H 间生成成键分子轨道 σ_{XH} 和反键分子轨道 σ_{XH}^*，由于 X 的电负性比 H 大得多，所以 σ_{XH} 轨道偏向 X 一边，σ_{XH}^* 轨道偏向 H 一边。Y 的 p 轨道上有一弧对电子，σ_{XH}、σ_{XH}^*、p_Y 对称性相同，组合成 3 个分子轨道，分别为成键轨道 σ_{XHY}、非键轨道 σ_{XHY}^n 和反键轨道 σ_{XHY}^*。由于 σ_{XH} 偏向 X 一边，而 σ_{XH}^* 偏向 H 一边，所以 p_Y 与 σ_{XH} 重叠少，与 σ_{XH}^* 重叠多，σ_{XH}^* 对 σ_{XHY}^n 的能量降低作用比 σ_{XH} 对 σ_{XHY}^n 能量升高作用要大，4 个电子占据三中心的成键轨道 σ_{XHY} 及非键轨道 σ_{XHY}^n 比占据 σ_{XH} 和 p_Y 轨道能量有所降低，因此形成氢键，如图 11.30 所示。

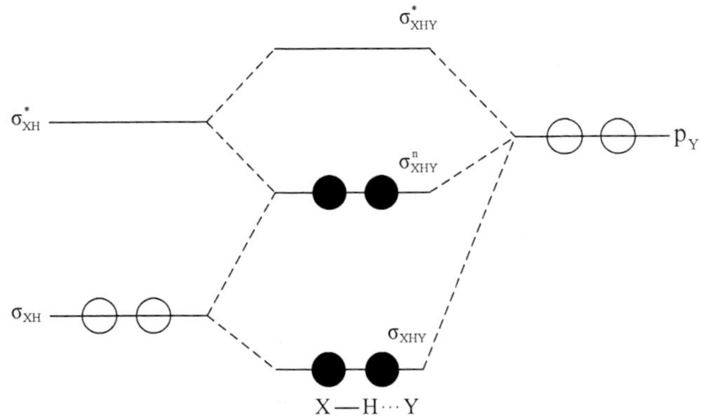

图 11.30 X—H···Y 中的四电子三中心键

氢键的方向性并不是很严格的，即 X—H···Y 并不一定严格地在一条直线上。例如，$NaHCO_3$ 晶体中 HCO_3^- 通过氢键组成无限长链，其中∠OHC=165°。

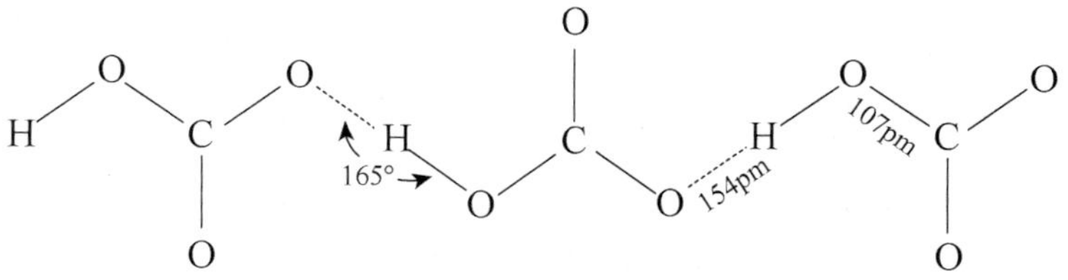

在乙醇中，二聚体$(CH_3CH_2OH)_2$ 的氢键是弯的。

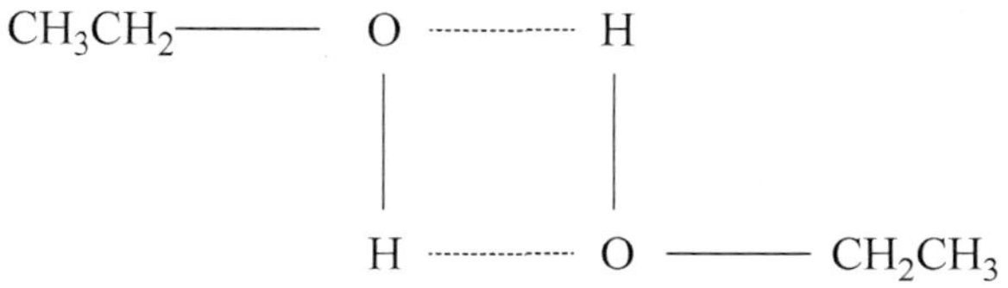

此外，X—H···Y 中的 Y 有时可以用成键的 π 电子与 X—H 生成氢键。例如

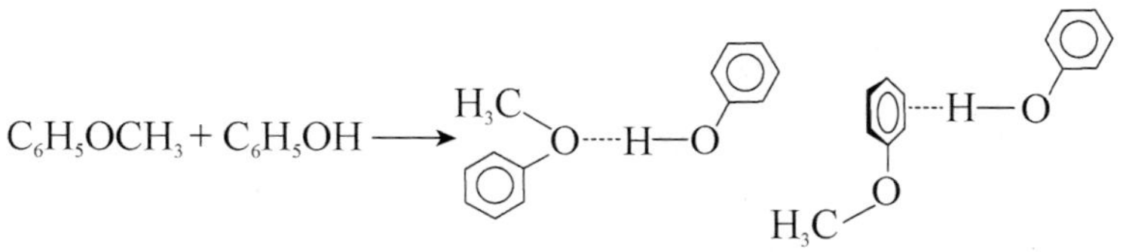

氢键的饱和性也有例外，已经发现一个 X—H 和两个 Y 结合成如下形式的氢键，只是为数较少。

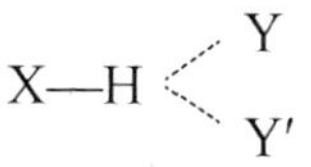

实验发现存在两种氢键。一个分子的 X—H 键与另一个分子的 Y 相结合而成的氢键，称为分子间氢键。一个分子的 X—H 键与它内部的 Y 相结合而成的氢键称为分子内氢键。下面分别予以介绍。

11.10.2　分子间氢键

按组成氢键的分子的异同，氢键可分为相同分子间的氢键和不同分子间的氢键。相同分子间的氢键又可分为二聚分子中的氢键和多聚分子中的氢键。

二聚甲酸中的氢键（图 11.29）就是相同分子的二聚分子中的氢键。一般羧酸都能生成二聚分子$(RCOOH)_2$ 氢键。

固体氟化氢就是由氢键结合成链状结构的多聚分子，其构型如图 11.31 所示。

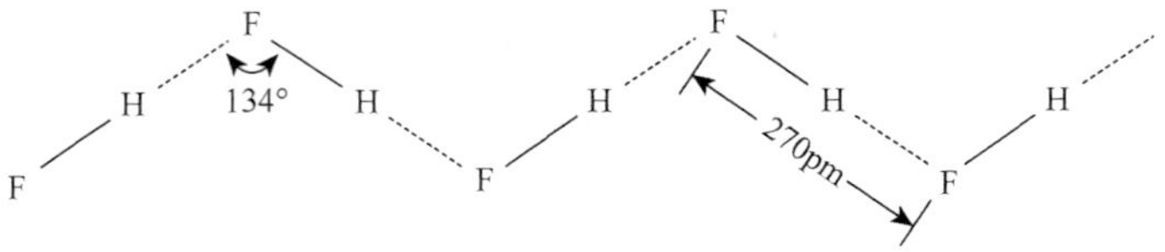

图 11.31　固体氟化氢$[(HF)_n]$的链状结构

氟化氢气体中也有多聚分子$(HF)_n$存在，n一般小于 5。

硼酸晶体是由氢键结合起来的层状结构（图 11.32），也是多聚分子。

冰是靠氢键结合的立体结构的多聚分子，其结构如图 11.33 所示。

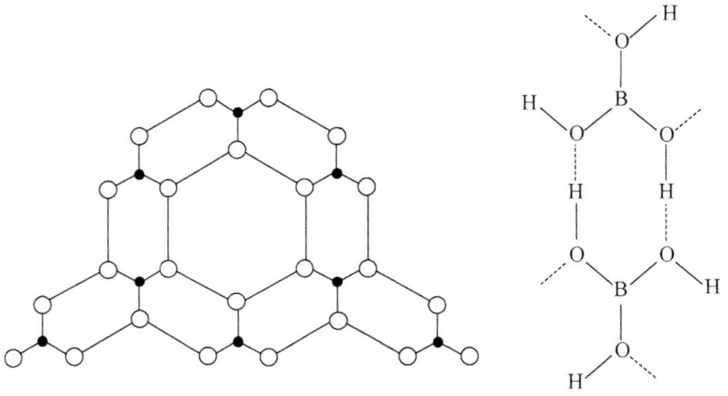

(a)　(b)

图 11.32　硼酸的层状结构

●表示硼离子；○表示氧原子

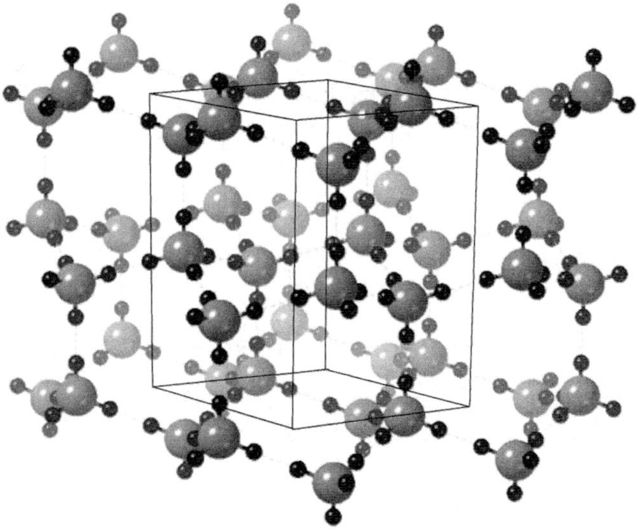

图 11.33　冰中氢键结构

在冰的结构中，每个氧原子按四面体与其他氧原子相邻接，而在每两个氧原子的连线上有一个氢原子，但氢原子并不在连线的中点。在冰中，H_2O 分子间的相互作用能为 51kJ/mol，其中约 13kJ/mol 为分子间的范德华力，其余 38kJ/mol 为氢键能，O···H 的键能是 18.8kJ/mol；O—O 间距为 276pm；H—O—H 键角由水分子的 105°扩大至冰晶体中四面体键角 109°28′。为生成尽可能多的氢键，H_2O 分子按四方体堆积成密度低的冰。冰的结构中，空间利用率很低，空隙相当多，所以冰比水密度低。

冰融化成水以后仍保持冰的四面体结构。水中的这些四面体结构不像冰那样构成一个庞大的整体，而是松散的集团，随着温度的升高，水中的四面体结构逐渐消失。

以上的例子都是相同分子间的氢键，不同分子间也能形成氢键。例如，苯甲酸和丙酮分子之间形成的氢键。

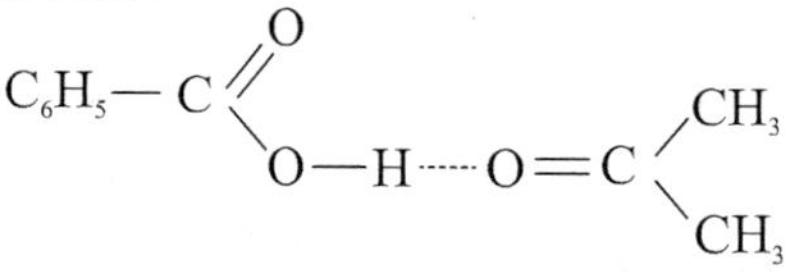

在双螺旋结构的脱氧核糖核酸中就有起主要作用的不同分子间氢键。

脱氧核糖核酸，即 DNA 的结构为图 11.34 所示。按照沃森（Watson）和克里克（Crick）的看法，DNA 由两条多核苷酸链组成，每条多核苷酸链都是以磷酸脱氧核糖基形成的长链为基本骨架，以右手螺旋的方式绕同一个中心轴线向前盘旋，但两条链的走向相反。两条链间由内侧的碱基对间的氢键牢固地连接在一起。这些碱基对有两种，一种是由一条链上的鸟嘌呤与另一条链上的胞嘧啶形成，另一种是由一条链上的腺嘌呤与另一条链上的胸腺嘧啶形成。前一种含有三个氢键，后一种含有两个氢键。

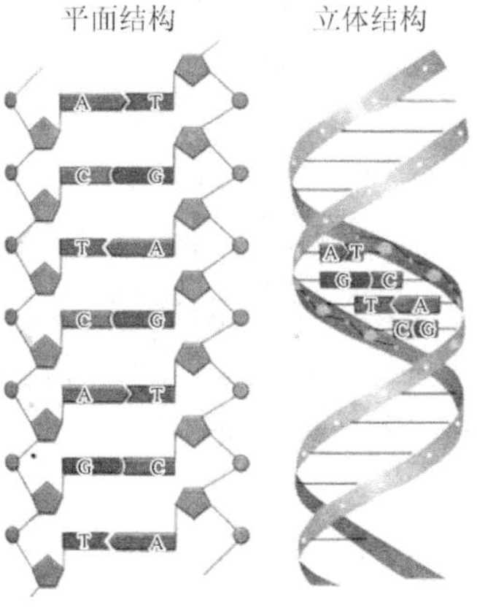

图 11.34　DNA 的双螺旋结构

11.10.3　分子内氢键

有些分子中的 X—H 可以和分子自身的 Y 结合成分子内氢键，由于 X、H、Y 都在同一个分子中，受结构的限制，分子内氢键 X—H···Y 往往不在同一直线上，一般键角约为 150°左右。例如，邻硝基苯酚中有下式表示的氢键：

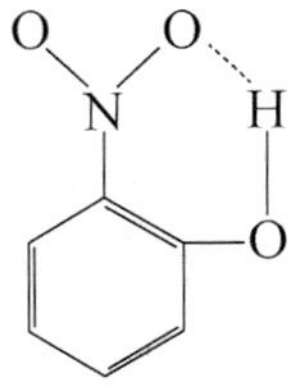

在苯酸邻位上有—COOH、—NO_2、—NO、—$CONH_2$、—$COCH_3$ 和—Cl 等取代基的化合物都能形成分子内氢键。下面给出几个含有分子内氢键的结构式。

还有一种分子内氢键，其中 Y 与 X 并无其他化学键连接。例如，氨的水溶液中存在下列平衡关系：

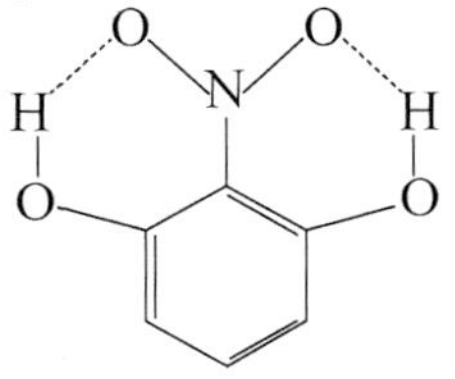

$C_6H_3(OH)_2NO_2$

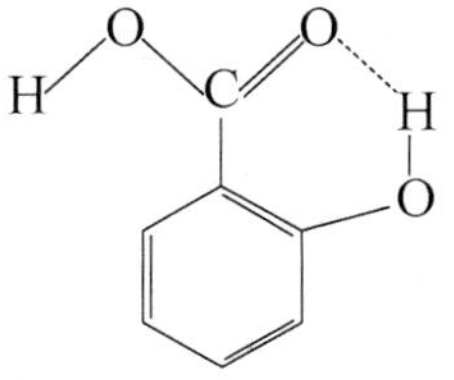

$C_6H_4(OH)COOH$

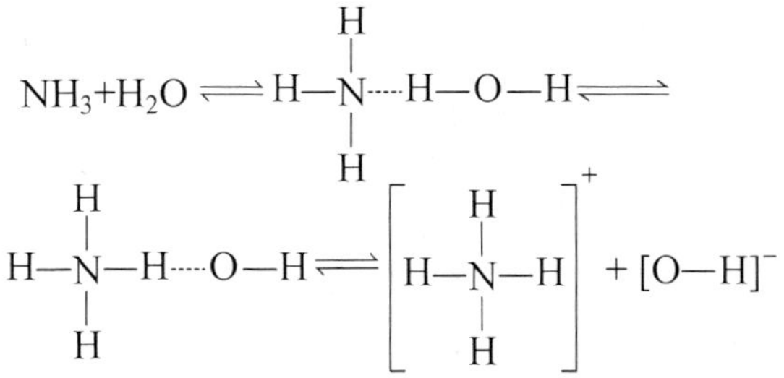

其中第三种形式是主要的，因此氨的水溶液呈弱碱性。同样，RNH_3OH、R_2NH_2OH、R_3NHOH 也都是弱碱，但在 R_4NOH 中，不可能有分子内氢键，只能以解离的形式 $NR_4^+OH^-$存在，所以是强碱。

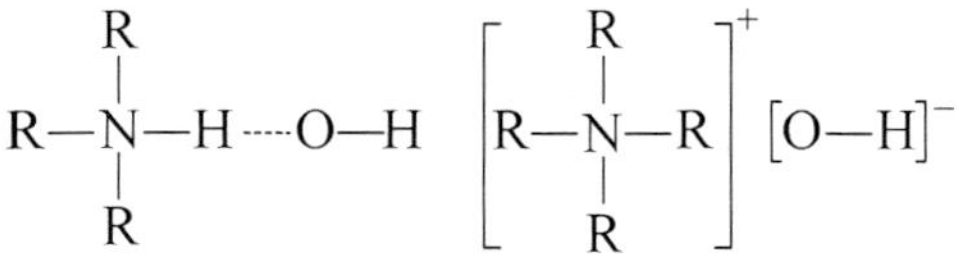

11.10.4 氢键对物质的物理化学性质的影响

要使晶体熔化，需破坏一部分分子间氢键，要使液体气化，则需破坏大部分分子间氢键，这都需要能量，所以分子间氢键使熔点和沸点升高。

例如，元素周期表ⅥA 族元素的氢化物中，H_2Te、H_2Se、H_2S 的沸点和熔点依次降低，而 H_2O 却反常，比它们都高。这就是由于 H_2O 中含有大量的氢键，而其他的氢化物中不含氢键。

溶质分子和溶剂分子之间如果能生成氢键，则溶解度增大。如果溶质分子含有分子内氢键，则在极性溶剂中的溶解度减小，而在非极性溶剂中的溶解度增大。

在溶液中生成分子间氢键，溶液的密度和黏度增加，生成分子内氢键则不会增加溶液的密度和黏度。

分子间氢键使液体的介电常数增大。

氢键会减小 O—H 键、N—H 键的特征振动频率，这是由于形成 O—H···Y、N—H···Y 后，O—H 键、N—H 键的强度被削弱。

11.11 多种键型晶体

除典型的金属晶体、离子晶体、共价晶体和分子晶体外，实际上大多数晶体会有多种化学键型，这些晶体可称为多种键型晶体或混合键型晶体。由于晶体具有多种类型的化学键，因而也具有多种类型晶体的性质。

11.11.1 同种元素的多种键型晶体

石墨是由同种元素的原子构成的多种键型晶体，其晶体结构如图 11.35 所示。

石墨的碳原子采取 sp^2 杂化，彼此之间以 σ 键连成六角形层状平面大分子，每个碳原子剩下的一个 p_z 轨道形成大 π 键，p_z 轨道上的电子填在 π 轨道上。因此石墨含有由数目巨大的原子形成的大 π 键和数目巨大的 π 电子，π 电子可以在层内自由运动，这是石墨具有金属光泽和导电的原因。石墨的层与层间是以范德华力相互结合起来的，层间距是 340pm，远比 C—C 键长。范德华力较弱，所以层与层间可以滑移和解理。石墨晶体中含有共价键、类金属键（大 π 键）和范德华力三种键型。

非金属元素的原子大多先以共价键结合形成分子，再由分子通过范德华力形成晶体。

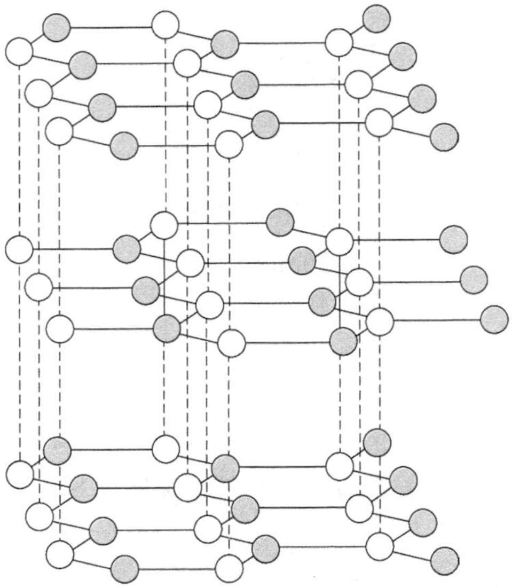

图 11.35　石墨的晶体结构

在ⅤA 族中，As、Sb、Bi 可以构成 A_7 型结构的晶体。每个原子与相邻的三个原子以共价键相结合，形成无限的层状分子，P 也可组成无限层状分子，然后形成红磷或黑磷，层与层之间以范德华力结合。而氮的晶体则是含有共价键的 N_2 分子以范德华力结合构成氮的晶体。

在ⅥA 族中，Se 与 Te 可以构成 A_8 型结构的晶体。每个原子与相邻的两个原子以共价键相结合，形成一个无限的链状分子。链和链间以范德华力相结合构成晶体。S 形成 S_8 或 S_x 分子，再以范德华力形成晶体。氧的晶体是由共价键的 O_2 分子按 A_1 堆积，以范德华力结合。

ⅦA 族的氯、溴、碘的晶体也是由含有共价键的 Cl_2、Br_2、I_2 分子以范德华力形成晶体。

在上述非金属元素的结构中，具有 $8-N$ 规则，即在第 N 族元素的单质中，与每个原子邻接的原子数为 $8-N$。这也表明，第 N 族元素的原子可以提供 $8-N$ 个价电子与 $8-N$ 个邻近的原子形成 $8-N$ 个共价单键。

11.11.2　不同种元素的多种键型晶体

1. AB 型化合物的多种键型晶体

异核双原子分子 HCl、HBr、HI 等的晶体就是由原子间的共价键和分子间的范德华力组成的混合键型晶体。实际上分子晶体大多是多种键型晶体。

2. AB_2 型化合物的多种键型晶体

1）离子键-范德华力的层状结构

AB_2 型氯化物、溴化物、碘化物及氢氧化物都是以带有一定共价性的离子键构成的层状结构，层间的结合力是范德华力。在每一层，每个正离子在由负离子构成的八面体中央，而每个负离子则在一个由正离子构成的三角形的重心的上方或下方。这种层状结构化合物层和层间的堆置方式有两种，若以 A、B、C 和 a、b、c 各代表负离子与正离子的三个错开的密置层，则结构可写成‖AbC‖AbC‖的为 CdI_2 型，结构可写成‖AcB|CbA|BaC‖的为 $CdCl_2$ 型，如图 11.36 所示。

2）共价键-金属键的层状结构

MoS_2 型层状晶体结构可写成‖BaB‖AbA‖。Mo 原子的配位多面体为三方柱。层内为共价键，层间主要为金属键。取 MoS_2 型结构的化合物晶体有 MoS_2、WS_2、SeS_2、TeS_2 等，如图 11.37 所示。

3）共价键-离子键的多种键型晶体

CaC_2 型结构晶体中碳原子间以共价键结合，带有两个负电荷，可写作 $[:C\equiv C:]^{2-}$；C_2^{2-} 与 Ca^{2+} 之间是离子键，类似于 NaCl 的晶体结构。图 11.38 为 CaC_2 型结构。除 C_2^{2-} 外，阴离子还可以是 O^{2-}、O_2^-、S^{2-} 等。一些过氧化物如 BaO_2、SrO_2、四氧化物 K_2O_4、Rb_2O_4 等也是这种结构。

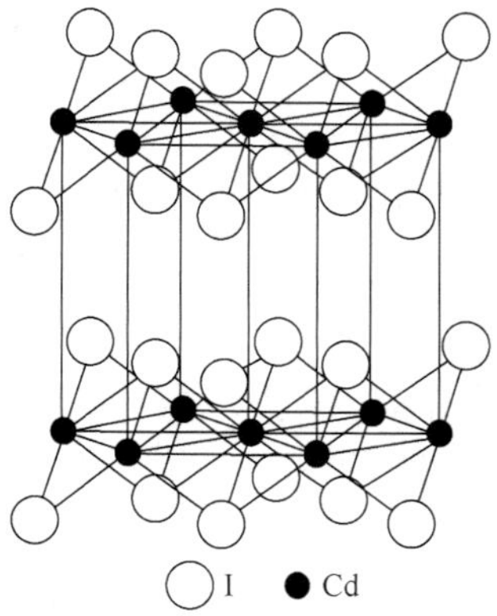

图 11.36　CdI_2 的层状结构

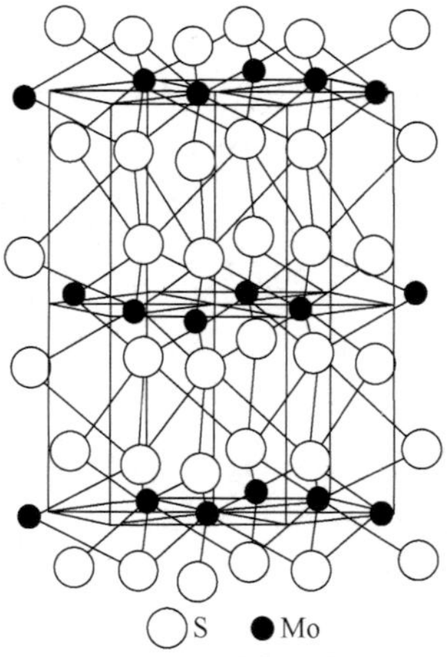

图 11.37　MoS_2 的层状结构

4）共价键-范德华力结合的多种键型晶体

CO_2、SO_2、H_2S 原子以共价键结合成 CO_2、SO_2、H_2S 分子，而分子间以范德华力结合构成 CO_2 晶体（干冰）及 SO_2、H_2S 晶体。AB_2 型气体分子构成的晶体都是这种结合。

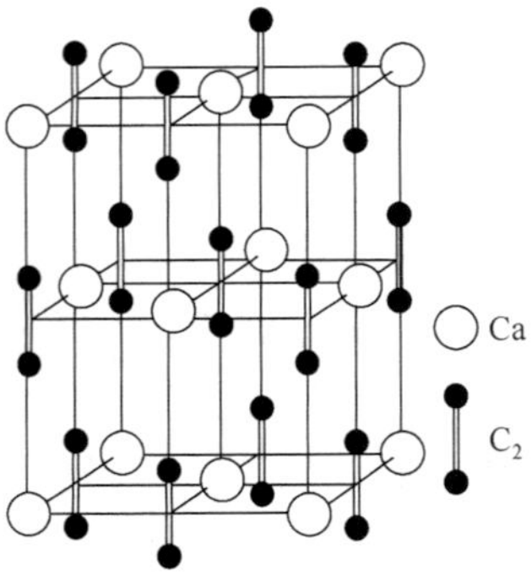

图 11.38　CaC_2 的层状结构

5）共价键-氢键结合的多种键型晶体

H_2O 分子中原子是以共价键结合，分子间以氢键结合成晶体。

3. AB_n 型化合物的多种键型晶体

SiF_4、PF_5、SF_6 极化程度严重，原子间基本是共价键结合，分子以范德华力构成晶体。

11.11.3　多元化合物晶体

1. 复杂阴离子与阳离子组成的化合物

复杂的阴离子有多种类型，按所含原子种类可分为由一种、两种、三种等原子构成的；按形状可分为线形、三角形、四面体形、八面体形等。复杂离子内部可以是离子键或共价键结合。复杂阴离子和阳离子间是以离子键结合成的复杂的离子晶体。复杂阴离子如 CN^-、ClO_2^-、CO_3^{2-}、NO_3^-、SO_4^{2-}、PO_4^{3-}、WO_4^{2-}、$PtCl_6^{2-}$、$S_2O_6^{2-}$ 等。

相应的有很多种键型晶体。例如，具有 NaCl 结构的 NaCN，具有 CsCl 结构的 CsCN，其中 C 和 N 以共价键结合，CN^-和 Na^+及 Cs^+以离子键结合。

具有 NaCl 型衍生结构的方解石型 $CaCO_3$，其中 CO_3^{2-} 含有共价键和大 π 键，Ca^{2+}和 CO_3^{2-} 以离子键结合。$NaNO_3$ 也具有方解石型结构，其中 NO_3^- 含有共价键和大 π 键，Na^+和 NO_3^- 以离子键结合。$CaCO_3$ 还有一种属正交晶系的文石型结构，Ca^{2+}与 9 个 O^{2-}邻接，每个 O^{2-}与三个 Ca^{2+}、一个 C 邻接。CO_3^{2-}、NO_3^-、BO_3^{3-} 等阴离子的化合物通常取方解石型和文石型结构。从方解石型到文石型的晶型转变与阳离子大小有关，Ca^{2+}半径恰处在临界值，所以 $CaCO_3$ 在不同条件下可取不同的晶型。

$CaSO_4$、$BaSO_4$ 两种结构型式都属正交晶系。$CaSO_4$ 晶型中 Ca^{2+}与 8 个 O^{2-}邻接，而每个 O 与一个 S 和两个 Ca^{2+}相邻接。$BaSO_4$ 晶型中 Ba^{2+}的配位数为 12，比 Ca^{2+}离子的配位数高，这是由于 Ba^{2+}的离子半径比 Ca^{2+}大。$NaClO_4$ 取 $CaSO_4$ 型结构，$KClO_4$、$BaClO_4$ 取 $BaSO_4$ 型结构。

2. 含有复杂阳离子的化合物

复杂阳离子常见的有 NH_4^+ 及其衍生物、氨配位离子和水配位离子等。配位离子的中央离子是以离子键或共价键和配位体结合的。复杂阳离子如$[Ni(H_2O)_6]^{2+}$、$[Ni(NH_3)_6]^{2+}$等。

在 $NiSO_4·7H_2O$ 的晶体结构中，SO_4^{2-} 和 $[Ni(H_2O)_6]^{2+}$ 分占晶格的不同位置。6 个配位 H_2O 除与 Ni^{2+} 结合外，各与 SO_4^{2-} 中的 O 或其他水分子结合。另外，还有一个 H_2O 不与 Ni 结合，而仅与 SO_4^{2-} 中的 O 和其他的 H_2O 结合。这第 7 个水分子是填在空隙中的结构水。结构水对水合物的结构所起作用很小，所以 $NiSO_4·7H_2O$ 与 $NiSO_4·6H_2O$ 结构基本一致。

$CuSO_4·5H_2O$ 的结构中每个 Cu^{2+} 各被 4 个水分子和 2 个 SO_4^{2-} 中的 O 所形成的八面体包围，第 5 个水分子只与其他水分子和 SO_4^{2-} 中的 O 结合，不与 Cu 结合，是结构水。

$CaSO_4·2H_2O$ 晶体中每个 Ca^{2+} 周围有 8 个 O^{2-}，2 个 O^{2-} 属于水分子，其余 6 个 O^{2-} 属于 SO_4^{2-}。Ca^{2+} 与 SO_4^{2-} 排列成层，水分子形成一双层，对相邻两个层起着联结作用。

在大多数水合物中，全部或大部分水分子是配位水，少量的水分子是结构水。而在由 SiO_2 四面体连成的骨架结构中，水分子都是结构水，如沸石中的水分子。

11.12　硅　酸　盐

硅酸盐是含有硅氧四面体的一大类物质的总称。硅酸盐中的硅能被铝取代。被铝部分取代的硅酸盐也称铝硅酸盐。

11.12.1　硅酸盐的结构特征

硅酸盐最重要的结构特征是以 $(SiO_4)^{4-}$ 作为结构单位。4 个氧原子以正四面体方式在硅原子周围配位，形成硅氧四面体。其中 Si—O 距离 162pm，O—O 距离 264pm。Si 通过 sp^3 杂化轨道和 O 生成 Si→O 的 σ 配键，O 的 p 轨道孤对电子还与 Si 的空 d 轨道形成 p→d 的 π 配键，所以 Si→O 键具有多重键的性质。

硅氧四面体的排列可以看作氧紧密堆积，而硅酸盐结构中的硅和其他金属离子占据紧密堆积的四面体和八面体空隙中。

硅酸盐结构的另一特征是键的连接是通过氧来实现的，硅和硅间不存在直接的键。这是硅氧形成的无机大分子和碳所形成的有机化合物的重要区别。硅酸中 Si—O 键是最主要的键，硅和氧的结合方式在很大程度上决定硅酸盐的性质。

11.12.2　硅酸盐的种类

硅酸盐的化学组成复杂，结构形式多样，但在多种多样的硅酸盐结构中，起骨干作用的硅-氧结合基本形式——硅氧四面体是比较单纯的，而硅氧四面体间的连接方式是多样的。

化学家按化学组成将硅酸盐分为正硅酸盐和偏硅酸盐。例如，镁橄榄石 Mg_2SiO_4、白云母 $H_2KAl_3(SiO_4)_3$ 等为正硅酸盐，而透辉石 $CaMg(SiO_3)_2$、滑石 $H_2Mg_3(SiO_3)_4$ 等则为偏硅酸盐。这样的分类不合理，因为正硅酸盐和偏硅酸盐中硅的化合价是一样的，都是四价。这不符合正酸盐和偏酸盐的定义。

矿物学家根据硅酸盐的解理性，密度与硬度等物理性质将硅酸盐分为链型、层型、骨架型和含有有限硅氧基团的硅酸盐或轻、重硅酸盐等。

1. 含有有限硅氧基团的硅酸盐

有限硅氧基团是指$(SiO_4)^{4-}$、$(Si_2O_7)^{6-}$、$(Si_3O_9)^{6-}$、$(Si_4O_{12})^{8-}$、$(Si_6O_{18})^{12-}$等形式的硅氧基团。以上述硅氧基团负离子和金属离子按适当的几何位置以离子键结合的晶体就是含有有限硅氧基团的硅酸盐，如图 11.39 和图 11.40 所示。例如，橄榄石［$(Mg, Fe)_2SiO_4$］、异极石［$Zn_4Si_2O_7(OH)\cdot H_2O$］、硅灰石（$Ca_3Si_3O_9$）、柱状星叶石($Na_2FeTiSi_4O_{12}$)和绿宝石($Be_3Al_2Si_6O_{18}$)等。

2. 链型硅酸盐

链型硅酸盐就是含有链型硅氧基团的硅酸盐。链型硅氧基团有单链和双链两种，如图 11.41 所示。

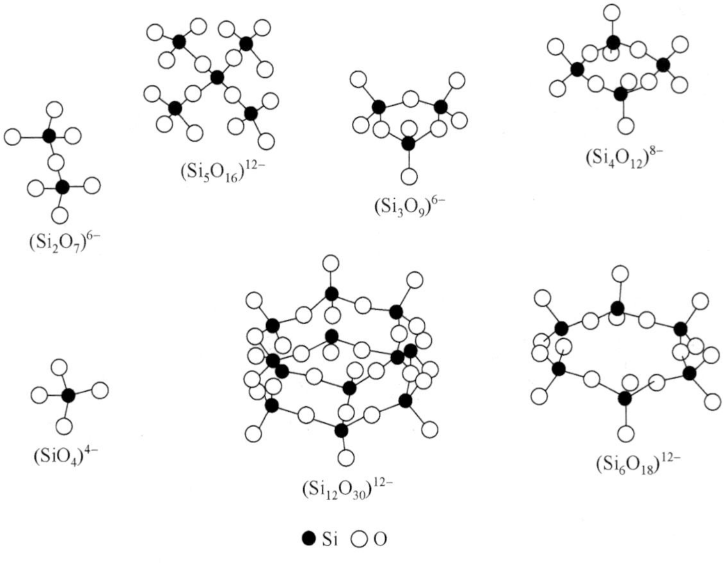

图 11.39　有限硅氧基团

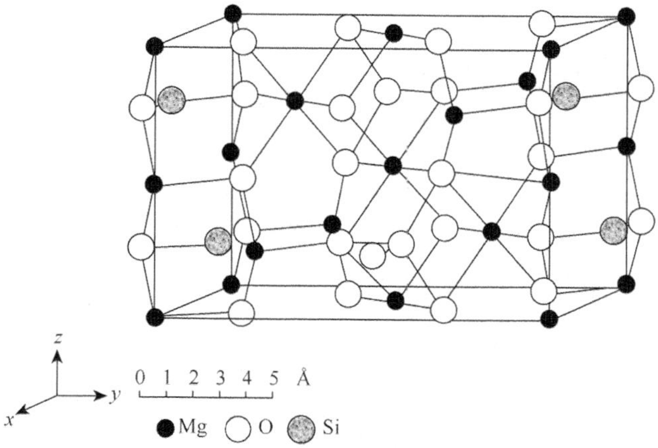

图 11.40　镁硅氧有限基团

顽火辉石 $Mg_2(SiO_3)_2$ 等辉石类硅酸盐含有单链$(SiO_3)_n^{2n-}$基团，正交角闪石$(Mg, Fe)_7(Si_4O_{11})_2(OH)_2$等角闪石类硅酸含有双链$(Si_4O_{11})_n^{6n-}$基团。

3. 层型硅酸盐

层型硅酸盐就是含有层型硅氧基团的硅酸盐。其化学式可写作$(Si_2O_5)^{2n-}$。白云母［$KAl_2(AlSiO_{10})(OH)_2$］等云母类硅酸盐和高岭土［$Al_2(Si_2O_5)(OH)_4$］等黏土类硅酸盐等都是层型硅酸盐，如图 11.42 所示。

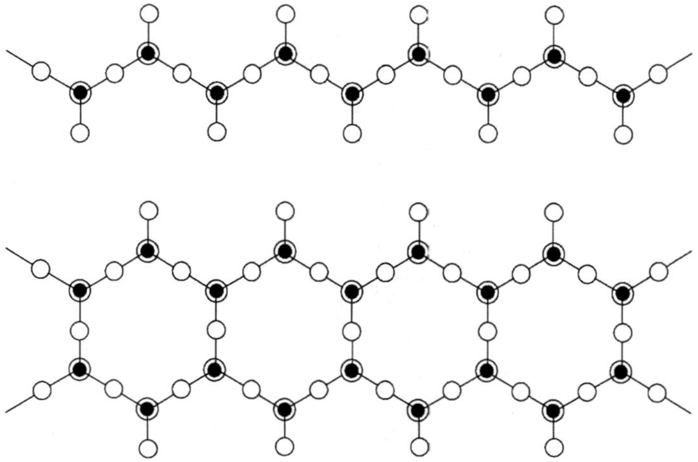

图 11.41　硅氧基团的单链和双链

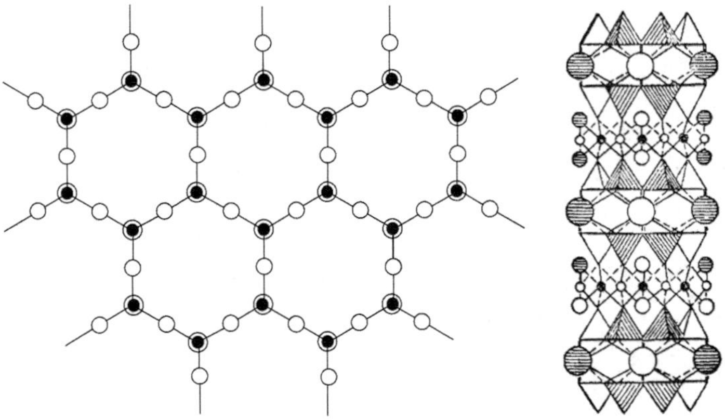

图 11.42　层型硅氧基团

4. 骨架型硅酸盐

硅氧四面体与铝氧四面体连成一个骨架，电价低、半径大的正离子 K^+、Na^+、Ca^{2+}等填在骨架的空隙中，形成低密度的结构。这类硅酸盐的主要代表有正长石和斜长石两种长石类硅酸盐及方沸石、层沸石和链沸石等三种沸石类硅酸盐。例如，钾长石（$KAiSi_3O_8$）和钠长石（$NaAlSi_3O_8$）就分别属于正长石和斜长石；$NaAlSi_2O_6·H_2O$、$(Ca, Na_2)Al_2Si_4O_{12}·6H_2O$、$(Ca, Na_2)Al_2Si_6O_{16}·5H_2O$、$Na_2Al_2Si_3O_{10}·3H_2O$ 就分别属于立方沸石、三方沸石、层沸石和链沸石，如图 11.43 所示。

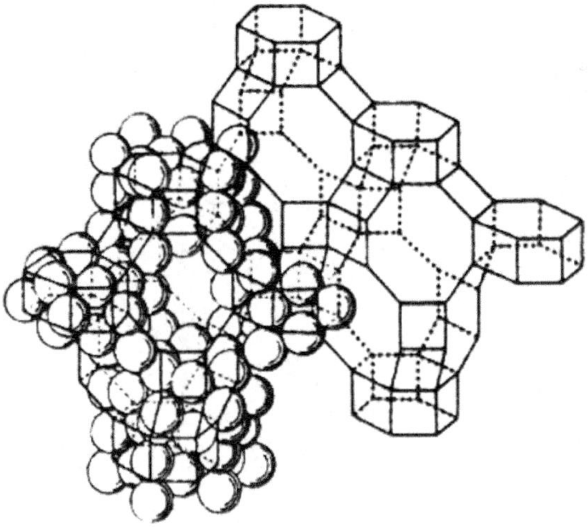

图 11.43　骨架型硅氧基团

11.12.3　鲍林规则

依据哥希密特结晶化学定律可以解释简单离子化合物的性质，但对于比较复杂的无机化合物就困难了。鲍林在总结大量复杂无机化合物的结构特点后，提出了五条规则。

1. 鲍林第一规则

在正离子周围形成一负离子配位多面体，正负离子间的距离取决于离子半径之和，而配位数取决于半径比。

对于离子晶体结构也可以用配位多面体描述，正离子位于负离子构成的配位多面体中心。用配位多面体描述离子晶体的结构，比单纯用离子半径及分数坐标更进一步反映了晶体各向异性的实质。

2. 鲍林第二规则——电价规则

设 z 为正离子的电荷数，n 为其配位数，从正离子到每个配位负离子的静电强度 S 定义为

$$S = \frac{z_+}{n_+} \tag{11.67}$$

在一个稳定的离子结构中，每一个负离子的电价等于或近似等于从邻近的正离子至该负离子的各静电强度的总和，即

$$z_- = \sum_i S_i = \sum_i \frac{z_{+i}}{n_{+i}} \tag{11.68}$$

式中 z_- 为负离子的电荷数，i 是与负离子相连的第 i 个键。电价规则也称为鲍林第二规则。以 $(Si_2O_7)^{6-}$ 为例，其构型为共有一个顶点的两个正四面体，每个 Si—O 键的静电强度为 $S=\frac{4}{4}=1$，公共顶点处的氧原子的静电强度 $\sum_i S_i = 2$，等于其电价 $z_- = 2$。

3. 鲍林第三规则

在一个配位结构中，共用的棱，特别是共用的面的存在会降低这个结构的稳定性。对于高电价与低配位的正离子来说，这个效应特别大。这一规则的实质是，随着相邻两个配位多面体从共用一个顶点到共用一个棱（两个顶点），再到共用一个面（三个顶点），正离子间的距离逐渐减小，库仑排斥力迅速增

大，这就导致结构不稳定。

在二氧化钛的三种结构中，每个 O^{2-} 都由三个 TiO_6 八面体所共用，但每一个八面体与相邻八面体共用的棱数是不同的，在金红石中为 2，在板钛矿中为 3，在锐钛矿中为 4。其稳定性随共用棱数的增加而迅速递减。很多 AB_2 型化合物都以金红石形式存在，而很少以氧化铝的另两种结构形式存在。

4. 鲍林第四规则

在含有一种以上的正离子的晶体中，电价大，配位数低的那些正离子间倾向于不共用相互的配位多面体的几何元素。

5. 鲍林第五规则

结构中实质不同的原子种数一般趋于尽量少。

鲍林的五条规则中第一条哥希密特已总结了，第四条是第三条的推论，第五条应用不广泛，第二条、第三条是主要的。

11.13 液　　晶

一些晶体熔化或溶解后，失去了固态性质，成为液态，但其结构仍保持着一维或二维有序排列，并呈现各向异性，形成兼有部分晶体和液体性质的过渡状态。这种过渡状态称为液晶相。处于这种状态的物质称为液晶。

11.13.1 液晶的四种结构类型

目前，已知的液晶大多数由长形有机分子构成。根据分子的排列形式和有序性的不同，液晶有四种结构类型，即向列型、胆甾型、近晶型、柱状型，如图 11.44 所示。

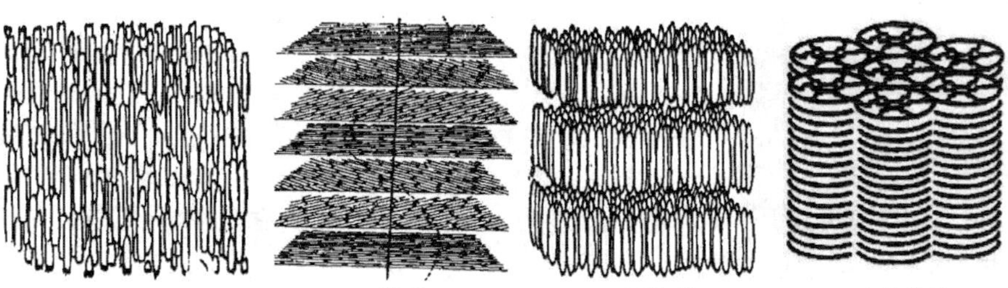

(a) 向列型　(b) 胆甾型　(c) 近晶型　(d) 柱状型

图 11.44　液晶的四种结构类型

1. 向列型液晶

向列型液晶分子取向长程有序。在局部区域，分子沿同一方向排列，在两个不同取向排列的区域的交界处，在偏光显微镜下显示为丝状条纹。因此，向列型液晶也称丝状相。

2. 胆甾型液晶

胆甾型液晶大多数是由胆甾醇的衍生物构成。其分子排列取向沿着一条螺旋轴变换，所以也称螺旋状相。在丝状相液晶中添加少量具有旋光性的分子，也可以得到螺旋状相液晶。这种液晶称为扭曲丝状液晶。胆甾型和扭曲丝状液晶可以统称为螺旋状液晶。

3. 近晶型液晶

近晶型液晶包括的范围比较广，其中主要的是分子层状排列的层状相。分子层状排列的液晶种类很多。目前，已有至少 9 种不同的层状相。层状相分子除具有取向有序外，还有一些是位置有序、键取向有序。长程键取向有序状态是失去了晶体点阵的平移有序，但仍保有分子相互作用力和取向各向异性的状态。

4. 柱状型液晶

柱状型液晶中，盘状分子呈一叠叠的柱体，具有六角形结构，且有二维的平移序。柱状型液晶在升温过程中，平移序首先消失，接着取向序消失。近晶型平移序消失后就成了一般的丝状相，再变成各向同性的液体。

11.13.2　两类不同物理性质的液晶

从成分和介质的物理性质来看，液晶可以分为热致液晶和溶致液晶两类。

1. 热致液晶

热致液晶是单一成分的化合物或均匀的混合物由于温度变化产生的液晶相。例如，氧化偶氮茴香醚［PAA，$CH_3(C_6H_4)N_2O(C_6H_6)OCH_3$］、对甲氧基次甲基苯对氨基丁苯［MBBA，$CH_3O(C_6H_4)CHN(C_6H_4)C_4H_9$］。前者的熔点为 118.2℃，清亮点为 135.5℃；后者的熔点为 21℃，清亮点为 48℃。典型的热致液晶的分子质量一般为 200～500g/mol，分子的长宽比 Z 为 4～8。

2. 溶致液晶

溶致液晶由两种以上组分构成，其中一种是水或其他极性溶剂。在一定温度，溶液出现液晶相。溶致液晶的溶质在温度变化时不稳定，因此忽略温度变化引起相变的问题。溶致液晶中的长棒分子要比热致液晶的长棒分子大很多，分子长度比 Z 为 15 左右，如肥皂水、洗衣粉溶液、表面活性剂溶液、生物膜等。溶质和溶剂的相互作用是溶致液晶形成长程有序的主要因素，溶质和溶质的相互作用是次要因素。

液晶的平行排列稳定性、相变温度（热稳定性）和液晶分子的介电各向异性等性质与其结构密度相关。细长棒、平面形状的分子有利于平行排列。分子间的相互作用与分子极性基团和易极化的原子团有关，影响液晶的相变温度。

11.14　有机化合物晶体与高分子晶体

11.14.1　有机化合物晶体

一般有机化合物都是分子化合物，分子内部都是具有方向性和饱和性的共价键。而分子之间的结合一般都是范德华力和氢键。

1. 尿素的晶体结构

图 11.45 是尿素[$CO(NH_2)_2$]的晶体结构。在尿素分子中，C ═ O 键长为 0.126nm，C—N 键长为 0.134nm，N—C—N 键角是 116°。尿素分子中，除中心碳原子外都能形成氢键，分子间氢键 N—H…O 键长为 0.306nm。尿素晶体为四方晶系。

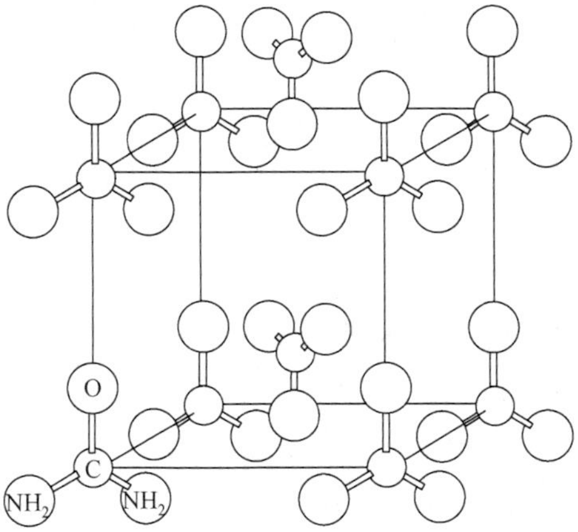

图 11.45　尿素的晶体结构

2. 六次甲基四甲烷的晶体结构

图 11.46 是六次甲基四甲烷[$(CH_2)_6(CH)_4$]的分子结构和晶体结构。六次甲基四甲烷分子按等径圆球立方密堆积（A_1）通过范德华力结合构成晶体。其中的 C—C 键长为 0.154nm，C—C—C 键角接近 109°28′。

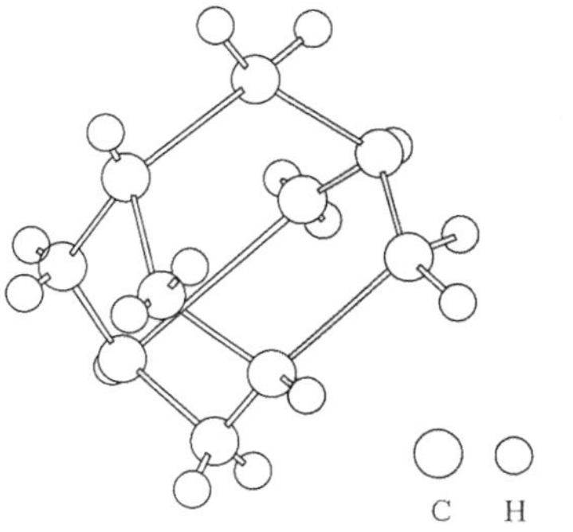

(a) 分子结构

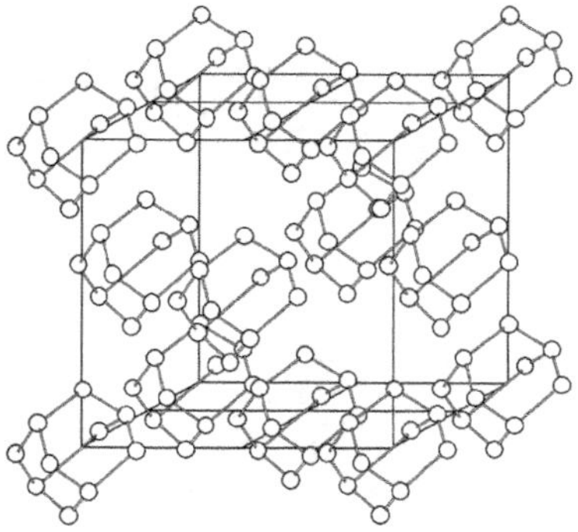

(b) 晶体结构

图 11.46　六次甲基四甲烷的分子结构和晶体结构

3. n-$C_{29}H_{60}$ 晶体中链状分子的堆积

图 11.47 展示 n-$C_{29}H_{60}$ 晶体中链状分子的堆积情况。在每个正交晶胞中堆积四个链型分子，链的轴与 C 平行。链的结构和聚乙烯分子相同。每个分子两端的 CH_3 基团以范德华力和其他分子结合，范德华半径为 0.2nm。

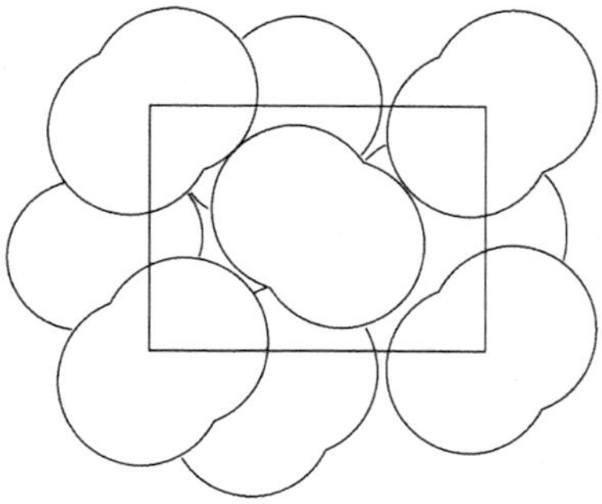

图 11.47　n-$C_{29}H_{60}$ 晶体

表 11.13 给出了其几个同系物的晶胞参数和碳链周期。

表 11.13　几个同系物的晶胞参数和碳链周期

同系物	晶胞中分子数	正交单位/nm			碳链周期/nm
		a	*b*	*c*	
n-$C_{30}H_{62}$	4	0.746	0.498	8.18	0.253
n-$C_{35}H_{72}$	4	0.744	0.498	9.26	0.255
n-$C_{60}H_{122}$	4	0.745	0.496	15.67	0.255
$(CH_2)_x$	4	0.741	0.494	—	0.254

温度较高，正烷烃晶体中的链型分子会转动，而相当于一个圆柱分子了。n-$C_{29}H_{60}$ 晶体随着温度升高，正交晶胞变成属于六方点阵的正交晶胞，即在图 11.48 中的 φ 角逐渐接近 60°。

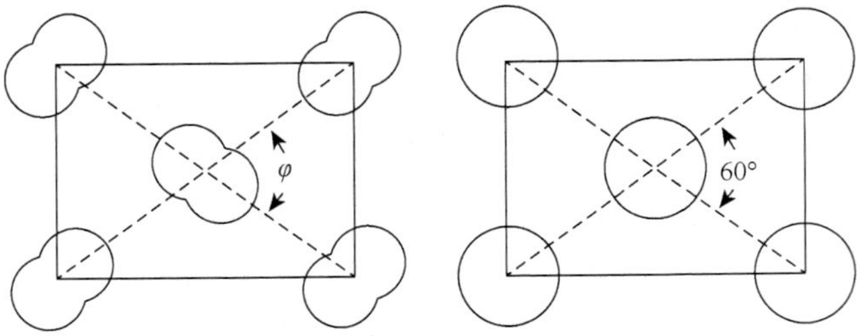

图 11.48　n-$C_{29}H_{60}$ 晶体的晶胞参数随链型分子转动而变化

4. 季戊四醇的晶体结构

季戊四醇$[C(CH_2OH)_4]$分子间以羟基之间的氢键相连，形成层状结构，如图 11.49 所示。层与层之间靠范德华力结合，形成四方晶系晶体。

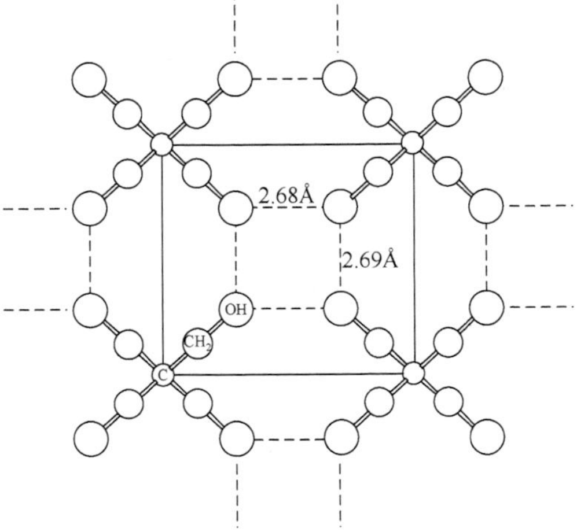

图 11.49　季戊四醇的晶体结构

11.14.2　高分子化合物和高分子晶体

天然物质纤维素、丝、橡胶、树脂和蛋白质等都是分子量数以万计的高分子化合物。人工合成的高聚物也是高分子化合物。高分子化合物在有机化合物中自成一类，具有自身的结构特点。

在饱和的碳氢化合物中，碳原子骨架可分为正碳链和支碳链。正碳链上的碳原子和不多于两个碳原子连接，支碳链上的碳原子在链的分支位置和两个以上的碳原子连接。

1. 合成高分子

人工合成的高分子种类很多，如合成纤维素、合成橡胶、人工合成的胰岛素等。下面介绍几种合成纤维素。

1）聚乙烯

聚乙烯是合成纤维素中结构最简单的高分子化合物。聚乙烯分子的骨架是一个无限的正碳链。碳链的周期为0.25nm，碳原子都在同一平面内。各碳原子按四面体方向的键伸展成一个长链。双键打开的一个乙烯分子为一个结构单元，也称链节。结构单元（链节）是聚乙烯分子中线性重复的单位。一个聚乙烯分子有成千上万个结构单元。聚乙烯分子间以范德华力结合，构成聚乙烯晶体。高分子化合物的结构单元可以是一种，也可以是两种或两种以上。前者称为均聚，后者称为共聚。图 11.50 是聚乙烯分子的晶体结构。晶体为单斜晶系。

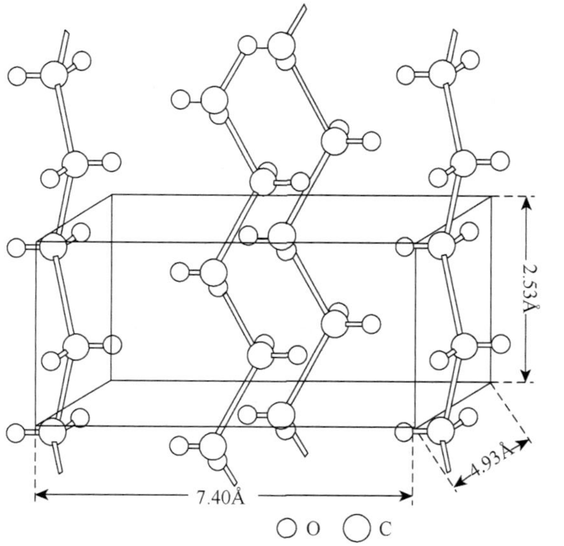

图 11.50　聚乙烯分子的晶体结构

2）尼龙

尼龙是聚酰类合成纤维。

尼龙 6.6 的结构式为$\left[\!-NH-(CH_2)_6-NH-CO-(CH_2)_4-CO-\right]_n$。链的周期为 1.72nm。尼龙的晶体结构示于图 11.51。尼龙长链平行排列，构成层状晶体。链间以氢键相连，氢键 N—H···O 键长为 0.28nm。

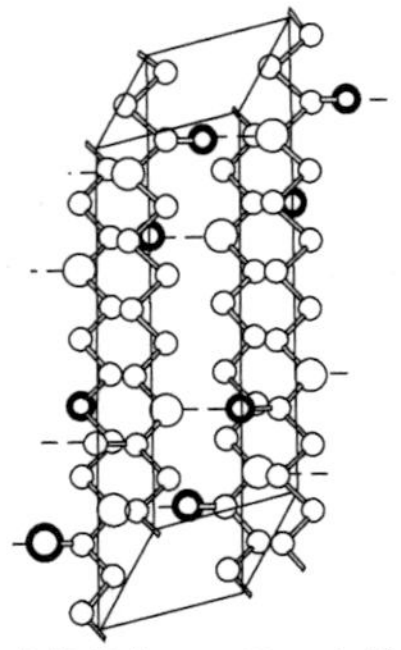

图 11.51　尼龙的晶体结构

2. 天然高分子

天然高分子种类很多。植物体、动物体的组织都是由天然高分子物质组成的，下面介绍几种天然高分子物质。

1）天然纤维——纤维素

纤维素是植物细胞壁的主要成分。纤维素是由 β-葡萄糖单位构成的长链。链的周期为1.08nm 。纤维素的结构单位和分子结构如图 11.52 所示。

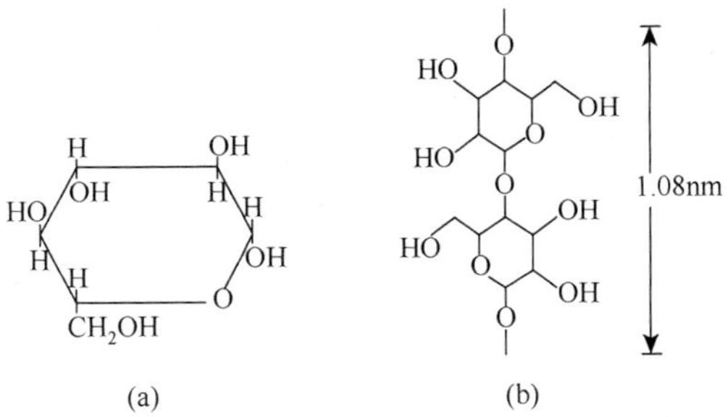

图 11.52　纤维素的结构单位（a）和分子结构（b）

晶体结构如图 11.53 所示。

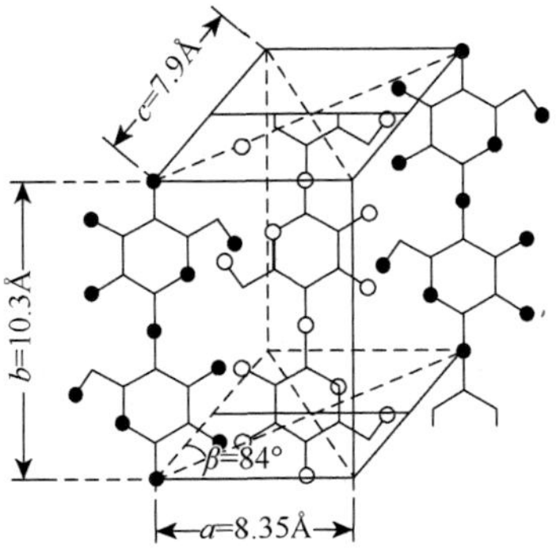

图 11.53　纤维素的晶体结构

2）橡胶

橡胶是异戊二烯的 1, 4-高聚物，其结构式为$\text{+}CH_2—C(CH_3)═CH—CH_2\text{+}_n$。链的构型如图 11.54 所示。其结构周期为$0.89\text{nm}$。橡胶晶体为单斜晶系。晶胞常数为$a = 1.25\text{nm}$、$b = 0.89\text{nm}$、$c = 0.81\text{nm}$、$\beta = 92°$。

3）蛋白质

蛋白质是一种高分子化合物，分为纤维蛋白和球蛋白两类。大多数纤维蛋白不溶于水。球蛋白能溶于水和酸、碱、盐溶液。

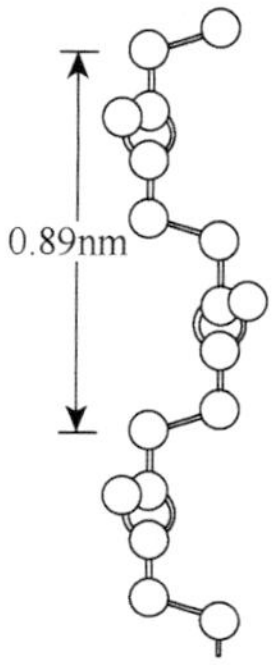

图 11.54　橡胶中链的构型

蛋白质可被强酸、强碱和合适的酶水解成分子量较小的分子。完全水解后转化为多种 α-氨基酸的混合物。在各种蛋白质的水解产物中，共有 25 种不同的 α-氨基酸。在同一种蛋白质中，一般仅含 10～20 种不同的 α-氨基酸。α-氨基酸的通式为 $R—\overset{*}{C}H(NH_2^+)—COOH$。$\alpha$-氨基酸一般以内盐或两性离子存在，其通式为 $R—\overset{*}{C}H(NH_3^+)—COO^-$。

蛋白质内很多 α-氨基酸单位通过肽键连接。而肽键是由一个 α-氨基酸单位的氨基和一个 α-氨基酸单位的羟基脱水形成的一种酰胺键

$$^+H_3N—\underset{}{\overset{R_1}{\overset{|}{C}H}}—COO^- + {}^+H_3N—\overset{R_2}{\overset{|}{C}H}—COO^- \longrightarrow$$

$$^+H_3N—\overset{R_1}{\overset{|}{C}H}—CO—NH—\overset{R_2}{\overset{|}{C}H}—COO^- + H_2O$$

两个 α-氨基酸单位脱水后形成的产物为二肽，二肽再和一个脱水后的 α-氨基酸单位形成的产物为三肽，这种缩聚过程继续下去，形成的脱水产物为多肽。多肽是由多个氨基酸单位构成的高分子，分子两端为一游离的氨基和游离的羧基。

（1）纤维蛋白。多数纤维蛋白不溶于水。纤维蛋白具有链型结构，链与纤维轴平行，具有弹性。纤维蛋白又可以划分为两组。一组为角朊-肌球朊组，其中包括毛发、角、爪以及哺乳动物、两栖动物、鱼类的表皮等。另一组为骨胶-明胶组，其中包括软骨、筋和皮等组织的纤维及用它们来合成的明胶。

角朊有 α-角朊和 β-角朊。毛发纤维属于 α-角朊，其周期为0.52nm，天然丝纤维属于 β-角朊，其周期为0.70nm。在水中 α-角朊和 β-角朊可以相互转换。肌球朊是使肌肉具有弹性的纤维蛋白。骨胶纤维周期为0.286nm，各种骨胶纤维基本相同。

如图 11.55 所示，角朊由相互平行的多肽链分子组成，为层状结构。层间距为1.0nm，同层链间距为0.45nm。同层内各链间由 N—H…O 氢键连接，层间以

范德华力和氢键连接。完全伸展的多肽链的周期为0.723nm（图 11.56）。纤维蛋白中的多肽链不是完全伸展的，所以其周期小于0.723nm 。

（2）球蛋白。球蛋白的分子为球形，是由多肽链盘卷而成。球状分子中存在一系列相互平行、周期为0.5nm的多肽链，链间距为0.10nm 。

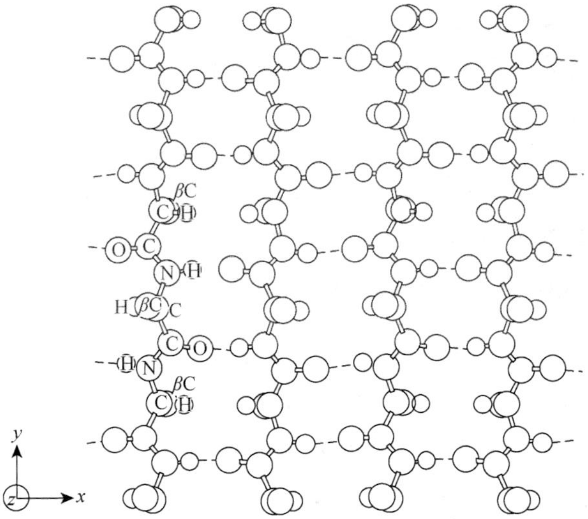

图 11.55　β-角朊的结构模型

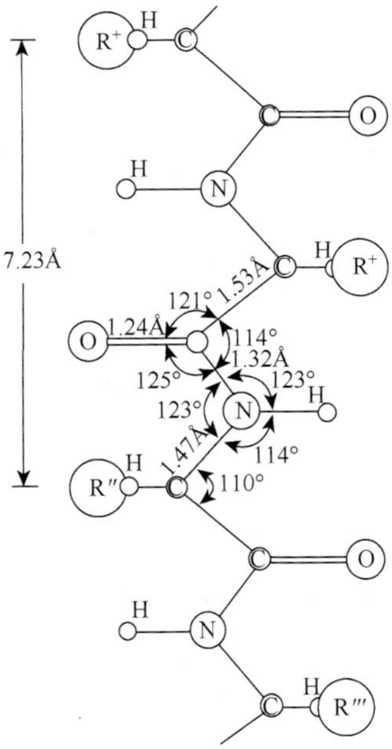

图 11.56　完全伸展的多肽链结构

11.14.3　高分子材料的结构

高分子晶体主要靠范德华力和氢键结合，高分子很大，范德华力和氢键很弱，难以使一个高分子排列成完整有序的晶体结构，所以大多数高分子材料不是百分之百的晶体结构，而是晶体和非晶体的混合结构。高分子材料的结构形态是无规线团和有规线团的交缠。只有在同一分子的不同链段或不同分子的某些链段间平行排列的部分形成结晶区域。可见结晶区域可能由同一分子的不同链段构成，也可能由不同分子的链段构成。图 11.57 显示两种典型的高分子结晶区域。图 11.57（a）为缨束状结晶区域，是由不同的高分子的某些链段构成；图 11.57（b）为折叠链状结晶区域，是由同一个高分子的不同链段折叠形成的结晶区域。在这些结晶区域之间是非晶区域。

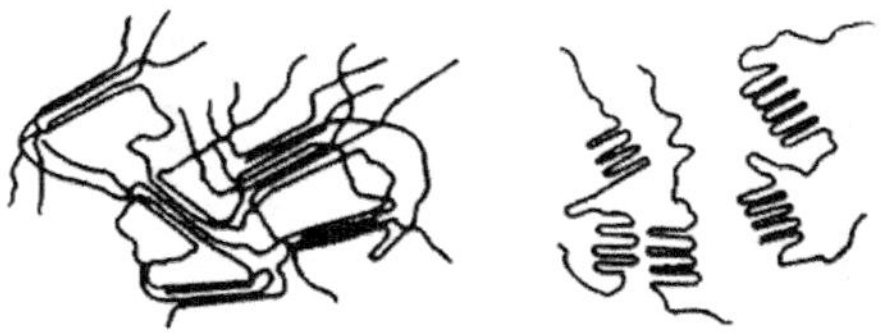

(a) 缨束状结晶区域　　(b) 折叠链状结晶区域

图 11.57　β-角朊的结构模型

习　　题

11.1 什么是金属键？金属键的本质是什么？

11.2 画出导体、半导体、绝缘体的能带结构，说明其差别。

11.3 画出 A_1、A_2 和 A_3 型密堆积结构的点阵型式，找出晶胞中的数目。

11.4 铜为 A_1 型结构，原子间最近接触距离为 180.7pm。计算其晶胞参数和密度。

11.5 计算 KCl 晶体所需的热化学数据如下：$\Delta_{\text{生成}}H = -435.9\text{kJ/mol}$；$\Delta_{\text{升华}}H_{(\text{金属K})} = 89\text{kJ/mol}$；$\Delta_{\text{分解}}H_{(\text{Cl—Cl})} = 242\text{kJ/mol}$。求 KCl 晶体的晶格能。

11.6 KCl 晶体结构属于 NaCl 型，晶格参数为 6.28Å。计算 KCl 晶体的点阵能，并与 11.5 题的结果相比较。

11.7 什么是离子半径？与哪些因素有关？什么是鲍林半径？什么是哥希密特半径？

11.8 KCl 的原子间距为 314pm，Ar 原子实对外层电子屏蔽参数 $\sigma = 10.87$，利用鲍林公式计算 K^+ 离子半径。

11.9 计算正四面体和正八面体正负离子半径之比。

11.10 由离子半径计算 CsBr 、 BaS 、 NaBr 的半径比，并推测晶体离子的配位数和晶体结构型式。

11.11 什么是离子的极化？讨论离子极化与金属离子化合物性质的关系。

11.12 解释哥希密特结晶化学定律。

11.13 什么是金属原子半径、离子半径、共价半径、范德华半径？它们有何不同？

11.14 说明范德华力的本质。

11.15 什么是氢键？什么是分子内氢键？什么是分子间氢键？

11.16 判断下列化合物是否有氢键？是分子内氢键还是分子间氢键？

NH_3 ， HCN ， CF_3H ， CH_3CH_2OH ， $H_2C_2O_4$ ， CH_3COOH

11.17 举例说明多种键型晶体，讨论其结构和性质。

11.18 说明硅酸盐的结构特征。

第 12 章　X 射线衍射谱

1895 年，德国物理学家伦琴（Röntgen）在实验中发现阴极射线管附近密封的照相底片感光。伦琴认为这是一种尚未被认识的肉眼看不到的射线，于是就将其命名为 X 射线。

1908～1911 年，巴克拉（Barkla）发现物质被 X 射线照射时会产生次级 X 射线。次级 X 射线由两部分组成：一部分与初级 X 射线波长等同，另一部分与初级 X 射线波长不同，其波长与被照射物质的组成元素有关，即每种元素都发出各自的 X 射线。巴克拉把这种与物质元素有关的次级 X 射线的谱线称为标识谱，并将其分别命名为K 、L 、M 、N 、O等。

1912 年，劳厄（Laue）提出 X 射线是一种电磁波，并认为其波长为原子尺度的十分之一，与晶体的面间距在同一个数量级，当通过晶体时会发生衍射。这个假设被弗里德里希（Friedrich）和埃瓦尔德（Ewald）的实验证实。

X 射线的波长范围为0.01～10nm，处于紫外线和γ射线之间，用于衍射分析的 X 射线的波长为0.05～0.25nm。

与劳厄的假设被实验验证的同时，英国物理学家布拉格（Bragg）父子提出 X 射线在晶体中的晶面上会发生反射，反射是有选择性的：相邻晶面的反射线有的会因叠加而增强，有的会因叠加而抵消，这取决于晶体的面间距、X 射线的波长和 X 射线进入晶体的入射角。1913 年，布拉格根据上述定理制作了 X 射线分光计，并应用此分光计确定了巴克拉提出的一些标识谱的波长，应用 X 射线的衍射方法测定了 NaCl 的晶体结构。

伦琴、劳厄和布拉格父子的工作为 X 射线的研究和应用奠定了理论和实验基础，至今仍起着重要的指导作用。

X 射线衍射方法是研究物质结构的重要方法，具有广泛的应用。X 射线衍射分析是确定晶体结构、物相的定性和定量分析、测定晶格常数、研究晶体取向的最好方法。还可以通过线形分析研究多晶中的缺陷，应用动力学理论研究晶体的缺陷，由漫散射强度研究非晶态物质的结构，利用小角度散射强度分布测定大分子的结构及微粒的尺寸等。

X 射线衍射所提供的信息是大量原子散射行为的统计结果，它与物质的宏观性能具有良好的对应关系。但它不能给出物质内部微观成分和结构的不均匀性的信息，不能分析微区的形貌、化学成分及离子的存在形态。

除 X 射线衍射方法外，还有中子衍射方法和电子衍射方法，但应用最广泛的还是 X 射线方法。本章主要讨论 X 射线衍射方法。

12.1　X 射线的产生与吸收

12.1.1　X 射线的产生

产生 X 射线的装置称为 X 射线管，其结构类似于热阴极二极管，它由板状阳极（也称靶）和阴极（即灯丝）组成。靶由铜、钼等金属制成，灯丝为钨丝。靶和灯丝密封在玻璃-金属管壳内，构成 X 射线管，图 12.1 为 X 射线衍射仪示意图。

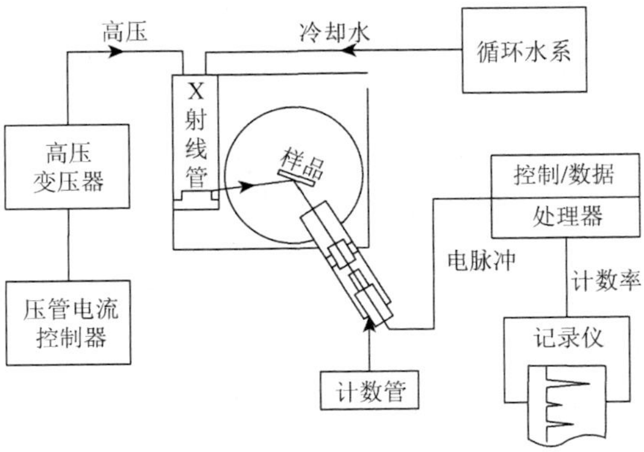

图 12.1　X 射线衍射仪示意图

X 射线管内的钨丝被阴极加热到炽热，发射出大量的电子。在靶阳极和钨丝阴极间加 20～70kV 的直流电压。这样灯丝阴极发射出来的电子在高压电场作用下以很高的速度投射到阳极靶上，运动的电子突然停止，大部分动能转化为热能，小部分动能转化为波长为10nm 左右的电磁波，即 X 射线。产生的 X 射线包括两种波谱：一种是具有连续波长的 X 射线，称为白色 X 射线；另一种是在连续谱上叠加的若干条具有一定波长的谱线，其波长由靶极的材料决定，是某种元素原子的标记，称为特征 X 射线或标识谱，也称单色 X 射线。

为了描述 X 射线的强度，定义 X 射线强度为单位时间内通过垂直于 X 射线传播方向上单位面积的 X 射线光子数目的能量总和，即

$$I = nh\nu \tag{12.1}$$

式中，I 是 X 射线强度；n 是 X 射线光子数目；h 是普朗克常量；ν 是 X 射线的

频率。图 12.2 是连续 X 射线谱。连续 X 射线谱中曲线下的面积表示连续 X 射线的总强度，也就是阳极靶发射出的 X 射线总能量。它与管电流 i 、管电压 V 、阳极靶的原子序数 Z 存在如下关系

$$I_{连} = \int I(\lambda)\mathrm{d}\lambda = K_1 iZV^2 \tag{12.2}$$

式中，K_1 为常数，为1.1×10^{-9}～$1.4\times10^{-9}\mathrm{V}$；积分范围为$\lambda_0$～$\lambda_\infty$。

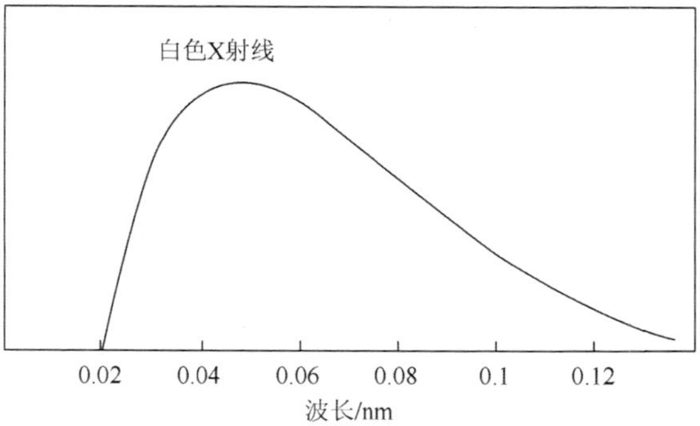

图 12.2　连续 X 射线谱

当 X 射线管的电压增加到某一临界值 V_k 时，会出现一系列强度高、波长确定的线状光谱。对于不同的靶材，临界电压 V_k 具有不同的确定值。超过临界电压 V_k 以后，此线状光谱的波长不受电压和电流的影响，只取决于靶材元素的原子序数，称为阳极靶材的标识谱或特征谱（图 12.3）。1913 年，莫塞莱（Moseley）提出标识谱的波长和阳极靶材的原子序数 Z 之间的关系式

$$\left(\frac{1}{\lambda}\right)^{\frac{1}{2}} = K_2\left(Z-\sigma\right) \tag{12.3}$$

式中，K_2 和 σ 均为常数。式（12.3）称为莫塞莱定律。该定律表明，靶材的原子序数越大，标识谱波长越短。

12.1.2　物质对 X 射线的吸收和应用

1. 物质对 X 射线的吸收

当 X 射线透过深度为 x 处的 $\mathrm{d}x$ 厚度的均匀物质时，其强度的相对衰减为

$$\mathrm{d}I_x / I_x = -\mu_{\mathrm{L}}\mathrm{d}x \tag{12.4}$$

$$\mu_{\mathrm{L}} = -\frac{\mathrm{d}I_x}{I_x\mathrm{d}x} \tag{12.5}$$

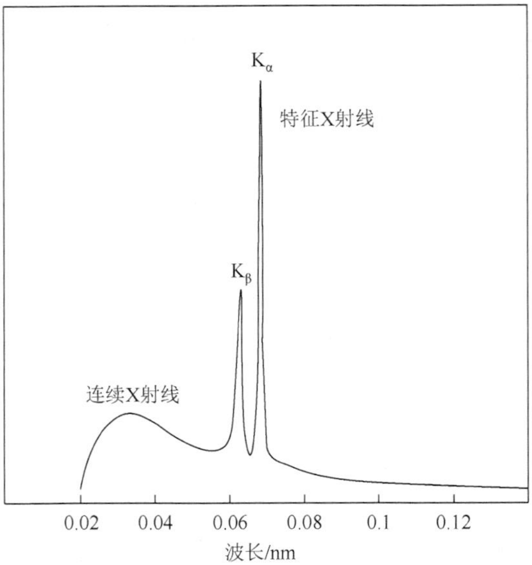

图 12.3　K 系特征 X 射线谱

式中，I_x 为 x 处的入射 X 射线强度；μ_L 为线性吸收系数，即 X 射线通过单位厚度物质的相对衰减量。因为 I_x 为垂直通过单位面积的 X 射线的总能量，所以 μ_L 是物质单位体积的吸收系数。为了消除物质密度的影响，定义质量吸收系数

$$\mu_m = \frac{\mu_L}{\rho} \tag{12.6}$$

式中，ρ 为物质的密度；μ_m 为质量吸收系数，是通过单位面积、单位质量后 X 射线强度的相对衰减量。若吸收物质是化合物、固溶体或混合物，则质量吸收系数

$$\mu_m = \sum_{i=1}^{n} \mu_{m_i} x_i \tag{12.7}$$

式中，x_i 表示组元 i 的质量分数；μ_{m_i} 为组元 i 的质量吸收系数。质量吸收系数与入射的 X 射线波长 λ 和吸收物质的原子序数 Z 有关，其经验式为

$$\mu_m \approx K_4 \lambda^3 Z^3 \tag{12.8}$$

式中，K_4 为常数。

若入射 X 射线光子的能量等于吸收体原子某壳层的结合能；此壳层的电子就会吸收光子的能量而从层内逸出，成为光电子，原子则成为激发态离子。此过程即为光电效应。此过程吸收大量的能量，称为真吸收。真吸收使质量吸收系数 μ_m 突增，相应的 μ_m 值称为吸收限。真吸收中也含有热效应。K 层没有亚层，K 层

电子有一个吸收限 K；L 层有三个亚层，所以 L 层电子有三个吸收限 L_{I}、L_{II}、L_{III}。图 12.4 为质量吸收系数与 X 射线波长的关系。

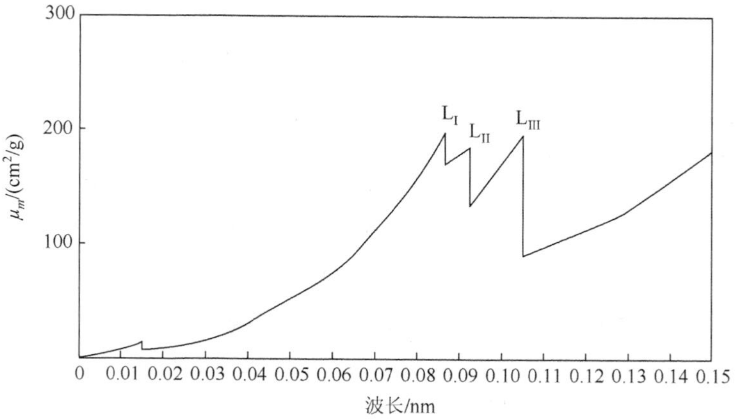

图 12.4 质量吸收系数与 X 射线波长的关系

X 射线的光电效应使被照射物质出现电子空位，成为激发态。这就引起高能级电子向空位跃迁，同时辐射特征 X 射线，被照射物质向低能态转化。这种由入射 X 射线所激发出来的特征 X 射线称为荧光辐射或二次 X 射线，是光谱分析的依据。

2. X 射线吸收的应用

X 射线经过衰减系数不同的物质时，透过的射线强度不同，在底板上会出现深浅不同的阴影，形成物质的影像。据此，可对物体进行检验。例如，对材料或生物体做无损探伤：若被检测的材料中存在气泡、裂纹、夹杂物或生物体中有病变，这些部位对 X 射线的吸收就不同，在底板上出现影像。根据影像可以判断物体内部缺陷的部位、形状、大小和性质。机场、车站的安全检查也是同样的道理。

12.1.3 X 射线的散射

X 射线穿过物质后强度衰减，其中主要部分是由热效应和光电效应所致，还有一小部分发生了散射，形成散射波。散射波的形成过程如下：

X 射线是一种电磁波，它射入晶体会在晶体中产生周期递变的电场，使晶体中带有电荷的原子核和电子跟着振动。原子核的电荷质量比 e/m_N 比电子的电荷质量比 e/m_e 小得多(1/1840)，因此可以不考虑原子核的振动，仅考虑电子的振动。振动的电子是发射球面波的波源，其球面波的次生射线和入射 X 射线具有相同的频率、波长和周相，但方向可能不同，这就是散射波。原子序数越大的原子，电子越多，散射能力越大。原子序数为 Z 的原子相当于 Z 个电子波汇成的一个波源。

散射波偏离入射 X 射线的方向。在散射波中与入射 X 射线波长相同的 X 射线称为相干散射，与入射 X 射线波长不同的 X 射线称为非相干散射。

相干散射是由入射 X 射线与原子中和原子核结合牢固的电子相互作用的结果。散射波的频率、波长相同，位相差恒定，在同一方向的散射波相互干涉，能量集中在某些方向，在底片上得到衍射条纹，这就是晶体衍射效应。

非相干散射是由入射 X 射线与束缚力较小的电子或自由电子相互作用的结果。这种作用产生反冲电子，X 射线损失一部分能量，波长改变，由于各 X 射线光子减少的能量不同，即散射波的波长不同，因此它们不会发生干涉现象，所以称为非相干散射，即康普顿-吴有训效应。

X 射线照射物质，与物质发生相互作用。这些作用包括热效应、光电效应，产生反冲电子、俄歇电子，产生散射 X 射线和荧光 X 射线以及穿透物质的透射 X 射线。这些作用和结果示意于图 12.5。

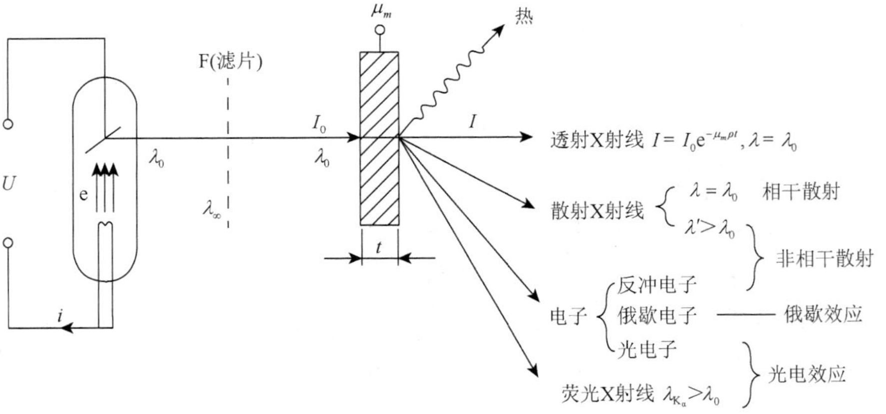

图 12.5　X 射线与物质的相互作用

12.2　X 射线的衍射

12.2.1　X 射线衍射的基本定理

晶体具有点阵结构，如果结构基元是原子，X 射线射入晶体后，每个点阵点

（原子）就是一个散射波的波源。各原子散射的球面波相互干涉。当两束波在某方向的光程差 $\varDelta$ 等于波长的整数倍时，即

$$\varDelta = n\lambda \quad (n = 0, \pm 1, \pm 2, \cdots)$$

得到最大程度的加强；当两束波在某方向的光程差等于波长的半整数倍时，即

$$\varDelta = \left(n + \frac{1}{2}\right)\lambda \quad (n = 0, \pm 1, \pm 2, \cdots)$$

得到最大程度的抵消；当光程差在上述两种情况之间时，就产生不同程度的加强或抵消。这种现象称为波的干涉。而最大程度的加强称为衍射，发生最大程度加强的方向称为衍射方向，沿衍射方向前进的波称为衍射波。整数 n 也表示衍射级次，$\varDelta = n\lambda$ 的衍射波称为 n 级衍射波。晶体对 X 射线的衍射与光栅对可见光的衍射相似，晶体可看作 X 射线的衍射光栅。

12.2.2　劳厄方程

1912 年，劳厄提出了晶体衍射的劳厄方程。下面分别讨论直线点阵、平面点阵和空间点阵的情况。

1. 直线点阵的衍射条件

入射 X 射线与周期为 a、结构基元是原子的直线点阵成 90°角［图 12.6（a)］。每个点阵点（原子）相当于一个波源，产生的衍射线与直线点阵所成的夹角 α 必须符合下列条件

$$\varDelta = a\cos\alpha = h\lambda \quad (h = 0, \pm 1, \pm 2, \cdots) \qquad (12.9)$$

与直线点阵成 α 角的轨迹是以直线点阵为轴的圆锥面。图 12.6（b）给出 $h = \pm 1, \pm 2$ 等四个圆锥面，一级衍射线在 $h = \pm 1$ 两个圆锥面上，二级衍射线在 $h = \pm 2$ 两个圆锥面上，零级衍射线在垂直于直线点阵的平面上。如果入射 X 射线与直线点阵不成直角，而成 α_0 角，如图 12.6（c）所示，则衍射条件为

$$\varDelta = \overline{OA} - \overline{PA} = a(\cos\alpha - \cos\alpha_0) = h\lambda \qquad (12.10)$$

$$(h = 0, \pm 1, \pm 2, \cdots)$$

如图 12.6（d）所示，零级衍射线在与点阵成 α 角的圆锥面上。

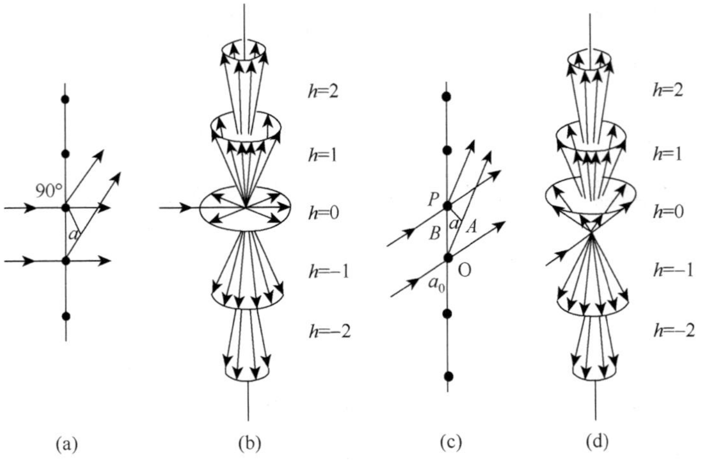

图 12.6　X 射线在直线点阵的衍射

2. 平面点阵的衍射条件

平面点阵的周期为 a 和 b，入射 X 射线与 a 和 b 的交角分别为 α_0 和 β_0，则衍射线与平面点阵所成的夹角 α 、β 必须符合下列条件

$$\begin{cases} \Delta_1 = a(\cos\alpha - \cos\alpha_0) = h\lambda \\ \Delta_2 = b(\cos\beta - \cos\beta_0) = k\lambda \end{cases} \quad (12.11)$$

$$(h, k = 0, \pm 1, \pm 2, \cdots)$$

同时符合式（12.11）两个方程的轨迹是两个圆锥面的交线，如图 12.7 所示。

3. 空间点阵的衍射条件

空间点阵的周期为 a 、b 和 c，入射 X 射线与 a 、b 、c 的交角分别为 α_0 和 β_0、γ_0，则衍射角 α 、β 和 γ 必须符合下列条件

$$\begin{cases} \Delta_1 = a(\cos\alpha - \cos\alpha_0) = h\lambda \\ \Delta_2 = b(\cos\beta - \cos\beta_0) = k\lambda \\ \Delta_3 = c(\cos\gamma - \cos\gamma_0) = l\lambda \end{cases} \quad (12.12)$$

$$(h, k, l = 0, \pm 1, \pm 2, \cdots)$$

式中，h 、k 、l 都是整数，称为衍射指标，与晶面指标 h^* 、k^* 和 l^* 不同，晶面指标必须是互质整数，如图 12.8 所示。

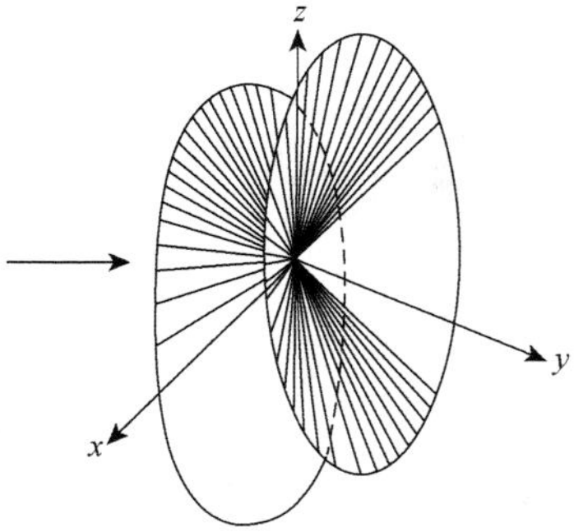

图 12.7　平面点阵的衍射

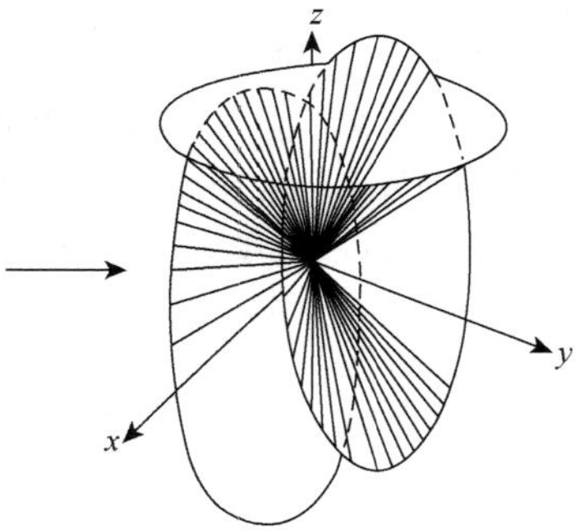

图 12.8　空间点阵的衍射

令 $\vec{S}_0$ 和 $\vec{S}$ 为入射方向和出射方向的单位向量，$\vec{a}$、$\vec{b}$ 和 $\vec{c}$ 为空间点阵的单位向量，则式（12.12）可写作

$$\begin{cases} \vec{a}\left(\vec{S}-\vec{S}_0\right)=h\lambda \\ \vec{b}\left(\vec{S}-\vec{S}_0\right)=k\lambda \\ \vec{c}\left(\vec{S}-\vec{S}_0\right)=l\lambda \end{cases} \tag{12.13}$$

同时符合式（12.12）或式（12.13）三个方程的轨迹是以 $\vec{a}$、$\vec{b}$、$\vec{c}$ 为轴的三个锥面同时交于一条直线。根据立体解析几何的知识，三个方向余弦还存在如下关系式

$$\cos^2\alpha+\cos^2\beta+\cos^2\gamma=1 \tag{12.14}$$

因此，α、β、γ 三个变数必须满足式（12.12）和式（12.14）四个方程。三个未知数，四个方程，这在一般条件下是不能同时满足的，即得不到衍射图。为了得到衍射图，必须符合数学条件，即增加一个变数。这可以采取两种方法，即改变入射 X 射线的波长或改变入射角 α_0、β_0、γ_0。前者可使晶体固定，用包含各种波长的白色 X 射线做入射线；后者固定入射 X 射线的波长，即用单色 X 射线，而使晶体转动。

12.2.3　布拉格方程

空间点阵可以看作一组相互平行、间距相等的平面点阵。如图 12.9 所示，PP'、QQ'、RR'…各表示一个平面点阵，面间距为 d。对其中的一个平面如 PP' 而言，若使面上各点的散射线周相相同、互相加强，就要求入射角和散射角相等都是 θ，入射线、散射线和法线在同一平面内，以保证光程相同。对其中的两个平面如 PP'、QQ' 而言，若使反射 X 射线（即零级散射线）发生衍射，就要求入射线 AX、BY 与这些平面的交角 θ 都相等，反射线 XA'、YB' 的光程差

等于入射线波长的整数倍，即

$$\Delta = MY + YN = 2d\sin\theta = n\lambda \tag{12.15}$$

式（12.15）就是布拉格方程，是布拉格父子在 1912 年提出的。

下面以立方晶系为例进一步讨论。

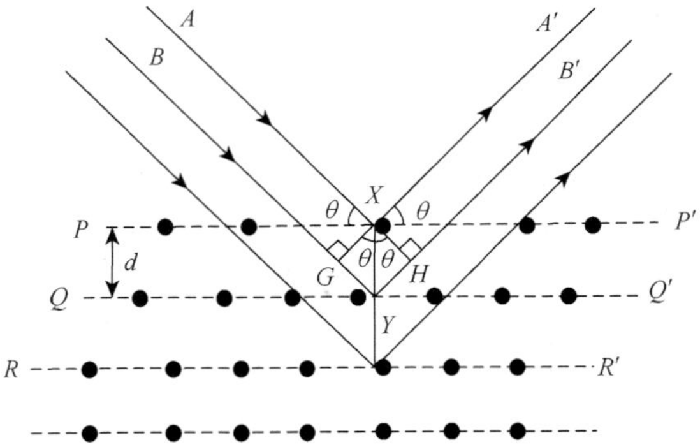

图 12.9　布拉格反射条件

如图 12.10 所示，在立方晶系中，晶面指标为 h^*、k^*、l^* 的两相邻的平行晶面一个通过原点 O，另一个在 $\vec{a}$、$\vec{b}$、$\vec{c}$ 三个相互垂直的轴上的截距为 $\frac{a}{h^*}$、$\frac{b}{k^*}$、$\frac{c}{l^*}$。设原点到晶面法线的方向角为 α、β、γ，

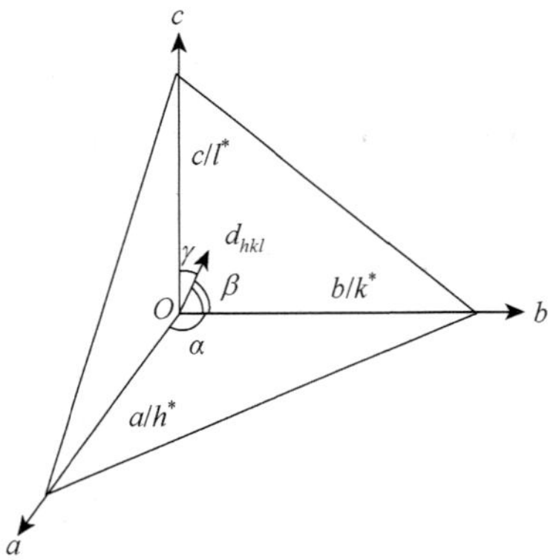

图 12.10　晶面间距

则

$$d_{h^*k^*l^*} = \frac{a}{h^*}\cos\alpha = \frac{b}{k^*}\cos\beta = \frac{c}{l^*}\cos\gamma \tag{12.16}$$

与

$$\cos^2\alpha + \cos^2\beta + \cos^2\gamma = 1$$

联立，消去 α、β、γ，再利用立方晶系

$$a = b = c$$

得

$$d_{h^*k^*l^*} = \frac{a}{\sqrt{h^{*2} + k^{*2} + l^{*2}}} \tag{12.17}$$

相应于此面间距及给定的 λ，可以有多个 θ 角满足衍射条件，而每个 θ 角对应一组衍射指标，在相应于晶面指标 h^*、k^*、l^* 的布拉格公式

$$2d_{h^*k^*l^*}\sin\theta = n\lambda$$

中，$n=1$ 的衍射角下标以 $h^*k^*l^*$ 表示，$n=2$ 的下标以 $2h^*2k^*2l^*$ 表示，…，而相应的

衍射指标则分别为$h^*k^*l^*$，$2h^*2k^*2l^*$，…。所以，衍射指标hkl和晶面指标的关系为

$$h = nh^*,\ k = nk^*,\ l = nl^* \tag{12.18}$$

因此，布拉格方程的完备形式为

$$2d_{h^*k^*l^*}\sin\theta_{nh^*nk^*nl^*} = n\lambda \tag{12.19}$$

或

$$2d_{h^*k^*l^*}\sin\theta_{hkl} = n\lambda \quad (n = 0, \pm1, \pm2, \cdots) \tag{12.20}$$

将式（12.17）、式（12.18）代入式（12.20），得

$$\sin^2\theta_{hkl} = \frac{\lambda^2}{4a^2}\left(h^2 + k^2 + l^2\right) \tag{12.21}$$

对于四方晶系和六方晶系，则有

$$\sin^2\theta_{hkl} = \left(\frac{\lambda}{2a}\right)^2\left[\left(h^2 + k^2\right) + \frac{a^2}{c^2}l^2\right] \tag{12.22}$$

$$\sin^2\theta_{hkl} = \frac{1}{3}\left(\frac{\lambda}{a}\right)^2\left(h^2 + k^2 + l^2\right) + \left(\frac{\lambda}{2c}\right)^2 l^2 \tag{12.23}$$

12.3　X 射线的衍射强度

12.3.1　电子对 X 射线的散射

晶体对 X 射线的衍射来源于电子对 X 射线的散射。当一束偏振的 X 射线照射电子时，电子受 X 射线电磁场的作用产生振动，获得加速度，而辐射与入射 X 射线波长相同的次级电磁波。如果入射 X 射线在O点受到一个电子的散射，如图 12.11 所示，则在任一点P的散射线强度为

$$I_e = I_0\frac{e^4}{r^2m^2c^4}\sin^2\alpha \tag{12.24}$$

式中，I_e为P点散射线的强度；I_0为入射 X 射线的强度；r为P点与电子的距离；α为散射线与入射 X 射线在O点处电场强度$\vec{E}_0$方向间的夹角；m为电子质量；e为电子电量；c为光速。

通常入射 X 射线没有经过偏振化，在P点处的散射强度为

$$I_e = I_0\frac{e^4}{r^2m^2c^4}\left(\frac{1+\cos^2 2\theta}{2}\right) \tag{12.25}$$

式中，$\dfrac{1+\cos^2 2\theta}{2}$称为偏振因素，因入射 X 射线未经过偏振化而得出。

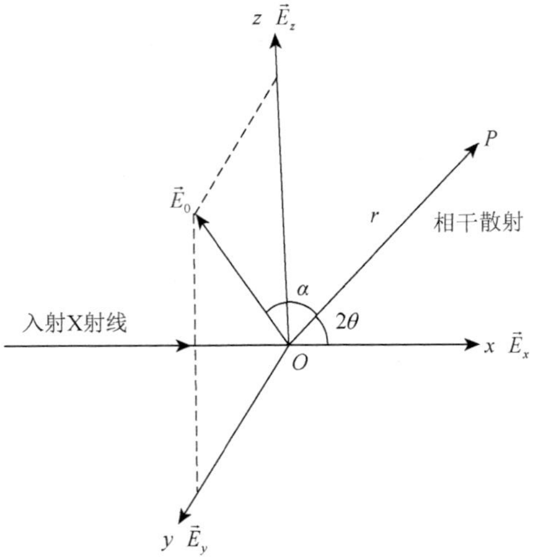

图 12.11　X 射线经过一电子相干散射

12.3.2　原子对 X 射线的散射

如果入射 X 射线波长比原子直径大得多，可以把原子序数为 Z 的原子中的 Z 个电子看作集中在一点同时振动。总质量为 Zm，总电荷为 Ze，发生的散射 X 射线可以认为是同周相的。在任何方向的散射都彼此加强。受该原子散射的散射线的强度 I_a 为

$$I_a = I_0 \frac{(Zm)^4}{r^2 (Ze)^2 c^4}\left(\frac{1+\cos^2 2\theta}{2}\right) = Z^2 I_e \tag{12.26}$$

实际用于衍射的 X 射线波长与原子直径相近，从原子不同部位出来的散射波周相不同，相互干涉的结果使散射强度减弱，式（12.26）应校正为

$$I_a = f^2 I_e \tag{12.27}$$

式中，f 称为原子的散射因子，相当于原子散射 X 射线的有效电子数，其值比 Z 稍小。对于球形原子，有

$$f = \int_0^\infty \frac{4\pi r^2 \rho(r) \sin \mu r}{\mu r} \mathrm{d}r \tag{12.28}$$

式中

$$\mu = \frac{4\pi \sin\theta}{\lambda}$$

$\rho(r)$ 为原子中的电子密度。各元素的 f 值可以从手册中查出。f 值与 X 射线的散射方向和波长有关，对同一原子并不是常数。当散射方向与入射方向相同时，可以用 Z 代替 f。

12.3.3　晶体的结构因子

晶胞中含有多个原子，各原子向衍射方向发射的次波也存在周相差，也会发生干涉。其结果是晶胞作为一个散射 X 射线的整体，它在衍射方向上散射 X 射线的强度也不等于各原子的散射强度之和，而是

$$I_{hkl}=I_{\mathrm{e}}\left|F_{hkl}\right|^2 \tag{12.29}$$

式中，F_{hkl} 称为结构因子，它与原子的散射因子、晶胞中原子的排列方式以及 X 射线的衍射方向都有关系，相当于在衍射方向上每个晶胞散射 X 射线的有效电子数。

设晶胞中原子的分数坐标（截距坐标）为 X_i、Y_i、Z_i，即 $X_i=x_i'/\vec{a}$，$Y_i=y_i'/\vec{b}$，$Z_i=z_i'/\vec{c}$（x_i'、y_i'、z_i' 为原子的坐标，$\vec{a}$、$\vec{b}$、$\vec{c}$ 为基向量），则有

$$I_{hkl}\propto F_{hkl}^2=\left[\sum_i f_i\cos 2\pi\left(x_ih+y_ik+z_il\right)\right]^2+\left[\sum_i f_i\sin 2\pi\left(x_ih+y_ik+z_il\right)\right]^2 \tag{12.30}$$

由测定 X 射线衍射的相对强度，利用式（12.30）可以确定晶胞内原子的种类、数目和位置。具体做法为：先假定一个晶胞的结构，用式（12.30）算出各 ***hkl*** 衍射的 F_{hkl}^2，从而得出相对衍射强度；与实测相对强度的 ***hkl*** 结果相比较，若两者一致，则假定正确，否则另做假定推测、比较，直到假定与实测一致为止。

例如，设金属钠为立方晶体，每个晶胞中有两个钠原子，其分数坐标为（000）和$\left(\frac{1}{2}\frac{1}{2}\frac{1}{2}\right)$，按式（12.30）算得

$$\begin{aligned}\left|F_{hkl}\right|^2&=\left\{f_{\mathrm{Na}}\left[\cos 2\pi\left(0h+0k+0l\right)+\cos 2\pi\left(\frac{h}{2}+\frac{k}{2}+\frac{l}{2}\right)\right]\right\}^2\\&\quad+\left\{f_{\mathrm{Na}}\left[\sin 2\pi\left(0h+0k+0l\right)+\sin 2\pi\left(\frac{h}{2}+\frac{k}{2}+\frac{l}{2}\right)\right]\right\}^2\\&=\left\{f_{\mathrm{Na}}\left[1+\cos\pi\left(h+k+l\right)\right]\right\}^2+\left\{f_{\mathrm{Na}}\left[0+\sin\pi\left(h+k+l\right)\right]\right\}^2\end{aligned}$$

$$h+k+l=\text{奇数},\ F_{hkl}^2=0,\ \text{无衍射}$$

$$h+k+l=\text{偶数},\ F_{hkl}^2\neq 0,\ \text{有衍射}$$

此结论与实测结果相一致，所以金属钠为体心立方结构。

应用强度公式（12.30）可推出一些无衍射的特殊情况，这就是晶体结构中存在带心的晶胞、滑移面和螺旋轴的情况，这种现象称为系统消光。根据系统消光，可以确定晶体的点阵型式和空间群。例如，衍射指标类型为 ***hkl*** 的消光情况与晶格型式间的关系为

体心晶格(I), $h+k+l=$ 奇数　　无衍射
底心晶格(C), $h+k=$ 奇数　　无衍射
面心晶格(F), h、k、l 奇偶数混杂者　　无衍射
简单晶格(P), h、k、l 无限制者　　无衍射

12.4　X 射线衍射分析方法

获取物质的 X 射线衍射图按使用的设备可分为两类：照相法和衍射仪法。照相法的应用已逐渐减少，衍射仪法与计算机结合，可以做到高稳定、高分辨率、多功能和全自动，并可以自行给出衍射结果，其应用已十分普遍。分析 X 射线图谱可知晶体的晶型结构、微观对称性（空间群）、晶胞参数、晶胞质点数，鉴定晶体的品种。下面对各种方法分别予以介绍。

12.4.1　劳厄法

劳厄法是用白色 X 射线射入不动的单晶而产生衍射的方法。实验装置如图 12.12 所示。A 、B 为两个屏隔，中间有一小孔。由钨靶发出的白色 X 射线 S_0 通过小孔，入射到单晶体 K 上。产生的散射线在感光片 F 上发生衍射。感光片与入射 X 射线 S_0K 垂直。

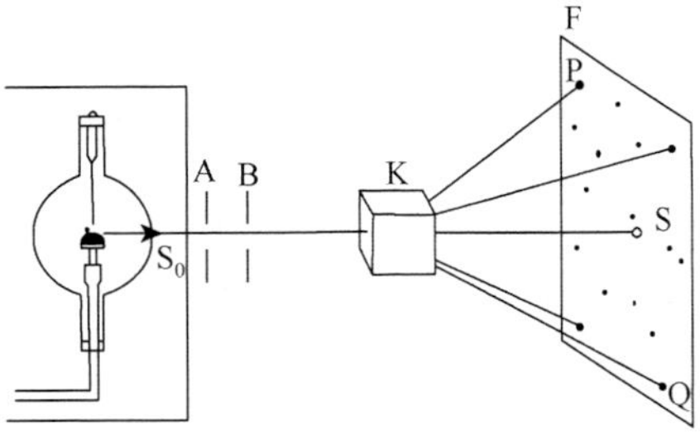

图 12.12　劳厄法示意图

K. 样品；F. 感光片；A、B. 光栅；S_0. X 射线

在晶体中有许多平面格子，具有不同的面间距 d_0 ，X 射线与这些平面格子以不同的角度 θ 相交。所用 X 射线具有多种波长，因此有很多组 d 、θ 、λ 可以满足布拉格方程，发生衍射使胶片感光。中间感光点 S 由 S_0K 形成， P 、Q 等感光点由衍射线投射到胶片上形成，称为衍射斑点。所得的照片即为劳厄图。由劳厄图可以确定晶体的宏观对称性和晶轴的方向，还可以确定单晶体的宏观对称性。

12.4.2　旋转单晶法

1. 旋转单晶法原理

旋转单晶法是用单色 X 射线照射旋转的单晶体，摄取衍射图或强的衍射旋转角，用以推断晶格的类型和晶胞参数。该法主要用来测定对称性较低的晶体，如正交、单斜晶系的晶体。

将晶体绕 $\bar{a}$ 轴旋转，入射 X 射线的波长为 λ ，满足劳厄方程的衍射在感光片上形成分布规律的斑点，每条斑点的组成线称为层线。当入射角 $\alpha_0 = 90°$ 时，层线（衍射圆锥面界线）都满足劳厄方程，即

$$a\cos\alpha_h = h\lambda$$

如图 12.13 所示，感光片圆筒半径为 R ， n 条层线到中央层线的距离为 L_h ，衍射角为 α_h ，则 a 由一系列质点旋转产生衍射 b 等同周期的测定方法。旋转单晶法测晶格参数如图 12.14 所示。

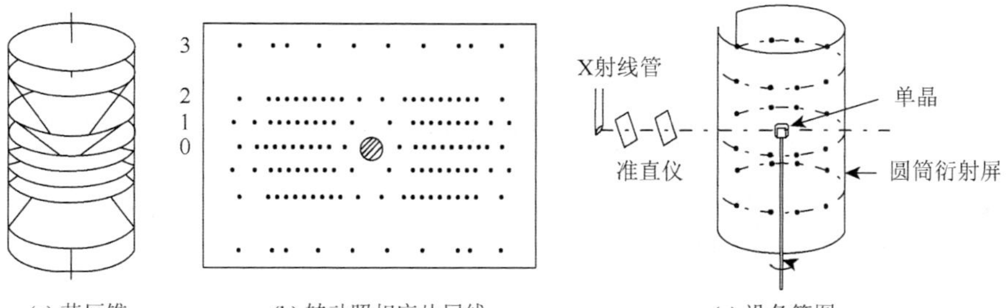

(a) 劳厄锥　　(b) 转动照相底片层线　　(c) 设备简图

图 12.13　旋转单晶法

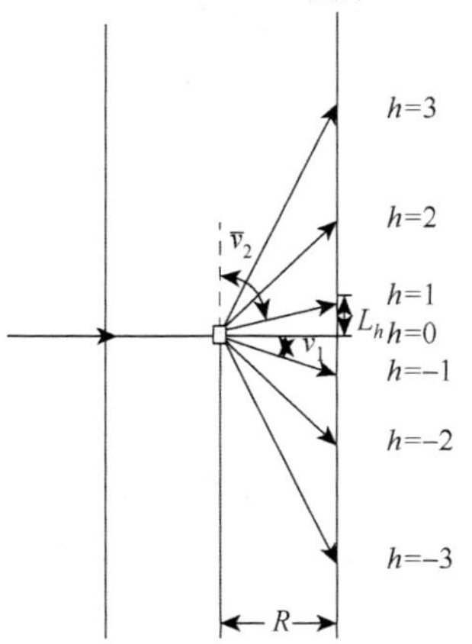

图 12.14　旋转单晶法测晶格参数

$$a = \frac{h\lambda}{\cos\alpha_h} = h\lambda \Big/ \frac{L_h}{\sqrt{L_h^2 + R^2}} = \frac{h\lambda}{L_h}\sqrt{L_h^2 + R^2} \tag{12.31}$$

同理，将晶体绕$\vec{b}$轴和$\vec{c}$轴旋转，可以测得周期b和c，从而可得晶胞大小及所含质点数目。例如，正交晶体的晶胞体积

$$V = abc$$

若知道晶体密度ρ、摩尔质量M、阿伏伽德罗常数N_A，则晶胞所含质点数为

$$n = N_A \rho V / M \tag{12.32}$$

用波长为λ的 X 射线照射某一晶面，旋转晶体使 X 射线与晶面的夹角θ逐渐增大，测得逐次$(n_1, n_2, n_3, \cdots)$出现的强衍射角度$(\theta_1, \theta_2, \theta_3, \cdots)$，代入布拉格方程中，可以求出晶面间距$d$，也可以判断晶型结构及晶胞参数。

2. *应用实例*

面心晶格的三种晶面间距d的比值为

$$d_{100} : d_{110} : d_{111} = 1 : 0.707 : 0.577 \tag{12.33}$$

实验测得 NaCl 晶体中三种晶面的第一衍射角θ_1分别为$5.9°(100)$、$8.4°(110)$、$5.2°(111)$。按布拉格方程可知

$$d_{100} : d_{110} : d_{111} = \frac{1}{\sin\theta_{100}} : \frac{1}{\sin\theta_{110}} : \frac{1}{\sin\theta_{111}} = 1 : 0.704 : 1.134$$

此值与面心立方晶格符合，可知 NaCl 晶体是由Na^+离子的面心晶格和Cl^-离子的面心立方晶格穿插构成的晶格。若将Na^+离子和Cl^-离子同样看待，则为简单立方晶格。

12.4.3　粉末法

1. *粉末法原理*

用单色 X 射线对多晶体或粉末样品摄取 X 射线衍射图的方法称为粉末法。单色 X 射线入射到晶体粉末，若入射的 X 射线与晶体的某个晶面交角θ满足布拉格方程，就能产生衍射。粉末中有无数小晶体随机地分布在各个方向上，它们的同一晶面若与入射线的交角为θ，也都满足布拉格方程，则都能产生衍射。这些点

阵面产生的衍射线与入射线成 2θ 角，它们的轨迹是以 OO' 为轴张开 4θ 角的衍射圆锥面。这样的圆锥面与围成圆桶形的底片相交成一系列成对的弧线，称为粉末线。例如，若(100)面与 X 射线的交角 θ_{100} 满足布拉格方程

$$2d_{100}\sin\theta_{100}=\lambda$$

则产生一级衍射（$n=1$）。这样的衍射构成顶角为 $4\theta_{100}$ 的圆锥面。

同理，对(110)、(111)晶面，若 X 射线与晶面的交角 θ_{110}、θ_{111} 满足布拉格方程

$$2d_{110}\sin\theta_{110}=\lambda,\ 2d_{111}\sin\theta_{111}=\lambda$$

则产生一级衍射。衍射方向分别是顶角为 $4\theta_{110}$ 和 $4\theta_{111}$ 的圆锥面。此外，还可以产生二级衍射

$$2d_{110}\sin\theta_{220}=2\lambda,\ 2d_{111}\sin\theta_{222}=2\lambda$$

以及更高级衍射。所以，粉末法得出一系列成对的衍射弧线，如图 12.15 所示。

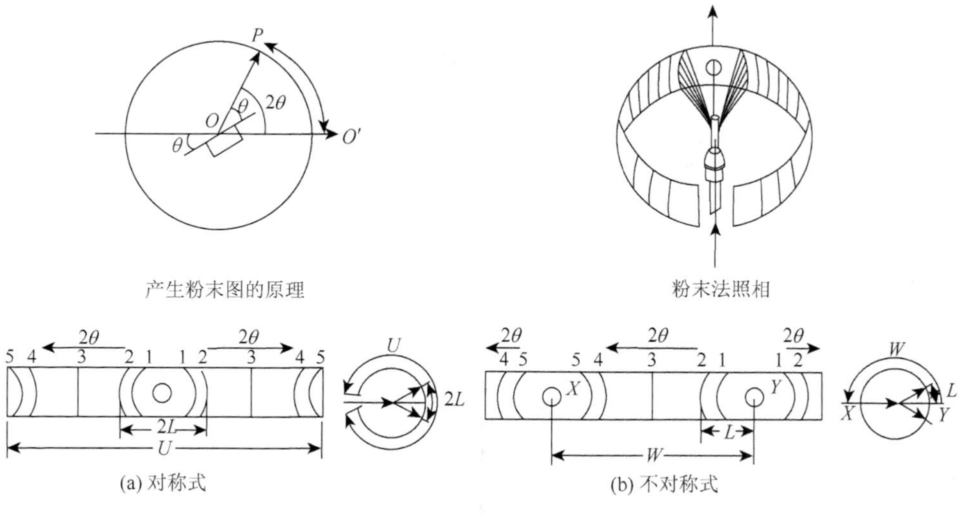

产生粉末图的原理　　粉末法照相

(a) 对称式　　(b) 不对称式

图 12.15　粉末法

拍摄粉末图时，感光片的安置方法有对称和不对称两种。图中 L 为衍射弧线与 X 射线出口中心的距离，也是一对弧线之间距离的一半，照相机的半径为 R，衍射角为 θ，则有

$$4R\theta=2L,\ \theta=\frac{L}{2R}\text{(以弧度表示)}$$

量得不同衍射线的 $2L$，则可以求得不同的衍射角 θ_{hkl}，并满足

$$2d_{h^*k^*l^*}\sin\theta_{hkl}=n\lambda$$

其中 $h=nh^*$，$k=nk^*$，$l=nl^*$。所以在实际应用中需将弧线所对应的衍射指标 hkl 找出来，即将弧线指标化，这样才能知道所求得的 θ 需标注什么符号，否则不知道 n，无法应用布拉格公式计算。

2. 应用实例

分析晶体对 X 射线的衍射需要考虑衍射方向和衍射强度两个方面。如果晶体在某个方向上的衍射强度为零，则这些衍射方向也就名存实亡。对于简单立方晶格 P 来说，除要求衍射指标 hkl 必须取零和整数外没有其他限制，它可以取 100、110、111、200、211、220、221、222 等数值。对于体心立方晶格 I 来说，则只有 $h+k+l$ 为偶数的衍射才会出现。对于面心立方晶格，只有 hkl 全取奇数或全取偶数（包括零）的衍射才会出现。表 12.1 列出 P 、I、 F 三种立方晶格可能出现的衍射指标。

表 12.1 立方点阵的衍射指标

$(h^2+k^2+l^2)$	P	I	F	$(h^2+k^2+l^2)$	P	I	F
1	100			14	321	321	
2	110	110		15			
3	111		111	16	400	400	400
4	200	200	200	17	410,322		
5	210			18	411,330	411	
6	211	211		19	331		331
7				20	420	420	420
8	220	220	220	21	421		
9	300,221			22	332	332	
10	310	310		23			
11	311		311	24	422	422	422
12	222	222	222	25	500,432		
13	320						

对于立方晶系，由式（12.21）可知 $\sin^2\theta_{hkl}$ 正比于 $(h^2+k^2+l^2)$。从粉末法实

验测得各对弧线所对应的角度 θ_1, θ_2, …，就可求得从中央至两端各对弧线的 $\sin^2\theta$ 值的比例分布。$\sin^2\theta_1 : \sin^2\theta_2 : \cdots = (h_1^2+k_1^2+l_1^2):(h_2^2+k_2^2+l_2^2):\cdots$ 这可从表 12.1 查到

$$
\begin{aligned}
\mathrm{P} &= 1:2:3:4:5:6:8:9:10:11:12:13:\cdots \\
\mathrm{I} &= 2:4:6:8:10:12:14:16:18:20:\cdots \\
&= 1:2:3:4:5:6:7:8:9:10:\cdots \\
\mathrm{F} &= 3:4:8:11:12:16:19:20:24:\cdots
\end{aligned}
$$

这样根据实验测得的各 $\sin^2\theta$ 的比值，就可以确定点阵的型式，并可以确定各弧线的指标，即将其指标化。例如，点阵型式确定的F，则由表 12.1 可知，第一条线为111，第二条线为 200（或 002、020），第三条线为 220 等。每一粉末线一般代表很多衍射。每一粉末线代表的衍射数称为它的倍数因子。在立方晶系中，指标型式和粉末线的倍数因子关系如下

hkl	*hhl*	*hko*	*hho*	*hhh*	*hoo*
48	24	24	12	8	6

指标确定后，对于立方晶系，可根据式（12.21）计算晶格常数 a，再利用密度可求得晶胞中所含的原子数目，根据衍射线的分布及强度推测晶胞中原子的位置。

下面以钨为例加以说明。入射 X 射线为铜靶的 K_α 线，$\lambda = 154.18\mathrm{pm}$，照相机直径 $2R = 57.3\mathrm{mm}$。拍好镍的衍射图后，从感光片的 X 射线出口处顺次测量衍射环线到出口处的距离 L，由 $2R\theta = L$ 计算 θ 和 $\sin^2\theta$。钨的衍射图见图 12.16，计算结果列于表 12.2。按照式（12.21）计算得

表 12.2　钨的粉末衍射数据

线号	L / mm	θ / (°)	$\sin^2\theta$	$h^2+k^2+l^2$	*hkl*
1	20.13	20.13	0.1184	2	110
2	29.13	29.13	0.2370	4	200
3	36.60	36.60	0.3355	6	211
4	43.51	43.51	0.4740	8	220
5	50.32	50.32	0.5923	10	310
6	57.46	57.46	0.7107	12	222
7	65.58	65.58	0.8290	14	321
8	76.79	76.79	0.9470	16	400

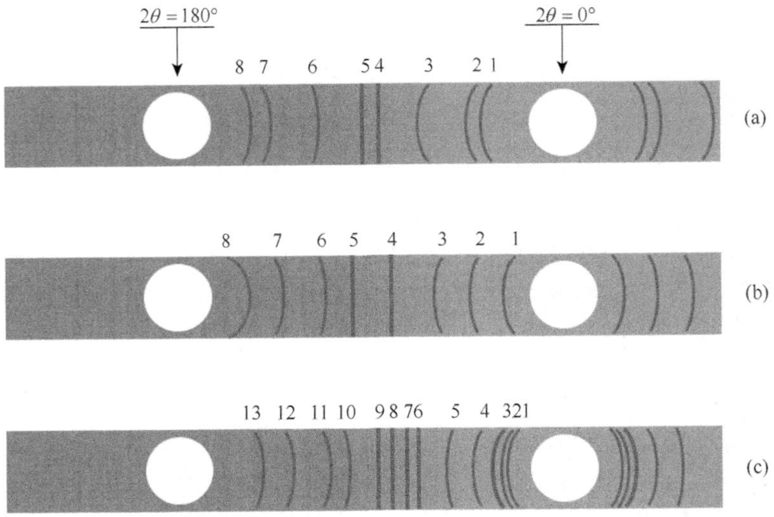

图 12.16　X 射线粉末衍射图和指标化

（a）　铜，面心立方，指标化

线号	1	2	3	4	5	6	7	8
指标	111	200	220	311	222	400	331	420

（b）　钨，体心立方，指标化

线号	1	2	3	4	5	6	7	8
指标	110	220	211	220	310	222	321	400

（c）　锌，立方密堆积，指标化

线号	1	2	3	4	5	6	7	8	9	10	11	12	13
指标	002	100	101	102	103 110	004	112	201	202	203	114 105	211	212

$$\sin^2\theta_1 : \sin^2\theta_2 : \sin^2\theta_3 : \sin^2\theta_4 : \cdots = 0.1184 : 0.2370 : 0.3555 : 0.4740 : \cdots$$
$$= 1:2:3:4:5:6:7:8:\cdots$$
$$= 2:4:6:8:10:12:14:16:\cdots$$

按照 $h^2+k^2+l^2$ 的比例查表 12.2，可知钨为立方体的晶格。再对每条衍射环线指标化，利用式（12.21）计算晶胞常数 a，对于线号 1

$$\sin^2 20.13^{\circ} = \frac{154.18^2}{4a^2}\left(1^2+1^2+0^2\right)$$

将各条衍射环线所算得的 a 取平均值，为 0.3165nm。钨的密度 ρ 为 19.3g/cm^3，代入式（12.32），求得晶胞中的原子数目

$$n = \frac{\rho V N_{\mathrm{A}}}{M} = \frac{19.3\times(316.5\times10^{-8})^3}{183.92}\times 6.022\times10^{23} = 2$$

体心立方点阵每个单位包含两个点阵点，因此每个点阵点代表的结构单元是

一个钨原子。其分数坐标为 000，$\frac{1}{2}\frac{1}{2}\frac{1}{2}$。这就测定了钨的晶体结构。

12.4.4　衍射仪法

衍射仪法用计数管接收衍射线，具有快速、精确、灵敏、自动化程度高等优点，省去了照相法的装底片、长时间曝光、冲洗和测量底片等繁杂工作。

X 射线衍射仪包括 X 射线发生器、测角仪、自动测量与记录系统、计算机控制系统、数据收集、处理及打印系统等。图 12.17 是衍射仪的衍射示意图。用 X 射线衍射仪测量晶体，得到的衍射谱图显示是测量晶体的衍射峰。衍射峰的三个基本要素是峰位、形状和强度。由峰位可以测定晶体常数，由峰形可以测定晶粒大小，由强度可以测定相含量。

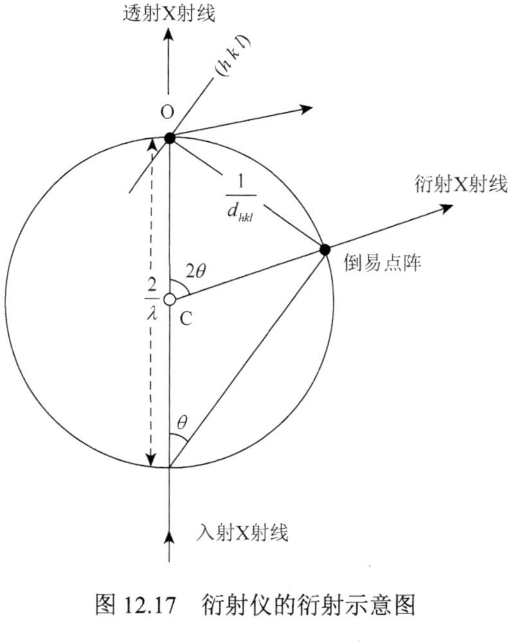

图 12.17　衍射仪的衍射示意图

12.5　X 射线衍射的应用

12.5.1　物相的定性分析

物相分析的基本方法就是将未知物的衍射谱线与已知物的 d 、I/I_1 值对照。

为此，就必须知道大量已知晶体的衍射谱线。哈那瓦尔特（Hanawalt）等首先开展了这一工作。将收集的标准样品的粉末图列成卡片（称为 ASTM 卡片）。卡片上每种物质的三条最强的粉末衍射线的 d/n 值按大小次序排列。应用粉末法进行物相分析时，先测定未知样品的粉末图的衍射线的 d/n 值（卡片中简记为 d ）和相对强度 I/I_1（以最强线 I_1 的强度为 100）。然后选三条强度最大的线与卡片比较，与最强线的 d/n 值接近的晶体可能有很多种。然后与其比较第二条和第三条强度强线的 d/n 值。如果其中有一张卡片和未知样品完全符合（允许 d 值有 ±2pm 的误差），就可以确定未知样品是什么晶体。

采用粉末法，这些工作需要人工来做，麻烦又费时。采用 X 射线衍射仪，这些工作实现了计算机化。计算机内储存 JCPDS 卡片的内容，几分钟内就可输出可能包含的物相，大大提高了分析速度。如图 12.18 所示为由 X 射线衍射仪测得的 PbS 的衍射谱图。

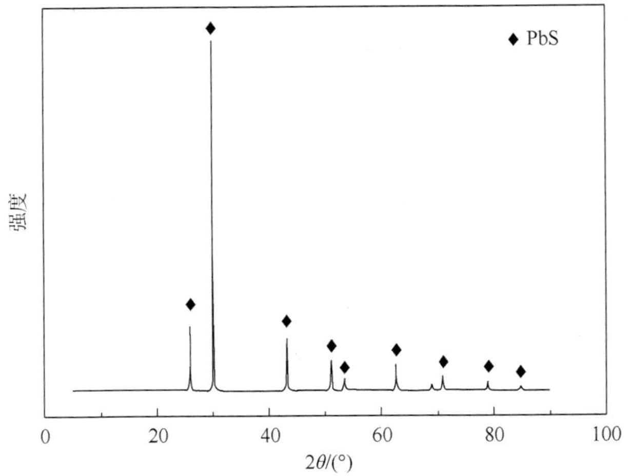

图 12.18　由 X 射线衍射仪测得的 PbS 的衍射谱图

12.5.2　物相的定量分析

X 射线定量相分析，就是用 X 射线衍射方法测定混合物中各物相的质量分数。在多相物质中，各物相的衍射强度随其含量的增加而增强。因而，可以根据衍射强度对各物相做定量分析。

衍射强度可用绝对值或相对值表示。相对强度是指同一衍射图中各衍射线强度的比值。根据测量精度的要求，衍射强度的测量方法有目测法、测微光度计和积分强度法等。积分强度法精度高，它表示衍射峰下的累积强度。多晶体的衍射强度公式为

$$I = I_0 \frac{e^4 \lambda^3 V F_{hkl}^2 P\phi(\theta) \mathrm{e}^{-2M} A(\theta)}{m^2 c^4 32\pi R v^2} \tag{12.34}$$

式中，I_0 为入射 X 射线束强度；λ 为入射 X 射线的波长；e 为电子的电荷；m 为电子的质量；c 为光速；R 为试样到照相底片（或探测器窗口）观察点处的距离(cm)；V 为试样被入射 X 射线照射的体积，对于多晶试样，为产生衍射图的体积(cm^3)；v 为单位晶胞体积(cm^3)；F_{hkl} 为结构因子；P 为多重性因数；$\phi(\theta)$ 为角因子；e^{-2M} 为温度因子；$A(\theta)$ 为吸收因子。

若实验条件一定，在所获得的同一衍射图中，e、m、c、I_0、V、R、v 均为常数，因此相对衍射强度为

$$I_{相对} = F_{hkl}^2 P\phi(\theta) \mathrm{e}^{-2M} A(\theta) \tag{12.35}$$

当衍射仪采用平板试样时，吸收因子

$$A(\theta) = \frac{1}{2\mu_1} \tag{12.36}$$

为一常数。

在导出式（12.34）时，假定试样均匀无织构、晶粒足够小、可忽略消光和微吸收，适用于单相物质。对于多相物质，样品的线吸收系数 μ_1 随各相含量的变化而改变。令 n 种物相混合物中，相 i 的体积分数为 f_i，试样被照射的体积为单位体积，则相 i 被照射的体积为

$$v_i = f_i v = f_i$$

若混合物中相 i 的含量改变，衍射强度公式中只有 f_i 和 μ_1 随之改变，其他均为常数。这样，相 i 的某衍射线的强度 I_i 可表示为

$$I_i = \frac{c_i f_i}{\mu_1} \tag{12.37}$$

用质量分数 w_i 表示含量，则

$$f_i = \frac{w_i \rho}{\rho_i} \tag{12.38}$$

式中，ρ 和 ρ_i 分别为样品和相 i 的密度。

若用质量吸收系数 μ_m 代替线吸收系数 μ_1，则有

$$\mu_1 = \rho \mu_m \tag{12.39}$$

式中

$$\mu_m = \sum_{i=1}^{n} w_i \mu_{m_i}$$

式中，μ_{m_i} 为相 i 的质量吸收系数。

将式（12.38）、式（12.39）代入式（12.37），得

$$I_i = \frac{c_i w_i}{\rho_i \mu_m} \tag{12.40}$$

式（12.40）即为 X 射线定量相分析的基本公式。它将相 i 的衍射强度与其含量及试样的质量吸收系数联系起来。多种物相定量分析的方法都是从式（12.40）产生的。常用的物相定量分析方法有内标法、外标法及无标样相分析法等。

12.6　电子衍射法

12.6.1　电子衍射

气体分子的取向类似于晶体粉末中微小晶体的取向，是完全任意的。因此，X 射线照射气体得到的衍射图和晶体粉末的衍射图相似。气体密度远比晶体小，它散射 X 射线的能力比晶体小得多。因此，要得到气体分子的 X 射线衍射图需要长时间曝光。

电子也具有波动性，根据德布罗意方程可得

$$\lambda = \frac{h}{p} = \frac{h}{mv} = \frac{h}{\sqrt{2m\left(\frac{1}{2}mv^2\right)}} = \frac{h}{\sqrt{2m(eV)}} = \frac{12.26}{\sqrt{V}} \tag{12.41}$$

式中，e 为电子的电量；V 为电压。若 $V = 40000\text{V}$，则 $\lambda = 6.13\text{pm}$，可见在 40000V 电压下加速的电子流与波长为 6.13pm 的 X 射线相当。

电子射线的穿透能力比 X 射线小很多，对于固体样品来说，电子穿透能力小于 10^{-5}cm，而 X 射线穿透能力可达 10^{-1}cm。因此，电子衍射可用于研究薄膜或固体表面的结构，也可用于测定气体分子的结构。

12.6.2　气体对电子的衍射强度

维尔（Weierl）研究了气体分子对电子射线的衍射，得到气体的衍射强度公式：

$$I_\alpha = \sum_{j=1}^{n}\sum_{k=1}^{n} A_j A_k \frac{\sin r_{jk} S}{r_{jk} S} \tag{12.42}$$

式中，I_α 为衍射角为 α 的电子衍射线的强度；r_{jk} 为原子 j 和原子 k 的距离；A_j、A_k 分别为原子 j 和原子 k 的衍射因数；n 为分子包含的原子个数。

$$S=\frac{4\pi}{\lambda}\sin\frac{\alpha}{2} \tag{12.43}$$

其中，λ 为电子射线的波长。

对于双原子分子，式（12.42）成为

$$I_\alpha=\sum_{j=1}^{2}\sum_{k=1}^{2}A_jA_k\frac{\sin r_{jk}S}{r_{jk}S}$$

$$=A_1^2\frac{\sin r_{11}S}{r_{11}S}+2A_1A_2\frac{\sin r_{12}S}{r_{12}S}+A_2^2\frac{\sin r_{22}S}{r_{22}S}$$

由于

$$r_{11}=r_{22}=0,\qquad \lim_{x\to 0}\frac{\sin x}{x}=1$$

所以

$$I_\alpha=A_1^2+A_2^2+2A_1A_2\frac{\sin r_{12}S}{r_{12}S} \tag{12.44}$$

如为同族双原子分子，有

$$A_1=A_2=A$$

用 r 代替 r_{12}，式（12.44）成为

$$I_\alpha=2A^2\left(1+\frac{\sin rS}{rS}\right) \tag{12.45}$$

衍射因子与原子序数有关，当衍射角较大时，可以用原子序数 Z 代替衍射因子 A。这样，上面各式可写作

$$I_\alpha=\sum_{j=1}^{n}\sum_{k=1}^{n}Z_jZ_k\frac{\sin r_{jk}S}{r_{jk}S} \tag{12.46}$$

$$I_\alpha=Z_1^2+Z_2^2+2Z_1Z_2\frac{\sin r_{12}S}{r_{12}S} \tag{12.47}$$

$$I_\alpha=2Z^2\left(1+\frac{\sin rS}{rS}\right) \tag{12.48}$$

利用上述各式，由 I_α、α、λ 可求得 r_{jk}、r_{12} 或 r，即可得原子间距离，进而推断分子的键长、键角及几何构型。

例 12.1　从 CS_2 的衍射图中测得强度最大时的 S 值为

$$S_1=471.3\text{pm}^{-1},\quad S_2=869.8\text{pm}^{-1},\quad S_3=1265\text{pm}^{-1}$$

求 C—S 间的距离。

解　CS_2 的衍射强度公式为

$$I_\alpha = Z_C^2 + 2Z_S^2 + 4Z_C Z_S \frac{\sin r_{CS}S}{r_{CS}S} + 2Z_S^2 \frac{\sin r_{SS}S}{r_{SS}S}$$

其中，r_{CS} 和 r_{SS} 分别表示 C—S 和 S—S 间的距离。假设 S—C—S 的夹角为 180°，则

$$r_{SS} = 2r_{CS}$$

已知 $Z_C = 6$、$Z_S = 16$，将这些数据代入上式，得

$$I_\alpha = 6^2 + 2\times16^2 + 4\times6\times16\frac{\sin r_{CS}S}{r_{CS}S} + 2\times16^2 \frac{\sin 2r_{SS}S}{2r_{SS}S}$$

令

$$I'_\alpha = \frac{I_\alpha - 6^2 - 2\times16^2}{8\times16} = \frac{3\sin r_{CS}S + 2\sin r_{CS}S}{r_{CS}S}$$

给 $r_{CS}S$ 以不同的数值，求出相应的 I'_α 值：

$r_{CS}S$	0	$\frac{\pi}{2}$	π	$\frac{3\pi}{2}$	2π	$\frac{5\pi}{2}$	3π	…
I'_α	7	$\frac{6}{\pi}$	0	$-\frac{2}{\pi}$	0	$\frac{6}{5\pi}$	0	…

以 I'_α 对 $r_{CS}S$ 作图，得图 12.19。从图中找出与最大的 I'_α（I_α 也最大）对应的 $r_{CS}S$ 值为

$$(r_{CS}S)_1 = 7.1,\quad (r_{CS}S)_2 = 13.5,\quad (r_{CS}S)_3 = 19.7$$

将计算的 $r_{CS}S$ 值除以实验测得的 S 值，得

$$r_{CS} = \frac{(r_{CS}S)_1}{S_1} = \frac{7.1}{4.713\times10^{-2}} = 151\text{pm}$$

$$r_{CS} = \frac{(r_{CS}S)_2}{S_2} = \frac{13.5}{8.698\times10^{-2}} = 155\text{pm}$$

$$r_{CS} = \frac{(r_{CS}S)_3}{S_3} = \frac{19.7}{12.65\times10^{-2}} = 156\text{pm}$$

三式取平均，得

$$\overline{r}_{CS} = (154\pm2)\text{pm}$$

所以 CS_2 分子中 C—S 的距离为 (154 ± 2)pm 。如果求得 3 个 r_{CS} 值相差很大，则说明假设 S—C—S 的夹角为 180° 是错误的，需重新假设一个夹角的数值，重新计算，直到求得的 r_{CS} 值接近。

实验测得 CS_2 的偶极矩为零，进一步表明 S—C—S 夹角为 180°，为直线型分子。

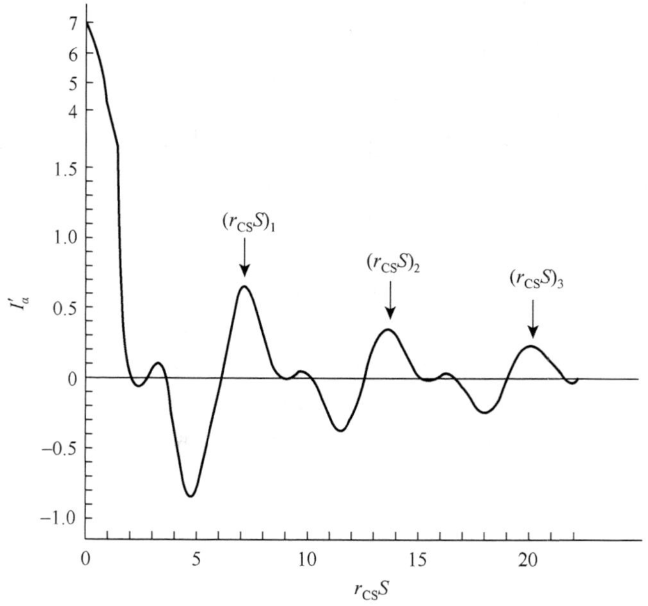

图 12.19　CS_2 的衍射强度图

习　　题

12.1 X 射线是怎样产生的？其波长范围是多少？

12.2 X 射线散射是怎样发生的？什么是相干散射，什么是非相干散射？

12.3 X 射线射入物质后，与物质发生哪些相互作用？

12.4 什么是 X 射线衍射？解释其原理。

12.5 推导劳厄方程和布拉格方程。

12.6 说明各种 X 射线衍射分析方法。

12.7 说明采用 X 射线衍射法进行物相定性分析的原理和步骤。

12.8 说明应用 X 射线衍射法进行物相定量分析的原理。

12.9 什么是电子衍射法？说明其对气体的应用。

12.10 计算 NaCl 晶体的结构因子。

参考文献

李宗和. 2002. 结构化学. 北京：高等教育出版社.

钱逸泰. 2005. 结晶化学导论. 合肥：中国科技大学出版社.

唐敖庆，杨忠志，李前树. 1982. 量子化学. 北京：科学出版社.

唐有祺. 1957. 结晶化学. 北京：高等教育出版社.

吴刚. 2002. 材料结构表征及应用. 北京：化学工业出版社.

徐光宪，王祥云. 1987. 物质结构. 北京：高等教育出版社.

周公度，段连运. 1995. 结构化学基础. 北京：北京大学出版社.

周世勋. 1979. 量子力学教程. 北京：人民教育出版社.

Cotton F A. 1975. 群论在化学中的应用. 刘春万，游效曾，赖伍江，译. 北京：科学出版社.

Levine I N. 2004. Quantum Chemistry. Fifth ed. 北京：世界图书出版公司北京公司.

Pauling L，Wilson E B. 1964. 量子力学导论. 陈洪生，译. 北京：科学出版社.

Wilson E B，Decius J C ，Cross P C. 分子振动：红外和拉曼振动光谱理论. 胡皆汉，译. 北京：科学出版社，1985.